教育部高等农林院校理科基础课程
教学指导委员会推荐示范教材

普通高等教育"十四五"规划教材

Physical Chemistry ——————————

物理化学

第 3 版

徐悦华　王　静　贾金亮◎主编

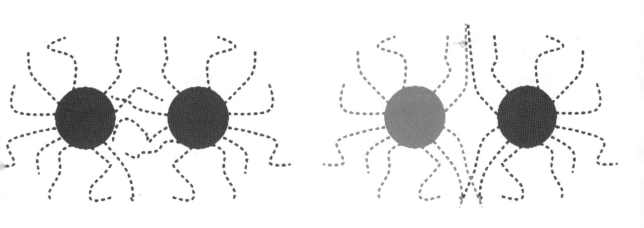

中国农业大学 出版社
China Agricultural University Press
·北京·

内 容 简 介

本书是教育部高等农林院校理科基础课程教学指导委员会推荐示范教材,由华南农业大学、南京农业大学等6所高等院校的物理化学教师共同修订编写。本书包括热力学第一定律、热力学第二定律、混合物和溶液、相平衡、化学平衡、电解质溶液、电化学、化学动力学基础、表面物理化学和胶体化学等共10章内容。本书主要突出物理化学的基础性和交叉性两大特点,重点阐述基本概念和基本理论,力求叙述简明扼要,突出内容的科学性和先进性,培养学生的创新思维和创新能力;章末列有阅读材料和拓展材料,适当介绍学科的新进展,力求达到知识、能力和素质的统一。每章配有思考题、习题以及一两个习题解答视频,书末附有参考答案。本书可作为高等农林院校相关专业物理化学课程的教材,也可作为其他院校相关专业的教材或科研技术人员的参考书。

图书在版编目(CIP)数据

物理化学/徐悦华,王静,贾金亮主编. --3 版. --北京:中国农业大学出版社,2022.12
ISBN 978-7-5655-2890-3

Ⅰ.①物…　Ⅱ.①徐…②王…③贾…　Ⅲ.①物理化学-高等学校-教材　Ⅳ.①O64

中国版本图书馆 CIP 数据核字(2022)第 222720 号

书　名	物理化学　第 3 版	
作　者	徐悦华　王　静　贾金亮　主编	

策划编辑	梁爱荣	责任编辑	梁爱荣
封面设计	李尘工作室		
出版发行	中国农业大学出版社		
社　址	北京市海淀区圆明园西路 2 号	邮政编码	100193
电　话	发行部 010-62733489,1190	读者服务部	010-62732336
	编辑部 010-62732617,2618	出　版　部	010-62733440
网　址	http://www.caupress.cn	E-mail	cbsszs@cau.edu.cn
经　销	新华书店		
印　刷	涿州市星河印刷有限公司		
版　次	2023 年 3 月第 3 版　2023 年 3 月第 1 次印刷		
规　格	185 mm×260 mm　16 开本　24.75 印张　600 千字		
定　价	79.00 元		

图书如有质量问题本社发行部负责调换

第 3 版编委会

主　　编　　徐悦华　王　静　贾金亮

副 主 编　　张天宝　陈明洁　陶亚奇　高学艺　李颖娇

编写人员　　（按姓氏拼音排序）

安瑞鑫（内蒙古农业大学）

陈明洁（华南农业大学）

高学艺（内蒙古农业大学）

贾金亮（华南农业大学）

蒋海燕（青岛农业大学）

李颖娇（东北农业大学）

刘有芹（华南农业大学）

陶亚奇（南京农业大学）

王　静（南京农业大学）

徐悦华（华南农业大学）

张天宝（山西农业大学）

第 2 版编委会

第 1 版编委会

出 版 说 明

在教育部高教司农林医药处的关怀指导下,由教育部高等农林院校理科基础课程教学指导委员会(以下简称"基础课教指委")推荐的本科农林类专业数学、物理、化学基础课程系列示范性教材现在与广大师生见面了。这是近些年全国高等农林院校为贯彻落实"质量工程"有关精神,广大一线教师深化改革,积极探索加强基础、注重应用、提高能力、培养高素质本科人才的立项研究成果,是具体体现"基础课教指委"组织编制的相关课程教学基本要求的物化成果。其目的在于引导深化高等农林教育教学改革,推动各农林院校紧密联系教学实际和培养人才需求,创建具有特色的数理化精品课程和精品教材,大力提高教学质量。

课程教学基本要求是高等学校制订相应课程教学计划和教学大纲的基本依据,也是规范教学和检查教学质量的依据,同时还是编写课程教材的依据。"基础课教指委"在教育部高教司农林医药处的统一部署下,经过批准立项,于2007年底开始组织农林院校有关数学、物理、化学基础课程专家成立专题研究组,研究编制农林类专业相关基础课程的教学基本要求,经过多次研讨和广泛征求全国农林院校一线教师意见,于2009年4月完成教学基本要求的编制工作,由"基础课教指委"审定并报教育部农林医药处审批。

为了配合农林类专业数理化基础课程教学基本要求的试行,"基础课教指委"统一规划了名为"教育部高等农林院校理科基础课程教学指导委员会推荐示范教材"(以下简称"推荐示范教材")。"推荐示范教材"由"基础课教指委"统一组织编写出版,不仅确保教材的高质量,同时也使其具有比较鲜明的特色。

一、"推荐示范教材"与教学基本要求并行 教育部专门立项研究制定农林类专业理科基础课程教学基本要求,旨在总结农林类专业理科基础课程教育教学改革经验,规范农林类专业理科基础课程教学工作,全面提高教育教学质量。此次农林类专业数理化基础课程教学基本要求的研制,是迄今为止参与院校和教师最多、研讨最为深入、时间最长的一次教学研讨过程,使教学基本要求的制定具有扎实的基础,使其具有很强的针对性和指导性。通过"推荐示范教材"的使用推动教学基本要求的试行,既体现了"基础课教指委"对推行教学基本要求的决心,又体现了对"推荐示范教材"的重视。

1

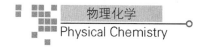

二、规范课程教学与突出农林特色兼备 长期以来各高等农林院校数理化基础课程在教学计划安排和教学内容上存在着较大的趋同性和盲目性,课程定位不准,教学不够规范,必须科学地制定课程教学基本要求。同时由于农林学科的特点和专业培养目标、培养规格的不同,对相关数理化基础课程要求必须突出农林类专业特色。这次编制的相关课程教学基本要求最大限度地体现了各校在此方面的探索成果,"推荐示范教材"比较充分反映了农林类专业教学改革的新成果。

三、教材内容拓展与考研统一要求接轨 2008年教育部实行了农学门类硕士研究生统一入学考试制度。这一制度的实行,促使农林类专业理科基础课程教学要求作必要的调整。"推荐示范教材"充分考虑了这一点,各门相关课程教材在内容上和深度上都密切配合这一考试制度的实行。

四、多种辅助教材与课程基本教材相配 为便于导教导学导考,我们以提供整体解决方案的模式,不仅提供课程主教材,还将逐步提供教学辅导书和教学课件等辅助教材,以丰富的教学资源充分满足教师和学生的需求,提高教学效果。

趁着即将编制国家级"十二五"规划教材建设项目之机,"基础课教指委"计划将"推荐示范教材"整体运行,以教材的高质量和新型高效的运行模式,力推本套教材列入"十二五"国家级规划教材项目。

"推荐示范教材"的编写和出版是一种尝试,赢得了许多院校和老师的参与和支持。在此,我们衷心地感谢积极参与的广大教师,同时真诚地希望有更多的读者参与到"推荐示范教材"的进一步建设中,为推进农林类专业理科基础课程教学改革,培养适应经济社会发展需要的基础扎实、能力强、素质高的专门人才做出更大贡献。

中国农业大学出版社

2009 年 8 月

第3版前言

物理化学是高等农林院校中食品工程、食品安全、生物工程、环境工程、环境科学、资源环境、制药工程、能源与环境系统工程、材料科学与工程等专业的一门重要的基础理论课。本课程的主要任务是讲授化学热力学及其应用、化学动力学、电化学、表面物理化学与胶体化学等方面的理论和知识。这些知识是相关专业后续课程的基础，同时也为学生今后从事其专业技术与科研工作打下必要的基础。

随着科学技术的飞速发展，化学与生命、食品、资源、环境、能源、材料等学科的相互渗透日益加深，物理化学学科的信息量急剧增加，物理化学教材内容势必需要随之进行相应的调整与更新。适用于不同专业的物理化学教材已有很多版本，有不少教材水平很高。我们编写本书的目的，是给大家提供多一种选择的机会。本书力图全面使用国际单位制(SI)及国家标准。

本书自2009年出版以来，2016年修订出版第2版，首版至今经过13年的教学实践，赢得了相关院校的积极评价和认可。本次修订主要针对现代科学技术的新成果、新知识、新方法，按照教学需要及时更新和充实，努力提高教材的适应性和先进性，使其能够更好地发挥示范引导作用。此外，对编写人员亦做了部分调整。在本书的编写和修订过程中，重点阐述物理化学的基本概念和基本理论，力求简明阐述物理化学原理及其应用，避免繁杂的公式推导和数学计算，对例题和习题的选编，力求典型并注重启发性，培养学生发现问题、提出问题、分析问题和解决问题的能力，启发学生的创新思维。章末列有阅读材料及拓展材料可供读者选读，这些资料在一定程度上反映了物理化学学科及其与生命、环境、食品等学科结合的新进展，介绍了高空的气温为什么低、新型的分离技术——渗透膜蒸馏、第一个精测水三相点的中国物理化学家——黄子卿、绿色的化学反应介质——离子液体、全球首款量产太阳能汽车、分子反应动力学研究、土壤重金属污染的修复、土壤和地下水环境中胶体与环境污染物的共迁移行为等反映学科前沿的内容。此外，本次改版，每章选取了习题中的一两个重点或者难点习题录制解题视频，以二维码的形式放在该习题旁边，读者可扫码学习，进一步丰富了本书的内容和形式。本书强化物理化学基本原理的应用，满足不同层次的读者需要，有利于扩大读者的知识面，以期活跃思维、开阔思路。考虑到全国农林院校的类型及层次，相应的本科人才培养目标和规格不同，对理科基础课程教学要求有所不同，学时数也不同，

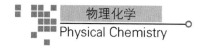

各个学校可以根据具体情况,对本书内容进行取舍。如在本书中加★的内容,各校可视学时而对学生不作要求,仅作为课外阅读的拓展材料。

本书由徐悦华、王静和贾金亮担任主编。参加本书编写和分工如下:张天宝(山西农业大学,第1章),蒋海燕(青岛农业大学,第2章),高学艺(内蒙古农业大学,第3章),安瑞鑫(内蒙古农业大学,第4章),贾金亮(华南农业大学,第5章),李颖娇(东北农业大学,第6章),徐悦华、刘有芹(华南农业大学,第7章),陈明洁(华南农业大学,第8章),王静(南京农业大学,第9章),陶亚奇(南京农业大学,第10章)。全书最后由徐悦华、王静和贾金亮统稿。

本书在编写过程中得到了编者所在学校及学院领导的支持,在此一并致谢。感谢中国农业大学出版社为本书顺利出版所做的大量工作。在本书的编写过程中,参阅了国内外有关院校所编的同类教材,在此表示衷心感谢。此外,不少读者对本书提了许多建设性的意见和建议,谨向所有读者表示衷心的感谢!由于编者水平有限,书中不妥或错误之处实难避免,敬请读者批评指正。

编　者

2022 年 10 月

第2版前言

　　物理化学是高等农林牧院校中生命科学、生物工程、食品科学、环境科学、资源环境、动物科学、制药、材料科学与工程等专业的一门重要的基础理论课。本课程的主要任务是讲授化学热力学、化学动力学、电化学、表面现象与胶体化学等方面的理论和知识。这些知识是相关专业后续课程的基础,同时也为学生今后从事其专业技术与科研工作打下必要的基础。

　　随着科学技术的飞速发展,化学与材料、生命、食品、资源及环境等学科的相互渗透日益加深,物理化学学科的信息量急剧增加,物理化学教材内容势必需要随之进行相应的调整与更新。适用于不同专业的物理化学教材已有很多版本,有不少教材水平很高。我们编写此教材的目的,是给大家提供多一种选择的机会。

　　本书自2009年出版以来,经过6年多的教学实践,赢得相关院校的积极评价和认可。本次修订主要针对课程教学的新情况、新进展、新成果进行补充和完善,努力提高教材的适应性和先进性,使其能够更好地发挥示范引导作用。此外,对编写人员也做了部分调整。在本书的编写和修订过程中,重点阐述物理化学的基本概念和基本理论,力求简明阐述物理化学原理及其应用,避免繁杂的公式推导和数学计算,对例题和习题的选编,力求典型并注重启发性,培养学生发现问题、提出问题、分析问题和解决问题的能力,启发学生的创新思维。章末列有阅读材料及相关链接可供读者选读,这些资料在一定程度上反映了物理化学学科及其与生命、环境、食品等学科结合的新进展,介绍了高空的气温为什么低、逆渗透技术的应用、新型精馏技术——反应精馏、离子液体、新型太阳能家用电动车续航可达1 000千米、表面活性剂的浊点和浊点萃取技术、大气气溶胶与环境等反映学科前沿的内容。本书强化物理化学基本原理的应用,满足不同层次的读者需要,有利于扩大读者的知识面,以期活跃思维、开阔思路。考虑到全国农林牧院校的类型及层次,相应的本科人才培养目标和规格不同,对理科基础课程教学要求有所不同,学时数也不同,各个学校可以根据具体情况,对本书内容进行取舍。如在本书中加★者可视学时而对学生不作要求,仅作为课外阅读的拓展材料。

　　本书由徐悦华和王静担任主编。参加本书编写的有:张天宝(山西农业大学,第1章),高立彬、蒋海燕(青岛农业大学,第2章),贺文英(内蒙古农业大学,第3章),张秀芳(内蒙古农业大学,第4章),贾艳霞(河北北方学院,第5章),李颖娇(东北农业大学,第6章),徐悦

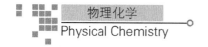
华、刘有芹(华南农业大学,第 7 章),陈明洁(华南农业大学,第 8 章),王静(南京农业大学,第 9 章),马腾(沈阳农业大学,第 10 章)。全书最后由徐悦华和王静统稿。

本书初稿经南开大学朱志昂教授详细审阅,提出了许多宝贵的修改意见,作者据此对书稿进行了进一步的修改和完善。在此谨向朱志昂教授表示衷心的感谢!

本教材在编写过程中得到了编者所在学校及学院领导的支持,在此一并致谢。感谢中国农业大学出版社为本教材顺利出版所做的大量工作。在本书的编写过程中,参阅了国内外有关院校所编的同类教材,在此表示衷心感谢。由于编者水平有限,书中不妥或错误之处实难避免,敬请读者批评指正。

编　者

2016 年 10 月

第1版前言

物理化学是高等农林院校中生物技术、生物工程、食品科学、环境科学、土壤农化、动物科学等专业的一门重要的基础理论课。本课程的主要任务是讲授热力学第一定律、热力学第二定律、混合物和溶液、相平衡、化学平衡、电解质溶液、电化学基础知识及其应用、化学动力学基础、表面现象和胶体化学等方面的理论和知识。这些知识是相关专业后继课程的基础，同时也为学生今后从事其专业技术与科研工作打下必要的基础。

随着科学技术的飞速发展，化学与生命、资源与环境等学科的相互渗透日益加深，物理化学学科的信息量急剧增加，物理化学教材内容势必需要随之进行相应的调整与更新。适用于不同专业的物理化学教材已有很多版本，有不少教材水平很高。我们编写此教材的目的，是给大家提供多一种选择的机会。胶体化学家傅鹰教授说过："编写课本既非创作，自不得不借助于前人，编者只在安排取舍之间略抒己见而已。若此书中偶有可取，主要应归功于上列诸家；若有错误，点金成铁之咎责在编者。"

本书重点阐述物理化学的基本概念和基本理论，力求简明阐述物理化学原理及其应用，避免繁杂的公式推导和数学计算，对例题和习题的选编力求典型并注重启发性，培养学生提出问题、分析问题、解决问题的能力，启发学生的创新思维。章末列有阅读材料及相关链接，在一定程度上反映了物理化学学科及其与生命、环境等学科结合的新进展，介绍了离子液体、超临界流体的应用、太阳能的士与太阳能电池、生物降解高分子材料、表面活性剂的浊点和浊点萃取技术等反映学科前沿的内容。本书强化物理化学基本原理的应用，满足不同层次的读者需要，有利于扩大读者的知识面，以期活跃思维、开阔思路。考虑到全国农林院校的类型、层次，相应的本科人才培养目标、规格不同，对理科基础课程教学要求有所不同，学时数也不同，各个学校可以根据具体情况，对本书内容进行取舍。

本书由徐悦华和王静担任主编。参加本书编写的有：夏泉（沈阳农业大学，第1章），龚良玉（青岛农业大学，第2章），贺文英、张秀芳（内蒙古农业大学，第3章），梁大栋（吉林农业大学，第4章），贾艳霞（河北北方学院，第5章），李颖娇（东北农业大学，第6章），徐悦华、刘有芹（华南农业大学，第7章），宁爱民（河南农业大学，第8章），王静、李瑛（南京农业大学，第9章），卢凌彬（海南大学，第10章），赵颖（四川农业大学，第10章）。全书最后由徐悦华和王静统稿。

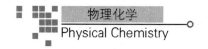

本教材在编写过程中得到了各个学校、学院领导的支持,在此一并致谢。感谢中国农业大学出版社为本教材顺利出版所做的大量工作。在本书的编写过程中,参阅了国内外有关院校所编的同类教材,在此编者表示衷心感谢。由于编者水平有限,书中不妥或错误之处难以避免,敬请读者批评指正。

编　者

2009 年 10 月

符 号 表

1.物理量符号名称(拉丁文)

A	Helmholtz 自由能,指数前因子,面积	m	质量
a	van der Waals 参量,相对活度	N	系统中的分子数
b	van der Waals 参量,碰撞参数	n	物质的量,反应级数
b_B	物质 B 的质量摩尔浓度	P	相数,概率因子
C	热容,独立组分数	p	压力
c	物质的量浓度,光速	Q	热量,电量
D	解离能,扩散系数	q	吸附量
d	直径	R	标准摩尔气体常量,电阻,半径
E	能量,电动势	R,R'	独立的化学反应数和其他限制条件数
e^-	电子电荷	r	速率,距离,半径
F	Faraday 常量,力	S	熵,物种数
f	自由度	T	热力学温度
G	Gibbs 自由能,电导	t	时间,摄氏温度
g	重力加速度	u	离子电迁移率
H	焓	V	体积
h	高度,Planck 常量	$V_m(B)$	物质 B 的摩尔体积
I	电流强度,离子强度,光强度	V_B	物质 B 的偏摩尔体积
j	电流密度	W	功
K	平衡常数	w_B	物质 B 的质量分数
k	Boltzmann 常量,反应速率系数	x_B	物质 B 的摩尔分数
L	Avogadro 常量	y_B	物质 B 在气相中的摩尔分数
l	长度,距离	Z	配位数,碰撞频率
M	摩尔质量	z	离子价数,电荷数
M_r	物质的相对分子质量		

2.物理量符号名称(希腊文)

α	热膨胀系数,转化率,解离度	γ	$C_{p,m}/C_{V,m}$ 之值,活度因子
β	冷冻系数	ε	能量,介电常数

1

ζ	电动电势	μ_J	Joule 系数
η	热机效率,超电势,黏度	μ_{J-T}	Joule-Thomson 系数
θ	覆盖率,角度	ν_B	物质 B 的计量系数
κ	电导率	ξ	反应进度
λ	波长,离子的摩尔电导率	Π	渗透压,表面压力
Λ_m	摩尔电导率	ρ	电阻率,密度,体积质量
μ	化学势,折合质量	σ	表面张力
Γ	表面吸附超量	τ	弛豫时间,时间间隔
Δ	状态函数的变化量	ϕ	电极电势
δ	非状态函数的微小变化量,距离,厚度		

3. 其他符号和上下标含义(正体)

B	任意物质,溶质	dil	稀释(dilution)
g	气态(gas)	e	外部(external)
l	液态(liquid)	vap	蒸发(vaporation)
s	固态(solid),秒(second)	$\pm$	离子平均
mol	摩尔(molar)	$\neq$	活化络合物或过渡状态
r	转动(rotation),化学反应(reaction)	id	理想(ideal)
sat	饱和(saturation)	re	实际(real)
sln	溶液(solution)	$\prod$	连乘号
sol	溶解	$\sum$	加和号
sub	升华(sublimation)	exp	指数函数(exponential)
trs	晶型转变(transformation)	def	定义(definition)
mix	混合(mixture)		

C目录
ONTENTS

绪　论

Introduction

物理化学是从研究化学现象和物理现象之间的相互联系入手,借助数学和物理的基本理论和技术,来探求化学变化基本规律的一门学科,在实验方法上主要采用物理学中的方法。作为化学学科的一个分支,物理化学自然也与其他学科如生命科学、资源环境科学、食品科学等之间有着密不可分的联系。研究物理化学的目的主要是解决生产实践和科学研究中向化学提出的理论问题,揭示化学变化的本质,更好地驾驭化学,使之为生产实践服务。

1.物理化学的内容

本书不包括结构化学的内容,主要内容包括以下两个方面:

(1)化学反应进行的方向和限度问题。在指定条件下,一个化学反应能否朝预定的方向进行?如果能够进行,进行到什么程度为止?如何控制外界条件(如温度、浓度、压力等),使反应按照我们所需要的方向进行,这些问题都是化学热力学研究的范畴。

(2)化学反应的速率和机理问题。用化学热力学的方法只能判断一个化学反应进行的可能性。如果一个化学反应能够进行的话,反应得快慢,反应经过一个什么样的具体步骤——也就是反应的机理问题。外界条件(如温度、压力、浓度、催化剂、光照等)对反应速率有什么影响?这些是化学动力学要解决的问题。

化学热力学的研究可以解决化学反应能不能进行,即化学反应可能性的问题;而化学动力学的研究则解决化学反应能不能用于实际生产,即化学反应现实性的问题。

物理化学内容还包括电化学、表面现象与胶体化学等许多分支,它们的原理和方法仍属于物理化学范围。

2.物理化学的发展史

18 世纪开始萌芽:从燃素说到能量守恒与转化定律。俄国科学家 Lomonosov(罗蒙诺索夫,1711—1765)最早使用"物理化学"这一术语。

19 世纪中叶形成:1887 年德国化学家 Ostwald(奥斯特瓦尔德,1853—1932)和荷兰科学家 Van't Hoff(范霍夫,1852—1911)合办了第一本"物理化学杂志"(德文),从此,"物理化学"这一名称就逐渐普遍被采用。

20 世纪迅速发展:新的测试手段和新的数据处理方法不断涌现,物理化学的理论方法及实验技术在生产实践和科学研究中得到广泛应用,充分发挥了其理论指导作用。形成了许多新的分支学科,如:热化学、电化学、胶体化学、表面现象和催化作用等。

物理化学的发展经历了从宏观到微观、从体相到表相、从定性到定量、从单一学科到交叉学科、从研究平衡态到研究非平衡态的阶段。

3. 物理化学的学习方法

由于物理化学理论性强、公式多,与其他基础化学课程相比,学生们普遍感到物理化学难学。其实,只要掌握正确的学习方法,学好物理化学也是不难的。

(1)课前预习,课后复习,培养自学能力。在预习过程中,了解教学重点,要多提出一些为什么,带着问题去听课会收到更好的听课效果。在复习过程中,勤于思考,正确理解基本概念、理论模型,通过每章后面的思考题,可以加深对概念的理解和掌握。

(2)多做习题,学会解题方法。物理化学公式多,使用条件限制严格,切忌死记硬背。很多东西只有通过解题才能学到,通过独立解题有助于记住重要的公式、熟记其适用条件及其物理意义,掌握灵活运用公式的技巧。公式的适用条件一般都是在公式推导过程中通过假设引进的,所以这些公式不是在任何情况下都适用,而只是适用于某一特定的条件。

(3)抓住重点,善于总结。学完一章后,有必要认真地进行总结,抓住重点,得出一个清晰的骨架与轮廓。例如,每一章的主要内容是什么?要解决什么问题?阐述了哪些定律和公式?它们各自的作用是什么?要反复体会和感悟,达到能举一反三的目的。

(4)重视物理化学实验。物理化学实验是采用物理的方法和手段对化学现象进行观察与测量,从而揭示化学反应的规律。通过实验使学生初步掌握物理化学的研究手段,了解物理化学的研究方法,不仅可以帮助学生对物理化学基本原理的理解,同时还可以充分培养学生分析问题和解决问题的能力以及创新能力,提高学生的动手能力。可见,上好物理化学实验课对物理化学的理论教学有一定程度的促进作用。

热力学第一定律
The First Law of Thermodynamics

学习目标

1. 理解状态函数、功和热等热力学基本概念。
2. 掌握热力学第一定律的表达式及其应用。
3. 掌握物质的 p,V,T 变化过程和相变过程中 $Q,W,\Delta U,\Delta H$ 的计算。
4. 掌握等温和变温条件下化学反应的焓变的计算。

热力学是研究各种能量形式相互转化过程中所遵循的一般规律的科学,化学热力学是用热力学的基本原理来研究化学反应及相变过程的科学。化学热力学的结论建立在热力学两个经验定律基础上,即热力学第一定律和热力学第二定律,这些定律均是人类长期实践的总结,有牢固的实验基础。20 世纪初又建立了热力学第三定律。

化学热力学的主要内容是利用热力学第一定律来计算变化过程的热效应等能量转换问题,利用热力学第二定律来解决变化过程的方向和限度问题。

本章介绍热力学第一定律及其应用。

1.1 热力学基本概念

1.1.1 系统和环境

物理化学中将所研究的对象称为系统(system),系统之外,与系统密切相关的部分称为环境(surroundings)。系统和环境之间通过界面分隔开来,但界面可以是实际的,也可以是想象的。系统与环境的划分是人为的,考虑问题的角度不同,所确定的系统也不同。

按照系统与环境之间有无能量交换和物质交换,可以把系统分成三类:

(1)敞开系统(open system):系统与环境之间既有能量交换,又有物质交换。例如,在加热一只盛水的玻璃杯时,若只把水当作系统,其他物质(包括水蒸气)作为环境,则水从环境中吸收热量变成水蒸气,系统与环境之间既有物质交换,又有能量交换,故为敞开系统。

(2)封闭系统(closed system):系统与环境之间只有能量交换,没有物质交换。若把上述水和水蒸气都当作系统,则系统与环境之间就只有能量交换而没有物质交换,系统就属于封闭系统。

(3)孤立系统(isolated system)(或称隔离系统):系统与环境之间既没有能量交换,也没有物质交换。真正的孤立系统是不存在的,但是为了研究问题方便,在热力学计算中,常把环境与系统合并在一起视为孤立系统,即

$$系统 + 环境 \rightarrow 孤立系统$$

1.1.2　状态和状态函数

系统的状态(state)是系统的各种物理性质和化学性质的综合表现。当系统的所有性质都确定后,系统就处于确定的状态。反之,当系统的状态确定后,它的所有的性质也都具有确定的数值。习惯上把系统变化前的状态称为始态,变化后的状态称为终态。

系统的各种性质之间存在一定的联系,因此在描述系统的状态时,并不需要确定其全部性质,只需要确定其中几个性质的数值,其余的性质就随之而确定,系统的状态也就确定了。例如,根据理想气体状态方程 $pV = nRT$,当 n, T, p 确定后,V 随之就确定了,V 与 n, T, p 的函数关系如下:

$$V = V(n, p, T) = \frac{nRT}{p}$$

系统的性质可根据其特性分为广度性质(extensive properties)和强度性质(intensive properties)。

广度性质又称为容量性质,其数值与系统内物质的量成正比,如体积、质量、熵等。广度性质具有加和性。

强度性质的数值取决于系统自身的特点,与系统内物质的量无关,不具有加和性,如温度、压力等。

需要注意的是,指定了物质的量的广度性质即成为强度性质,如摩尔体积。而两个广度性质相除可得强度性质,如质量与体积之比为密度。

当系统的性质发生变化时,系统的状态随之发生变化,反过来,当系统的状态发生变化时,必然引起系统一系列性质发生变化。这些数值只取决于系统状态的系统性质称为系统的状态函数(state function)。状态函数有如下两个特征:

(1)状态函数的数值只决定于系统当时所处的状态,与其历史状况无关。系统有确定的状态,状态函数就有定值。

(2)状态函数的变化值只取决于系统的始、终态,与变化的途径无关。当系统恢复到原来状态时,状态函数也恢复到原来的数值,即状态函数的变化值为零。状态函数在数学上具有全微分的性质,是可以积分的。如设 Z 是状态函数,则在状态 1,2 之间的变化值 $\Delta Z = \int_{z_1}^{z_2} \mathrm{d}Z = Z_2 - Z_1$,如系统经历一个循环过程,则 $\oint \mathrm{d}Z = 0$。

1.1.3　过程和途径

在一定的环境条件下,系统发生了一个从始态到终态的变化,称系统发生了一个热力学过程(process),从始态到终态的具体步骤称为途径(path)。

热力学中常见的变化过程有:

(1)等温过程(isothermal process):系统的始态温度 T_1、终态温度 T_2 与环境温度 T_e 均相等即 $T_1=T_2=T_e$ 的过程。

(2)等压过程(isobaric process):系统的始态压力 p_1、终态压力 p_2 与环境压力 p_e 均相等即 $p_1=p_2=p_e$ 的过程。

(3)等容过程(isochoric process):系统的状态变化时体积不变的过程。

(4)绝热过程(adiabatic process):系统与环境之间没有热交换的过程。

(5)循环过程(cyclical process):系统经一系列变化后又回到原来状态的过程。此过程中系统的所有状态函数改变量均为零。

1.1.4　热和功

系统与环境之间交换的能量有两种形式,即热和功。

1.热

系统与环境之间因有温差而传递的能量称为热(heat),用符号 Q 表示,单位为 J 或 kJ。按系统变化类型的不同,热分为多种:相变热、混合热、溶解热、化学反应热等。由于热是系统和环境之间传递的能量,因此热总是与过程相联系的,热不是系统本身具有的性质,也不是状态函数,不具有全微分性质。为区别于状态函数,习惯上将微量热记作 δQ,一定量的热记作 Q。

热力学习惯上规定:系统从环境吸热,Q 为正值;系统向环境放热,Q 为负值。

2.功

除热以外,系统与环境间传递的其他形式的能量统称为功(work),用符号 W 表示,单位为 J 或 kJ。功的大小也与过程有关,不是系统本身的性质,也不是状态函数。

热力学习惯上规定:系统对环境做功,W 为负值;环境对系统做功,W 为正值。

功分为体积功和非体积功。体积功(或膨胀功,W_e)是指系统因其体积发生变化反抗外压而与环境交换的能量。除体积功以外其他形式的功都称为非体积功(或其他功,W_f),如电功、表面功等。

体积功的计算式为

$$\delta W_e = -p_e dV \quad \text{或} \quad W_e = \int -p_e dV \tag{1-1}$$

式中:W_e 为系统反抗外压所做的体积功,p_e 为环境的压力,dV 为系统体积的变化值。如果系统体积膨胀即 $dV>0$,则 $-p_e dV<0$,表示系统消耗能量对环境做功;如果系统体积缩小即 $dV<0$,则 $-p_e dV>0$,表示环境消耗能量对系统做功。

1.1.5　热力学能

热力学能(thermodynamic energy)是系统内部所有微观粒子全部能量的总和,也称为内能。热力学能包括分子的平动能、转动能、振动能、电子能、核能以及各种粒子之间的相互作用势能等,常用符号 U 表示,单位为 J 或 kJ。

热力学能是系统自身的性质,其数值决定于系统所处的状态,因此热力学能是状态函数。热力学能的大小与系统内物质的量成正比,是一种广度性质。

由于系统内部各种粒子运动的复杂性,我们无法确定一个系统的热力学能的绝对值。但是,在系统发生变化的过程中,系统与环境必然有能量的交换,即有热和功的传递,据此可确定系统热力学能的改变值。

1.2 热力学第一定律

1.2.1 热力学第一定律的表述

能量守恒原理认为能量有多种形式,可以由一种形式转化为另一种形式,也可以从一个物体转移到另一个物体,但是在转化或转移的过程中能量的总量不变。该原理早在 17 世纪就被提出,但直到 19 世纪中叶,Joule(焦耳)和 Mayer(迈耶尔)历经 20 多年,用各种实验求证热和功的转换关系,提出了著名的热功当量,即 1 cal=4.1840 J,从此能量守恒原理被科学界所公认。将能量守恒原理运用于热力学系统则称为热力学第一定律(the first law of thermodynamics),因此热力学第一定律的本质就是能量守恒原理。

热力学第一定律出现之前,由于发展生产的需要,人们在不断提高机器效率的同时,产生了制造一种永动机的想法,即无须外界供给能量就能不断对外界做功的机器,称为第一类永动机。当然,由于它违背了能量守恒原理,因而不可能成功,故热力学第一定律也可表述为"第一类永动机是不可能制成的"。

1.2.2 热力学第一定律的数学表达式

一个封闭系统在完成指定始、终态间的变化时,系统与环境之间交换的热为 Q,功为 W,系统在变化过程中热力学能的改变量为 ΔU,则根据能量守恒原理,热力学能的改变量应等于系统与环境之间交换的热 Q 和功 W 之和,即

$$\Delta U = Q + W \tag{1-2a}$$

对于微小变化过程

$$dU = \delta Q + \delta W \tag{1-2b}$$

以上两式就是热力学第一定律的数学表达式。式中的 W 包括体积功(W_e)和非体积功(W_f)。若 $W_f=0$,则式(1-2b)可写成

$$dU = \delta Q + \delta W_e = \delta Q - p_e dV \tag{1-3a}$$

或
$$\Delta U = Q - \sum p_e dV \tag{1-3b}$$

当一个封闭系统从指定的始态变到终态时,由于经过的途径不同,Q 和 W 的值不同,但 $Q+W$ 的值却不变,这并不表明 Q 与 W 是状态函数,只是说明系统的热力学能这个状态函

数的改变量可用 $Q+W$ 来度量。

孤立系因与环境之间既无物质交换又无能量交换,所以孤立系内进行的任何过程,系统的热力学能 U 不变,故热力学第一定律也可表述为"孤立系统的总能量不变"。

1.3　功与过程

1.3.1　功与途径

功是系统状态变化过程中与环境之间交换的除热以外的其他形式的能量,与过程有关,不是状态函数,所以不能说系统在某一状态的功有多少,也不能说在某一过程中,系统功的改变值是多少。从同一始态出发,系统达到一定的终态,可以由不同的途径完成,途径不同,功的数值也不相同。下面具体讨论不同途径中的体积功。

假设 n mol 理想气体等温下由始态 (T,p_1,V_1) 经下列四种不同途径膨胀至终态 (T,p_2,V_2),系统所做的体积功分别为:

(1)自由膨胀。即气体向真空膨胀,由于在膨胀过程中,气体克服的外压 p_e 为零,因此该过程中的体积功为

$$W_{\text{I}} = \int_{V_1}^{V_2} -p_e \mathrm{d}V = 0$$

(2)一次恒外压膨胀。系统在刚开始膨胀的瞬间,外压由 p_1 突降到 p_2,之后系统在外压为 p_2 的条件下膨胀到终态,膨胀过程中,系统从环境中吸热以维持系统的始态、终态温度相等。在此过程中,气体实际克服的外压为 p_2,因此,一次恒外压膨胀过程的体积功为

$$W_{\text{II}} = \int_{V_1}^{V_2} -p_e \mathrm{d}V = -p_2(V_2 - V_1)$$

体系对外所做的功 W_{II} 的绝对值由图(1-1)中面积 $dcgh$ 表示。

(3)两次恒外压膨胀。外压先突然减小到 $p_e = p'(p_1 > p' > p_2)$,恒定 p' 使体积由 V_1 膨胀到 V' 后,外压再从 p' 突降到 p_2,再恒定 p_2 使体积从 V' 膨胀到 V_2。在两次膨胀过程中,第一次膨胀系统克服的外压为 p',体积改变为 $(V'-V_1)$,因此体积功为

$$W_{\text{III},1} = \int_{V_1}^{V'} -p_e \mathrm{d}V = -p'(V'-V_1)$$

第二次膨胀系统克服外压 p_2,体积改变为 (V_2-V'),因此体积功为

$$W_{\text{III},2} = \int_{V'}^{V_2} -p_e \mathrm{d}V = -p_2(V_2 - V')$$

两次膨胀过程总的体积功为

$$W_{\text{III}} = -p'(V'-V_1) - p_2(V_2 - V')$$

体系对外所做的功 W_{III} 的绝对值由图 1-1 中面积 $dbefgh$ 表示。

由此可见,系统两次膨胀做功比一次膨胀做功要大。可以证明,膨胀次数越多,系统做

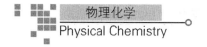

功越大。

（4）准静态膨胀。如果在膨胀过程中，不断地调整外压，使系统的外压始终比系统的压力 p 小一个极小值 dp，同时体积膨胀一个极小值 dV，在这种条件下，使系统从始态膨胀至终态。显然，这个过程是无限缓慢的，过程进行的每一步，系统都非常接近平衡态，这种过程称为准静态膨胀过程（quasistatic process）。过程中系统克服的外压力为

$$p_e = p - dp$$

系统所做的体积功为

$$W_{IV} = \int_{V_1}^{V_2} -p_e dV = \int_{V_1}^{V_2} -(p - dp)dV = -\int_{V_1}^{V_2} p dV + \int_{V_1}^{V_2} dp dV$$

因为 dp 和 dV 极小，所以 $\int dp dV$ 可以忽略不计，如果气体是理想气体且温度恒定，将理想气体状态方程 $p = \dfrac{nRT}{V}$ 代入，则

$$W_{IV} = -\int_{V_1}^{V_2} p dV = -\int_{V_1}^{V_2} \frac{nRT}{V} dV = -nRT \ln \frac{V_2}{V_1} = -nRT \ln \frac{p_1}{p_2} \tag{1-4}$$

体系对外所做的功 W_{IV} 的绝对值由图 1-1 中面积 $daegh$ 表示。

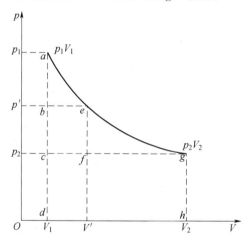

图 1-1　功与过程的关系

通过上述讨论可知，等温膨胀过程，若采用不同的途径完成，系统对环境所做的功是不同的，即：$|W_I| < |W_{II}| < |W_{III}| < |W_{IV}|$，其中准静态膨胀过程系统所做的体积功最大。

1.3.2　可逆过程

如果将上述准静态膨胀过程逆转，即在等温条件下，不断调整外压，使系统的外压力始终比系统的压力 p 大一个极小值 dp，同时体积压缩一个极小值 dV，在这种条件下，使系统的体积从 V_2 经过无限多次压缩至 V_1，这种过程称为准静态压缩过程。显然，在整个压缩过程中，环境对系统使用了最小的外压，所以环境对系统做功为最小。在此过程中，环境所消

耗的功为

$$W = -nRT \ln \frac{V_1}{V_2} \tag{1-5}$$

对比式(1-4)和式(1-5)可知,系统经过准静态膨胀过程与准静态压缩过程所做的功大小相等,符号相反。

如果将上述准静态膨胀过程中系统对环境所做的功贮存起来,用来压缩系统,这些功恰好能使系统复原,即系统经过一个准静态膨胀过程后,如果再进行一个准静态压缩,系统可以恢复原状,同时环境得到的功为 $W_{IV} + W = 0$,根据热力学第一定律,系统复原后 $\Delta U = 0$,所以环境得热 $Q = 0$,即环境也恢复了原状。热力学中称这种过程(如准静态膨胀过程)发生以后,能够采用某种方法(如准静态压缩过程)使系统和环境同时恢复原状的过程为可逆过程(reversible process)。而上述 I,II,III 过程发生后,如果使系统恢复原状,环境均发生变化,损失功而得到热,即在环境中留下了永久的痕迹,所以这些过程均为热力学不可逆过程。

可逆过程具有如下特点:

①在可逆过程中,不仅系统内部在任何瞬间均处于无限接近平衡的状态,而且系统与环境之间也无限接近平衡。

②可逆过程进行时,因变化的动力与阻力相差为一无限小量,因而过程进行得无限缓慢。

③在同一特定条件下,系统由始态可逆变化至终态,再由终态可逆回复到始态,此时系统与环境同时恢复原状。

④可逆过程中,系统对环境做最大功,环境对系统做最小功。

可逆过程是一种理想过程,是科学的抽象,客观世界中并不存在真正的可逆过程。上述准静态膨胀与准静态压缩过程在没有摩擦力的情况下可看作可逆过程,在无限接近相平衡条件下进行的相变化,比如液体在其沸点下的蒸发、固体在其熔点下的熔化等均可视为可逆过程。虽然可逆过程实际不存在,但它指出的是一个实际过程可以改进的限度。另外,很多实际过程中热力学状态函数的改变值不易求算,可借助于可逆过程来实现。

1.4 热与过程

热和功一样,与过程有关,也不是状态函数,所以不同过程会产生不同的热,如等容热、等压热、相变热等。

1.4.1 等容热

对于只做体积功的封闭系统,在等容过程中与环境交换的热量称为等容热,用符号 Q_V 表示。根据热力学第一定律

$$dU = \delta Q + \delta W = \delta Q_V - p_e dV$$

等容过程中 $dV = 0$,所以 $\qquad dU = \delta Q_V \tag{1-6a}$

积分,得 $\qquad \Delta U = Q_V \tag{1-6b}$

式(1-6a)和式(1-6b)表明,只做体积功的封闭系统,等容过程中,系统吸收的热 Q_V 等于系统热力学能的变化量 ΔU。

1.4.2 等压热与焓

对于只做体积功的封闭系统,在等压过程中与环境交换的热量称为等压热,用符号 Q_p 表示。根据热力学第一定律

$$dU = \delta Q + \delta W = \delta Q_p - p_e dV$$

由于等压过程中系统的始态压力 p_1、终态压力 p_2 与环境压力 p_e 都相等,即 $p_1 = p_2 = p_e = p$,所以

$$\delta Q_p = dU + p dV = d(U + pV) \qquad (1\text{-}7)$$

式中的 U, p, V 均为系统的状态函数,它们的组合 $U + pV$ 也一定是系统的状态函数,由此定义一个新的状态函数,称作焓(enthalpy),用 H 表示,即

$$H \equiv U + pV \qquad (1\text{-}8)$$

焓是状态函数,系统的状态一定,焓就有确定值,其单位为 J 或 kJ。由于一定状态下系统的热力学能的绝对值不可知,所以焓的绝对值也不可知。焓同热力学能一样,也是广度性质。

将式(1-8)代入式(1-7),可

$$\delta Q_p = dH \qquad (1\text{-}9a)$$

积分式为

$$Q_p = \Delta H \qquad (1\text{-}9b)$$

式(1-9a)和式(1-9b)表明,只做体积功的封闭系统,等压过程中,系统吸收的热 Q_p 等于系统的焓变 ΔH。

1.4.3 热容

对于只做体积功的封闭系统,在无相变和化学变化的条件下,如果温度升高 dT 所吸收的热量为 δQ,则 $\dfrac{\delta Q}{dT}$ 就称为热容(heat capacity),用符号 C 表示,单位为 $J \cdot K^{-1}$,用公式表示如下:

$$C = \frac{\delta Q}{dT} \qquad (1\text{-}10)$$

因为热与过程有关,所以热容也随过程而改变。

等容过程的热容称为等容热容(heat capacity at constant volume),用 C_V 表示

$$C_V = \frac{\delta Q_V}{dT} \qquad (1\text{-}11)$$

等压过程的热容称为等压热容(heat capacity at constant pressure),用 C_p 表示

$$C_p = \frac{\delta Q_p}{\mathrm{d}T} \tag{1-12}$$

对于只做体积功的封闭系统，$\delta Q_V = \mathrm{d}U$，$\delta Q_p = \mathrm{d}H$，因此

$$C_V = \left(\frac{\partial U}{\partial T}\right)_V \qquad \mathrm{d}U = C_V \mathrm{d}T \tag{1-13}$$

$$C_p = \left(\frac{\partial H}{\partial T}\right)_p \qquad \mathrm{d}H = C_p \mathrm{d}T \tag{1-14}$$

热容还与系统内物质的量有关。如果系统内包含的物质为 1 mol，则系统的热容就称为摩尔热容，单位都是 $\mathrm{J \cdot mol^{-1} \cdot K^{-1}}$。

C_V 与系统内物质的量 n 之比称为系统的等容摩尔热容（molar heat capacity at constant volume），用 $C_{V,\mathrm{m}}$ 表示

$$C_{V,\mathrm{m}} = \frac{C_V}{n} = \left(\frac{\partial U_\mathrm{m}}{\partial T}\right)_V \tag{1-15}$$

C_p 与系统内物质的量 n 之比称为系统的等压摩尔热容（molar heat capacity at constant pressure），用 $C_{p,\mathrm{m}}$ 表示

$$C_{p,\mathrm{m}} = \frac{C_p}{n} = \left(\frac{\partial H_\mathrm{m}}{\partial T}\right)_p \tag{1-16}$$

对于物质的量为 n 的物质，在非体积功为零的等容条件下，温度由 T_1 升高到 T_2 过程的等容热和热力学能变，可由下式计算：

$$Q_V = \Delta U = \int_{T_1}^{T_2} C_V \mathrm{d}T = \int_{T_1}^{T_2} n C_{V,\mathrm{m}} \mathrm{d}T \tag{1-17}$$

如果 $C_{V,\mathrm{m}}$ 为常数，则

$$Q_V = \Delta U = n C_{V,\mathrm{m}}(T_2 - T_1) \tag{1-18}$$

对于物质的量为 n 的物质，在非体积功为零的等压条件下，则等压热及焓变计算如下：

$$Q_p = \Delta H = \int_{T_1}^{T_2} C_p \mathrm{d}T = \int_{T_1}^{T_2} n C_{p,\mathrm{m}} \mathrm{d}T \tag{1-19}$$

如果 $C_{p,\mathrm{m}}$ 为常数，则

$$Q_p = \Delta H = n C_{p,\mathrm{m}}(T_2 - T_1) \tag{1-20}$$

热容不仅与物质的本性有关，它还是温度的函数，热容与温度的函数关系因物质、物态和温度区间的不同而有不同的形式。等压摩尔热容与温度的函数关系，通常有如下经验关系式：

$$C_{p,\mathrm{m}} = a + bT + cT^2 \tag{1-21}$$

$$C_{p,\mathrm{m}} = a + bT + c'T^{-2} \tag{1-22}$$

$$C_{p,\mathrm{m}} = a + bT + cT^2 + dT^3 \tag{1-23}$$

式中的 a,b,c,c',d 均为经验系数,具有不同的单位,可在化学手册中查到。使用这些公式时应注意所适用的温度范围。

1.5 理想气体的热力学

1.5.1 Joule 实验

Joule 于 1843 年做了低压气体的自由膨胀实验,如图 1-2 所示。将两个较大的容量相等的容器放在大水浴中,它们之间有旋塞连通,开始时左侧的容器装满气体,右侧的容器抽成真空,当系统平衡时测出水浴温度。然后打开旋塞,气体由左侧容器内膨胀到右侧容器,最后系统达到平衡,这时再测定水浴的温度,发现水温没有变化。

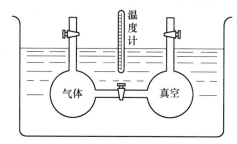

图 1-2 Joule 实验

因为右侧容器为真空,气体膨胀过程克服的外压为零,所以膨胀过程中不做功,即 $W=0$。又因为没有观察到水温变化,说明系统与环境之间没有热量的交换,即 $Q=0$。根据热力学第一定律 $\Delta U=Q+W$,可知自由膨胀过程中系统的 $\Delta U=0$。

根据焓的定义式 $H=U+pV$,得

$$\Delta H = \Delta U + \Delta(pV)$$

对于一定量(n mol)的理想气体

$$\Delta(pV) = \Delta(nRT) = nR\Delta T$$

由于该过程没有温度变化,即 $\Delta T=0$,所以

$$\Delta(pV) = nR\Delta T = 0 \quad \text{因此} \quad \Delta H = 0$$

由此得出结论,理想气体在自由膨胀过程中,热力学能和焓均保持不变。

对于一定量的理想气体,热力学能是温度 T 和体积 V 的函数,即 $U=U(T,V)$,状态变化时有

$$dU = \left(\frac{\partial U}{\partial T}\right)_V dT + \left(\frac{\partial U}{\partial V}\right)_T dV$$

由 Joule 实验知,理想气体自由膨胀过程中 $dT=0$,且 $dU=0$,故

$$\left(\frac{\partial U}{\partial V}\right)_T dV = 0$$

因为 $dV \neq 0$，所以

$$\left(\frac{\partial U}{\partial V}\right)_T = 0 \tag{1-24}$$

同理可以证明

$$\left(\frac{\partial U}{\partial p}\right)_T = 0 \tag{1-25}$$

式(1-24)和式(1-25)说明，理想气体的热力学能仅为温度的函数，与体积 V 及压力 p 无关，即

$$U = f(T) \tag{1-26}$$

因为 $H = U + pV$，所以

$$\left(\frac{\partial H}{\partial V}\right)_T = \left(\frac{\partial U}{\partial V}\right)_T + \left[\frac{\partial (pV)}{\partial V}\right]_T$$

对于一定量理想气体，在等温条件下，pV 为常数，所以式中 $\left[\dfrac{\partial (pV)}{\partial V}\right]_T = 0$，$\left(\dfrac{\partial U}{\partial V}\right)_T = 0$，所以

$$\left(\frac{\partial H}{\partial V}\right)_T = 0 \tag{1-27}$$

同理可证明

$$\left(\frac{\partial H}{\partial p}\right)_T = 0 \tag{1-28}$$

式(1-27)和式(1-28)说明，理想气体的焓也只是温度的函数，与体积 V 及压力 p 的变化无关，即

$$H = f(T) \tag{1-29}$$

后来的研究证明，Joule 实验的结果对于理想气体是完全正确的，而对于实际气体存在偏差。

1.5.2　理想气体的热容

根据焓的定义式 $H = U + pV$，可知系统发生变化时

$$dH = dU + d(pV)$$

对于只做体积功的理想气体，将式(1-13)和式(1-14)以及理想气体状态方程 $pV = nRT$ 代入上式得

$$C_p dT = C_V dT + nR dT \quad 或 \quad nC_{p,m} dT = nC_{V,m} dT + nR dT$$

因此

$$C_p = C_V + nR \quad 或 \quad C_{p,m} = C_{V,m} + R \tag{1-30}$$

式(1-30)表示理想气体的等压热容与等容热容之间的关系。因为等容过程中，升高温度，系统所吸的热全部用来增加系统的热力学能；而等压过程中，所吸的热除增加系统的热

力学能外,还要多吸一点热量用来对外做体积功,所以气体的 C_p 恒大于 C_V。

理想气体的热容可以根据气体动力学理论和能量均分原理推出:

对于单原子分子理想气体(如 He,Ne,Ar 等) $\qquad C_{V,m}=\dfrac{3}{2}R,C_{p,m}=\dfrac{5}{2}R$

双原子分子理想气体 $\qquad C_{V,m}=\dfrac{5}{2}R,C_{p,m}=\dfrac{7}{2}R$

多原子分子理想气体 $\qquad C_{V,m}\geqslant 3R$

1.5.3 理想气体的 ΔU 和 ΔH 的计算

因为理想气体的热力学能和焓只是温度的函数,所以

$$\mathrm{d}U=\left(\frac{\partial U}{\partial T}\right)_V\mathrm{d}T=C_V\,\mathrm{d}T \qquad \Delta U=\int_{T_1}^{T_2}C_V\,\mathrm{d}T=\int_{T_1}^{T_2}nC_{V,m}\,\mathrm{d}T \qquad (1\text{-}31)$$

$$\mathrm{d}H=\left(\frac{\partial H}{\partial T}\right)_p\mathrm{d}T=C_p\,\mathrm{d}T \qquad \Delta H=\int_{T_1}^{T_2}C_p\,\mathrm{d}T=\int_{T_1}^{T_2}nC_{p,m}\,\mathrm{d}T \qquad (1\text{-}32)$$

用这两个公式计算理想气体的 ΔU,ΔH 时,可不受等容、等压条件的限制。

例 1-1 1 mol 氩气从 25 ℃加热到 500 ℃,若经历(1)等容过程和(2)等压过程,计算系统经过这两个不同过程的 $\Delta U,\Delta H,Q,W$。

解:氩气为单原子分子理想气体,有

$$C_{V,m}=\frac{3}{2}R=\frac{3}{2}\times 8.314=12.47\ \mathrm{J\cdot mol^{-1}\cdot K^{-1}}$$

$$C_{p,m}=C_{V,m}+R=12.47+8.314=20.78\ \mathrm{J\cdot mol^{-1}\cdot K^{-1}}$$

(1)等容过程,$\Delta V=0$,$W_I=0$

$$Q_V=\Delta U_I=\int_{T_1}^{T_2}C_{V,m}\mathrm{d}T=C_{V,m}\bigg|_{298}^{773}\mathrm{d}T=12.47\times(773-298)=5\ 923\ \mathrm{J}$$

$$\Delta H_I=\int_{T_1}^{T_2}C_{p,m}\mathrm{d}T=C_{p,m}\bigg|_{298}^{773}\mathrm{d}T=20.78\times(773-298)=9\ 870\ \mathrm{J}$$

(2)等压过程,由于 U 和 H 只是温度的函数,所以,

$$\Delta U_{\mathrm{II}}=\Delta U_I=5\ 923\ \mathrm{J}$$

$$\Delta H_{\mathrm{II}}=\Delta H_I=9\ 870\ \mathrm{J}$$

$$Q_p=\Delta H_{\mathrm{II}}=9\ 870\ \mathrm{J}$$

$$W_{\mathrm{II}}=\Delta U_{\mathrm{II}}-Q_p=5\ 923-9\ 870=-3\ 947\ \mathrm{J}$$

1.5.4 理想气体的绝热可逆过程

在绝热过程中,系统与环境间无热的交换,但可以有功的交换。

根据热力学第一定律

$$dU = \delta Q + \delta W$$

绝热过程中 $\delta Q = 0$，因此

$$dU = \delta W \quad 或 \quad \Delta U = W \tag{1-33}$$

式(1-33)表明绝热过程中系统对外所做的功等于系统热力学能的减少，也就是说，绝热过程中，系统对外做功是通过降低系统的热力学能来实现的。

对于只做体积功的理想气体，绝热可逆变化时

$$dU = C_V dT \qquad \delta W = -p_e dV = -p dV$$

因此 $C_V dT = -p dV$

将理想气体状态方程 $p = \dfrac{nRT}{V}$ 代入上式，得

$$C_V dT + \frac{nRT}{V} dV = 0 \quad 或 \quad \frac{dT}{T} + \frac{nR}{C_V} \frac{dV}{V} = 0$$

对于理想气体，$C_p - C_V = nR$。令 $\dfrac{C_p}{C_V} = \gamma$，$\gamma$ 称为热容比。则

$$\frac{nR}{C_V} = \frac{C_p - C_V}{C_V} = \gamma - 1$$

代入 $\dfrac{dT}{T} + \dfrac{nR}{C_V} \dfrac{dV}{V} = 0$，得

$$\frac{dT}{T} + (\gamma - 1) \frac{dV}{V} = 0$$

对于理想气体，C_V 为定值，将上式积分得

$$\ln T + (\gamma - 1)\ln V = 常数 \quad 或写作 \quad TV^{\gamma-1} = 常数 \tag{1-34}$$

若将 $\dfrac{pV}{nR} = T$ 代入式(1-34)，得

$$pV^{\gamma} = 常数 \tag{1-35}$$

若将 $\dfrac{nRT}{p}$ 代替 V，就得到

$$p^{1-\gamma}T^{\gamma} = 常数 \tag{1-36}$$

式(1-34)、式(1-35)、式(1-36)描述了理想气体发生绝热可逆过程时，系统 p,V,T 变化所遵循的规律，称为理想气体的绝热可逆过程方程式。

1.6 热化学

化学变化常伴有吸热或放热现象，精确测定反应的热效应并研究其规律，已成为化学热力学的一个分支，称为热化学(thermochemistry)。热化学的理论基础是热力学第一定律，热化学实质上可以看作是热力学第一定律在化学变化过程中的具体应用。

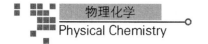

1.6.1 反应进度

反应进度(extent of reaction)是物理化学中一个重要的物理量,它表示的是反应进行的程度。

对任一化学反应

$$a\mathrm{A} + d\mathrm{D} \rightarrow g\mathrm{G} + h\mathrm{H}$$

可写作

$$0 = \sum \nu_\mathrm{B} \mathrm{B} \tag{1-37}$$

式中:B 为反应系统中的任一物质,ν_B 为反应方程式中 B 的化学计量系数,对于反应物 ν_B 取 "一"号,对于产物 ν_B 取"十"号,即 $\nu_\mathrm{A} = -a$,$\nu_\mathrm{D} = -d$,$\nu_\mathrm{G} = g$,$\nu_\mathrm{H} = h$。

设反应开始时各物质的量为 $n_{\mathrm{B},0}$,反应进行到 t 时刻各物质的量为 $n_{\mathrm{B},t}$。

	$a\mathrm{A}$	$+$	$d\mathrm{D}$	$\rightarrow$	$g\mathrm{G}$	$+$	$h\mathrm{H}$
$t=0$	$n_{\mathrm{A},0}$		$n_{\mathrm{D},0}$		$n_{\mathrm{G},0}$		$n_{\mathrm{H},0}$
$t=t$	$n_{\mathrm{A},t}$		$n_{\mathrm{D},t}$		$n_{\mathrm{G},t}$		$n_{\mathrm{H},t}$

随着反应的进行,反应物的量不断减少,产物的量不断增加,反应系统中各物质的量的变化符合下列关系式:

$$\frac{n_{\mathrm{A},t} - n_{\mathrm{A},0}}{-a} = \frac{n_{\mathrm{D},t} - n_{\mathrm{D},0}}{-d} = \frac{n_{\mathrm{G},t} - n_{\mathrm{G},0}}{g} = \frac{n_{\mathrm{H},t} - n_{\mathrm{H},0}}{h}$$

显然,任一反应时刻,各物质的量的变化与其化学计量系数之比与物质的种类无关,只与反应进行的程度有关,因此将其称为反应进度,用 ξ 表示,其定义为

$$\xi = \frac{n_{\mathrm{B},t} - n_{\mathrm{B},0}}{\nu_\mathrm{B}} = \frac{\Delta n_\mathrm{B}}{\nu_\mathrm{B}} \tag{1-38}$$

式中:n_B 为反应系统中任一物质 B 的物质的量。对于确定的化学反应,参与反应的所有物质的 ξ 均相同。反应进度的单位为 mol。

从式(1-38)中可以看出,$\xi = 1$ mol 的物理意义是:有 a mol 的反应物 A 和 d mol 的反应物 D 参加反应完全消耗,可以生成 g mol 的产物 G 和 h mol 的产物 H。

反应进度与反应方程式的写法有关,例如,对于合成氨反应

$$3\mathrm{H}_2 + \mathrm{N}_2 = 2\mathrm{NH}_3$$

反应进度 $\xi = 1$ mol,表示消耗 3 mol H_2,1 mol N_2,生成 2 mol NH_3。

若将合成氨的反应计量方程式写成

$$\frac{3}{2}\mathrm{H}_2 + \frac{1}{2}\mathrm{N}_2 = \mathrm{NH}_3$$

则反应进度 $\xi = 1$ mol,表示消耗 1.5 mol H_2,0.5 mol N_2,生成 1 mol NH_3。所以反应进度与反应计量方程式的写法有关,它是按计量方程式为单元来表示反应进行的程度的,而且用反应系统中的任意一种物质的变化量来表示,所得的值均相同,故国际纯粹与应用化学

联合会(IUPAC)建议在化学计算中采用反应进度。

式(1-38)可以改写成

$$n_{B,t} = n_{B,0} + \nu_B \xi$$

由于 $n_{B,0}$ 与 ν_B 均为常数,故微分得

$$\mathrm{d}n_{B,t} = \nu_B \mathrm{d}\xi \tag{1-39}$$

将式(1-39)积分,可得在一段时间内 B 物质的量的变化

$$\Delta n_{B,t} = \nu_B \Delta \xi \tag{1-40}$$

$\Delta\xi$ 称为反应进度变量。

一个化学反应的焓变与反应进度变量有关,同一反应,反应进度变量不同,焓变也不同。当反应进度变量为 1 mol 时的焓变,称为摩尔焓变,表示为:

$$\Delta_r H_m = \frac{\Delta_r H}{\Delta \xi} \tag{1-41}$$

式中:下标 m 表示反应进度变量 $\Delta\xi = 1$ mol;下标 r 表示反应(reaction),若是生成反应则用 f(formation)为下标,即 $\Delta_f H_m$;若是燃烧反应,则用 c(combustion)为下标,即 $\Delta_c H_m$。$\Delta_r H_m$ 的单位是 $J \cdot mol^{-1}$,而 $\Delta_r H$ 的单位是 J,二者是不同的。

1.6.2　化学反应的热效应

只做体积功的化学反应系统,在反应物与产物温度相等的条件下,化学反应过程中吸收或放出的热,称为该反应的热效应,简称反应热。

由于热与反应途径有关,因此反应热也与变化途径有关,等压条件下的反应热称为等压反应热 Q_p,等容条件下的反应热称为等容反应热 Q_V。

化学反应热效应可以用实验测定。量热计大多为等容装置,例如氧弹式量热计,因此测得的化学反应热为等容反应热。但实际中大多数化学反应是在等压条件下进行的,因此实际中应用较多的是等压反应热 Q_p。等压反应热与等容反应热之间的关系可以用热力学方法推导。

设封闭系统内有一化学反应,其反应物分别经等温等压过程和等温等容过程得到相同产物(但所处状态不同),如图 1-3 所示。

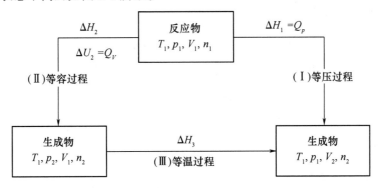

图 1-3　等压反应热与等容反应热之间的关系

过程(Ⅲ)表示一个没有相变和化学变化的等温过程。

如果反应过程中只做体积功,则由于熵是状态函数,故有

$$\Delta H_1 = \Delta H_2 + \Delta H_3 = \Delta U_2 + \Delta(pV)_2 + \Delta H_3$$

因为 $\Delta H_1 = Q_p$ $\Delta U_2 = Q_V$ 所以 $Q_p = Q_V + \Delta H_3 + \Delta(pV)_2$。

如果产物都是理想气体,则由于理想气体的熵只是温度的函数,因此 $\Delta H_3 = 0$。

如果产物是非理想气体,则 $\Delta H_3 \neq 0$,但其数值很小,可近似看成等于零,因此

$$Q_p = Q_V + \Delta(pV)_2$$

对于凝聚物(液体或固体)而言,反应前后 pV 值相差不大,可略而不计。因此只需考虑气体组分的 pV 之差。

如果气体可近似看着理想气体,则根据理想气体的状态方程 $pV = nRT$,得

$$\Delta(pV)_2 = \Delta n(g)RT_1$$

因此
$$Q_p = Q_V + \Delta n(g)RT$$

$$Q_{p,m} = Q_{V,m} + RT\sum_B \nu_B(g) \tag{1-42}$$

$$\Delta_r H_m = \Delta_r U_m + RT\sum_B \nu_B(g) \tag{1-43}$$

式中:$\sum\limits_B \nu_B(g)$ 表示化学反应前后气体物质的化学计量系数之和,即反应方程式 $0 = \sum\limits_B \nu_B B$ 中气体物质 B(g)的化学计量系数的代数和。

例 1-2 25 ℃时,在氧弹式量热计中燃烧 1 mol 丙二酸[$CH_2(CO_2H)_2$](s),生成二氧化碳和液态水,放热 861.15 kJ。求 25 ℃时丙二酸燃烧反应的等压热效应 $Q_{p,m}$。

解:题中所述燃烧反应的热化学方程式为

$$CH_2(CO_2H)_2(s) + 2O_2(g) = 3CO_2(g) + 2H_2O(l)$$

反应前后气体物质量的变化为 $\sum\limits_B \nu_B(g) = 3 - 2 = 1$

依题意 $Q_{V,m} = -861.15\ \text{kJ} \cdot \text{mol}^{-1}$

所以 $Q_{p,m} = Q_{V,m} + RT\sum\limits_B \nu_B(g)$

$$= -861.15 + 8.314 \times 298 \times 10^{-3} \times 1$$

$$= -858.67\ \text{kJ} \cdot \text{mol}^{-1}$$

1.6.3 热化学方程式

等温等压、非体积功等于零的条件下

$$Q_p = \Delta H$$

因此只做体积功、等温等压下的化学反应的热效应等于反应的焓变,也就是等于产物焓的总和减去反应物焓的总和,即

$$\Delta_r H = \left(\sum_B H_B \right)_{产物} - \left(\sum_B H_B \right)_{反应物}$$

如果知道反应中各物质 B 的焓的绝对值,则利用此式可以方便地计算出任一反应的热效应。但焓的绝对值是无法测定的,为此热力学中选择了一个标准状态,求出各种物质相对于标准状态的相对焓值,建立一套热化学数据,用于化学反应热效应的计算。

热力学中规定物质的标准状态是标准压力 $p^{\ominus}$(100 kPa)下的纯物质状态(上角标"$\ominus$"表示标准态),即

气体的标准态:标准压力下的纯气体物质并具有理想气体性质的状态;

液体的标准态:标准压力下的纯液体状态;

固体的标准态:标准压力下最稳定的晶体状态。

关于标准态应注意:①标准态没有指明温度,随着温度的变化物质可有无数个标准态,为构建热力学数据方便,一般选择温度为 298 K。②对于气体标准态,由于理想气体并不存在,而实际气体在标准压力下,其行为并不理想,因此标准压力下的理想气体状态是不存在的,它只是一种假想状态。

标明了反应热的化学方程式称为热化学方程式。因为 U, H 等函数与系统的状态有关,所以书写热化学方程式时应注明物态、温度、压力、组成等。一般反应式中用"g"代表气体,用"l"表示液体,用"s"代表固体,固体物质如有多种晶型,要注明物质的晶型,如 C(石墨)、C(金刚石)。如不注明温度和压力,则表示反应在 298 K、标准压力下进行。例如

$$3H_2(g) + N_2(g) = 2NH_3(g) \qquad \Delta_r H_m^{\ominus} = -92.38 \text{ kJ} \cdot \text{mol}^{-1}$$

$$C(石墨) + O_2(g) = CO_2(g) \qquad \Delta_r H_m^{\ominus} = -393.5 \text{ kJ} \cdot \text{mol}^{-1}$$

1.6.4 Hess 定律

1840 年,Hess(赫斯,俄国化学家)从实验中发现:一个化学反应无论是一步完成还是分成几步完成,反应的热效应是相同的,即反应热只与反应始态、终态有关,与反应分成几步完成无关。这就是 Hess 定律,是热化学中最基本的定律。

Hess 定律最初是从实验中总结出来的,但在热力学第一定律建立之后,就成为必然结果。因为 $Q_{V,m} = \Delta_r U_m$,$Q_{p,m} = \Delta_r H_m$,而 H 与 U 都是状态函数,只要化学反应始态、终态确定,则 $\Delta_r U_m$ 和 $\Delta_r H_m$ 就是定值,与通过什么途径完成这一反应无关。

Hess 定律的应用很广,利用热化学方程式的线性组合,可由已准确测定的反应热数据,求得实际上难以测定的反应热。

例如,C(石墨) $+ \dfrac{1}{2}O_2(g) = CO(g)$ 的摩尔反应焓很难测定,但碳完全燃烧生成 CO_2 的反应,可以通过两条不同途径实现,如下所示:

途径 Ⅰ:一步完成　(1)C(石墨)+O_2(g)=CO_2(g)　$\Delta_r H_m(1)=-393.5$ kJ·mol^{-1}

途径 Ⅱ:两步完成　(2)C(石墨)+$\frac{1}{2}O_2$(g)=CO(g)　$\Delta_r H_m(2)=?$

(3)CO(g)+$\frac{1}{2}O_2$(g)=CO_2(g)　$\Delta_r H_m(3)=-283.0$ kJ·mol^{-1}

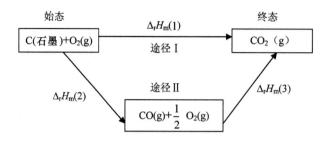

根据 Hess 定律　　$\Delta_r H_m(1)=\Delta_r H_m(2)+\Delta_r H_m(3)$

因此　　　　　　　$\Delta_r H_m(2)=\Delta_r H_m(1)-\Delta_r H_m(3)$

$$=-393.5 \text{ kJ·mol}^{-1}-(-283.0 \text{ kJ·mol}^{-1})$$

$$=-110.5 \text{ kJ·mol}^{-1}$$

Hess 定律不仅适用于摩尔反应焓的计算,也适用于所有其他状态函数改变量的计算。

1.6.5　几种热效应

1.标准摩尔生成焓

在指定温度及标准压力下,由元素的最稳定单质生成 1 mol 标准态的物质 B 时反应的焓变称为该物质 B 的标准摩尔生成焓(standard molar enthalpy of formation),用 $\Delta_f H_m^\ominus(B)$ 表示,单位为 J·mol^{-1} 或 kJ·mol^{-1}。在指定温度及标准压力下,元素的最稳定单质本身的标准摩尔生成焓为零。

在指定温度及标准压力下:

稀有气体的最稳定单质为单原子分子稀有气体;

氢、氧、氮、氟、氯元素的最稳定单质分别为相应的双原子分子气体;

溴和汞的最稳定单质分别为液态 Br_2(l)和 Hg(l);碳的最稳定单质为石墨;

硫的最稳定单质为正交硫;其余元素的最稳定单质均为固态。

例如,在 298 K 及标准压力下,

$$\frac{1}{2}H_2(g)+\frac{1}{2}Cl_2(g)=HCl(g)\qquad \Delta_f H_m^\ominus=-92.307 \text{ kJ·mol}^{-1}$$

因此,HCl(g)的标准摩尔生成焓为

$$\Delta_f H_m^\ominus(HCl,g)=-92.307 \text{ kJ·mol}^{-1}$$

常见物质在 298 K 时的标准摩尔生成焓数据可以从热力学手册上查到(见附录 7)。

由标准摩尔生成焓数据可以计算化学反应的反应热。例如对于任一化学反应

$$aA + dD = gG + hH$$

如果已知各种物质在 298 K 及标准压力 $p^{\ominus}$ 下的标准摩尔生成焓，那么该反应的标准摩尔焓变 $\Delta_r H_m^{\ominus}$ 为

$$\Delta_r H_m^{\ominus} = \sum_B \nu_B \, \Delta_f H_m^{\ominus}(B) \tag{1-44}$$

例 1-3   试计算如下反应在 298 K 下的 $\Delta_r H_m^{\ominus}$：

$$C_2H_5OH(l) + 3O_2(g) = 2CO_2(g) + 3H_2O(g)$$

解：根据(1-44)可得

$$\Delta_r H_m^{\ominus} = 2\Delta_f H_m^{\ominus}(CO_2, g) + 3\Delta_f H_m^{\ominus}(H_2O, g) - \Delta_f H_m^{\ominus}(C_2H_5OH, l) - 3\Delta_f H_m^{\ominus}(O_2, g)$$

查表可知

$$\Delta_f H_m^{\ominus}(CO_2, g) = -393.51 \text{ kJ} \cdot \text{mol}^{-1} \qquad \Delta_f H_m^{\ominus}(H_2O, g) = -241.82 \text{ kJ} \cdot \text{mol}^{-1}$$

$$\Delta_f H_m^{\ominus}(C_2H_5OH, l) = -277.69 \text{ kJ} \cdot \text{mol}^{-1} \qquad \Delta_f H_m^{\ominus}(O_2, g) = 0$$

将以上数据代入前式，得

$$\Delta_r H_m^{\ominus} = 2 \times (-393.51) + 3 \times (-241.82) - (-277.69) - 0 = -1\ 235 \text{ kJ} \cdot \text{mol}^{-1}$$

2. 离子的标准摩尔生成焓

在指定温度及标准压力下，由稳定单质生成 1 mol 处于无限稀释水溶液中的离子 B 时的焓变称为该离子 B 的标准摩尔生成焓(standard molar enthalpy of ion formation)，用 $\Delta_f H_m^{\ominus}(B, \infty, aq)$ 表示，单位为 $J \cdot mol^{-1}$ 或 $kJ \cdot mol^{-1}$，"∞, aq"表示无限稀释水溶液。

由于溶液中正负离子总是同时存在的，因此规定氢离子的标准摩尔生成焓为零，即 $\Delta_f H_m^{\ominus}(H^+, \infty, aq) = 0$，据此可求得其他离子的标准摩尔生成焓。例如

$$\frac{1}{2}H_2(g) + \frac{1}{2}Cl_2(g) \longrightarrow H^+(\infty, aq) + Cl^-(\infty, aq) \qquad \Delta_r H_m^{\ominus} = -167.159 \text{ kJ} \cdot \text{mol}^{-1}$$

根据以上规定知 $\Delta_f H_m^{\ominus}(Cl^-, \infty, aq) = \Delta_r H_m^{\ominus} = -167.159 \text{ kJ} \cdot \text{mol}^{-1}$。

298 K 时离子标准摩尔生成焓数据可由有关手册上查得，由离子标准摩尔生成焓数据计算化学反应热的公式为

$$\Delta_r H_m^{\ominus} = \sum_B \nu_B \, \Delta_f H_m^{\ominus}(B, \infty, aq) \tag{1-45}$$

3. 标准摩尔燃烧焓

在指定温度及标准压力下，1 mol 物质 B 完全燃烧生成稳定的产物时，反应的标准摩尔焓变称为该物质的标准摩尔燃烧焓(standard molar enthalpy of combustion)，用 $\Delta_c H_m^{\ominus}(B)$ 表示，单位为 $J \cdot mol^{-1}$ 或 $kJ \cdot mol^{-1}$。稳定产物本身的标准摩尔燃烧焓为零。

物理化学
Physical Chemistry

所谓的稳定产物是指：物质 B 中的 C,H,N 的燃烧产物分别为 $CO_2(g)$，$H_2O(l)$ 和 $N_2(g)$，S 的燃烧产物为 $SO_2(g)$，Cl 的燃烧产物为 $HCl(\infty, aq)$。

例如甲烷(CH_4)的标准摩尔燃烧焓就是反应 $CH_4(g) + 2O_2(g) = CO_2(g) + 2H_2O(l)$ 的标准摩尔焓变。一些有机物 298 K 时的 $\Delta_c H_m^{\ominus}$ 数据列于表 1-1 中。

利用物质的 $\Delta_c H_m^{\ominus}$ 数据，也可以计算反应的热效应。

表 1-1 常见有机化合物的标准摩尔燃烧焓(298 K)

物质		$-\Delta_c H_m^{\ominus}$ /(kJ·mol^{-1})	物质		$-\Delta_c H_m^{\ominus}$ /(kJ·mol^{-1})
$CH_4(g)$	甲烷	890.31	$C_6H_{12}(l)$	环己烷	3 919.9
$C_2H_6(g)$	乙烷	1559.8	$C_6H_6(l)$	苯	3 267.5
$C_3H_8(g)$	丙烷	2 219.9	$C_{10}H_8(s)$	萘	5 153.9
$C_5H_{12}(l)$	正戊烷	3 509.5	$CH_3OH(l)$	甲醇	726.51
$C_5H_{12}(g)$	正戊烷	3 536.1	$C_2H_5OH(l)$	乙醇	1 366.8
$C_6H_{14}(l)$	正己烷	4 163.1	$C_3H_7OH(l)$	正丙醇	2 019.8
$C_2H_4(g)$	乙烯	1 411.0	$C_4H_9OH(l)$	正丁醇	2 675.8
$C_2H_2(g)$	乙炔	1 299.6	$CH_3OC_2H_5(g)$	甲乙醚	2 107.4
$C_3H_6(g)$	环丙烷	2 091.5	$(C_2H_5)_2O(l)$	二乙醚	2 751.1
$C_4H_8(l)$	环丁烷	2 720.5	$HCHO(g)$	甲醛	570.78
$C_5H_{10}(l)$	环戊烷	3 290.9	$CH_3CHO(l)$	乙醛	1 166.4
$C_2H_5CHO(l)$	丙醛	1 816.3	$C_6H_5OH(s)$	苯酚	3 053.5
$(CH_3)_2CO(l)$	丙酮	1 790.4	$C_6H_5CHO(l)$	苯甲醛	3 527.9
$CH_3COC_2H_5(l)$	甲乙酮	2 444.2	$C_6H_5COCH_3(l)$	苯乙酮	4 148.9
$HCOOH(l)$	甲酸	254.6	$C_6H_5COOH(s)$	苯甲酸	3 226.9
$CH_3COOH(l)$	乙酸	874.54	$C_6H_4(COOH)_2(s)$	邻苯二甲酸	3 223.5
$C_2H_5COOH(l)$	丙酸	1 527.3	$C_6H_5COOCH_3(l)$	苯甲酸甲酯	3 957.6
$C_3H_7COOH(l)$	正丁酸	2 183.5	$C_{12}H_{22}O_{11}(s)$	蔗糖	5 640.9
$CH_2(COOH)_2(s)$	丙二酸	861.15	$CH_3NH_2(l)$	甲胺	1 060.6
$(CH_2COOH)_2(s)$	丁二酸	1 491.0	$C_2H_5NH_2(l)$	乙胺	1 713.3
$(CH_3CO)_2O(l)$	乙酸酐	1 806.2	$(NH_3)_2CO(s)$	尿素	631.66
$HCOOCH_3(l)$	甲酸甲酯	979.5	$C_5H_5N(l)$	吡啶	2 782.4

例 1-4 已知乙酸(CH_3COOH)、甲醇(CH_3OH)和乙酸甲酯($CH_3CO_2CH_3$)的标准摩尔燃烧焓分别为 -874.54 kJ·mol^{-1}，-726.51 kJ·mol^{-1} 和 -1 595.0 kJ·mol^{-1}。求 25 ℃下酯化反应

$$CH_3COOH(l) + CH_3OH(l) = CH_3CO_2CH_3(l) + H_2O(l)$$

22

的标准摩尔焓变。

解:根据 $\Delta_c H_m^{\ominus}$ 的定义可得

$$CH_3COOH(l)+2O_2(g)=2CO_2(g)+2H_2O(l) \tag{1}$$

$$\Delta_r H_m^{\ominus}(1)=\Delta_c H_m^{\ominus}(CH_3COOH,l)=-874.54 \text{ kJ} \cdot \text{mol}^{-1}$$

$$CH_3OH(l)+\frac{3}{2}O_2(g)=CO_2(g)+2H_2O(l) \tag{2}$$

$$\Delta_r H_m^{\ominus}(2)=\Delta_c H_m^{\ominus}(CH_3OH,l)=-726.51 \text{ kJ} \cdot \text{mol}^{-1}$$

$$CH_3CO_2CH_3(l)+\frac{7}{2}O_2(g)=3CO_2(g)+3H_2O(l) \tag{3}$$

$$\Delta_r H_m^{\ominus}(3)=\Delta_c H_m^{\ominus}(CH_3CO_2CH_3,l)=-1595.0 \text{ kJ} \cdot \text{mol}^{-1}$$

(1)+(2)-(3)得到反应

$$CH_3COOH(l)+CH_3OH(l)=CH_3CO_2CH_3(l)+H_2O(l) \tag{4}$$

所以反应(4)的标准摩尔焓变为

$$\Delta_r H_m^{\ominus}(4)=\Delta_r H_m^{\ominus}(1)+\Delta_r H_m^{\ominus}(2)-\Delta_r H_m^{\ominus}(3)$$
$$=-874.54-726.51-(-1595.0)=-6.05 \text{ kJ} \cdot \text{mol}^{-1}$$

例1-4表明,化学反应的标准摩尔焓变等于反应物的标准摩尔燃烧焓总和减去产物的标准摩尔燃烧焓总和,写成通式为

$$\Delta_r H_m^{\ominus}=-\sum_B \nu_B \Delta_c H_m^{\ominus}(B) \tag{1-46}$$

1.6.6　Kirchhoff 定律

同一化学反应在不同温度下进行,标准摩尔焓变是不同的。例如,碳不完全燃烧生成 $CO(g)$ 的反应,在 298 K 进行时, $\Delta_r H_m^{\ominus}(298 \text{ K})=-110.50 \text{ kJ} \cdot \text{mol}^{-1}$,在 1 800 K 时, $\Delta_r H_m^{\ominus}(1 800 \text{ K})=-117.10 \text{ kJ} \cdot \text{mol}^{-1}$。通常标准摩尔生成焓或标准摩尔燃烧焓只有 298 K 的数据,因此利用它们只能算出 298 K 反应的标准摩尔焓变。而实际遇到的化学反应往往是在其他温度下进行,因此这里讨论化学反应的标准摩尔焓变随温度的变化情况。

设在温度 T_1 下,某化学反应的标准摩尔焓变为 $\Delta_r H_m^{\ominus}(T_1)$,要计算温度为 T_2 时该反应的 $\Delta_r H_m^{\ominus}(T_2)$,可设计途径如下:

$$
\begin{array}{ccccccc}
a\text{A} & + & d\text{D} & \xrightarrow[\quad T_2 \quad]{\Delta_r H_m^{\ominus}(T_2)} & g\text{G} & + & h\text{H} \\
\Big\uparrow{\scriptstyle\Delta H_1^{\ominus}} & & \Big\uparrow{\scriptstyle\Delta H_2^{\ominus}} & & \Big\downarrow{\scriptstyle\Delta H_3^{\ominus}} & & \Big\downarrow{\scriptstyle\Delta H_4^{\ominus}} \\
a\text{A} & + & d\text{D} & \xrightarrow[\quad T_1 \quad]{\Delta_r H_m^{\ominus}(T_1)} & g\text{G} & + & h\text{H}
\end{array}
$$

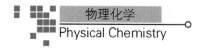
因为
$$\Delta H_1^{\ominus} = a \int_{T_1}^{T_2} C_{p,m}(A) \mathrm{d}T;$$

$$\Delta H_2^{\ominus} = d \int_{T_1}^{T_2} C_{p,m}(D) \mathrm{d}T$$

$$\Delta H_3^{\ominus} = g \int_{T_2}^{T_1} C_{p,m}(G) \mathrm{d}T = -g \int_{T_1}^{T_2} C_{p,m}(G) \mathrm{d}T$$

$$\Delta H_4^{\ominus} = h \int_{T_2}^{T_1} C_{p,m}(H) \mathrm{d}T = -h \int_{T_1}^{T_2} C_{p,m}(H) \mathrm{d}T$$

由状态函数性质可得
$$\Delta_r H_m^{\ominus}(T_1) = \Delta H_1^{\ominus} + \Delta H_2^{\ominus} + \Delta H_3^{\ominus} + \Delta H_4^{\ominus} + \Delta_r H_m^{\ominus}(T_2)$$

所以
$$\Delta_r H_m^{\ominus}(T_2) = \Delta_r H_m^{\ominus}(T_1) + \int_{T_1}^{T_2} \sum_B \nu_B C_{p,m}(B) \mathrm{d}T$$

式中：
$$\sum_B \nu_B C_{p,m}(B) = g C_{p,m}(G) + h C_{p,m}(H) - a C_{p,m}(A) - d C_{p,m}(D)$$

令
$$\Delta_r C_{p,m} = \sum_B \nu_B C_{p,m}(B) \tag{1-47}$$

则
$$\Delta_r H_m^{\ominus}(T_2) = \Delta_r H_m^{\ominus}(T_1) + \int_{T_1}^{T_2} \Delta_r C_{p,m} \mathrm{d}T \tag{1-48}$$

式(1-48)是化学反应的标准摩尔焓变与温度的关系式，称为 Kirchhoff(基尔霍夫)公式。在温度变化范围不大时，可认为 $\Delta_r C_{p,m}$ 为常数，式(1-48)变为
$$\Delta_r H_m^{\ominus}(T_2) = \Delta_r H_m^{\ominus}(T_1) + \Delta_r C_{p,m}(T_2 - T_1) \tag{1-49}$$

将式(1-48)微分可得
$$\mathrm{d}\Delta_r H_m^{\ominus} = \Delta_r C_{p,m} \mathrm{d}T \tag{1-50a}$$

$$\frac{\mathrm{d}\Delta_r H_m^{\ominus}}{\mathrm{d}T} = \Delta_r C_{p,m} \tag{1-50b}$$

式(1-50)是 Kirchhoff 公式的微分形式，它表明化学反应的标准摩尔反应焓随温度的变化率等于产物和反应物的等压摩尔热容与其化学计量系数乘积的代数和。

对式(1-50)作不定积分，得
$$\Delta_r H_m^{\ominus}(T) = \Delta H_0 + \int_{T_1}^{T_2} \Delta_r C_{p,m} \mathrm{d}T \tag{1-51}$$

式中的 ΔH_0 为积分常数。如果各物质的 $C_{p,m}$ 与 T 关系服从式(1-21)，即
$$C_{p,m} = a + bT + cT^2$$

则
$$\Delta_r C_{p,m} = \Delta a + \Delta b T + \Delta c T^2 \tag{1-52}$$

将式(1-52)代入式(1-51)得
$$\Delta_r H_m^{\ominus}(T) = \Delta H_0 + \Delta a T + \frac{1}{2}\Delta b T^2 + \frac{1}{3}\Delta c T^3 \tag{1-53}$$

式中的 ΔH_0 可通过已知温度 T 下的 $\Delta_r H_m^{\ominus}(T)$ 代入式(1-53)确定。ΔH_0 确定后,式(1-53)就可用来计算任一温度 T 下的 $\Delta_r H_m^{\ominus}(T)$。

上述 Kirchhoff 积分式适用于在所讨论的温度范围内所有反应物及产物均不发生相变化的情形。若在所讨论的温度范围内反应物或产物之中一种或几种发生相变化,就要按照状态函数性质设计途径,由已知温度下的标准摩尔反应焓变,结合有关物质在相变温度下的摩尔相变焓,以及有关的等压摩尔热容,求算另一温度下的标准摩尔反应焓变。

例 1-5　SO_2 氧化反应及各物质 298 K 时的标准摩尔生成焓 $\Delta_f H_m^{\ominus}(298\ K)$,等压摩尔热容 $C_{p,m}$ 数据如下,求 500 K 时该反应的标准摩尔焓变 $\Delta_r H_m^{\ominus}$。

$$SO_2(g)\ +\ \frac{1}{2}O_2(g)\ \Longrightarrow\ SO_3(g)$$

$\Delta_f H_m^{\ominus}/(kJ \cdot mol^{-1})$	-296.83	0	-395.72
$C_{p,m}/(J \cdot K^{-1} \cdot mol^{-1})$	39.87	29.355	50.67

解: 298 K 时 $\Delta_r H_m^{\ominus} = \sum \nu_B \Delta_f H_m^{\ominus} = (-395.72) \times 1 - (-296.83) \times 1 - \left(0 \times \dfrac{1}{2}\right)$

$$= -98.89\ kJ \cdot mol^{-1}$$

$$\Delta_r C_{p,m} = \sum_B \nu_B C_{p,m}(B) = 50.67 - \left(39.87 + 29.355 \times \frac{1}{2}\right)$$

$$= -3.878\ J \cdot K^{-1} \cdot mol^{-1}$$

500 K 时　$\Delta_r H_m^{\ominus}(500\ K) = \Delta_r H_m^{\ominus}(298\ K) + \Delta_r C_{p,m}(T_2 - T_1)$

$$= -98.89 + (-3.878) \times (500 - 298) \times 10^{-3}$$

$$= -99.67\ kJ \cdot mol^{-1}$$

☐ 本章小结

1. 状态函数只与状态有关,当系统始、终状态确定后,状态函数变化值只与始、终态有关,与所经历途径无关。

2. 热和功是系统与环境之间进行能量交换的两种形式,是与具体途径有关的量。计算热一定要与系统与环境之间发生热交换的过程联系在一起,系统内部的能量交换不可能是热。

3. 可逆过程是一种理想过程,实际上是不能实现的。可逆过程中的每一步都接近于平衡态,可以向相反的方向进行,从始态到终态,再从终态回到始态,系统和环境都能恢复原状。可逆膨胀时,系统对环境做最大功;可逆压缩时,环境对系统做最小功。

4. 热力学第一定律是能量守恒原理在热现象领域内所具有的特殊形式,说明热力学能、热和功之间可以相互转化,但总的能量不变。

5. 热力学能是指系统内部能量的总和;焓不是能量,虽然具有能量的单位。理想气体的热力学能(U)和焓(H)只是温度的函数。

6.非体积功等于零的等容过程中,升高温度,系统所吸的热全部用来增加系统的热力学能即 $Q_V = \Delta U$;而非体积功等于零的等压过程中,系统所吸的热全部用来增加系统的焓即 $Q_p = \Delta H$。由于等压过程中吸收的热除增加热力学能外,还要多吸一点热量用来对外做体积功,因此气体的 C_p 恒大于 C_V。

7.反应的热效应是指系统发生反应之后,使产物的温度回到反应前始态的温度时,系统放出或吸收的热量。298 K 时化学反应的标准摩尔反应焓变可由 $\Delta_f H_m^{\ominus}$,$\Delta_c H_m^{\ominus}$ 以及 $\Delta_f H_m^{\ominus}(\infty,aq)$ 求得。温度变化区间不大时,化学反应焓变值一般与温度关系不大,如果温度区间较大,则需考虑温度的影响,在等压下反应的标准摩尔焓变与温度之间的关系符合 Kirchhoff 公式,利用已知某温度下反应的标准摩尔焓变,可求算另一温度下反应的标准摩尔焓变。

☐ 阅读材料

高空的气温为什么低

研究大气现象时常常用到热力学第一定律。通常把温度、压强相同的一部分空气作为研究的对象,叫作气团。气团的直径很大,通常达到上千米。由于气团很大,气团的边缘部分和外界的热交换对整个气团没有明显的影响,可视为 $Q=0$,按照热力学第一定律 $\Delta U = Q + W$,所以气团的热力学能的增减只等于外界对它做功或它对外界做功的多少:

$$\Delta U = W$$

阳光烤暖了大地,地面又使得下层的气团温度升高,密度减小,因而上升。上升时气团膨胀,推挤周围的空气,对外做功,因此热力学能减小,温度降低。所以,越高的地方,空气的温度越低。对于干燥的空气,大约每升高 1 km 温度降低 7 ℃ 左右,如图所示。

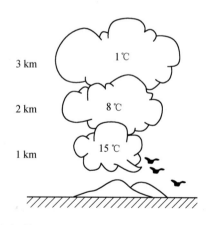

飞机在万米高空飞行的时候,机舱外气温往往在 −50 ℃ 以下。由于飞机上有空调设备,机舱内总是温暖如春。不过这时空调的作用不是使空气升温,而是降温。因为高空的大气压比舱内气压低,要使机舱内获得新鲜空气,必须使用空气压缩机把空气从舱外压进来,在这个过程中,空气压缩机对机舱内气体做功,使机舱内气体的热力学能增加,所以舱内温度上升。如果不使用空调降温,机舱内的温度可能达到 50 ℃ 以上!

☐ 拓展材料

1. https://www.icourse163.org,中国大学 MOOC(慕课).

2. https://iupac.org,国际纯粹与应用化学联合会.

3. https://www.chemsoc.org.cn,中国化学会.

4.焦钒,刘泰秀,陈晨,等.太阳能热化学循环制氢研究进展.科学通报,2022(19):2142-2157.

思考题

1.系统的状态改变,状态函数是否全要改变?为什么?如何理解"状态函数是状态的单值函数"?

2."物质的温度越高,则热量越多"这种说法是否正确?为什么?

3.某气体始态压力为 1 MPa,反抗恒定外压 100 kPa 膨胀,则 $Q = \Delta H$,是否正确?为什么?

4.1 mol 理想气体等温条件下由体积 V_1 膨胀到 $V_2(V_2 > V_1)$,试讨论该过程最多能对外做多大功?最少对外做多大功?两过程的终态是否相同?

5.下列几种说法是否有错误,请予以指出:

(1)因为热力学能和焓是状态函数,而等容过程 $Q_V = \Delta U$,等压过程 $Q_p = \Delta H$,所以 Q_V 和 Q_p 也是状态函数;

(2)由于绝热过程 $Q = 0$, $\Delta U = W$,所以 W 也是状态函数。

6.在一个绝热密闭(容积不变)的反应器中,通一电火花(设电火花的能量可以不计),使发生下列反应:

(1)$H_2(g) + Cl_2(g) = 2HCl(g)$

(2)$2C_6H_5CO_2H(s) + 15O_2(g) = 14CO_2(g) + 6H_2O(g)$

由于过程是绝热等容的,所以 $Q = 0$, $W = 0$, $\Delta U = 0$, $\Delta H = 0$,这个结论对吗?

7.理想气体自由膨胀过程中,先进入真空的气体会对余下的气体产生压力,而且随进入真空气体的量越大,压力越大,余下气体膨胀反抗的压力会更大,为什么体积功还是零?

8.气体体积功的计算式 $W = -\int p_e dV$ 中,为什么要用环境的压力 p_e?在什么情况下可用系统的压力 p?

9.(1)使某封闭系统由某一指定的始态变到某一指定的终态。Q, W, ΔU 中哪些量确定,哪些量不能确定?为什么?(2)若在绝热条件下,使系统由某一指定的始态变到某一指定的终态,那么上述各量是否完全确定?为什么?

10.一定量 101 325 Pa,100 ℃的水变成同温同压下的水汽,若视水汽为理想气体,因过程的温度不变,则该过程的 $\Delta U = 0$, $\Delta H = 0$,此结论对否?为什么?

11.在一绝热容器中盛有水,其中浸有电热丝,通电加热(见 11 题图)。将不同对象看作系统,则上述加热过程的 Q 和 W 大于、小于还是等于零?(1)以电热丝为系统;(2)以水为系统;(3)以容器内所有物质为系统;(4)将容器内物质以及电源和其他一切有影响的物质看作整个系统。

12.等压或等容摩尔热容 $C_{p,m}$, $C_{V,m}$ 是不是状态函数?

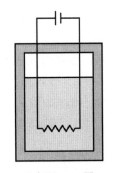

思考题 1-11 图

13. "$\Delta_f H_m^{\ominus}(T)$是在温度 T、压力 $p^{\ominus}$ 下进行反应的标准摩尔焓变"这种说法对吗？为什么？

14. 标准摩尔燃烧焓定义为："在标准状态及温度 T 下,1 mol B 完全氧化生成指定产物的焓变"这个定义对吗？有哪些不妥之处？

习 题

1. 有一系统如图所示,绝热条件下抽去隔板使两气体混合。试求混合过程的 Q,W,$\Delta U,\Delta H$(设 O_2 和 N_2 均为理想气体)。

1 mol O_2 (g) 25 ℃ V	1 mol N_2 (g) 25 ℃ V

习题 1-1 图

2. 求下列各过程的体积功:(视 H_2 为理想气体)

(1)5 mol H_2 由 300 K,100 kPa 等压加热到 800 K;

(2)5 mol H_2 由 300 K,100 kPa 等容加热到 800 K;

(3)5 mol H_2 由 300 K,1.0 MPa 等温可逆膨胀到 1.0 kPa;

(4)5 mol H_2 由 300 K,1.0 MPa 自由膨胀到 1.0 kPa。

3. 2 mol 理想气体由 27 ℃,100 kPa 等温可逆压缩到 1 000 kPa,求该过程的 $Q,W,\Delta U,\Delta H$。

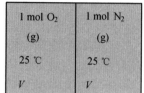

4. 已知水在 100 ℃的汽化焓 $\Delta_{vap}H_m$ 为 40.67 kJ·mol^{-1},1 kg 水蒸气从 100 ℃,101 325 Pa 等温压缩为 100 ℃,202 650 Pa 的水,计算该过程的 $\Delta U,\Delta H$。(假设水蒸气可视为理想气体)

5. 1 mol 水在 100 ℃,101 325 Pa 下变成同温同压下的水蒸气,然后等温可逆膨胀到 4×10^4 Pa,求整个过程的 $Q,W,\Delta U$,ΔH。已知水的汽化焓 $\Delta_{vap}H_m = 40.67$ kJ·mol^{-1}。

习题 1-2 解答视频

6. 在 25 ℃,压力为 3 039 kPa 下,2 mol N_2 经等温反抗恒外压膨胀至 101.3 kPa 后,再等容加热至 300 ℃,求整个过程的 $Q,W,\Delta U,\Delta H$。(已知 N_2 的 $C_{p,m} = 29.1$ J·mol^{-1}·K^{-1})

7. 1 mol H_2 由始态 25 ℃及 $p^{\ominus}$ 可逆绝热压缩至 5 dm^3,求(1)最后温度;(2)最后压力;(3)过程做功。

8. 298 K 时,5 mol 的理想气体,在(1)等温可逆膨胀为原体积的 2 倍;(2)等压下加热到 373 K。已知 $C_{V,m} = 28.28$ J·mol^{-1}·K^{-1}。计算两过程的 $Q,W,\Delta U$ 和 ΔH。

9. 容器内有理想气体,$n = 2$ mol,$p = 10\ p^{\ominus}$,$T = 300$ K。求(1)在空气中膨胀了 1 dm^3,做功多少？(2)在空气中膨胀到容器内压力为 1 $p^{\ominus}$,做了多少功？(3)膨胀时外压总比气体的压力小 dp,问容器内气体压力降到 1 $p^{\ominus}$ 时,气体做多少功？

10. 298 K 时将液态苯氧化为 CO_2 气体和液态 H_2O,其等容热为-3 267 kJ·mol^{-1},求等压反应热为多少？

习题 1-8 解答视频

11. 已知 25 ℃时反应 $CaCO_3 + MgCO_3 = CaCO_3 \cdot MgCO_3$ 的 $\Delta_r H_m^{\ominus} = -11.88$ kJ·mol^{-1}。求白云石 $CaCO_3 \cdot MgCO_3$ 的标准摩尔生成焓。其他数据可查附录。

12. 求 25 ℃时下列反应的等压热效应与等容热效应之差:

(1)$CH_4(g) + 2O_2(g) = CO_2(g) + 2H_2O(g)$

(2)$FeO(s)+C(s)=Fe(s)+CO(g)$

(3)$3H_2(g)+N_2(g)=2NH_3(g)$

13.利用标准摩尔燃烧焓计算 298 K 时 $C_2H_5OH(l)$ 的标准摩尔生成焓。

14.利用标准摩尔燃烧焓计算 298 K 时,乙烯加氢反应 $C_2H_4(g)+H_2(g)=C_2H_6(g)$ 的标准摩尔焓变 $\Delta_rH_m^{\ominus}$。

15.利用下列物质的标准摩尔生成焓,计算 298 K 时以下各反应的标准摩尔焓变:

(1)$Fe_2O_3(s)+3CO(g)=2Fe(s)+3CO_2(g)$

(2)$CaCO_3(s)=CaO(s)+CO_2(g)$

(3)$Fe_2O_3(s)+2Al(s)=Al_2O_3(s)+2Fe(s)$

16.已知反应及有关数据如下:

	$C_2H_4(g)$	+	$H_2O(g)$	=	$C_2H_5OH(l)$
$\Delta_fH_m^{\ominus}/(kJ \cdot mol^{-1})$	52.26		-241.818		-277.69
$C_{p,m}/(J \cdot mol^{-1} \cdot K^{-1})$	43.56		33.577		111.46

计算(1)298 K 时反应的 $\Delta_rH_m^{\ominus}$。

(2)反应物的温度为 288 K,产物温度为 348 K 时反应的 $\Delta_rH_m^{\ominus}$。

17.已知反应 $C(石墨)+H_2O(g)=CO(g)+H_2(g)$ 的 $\Delta_rH_m^{\ominus}(298 K)=131.29 \ kJ \cdot mol^{-1}$,计算该反应在 125 ℃时的 $\Delta_rH_m^{\ominus}$。假定各物质在 25~125 ℃的平均等压摩尔热容为

	C(石墨)	+	$H_2O(g)$	=	CO(g)	+	$H_2(g)$
$C_{p,m}/(J \cdot mol^{-1} \cdot K^{-1})$	8.527		33.577		29.142		28.824

热力学第二定律
The Second Law of Thermodynamics

学习目标

　　1.理解热力学第二定律的内容及其数学表达式。

　　2.掌握熵 S、Gibbs 自由能 G 和 Helmholtz 自由能 A 的定义;掌握不同过程的 ΔS、ΔG 和 ΔA 的计算方法。

　　3.掌握热力学三大判据;理解热力学第三定律、热力学基本方程和 Maxwell 方程式及其应用。

　　热力学第一定律的核心内容是能量守恒,违背能量守恒的过程是不可能发生的。但是,根据热力学第一定律不能判断在一定条件下过程能否自发进行,进行到什么限度。例如,热量可以自动地从高温物体传向低温物体,但是反过来,在能量守恒的条件下,却不能自动地从低温物体传向高温物体。要解决这类问题,需要借助于热力学第二定律。

　　热力学第二定律引出了熵函数(S)和两个辅助热力学函数——Helmholtz 自由能(A)和 Gibbs 自由能(G)。利用这些函数,可以在特定条件下预测变化进行的方向和限度。综合热力学第一定律和热力学第二定律,导出了热力学能、焓、Helmholtz 自由能和 Gibbs 自由能这 4 个状态函数随平衡系统状态变化的热力学基本方程。

2.1　热力学第二定律的经典表述

2.1.1　自发过程的共同特征

　　自发过程是指无须依靠外力作用就能自动发生的过程。自发过程都有一定的方向和限度,并且都不会自动地逆向进行。例如,热量总是自发地由高温物体传入低温物体,直至两物体的温度相等为止,而相反的过程,即热量自发地由温度低的物体传向温度高的物体的现象绝不会自动发生;气体总是自发地由高压区流向低压区,直至各处气压相等为止,气体不会自发地由低压区流向高压区;水总是自发地由高水位流向低水位,一直流到两处水位相等为止,水不会自发地由低水位流向高水位而使得两处水位差越来越大;导体中的电流总是自发地由高电位端流向低电位端,直至导体两端的电位相等为止,其相反过程,电流自发地由低电位端流向高电位端,而导致导体两端的电位差越来越大的现象也绝不会发生。所有这些事实都说明,自发过程总是单向地趋于平衡,不能自动逆转,即自发过程的逆向过程不能自动发生。

需要注意的是,虽然上述自发变化不会自动逆向进行,但并不是说它们根本不可能倒转,实际上,在外界的干预下它们都可以逆向进行,使体系恢复到原来的状态,例如:①理想气体向真空自由膨胀后,可由一个定温可逆压缩过程使气体恢复原状,这时环境对体系做功 W,但是体系恢复原状后,根据 $\Delta U = W + Q$,又将数值等于 W 的热返还给环境,即体系复原的同时,环境失去功 W,得到等量的热,环境的能量在数值上无变化,但却产生了功变热的变化,留下了不可消除的后果,环境不能恢复原状;②用制冷机可以使热从低温物体向高温物体传递,但是当体系复原时,环境发生了变化,就不能恢复原状。

由此可知,体系经历任一自发过程后,体系与环境的状态都发生了变化,无论用什么方法都不能使体系和环境同时恢复原状,因此自发过程是热力学不可逆过程。而且这种不可逆性都可归结为热功转换的不可逆性,因此不可逆过程的方向性也可以用热功转换的方向性来表示。这是无数实验事实的总结,也是热力学第二定律的基础。

2.1.2　热力学第二定律的经典表述

自然界中存在许多自发过程,它们都具有单向趋于平衡和不可逆性,尽管自发变化的逆向变化并不违反热力学第一定律,但却不能自动发生,各种自发变化看似各不相干,但实际上都存在着相互关联,从某个自发变化的逆向变化不能自动发生可以推断出另一个自发变化也不能自动逆转。人们根据长期积累的丰富经验逐渐总结出反映同一客观规律的简便说法,即用某种不可逆过程来概括其他不可逆过程,这样一个普遍原理就是热力学第二定律(the second law of thermodynamics)。

热力学第二定律的经典表述有 Clausius(克劳修斯)说法和 Kelvin(开尔文)说法两种。

Clausius(1850)说法:"不可能把热从低温物体传到高温物体,而不引起其他变化。"

Kelvin(1851)说法:"不可能从单一热源取出热使之完全转变为功,而不发生其他的变化。"

后来,奥斯特瓦尔德将 Kelvin 的说法表述为:"第二类永动机是不可能造成的。"所谓第二类永动机是一种能从单一热源吸热并全部转变为功而无其他影响的机器。如果能够制造这样的机器,那么我们就可以直接从蕴藏着极其丰富能量的海洋、大气、陆地等单一热源吸热而不断做功,这样,飞机、轮船以及所有的机器都不再需要"燃料"而运转,世界上就不再存在"能源"问题了。这种机器虽不违反能量守恒定律,但千万次的设计试制都无一例外地失败了,于是人们认识到这种有别于第一类永动机的第二类永动机(perpetual motion machine of the second kind)也是不能制成的。

热力学第二定律的表述方法虽略有不同,但其本质上是一致的,可以从一个说法推论得到另一个说法。Clausius 说法是指热传导的不可逆性,Kelvin 说法是指功转变为热的不可逆性。这两种说法实际上是等效的,均表述了一件事情是"不可能"的,一旦发生就会留下影响。千差万别形式各异的实际过程的"不可逆性"均可归结为热功转化的不可逆性,功可以全部转化为热,而热不能全部转化为功而不引起任何其他变化。因此,从理论上讲热力学第二定律可用于判断一切实际过程的方向性。但是,要把任意的自发过程归结为热功转换的不可逆性,实际上是非常困难的。为寻找一切自发过程的共同判据,Clausius 在考察 Carnot(卡诺)定理后,定义了一个新的状态函数——熵,用熵的变化可方便地判断任意过程的方向和限度。

2.2 热力学第二定律的熵表述

2.2.1 Carnot 循环与 Carnot 定理

19 世纪初,蒸汽机的效率很低,热利用率不到 5%,人们致力于提高热机效率的研究。1824 年,法国的一位年轻工程师 Sadi Carnot(卡诺)为了从理论上求得热机中热功转换的最大效率,将热机循环做功的过程抽象为四步可逆过程构成的理想循环,称为 Carnot 循环,如图 2-1 所示。按照 Carnot 循环工作的热机称为 Carnot 热机。下面分别讨论 Carnot 循环过程中每一步所对应的热和功值,以确定 Carnot 热机的效率,设想以理想气体为工作物质。

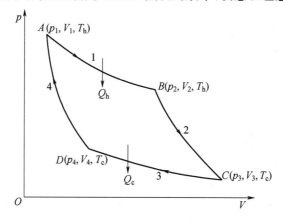

图 2-1 Carnot 循环过程示意图

(1)等温可逆膨胀:系统与高温热源(T_h)接触,由状态 $A(p_1,V_1,T_h)$ 经等温可逆膨胀至状态 $B(p_2,V_2,T_h)$。在此过程中,系统热力学能不变($\Delta U_1=0$),从高温热源吸热(Q_h)全部转化为体积功(W_1),即有

$$Q_h = -W_1 = nRT_h \ln \frac{V_2}{V_1}$$

(2)绝热可逆膨胀:系统与热源隔绝,由状态 $B(p_2,V_2,T_h)$ 经绝热可逆膨胀至状态 $C(p_3,V_3,T_c)$。在此过程中,系统不吸热消耗热力学能膨胀做功,温度从 T_h 降到 T_c,所做的体积功为

$$W_2 = \Delta U_2 = nC_{V,m}(T_c - T_h)$$

（3）等温可逆压缩：系统与温度为 T_c 的低温热源接触，由状态 $C(p_3, V_3, T_c)$ 经等温可逆压缩至状态 $D(p_4, V_4, T_c)$。系统向低温热源（T_c）放热 Q_c，同时环境对系统做功。由于系统热力学能保持不变（$\Delta U_3 = 0$），故有

$$Q_c = -W_3 = nRT_c \ln \frac{V_4}{V_3}$$

（4）绝热可逆压缩：系统再次与热源隔绝，从状态 $D(p_4, V_4, T_c)$ 绝热可逆压缩回到始态 $A(p_1, V_1, T_h)$。在此过程中，系统不放热，环境对系统做的功全部转化为热力学能，温度回升到 T_h，系统恢复到原来的状态。环境对系统做功为

$$W_4 = \Delta U_4 = nC_{V,m}(T_h - T_c)$$

经过以上四步可逆过程，气缸中的工作物质完成一次循环，系统复原了，环境却发生了变化，环境得到了功 W，消耗了热 Q，综合上述四个过程的分析可知

$$W = W_1 + W_2 + W_3 + W_4 = W_1 + W_3$$
$$= -nRT_h \ln \frac{V_2}{V_1} - nRT_c \ln \frac{V_4}{V_3} (W_2 \text{ 和 } W_4 \text{ 对消})$$

$$Q = Q_h + Q_c = nRT_h \ln \frac{V_2}{V_1} + nRT_c \ln \frac{V_4}{V_3} = -W$$

又由理想气体的绝热可逆过程方程式

$$T_h V_2^{\gamma-1} = T_c V_3^{\gamma-1}$$
$$T_h V_1^{\gamma-1} = T_c V_4^{\gamma-1}$$

可得

$$\frac{V_2}{V_1} = \frac{V_3}{V_4}$$

故有

$$Q = Q_h + Q_c = nR(T_h - T_c) \ln \frac{V_2}{V_1} = -W$$

Carnot 循环过程能量的变化可由图 2-2 所示的能流图表示：热机从高温热源吸收热量 Q_h，一部分流向低温热源，另一部分转化为功 W。将热机对环境所做的功与从高温热源所吸的热之比称为热机效率（efficiency of the heat engine）η，Carnot 热机的效率可表示为

$$\eta_R = -\frac{W}{Q_h} = \frac{Q_h + Q_c}{Q_h} = \frac{nR(T_h - T_c) \ln \frac{V_2}{V_1}}{nRT_h \ln \frac{V_2}{V_1}} = \frac{T_h - T_c}{T_h} \tag{2-1}$$

从式（2-1）可知，Carnot 热机的效率只与两个热源的温度有关，两个热源的温差越大，热机的效率越高，对所吸热的利用率也就越高。如 $T_h = T_c$，则 $\eta = 0$，即在等温的循环过程中，

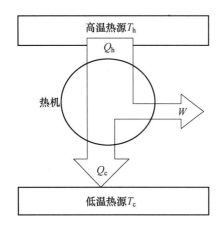

图 2-2　**Carnot 循环热功转换规律的示意图**

热机的效率为 0,热一点也不能转变为功。由于低温热源温度 T_c 不可能为零,所以热机的效率一定小于 1。

上面讨论的是理想气体 Carnot 循环的热功转换效率,实际热机的工作物质并非理想气体,其循环也不是 Carnot 循环,那么实际热机的效率能达到多高? Carnot 认为"所有工作于同温热源和同温冷源之间的热机,其效率都不可能超过可逆热机",这就是著名的 Carnot 定理,它从理论上指出了热机效率的极限值。Carnot 定理是在热力学第二定律建立以前提出的,但是证明这个定理却要用到热力学第二定律。

根据 Carnot 定理,可得如下推论:①所有工作于同温热源与同温冷源之间的可逆热机,其效率相等,都等于 Carnot 热机的效率。②可逆热机的效率只取决于高温热源与低温热源的温度,而与工作介质无关。

Carnot 定理及其推论,虽然讨论的只是热机效率的问题,但它在热力学中具有非常重大的意义:一方面,它解决了热机效率的极限值问题;另一方面,它在公式中引入了一个不等号,人们正是利用这个不等号来判断过程的可逆性和变化的方向性。另外,它也为热力学第二定律及新的状态函数——熵的提出奠定了基础。

2.2.2　熵的概念

在讨论 Carnot 循环过程中,我们得到了这样一个式子:

$$\frac{Q_h+Q_c}{Q_h}=\frac{T_h-T_c}{T_h}$$

将上式重排后,得

$$\frac{Q_h}{T_h}+\frac{Q_c}{T_c}=0 \tag{2-2}$$

式(2-2)中的 $\frac{Q}{T}$ 称为热温商,该式说明 Carnot 循环过程中热温商之和等于零。这一结论也可以推广到任意的可逆循环。

假设有一任意可逆循环,如图 2-3(a)所示,在曲线上任取靠近的两点 P、Q,通过 P、Q 两点做两条绝热可逆线 RS 和 TU,然后在 PQ 间通过 O 点画一条等温可逆线 VW,使曲边形 PVO 的面积等于曲边形 OWQ 的面积,则折线所经过的过程 $PVOWQ$ 与直接由 P 到 Q 的过程所做的功相同,由于这两个过程的始终态相同,其热力学能的变化相同,故这两个过程所对应的热效应也一样。同理,在弧线 MN 上也做类似处理,使经过折线 $MXO'YN$ 的过程与直接由 M 到 N 的过程所做的功相同,ΔU 相同,热效应也一样。这样,$VWYX$ 就构成一个 Carnot 循环。

用相同的方法把任意可逆循环分割成许多首尾连接的小 Carnot 循环,前一个循环的绝

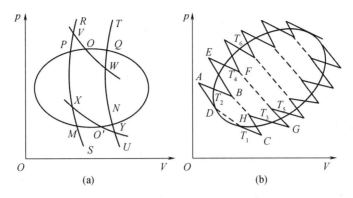

图 2-3 任意可逆循环可由一系列 Carnot 循环构成

热可逆膨胀线就是下一个循环的绝热可逆压缩线,如图 2-3(b)的虚线部分所示,这样两个过程的功恰好抵消,所有小 Carnot 循环的总效应就与可逆循环的封闭曲线相当。

对于每一个小的 Carnot 循环都有下列关系:

$$\frac{\delta Q_1}{T_1} + \frac{\delta Q_2}{T_2} = 0, \frac{\delta Q_3}{T_3} + \frac{\delta Q_4}{T_4} = 0, \cdots\cdots$$

各式相加,得

$$\frac{\delta Q_1}{T_1} + \frac{\delta Q_2}{T_2} + \frac{\delta Q_3}{T_3} + \frac{\delta Q_4}{T_4} + \cdots = \sum_i \left(\frac{\delta Q_i}{T_i}\right)_R = 0$$

或写作

$$\oint \left(\frac{\delta Q}{T}\right)_R = 0 \tag{2-3}$$

式(2-3)表明,任意可逆循环过程热温商的总和等于零。

再讨论可逆过程的热温商。如图 2-4 所示,用闭合曲线代表一个任意的可逆循环,在曲线上任意取两点 A 和 B,这样可逆循环可以看作由两个可逆过程 R_1 和 R_2 所构成,如图 2-4(a)所示,因此,式(2-3)可看作两项积分之和。

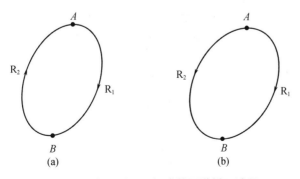

图 2-4 由 R_1 和 R_2 组成的可逆循环过程

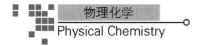

$$\oint \left(\frac{\delta Q}{T}\right)_R = \int_A^B \left(\frac{\delta Q}{T}\right)_{R_1} + \int_B^A \left(\frac{\delta Q}{T}\right)_{R_2} = 0$$

移项后得

$$\int_A^B \left(\frac{\delta Q}{T}\right)_{R_1} = -\int_B^A \left(\frac{\delta Q}{T}\right)_{R_2}$$

由于 R_2 是可逆过程,若将 R_2 逆转,如图 2-4(b)所示,则可得到

$$\int_A^B \left(\frac{\delta Q}{T}\right)_{R_1} = \int_A^B \left(\frac{\delta Q}{T}\right)_{R_2}$$

上式表明从状态 A 到状态 B 经由两个不同的可逆过程,它们的热温商之和相等。由于所选用的可逆过程是任意的,由此可知:可逆过程热温商积分值仅取决于系统的始、终态,而与变化的具体途径无关,显然它应该代表某个状态函数的变化值。Clausius 把该状态函数命名为熵,用符号 S 表示,即:

$$\Delta S = S_B - S_A = \int_A^B \left(\frac{\delta Q}{T}\right)_R \quad \text{或} \quad \Delta S = \sum_i \left(\frac{\delta Q_i}{T_i}\right)_R \tag{2-4}$$

如果系统状态发生无限小的变化,则

$$dS = \frac{\delta Q_R}{T} \tag{2-5}$$

式(2-4)和式(2-5)就是熵的定义。由定义可知,熵是系统的状态函数,是广度性质,其变化值等于可逆过程的热温商,单位为 $J \cdot K^{-1}$。

2.2.3 热力学第二定律的数学表达式

Carnot 定理指出,在确定温度的两个热源之间工作的热机当中,不可逆热机的效率总是小于可逆热机的效率,即

$$\eta_{IR} < \eta_R$$

因为不可逆热机的效率为

$$\eta_{IR} = \frac{-W}{Q_1} = \frac{Q_h + Q_c}{Q_h} = 1 + \frac{Q_c}{Q_h}$$

可逆热机的效率为

$$\eta_R = \frac{T_h - T_c}{T_h} = 1 - \frac{T_c}{T_h}$$

所以

$$1 + \frac{Q_c}{Q_h} < 1 - \frac{T_c}{T_h}$$

将上式整理后,得到

$$\frac{Q_h}{T_h} + \frac{Q_c}{T_c} < 0$$

即不可逆热机的循环过程中热温商之和小于零。这一结论也可以推广到任意的不可逆循环。

对于任意的不可逆循环,设系统在循环过程中与 n 个热源接触,吸取的热量分别为 $\delta Q_1, \delta Q_2, \cdots, \delta Q_n$,则上式可推广为

$$\left(\sum_{i=1}^{n} \frac{\delta Q_i}{T_i}\right)_{IR} < 0 \qquad (2\text{-}6)$$

即任意不可逆循环过程中热温商之和小于零。

设有一不可逆循环,如图 2-5 所示。系统经过不可逆过程 IR 由 $A \rightarrow B$,再经过可逆过程 R 由 $B \rightarrow A$,因为该循环过程中有不可逆步骤,所以为不可逆循环。根据式(2-6),可得

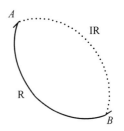

图 2-5 由 **IR** 和 **R** 组成的不可逆循环过程

$$\left(\sum \frac{\delta Q}{T}\right)_{IR, A \rightarrow B} + \left(\sum \frac{\delta Q}{T}\right)_{R, B \rightarrow A} < 0$$

式中:$\left(\sum \dfrac{\delta Q}{T}\right)_{R, B \rightarrow A} = \int_{B}^{A} \left(\dfrac{\delta Q}{T}\right)_{R} = S_A - S_B$

代入上式并移项得

$$S_B - S_A > \left(\sum \frac{\delta Q}{T}\right)_{IR, A \rightarrow B} \quad \text{或} \quad \Delta S_{A \rightarrow B} > \left(\sum \frac{\delta Q}{T}\right)_{IR, A \rightarrow B} \qquad (2\text{-}7)$$

对于无限小的变化,则有

$$dS > \left(\frac{\delta Q}{T}\right)_{IR} \qquad (2\text{-}8)$$

可见,对不可逆过程 $A \rightarrow B$ 而言,过程中热温商之和小于系统的熵变 ΔS,亦即小于可逆过程中 $A \rightarrow B$ 热温商之和。

若将式(2-4)和式(2-7)合并可写成下式:

$$\Delta S \geqslant \sum_{A}^{B} \frac{\delta Q}{T} \qquad (2\text{-}9)$$

此式称为 Clausius 不等式(Clausius inequality),也是热力学第二定律的数学表达式。式中:"="表示可逆过程,">"表示不可逆过程,ΔS 表示系统的熵变,δQ 是实际过程的热效应,T 是环境的温度,在可逆过程中环境的温度等于系统的温度。

对于微小的变化过程,式(2-9)可表示为:

$$dS \geqslant \frac{\delta Q}{T} \qquad (2\text{-}10)$$

这是热力学第二定律的最常用的表达式。本式涉及的过程无限微小,而任何有限的过程都是由这些无限小的过程组成的。

2.2.4 熵增加原理和熵判据

对于绝热过程,$Q=0$,代入式(2-9)和式(2-10)可得

$$\Delta S \geqslant 0 \quad 或 \quad dS \geqslant 0 \tag{2-11}$$

式中的"＝"表示封闭系统在绝热可逆过程中熵值不变,">"表示封闭系统在绝热不可逆过程中熵值增加,封闭系统中熵值减小的绝热过程永远也不会发生。这就是绝热过程的熵增加原理(principle of entropy increasing)。

隔离系统当然也应该是绝热的,因此上式还可以写成

$$dS_{隔离} \geqslant 0 \tag{2-12}$$

即隔离系统的熵永不减少,若过程可逆,则熵值不变,若过程不可逆,则熵值增加。由于隔离系统和环境之间既没有物质交换,也没有能量交换,系统完全不受环境影响,如果系统内发生了不可逆过程,那么它一定是自发过程,因此可以得出结论:在隔离系统中发生的过程,总是自发地向着熵值增大的方向进行,直到系统的熵达到最大,系统达到平衡态为止。在平衡状态时,系统发生的一切过程都是可逆过程,其熵值保持不变。式(2-12)指明了隔离系统中自发过程的方向和限度,这就是熵判据,也是 Clausius 不等式对热力学做出的重要贡献。

熵判据只能用于判断隔离系统中过程的方向和限度。在实际生产和科研中,隔离系统或可以近似作为隔离系统的情况极为少见,因此用熵增加原理作为判据有很大的局限性,为此人们常常将系统及与系统密切相关的环境合在一起作为一个大的隔离系统。对于这个重新划定的大隔离系统也一定服从熵增加原理,即

$$\Delta S_{隔离} = \Delta S_{系统} + \Delta S_{环境} \geqslant 0 \quad 或 \quad dS_{隔离} = dS_{系统} + dS_{环境} \geqslant 0 \tag{2-13}$$

2.3 熵变的计算

可逆过程体系熵的变化,可以根据熵的定义式进行计算,因此,$\Delta S_{系统} = \int \dfrac{\delta Q_{可逆}}{T}$ 就是计算熵变的基本公式。

在计算熵变时首先需要判断过程是否可逆。若为可逆过程,可直接由上式计算;若为不可逆过程,则 $dS \neq \delta Q / T$。但是由于熵 S 是状态函数,ΔS 只与始、终态有关,因此,我们可以通过设计可逆过程完成指定始、终态间的变化,再根据设计的可逆过程进行计算。

关于环境的熵变,由于环境通常比体系大得多,因此可以把环境看作一个大的恒温热贮器,与系统进行热交换后,环境的温度可保持不变,是一个恒温可逆过程,环境的热效应与系统热效应数值相等,符号相反,即 $Q_{环境} = -Q_{系统}$,因此环境的熵变的计算公式是

$$\Delta S_{环境} = \frac{Q_{环境}}{T_{环境}} = -\frac{Q_{系统}}{T_{环境}} \tag{2-14}$$

2.3.1 理想气体单纯 p, V, T 变化过程的熵变

1.等温过程的熵变

在等温可逆过程中,系统的熵变等于过程的热温商,即

$$\Delta S = \frac{Q_R}{T}$$

因为理想气体的热力学能仅与温度有关,所以 n mol 理想气体在等温可逆过程中 $\Delta U = 0$,再根据热力学第一定律,可得

$$Q = -W = nRT\ln\frac{V_2}{V_1} = nRT\ln\frac{p_1}{p_2}$$

因此系统的熵变为

$$\Delta S_{系统} = \frac{Q_R}{T} = nR\ln\frac{V_2}{V_1} = nR\ln\frac{p_1}{p_2} \tag{2-15}$$

例 2-1　1.00 mol 的 N_2(设为理想气体),始态为 273 K、100 kPa 分别经过(1)恒温可逆膨胀到压力为 10 kPa;(2)向真空自由膨胀到压力为 10 kPa,试分别计算这两种过程系统的熵变 ΔS_1 与 ΔS_2,并说明能否用 ΔS_2 判断过程(2)的自发性。

解:(1)因过程为理想气体恒温可逆过程,根据式(2-15)可得

$$\Delta S_1 = nR\ln\frac{p_1}{p_2} = 1\times 8.314\times\ln\frac{100}{10} = 19.15 \text{ J}\cdot\text{K}^{-1}$$

(2)该过程与过程(1)的始、终态相同,故其过程的熵变 ΔS_2 与 ΔS_1 相等,即

$$\Delta S_2 = \Delta S_1 = 19.15 \text{ J}\cdot\text{K}^{-1}$$

(3)由于气体向真空自由膨胀,$W = 0$,$\Delta U = 0$,所以 $Q = 0$,系统与环境间无物质和能量交换,可将系统看作隔离系统,可以利用 ΔS_2 来判断过程进行的方向。$\Delta S_2 = 19.15 \text{ J}\cdot\text{K}^{-1} > 0$ 说明理想气体向真空自由膨胀是自发过程。

2. 等压过程的熵变

对系统加热或冷却,使其温度由 T_1 变化到 T_2,若过程为等压可逆过程且不做非体积功,则

$$\Delta S = \int_{T_1}^{T_2}\frac{\delta Q_R}{T} = \int_{T_1}^{T_2}\frac{nC_{p,m}\mathrm{d}T}{T} \tag{2-16}$$

如果恒压摩尔热容 $C_{p,m}$ 是常数,则该式定积分可得

$$\Delta S = nC_{p,m}\ln\frac{T_2}{T_1} \tag{2-17}$$

3. 等容过程的熵变

对系统加热或冷却,使其温度由 T_1 变化到 T_2,若过程为等容可逆过程且不做非体积功,则

$$\Delta S = \int_{T_1}^{T_2}\frac{\delta Q_R}{T} = \int_{T_1}^{T_2}\frac{nC_{V,m}\mathrm{d}T}{T} \tag{2-18}$$

如果等容摩尔热容 $C_{V,\text{m}}$ 是常数,则式(2-18)的积分可得

$$\Delta S = nC_{V,\text{m}}\ln\frac{T_2}{T_1} \tag{2-19}$$

式(2-16)至式(2-19)没有限定物质的状态,即不论是固体、液体或气体均适用,但要求在 T_1 到 T_2 的温度区间内物质没有相变化。另外,虽然在公式的推导过程中引入了可逆这个条件,但因熵为状态函数,其变化值仅与始态、终态有关,与变化的途径无关,故这几个公式也适用于系统在不可逆过程熵变的计算。

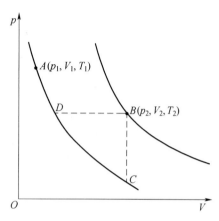

图 2-6　由不同的可逆过程计算熵

4. 理想气体 p、V、T 都改变过程的熵变

一定量的理想气体从始态 $A(p_1,V_1,T_1)$ 变化到终态 $B(p_2,V_2,T_2)$ 的熵变无法用一步计算得到,通常可由两种可逆过程的加和求得,如图 2-6 所示。

途径①:在 T_1 时,由始态 $A(p_1,V_1,T_1)$ 等温可逆膨胀至 $C(p_\text{C},V_2,T_1)$,再等容可逆变温至终态 $B(p_2,V_2,T_2)$。显然,此可逆过程的熵变为

$$\Delta S = nR\ln\frac{V_2}{V_1} + \int_{T_1}^{T_2}\frac{nC_{V,\text{m}}}{T}\,\text{d}T \tag{2-20}$$

途径②:在 T_1 时,由始态 $A(p_1,V_1,T_1)$ 等温可逆膨胀至 $D(p_2,V_\text{D},T_1)$,再等压可逆变温至终态 $B(p_2,V_2,T_2)$。此可逆过程的熵变为

$$\Delta S = nR\ln\frac{p_1}{p_2} + \int_{T_1}^{T_2}\frac{nC_{p,\text{m}}}{T}\text{d}T \tag{2-21}$$

同样,读者也可找出其他的可逆途径,如先等压至 (p_1,V_2,T'),再等容至 (p_2,V_2,T_2);或先等容至 (p_2,V_1,T''),再等压至 (p_2,V_2,T_2)。

例 2-2　1 mol 金属银在等容条件下,由 273.2 K 加热升温到 303.2 K,求 ΔS。已知在该温度范围内银的 $C_{V,\text{m}}$ 为 24.84 J·K^{-1}·mol^{-1}。

解:据式(2-19)得

$$\Delta S = nC_{V,\text{m}}\ln\frac{T_2}{T_1} = 1\times24.84\times\ln\frac{303.2}{273.2} = 2.588 \text{ J·K}^{-1}$$

例 2-3　体积为 25 dm^3 的 2 mol 理想气体,自 300 K 加热到 600 K,体积膨胀到 100 dm^3,求过程的熵变。已知 $C_{V,\text{m}}=19.37$ J·K^{-1}·mol^{-1}。

解:这是一个 p、V、T 都变的过程,据式(2-20)得

$$\Delta S = nR\ln\frac{V_2}{V_1} + nC_{V,m}\ln\frac{T_2}{T_1}$$

$$= 2\times 8.314\times\ln\frac{100}{25} + 2\times 19.37\times\ln\frac{600}{300} = 49.90 \text{ J}\cdot\text{K}^{-1}$$

5.理想气体的等温等压混合过程

设在等温、等压的条件下，n_A mol 的理想气体 A 和 n_B mol 的理想气体 B 混合，其混合过程的始态和终态如图 2-7 所示。

图 2-7 理想气体的等温等压混合过程

由图 2-7 可以看出，两种理想气体的等温等压混合过程可分别看作两种理想气体的等温膨胀过程，分别计算其熵变 ΔS_A 和 ΔS_B，则混合过程的熵变 $\Delta_{mix}S = \Delta S_A + \Delta S_B$，据式 (2-15)可得

$$\Delta S_A = n_A R\ln\frac{V}{V_A}$$

$$\Delta S_B = n_B R\ln\frac{V}{V_B}$$

所以

$$\Delta_{mix}S = n_A R\ln\frac{V}{V_A} + n_B R\ln\frac{V}{V_B}$$

又由于 $V = V_A + V_B$，按气体分体积定律 $x_A = \dfrac{V_A}{V}$，$x_B = \dfrac{V_B}{V}$ 代入上式得

$$\Delta_{mix}S = -(n_A R\ln x_A + n_B R\ln x_B) \tag{2-22}$$

式中：x_A、x_B 为混合气体中 A 和 B 的物质的量分数。

式(2-22)可以推广到多种理想气体等温等压下的混合过程：

$$\Delta_{mix}S = -R\sum_B (n_B\ln x_B) = -nR\sum_B (x_B\ln x_B)$$

因为 $x_A < 1$，$x_B < 1$，所以有 $\Delta_{mix}S > 0$。该系统在混合过程中与环境之间既无物质交换又无能量交换，可看作是隔离系统。根据熵增原理可以判断，气体的混合过程为自发过程。

例 2-4 计算 1 mol A 和 1 mol B 经过下列等温混合过程的熵变，假设 A，B 均为理想气体。

(1)1 体积 A 和 1 体积 B 混合成 2 体积 A，B 混合气体。

(2)1 体积 A 和 1 体积 B 混合成 1 体积 A，B 混合气体。

解:(1)等温混合体积增加 1 倍,有

$$\Delta S_{\mathrm{mix}} = -nR \sum_{\mathrm{B}} x_{\mathrm{B}} \ln x_{\mathrm{B}}$$

$$= -2 \times 8.314 \times (0.5 \times \ln 0.5 + 0.5 \times \ln 0.5) \mathrm{J \cdot K^{-1}}$$

$$= 11.53 \mathrm{~J \cdot K^{-1}}$$

(2)两种气体的终态与始态相同,所以 $\Delta S_{\mathrm{mix}} = 0$。

2.3.2 相变过程的熵变

相变过程的熵变的计算方法与相变的可逆性有关。

对于等温等压下的可逆相变,其熵变为

$$\Delta S = \frac{Q_{\mathrm{R}}}{T} = \frac{n \Delta H_{\mathrm{m}}}{T} \tag{2-23}$$

对于不可逆相变,其熵变计算可以通过在相同的始终态之间设计可逆过程来实现。

例 2-5 计算 101 325 Pa 及 273 K 下,1 mol 液态水凝固为冰时的熵变。若该变化是在 101 325 Pa 及 263 K 下进行,其熵变值又为多少?已知液态水在 101 325 Pa 及 273 K 下的 凝固热为 $-6\ 020 \mathrm{~J \cdot mol^{-1}}$,在题中的温度范围内,$C_{p,\mathrm{m}}$(水)$= 75.291 \mathrm{~J \cdot mol^{-1} \cdot K^{-1}}$, $C_{p,\mathrm{m}}$(冰)$= 37.6 \mathrm{~J \cdot mol^{-1} \cdot K^{-1}}$。

解:(1)101 325 Pa 及 273 K 时,冰、水两相可平衡共存,发生的是可逆相变,因此用式(2-23) 计算熵变,即

$$\Delta S = \frac{n \Delta H_{\mathrm{m}}}{T} = \frac{1 \mathrm{~mol} \times (-6\ 020 \mathrm{~J \cdot mol^{-1}})}{273 \mathrm{~K}} = -22.05 \mathrm{~J \cdot K^{-1}}$$

(2)101 325 Pa 及 263 K 时,冰、水不能平衡共存,发生的是不可逆相变,为此设计如下 可逆过程来完成始终态间的变化:

```
┌──────────────────────┐   ΔH,ΔS    ┌──────────────────────┐
│ 水, 101 325 Pa, 263 K │ ─────────> │ 冰, 101 325 Pa, 263 K │
└──────────────────────┘            └──────────────────────┘
        │ ΔH₁,ΔS₁  等压可逆                    ↑ ΔH₃,ΔS₃  等压可逆
        ↓                                      │
┌──────────────────────┐  ΔH₂,ΔS₂   ┌──────────────────────┐
│ 水, 101 325 Pa, 273 K │ ─────────> │ 冰, 101 325 Pa, 273 K │
└──────────────────────┘            └──────────────────────┘
```

$$\Delta S = \Delta S_1 + \Delta S_2 + \Delta S_3$$

$$\Delta S_1 = \int_{T_1}^{T_2} \frac{n C_{p,\mathrm{m}}(\text{水}) \mathrm{d}T}{T} = n C_{p,\mathrm{m}}(\text{水}) \ln \frac{T_2}{T_1}$$

$$= 1 \mathrm{~mol} \times 75.291 \mathrm{~J \cdot mol^{-1} \cdot K^{-1}} \ln \frac{273 \mathrm{~K}}{263 \mathrm{~K}} = 2.81 \mathrm{~J \cdot K^{-1}}$$

$$\Delta S_2 = -22.05 \text{ J} \cdot \text{K}^{-1}$$

$$\Delta S_3 = \int_{T_2}^{T_1} \frac{n C_{p,m}(\text{冰}) \mathrm{d}T}{T} = n C_{p,m}(\text{冰}) \ln \frac{T_1}{T_2}$$

$$= 1 \text{ mol} \times 37.6 \text{ J} \cdot \text{mol}^{-1} \cdot \text{K}^{-1} \ln \frac{263 \text{ K}}{273 \text{ K}} = -1.40 \text{ J} \cdot \text{K}^{-1}$$

所以 $\Delta S_{\text{系统}} = (2.81 - 22.05 - 1.40) \text{ J} \cdot \text{K}^{-1} = -20.64 \text{ J} \cdot \text{K}^{-1}$

如果要判断该过程的方向,还需要计算环境的熵变。先求出该过程的等压热:

$$\Delta H = \Delta H_1 + \Delta H_2 + \Delta H_3$$

$$= 1 \text{ mol} \times 75.291 \text{ J} \cdot \text{mol}^{-1} \cdot \text{K}^{-1} \times 10 \text{ K} - 6\,020 \text{ J} \cdot \text{mol}^{-1} +$$

$$1 \text{ mol} \times 37.6 \text{ J} \cdot \text{mol}^{-1} \cdot \text{K}^{-1} \times (-10 \text{ K})$$

$$= -5\,643 \text{ J} \cdot \text{mol}^{-1}$$

$$\Delta S_{\text{环境}} = -\frac{\Delta H}{T} = \frac{1 \text{ mol} \times 5\,643 \text{ J} \cdot \text{mol}^{-1}}{263 \text{ K}} = 21.46 \text{ J} \cdot \text{K}^{-1}$$

$$\Delta S_{\text{孤立}} = (-20.64 + 21.46) \text{ J} \cdot \text{K}^{-1} = 0.82 \text{ J} \cdot \text{K}^{-1} > 0$$

所以,101 325 Pa 及 263 K 下水凝固为冰是不可逆过程。

2.3.3　热力学第三定律和化学变化过程的熵变

1. 热力学第三定律

和热力学能一样,熵的绝对值也是不知道的。根据热力学第二定律我们只能测量和求算熵的变化值,而无法知道熵的绝对值。所以在讨论熵值时需规定一个相对标准,这是热力学第三定律所要解决的问题。

20 世纪初,人们根据一系列低温实验事实推测提出了热力学第三定律(the third law of thermodynamics),即"在 0 K 时,任何纯物质的完整晶体的熵值等于零",即:

$$\lim_{T \to 0\text{K}} S_T = 0 \quad \text{或} \quad S_{0\text{K}} = 0 \tag{2-24}$$

应该注意:热力学第三定律除了温度为 0 K 的条件外,还有两条规定,即纯物质和完整晶体。如固态溶液不是纯物质,其熵值不为 0。完整晶体则是指晶体中的原子或分子只有一种有序排列形式。如 CO 可以有 CO 和 OC 两种排列方式,不是完整晶体,熵值不为 0。

2. 规定熵与标准熵

根据热力学第三定律规定的 $S_{0\text{K}} = 0$,以此为起点,计算某物质在温度 T 时所得的熵值称为规定熵 S_T(conventional entropy),物质在等压下从 0 K 升温到 T,在无相变化的情况下,过程的熵变就等于 S_T,即

$$\Delta S = S_T - S_{0\text{K}} = S_T = \int_0^T n C_{p,m} \frac{\mathrm{d}T}{T}$$

若在 0 K 至 T 之间有相变化,还要考虑到相变化时的熵变。对于任意温度下气体物质的规定熵按如下过程来确定:

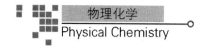
$$B(s)\xrightarrow{\quad 0\to T_f\quad}B(s)\xrightleftharpoons{\quad T_f\quad}B(l)\xrightarrow{\quad T_f\to T_b\quad}B(l)\xrightleftharpoons{\quad T_b\quad}B(g)\xrightarrow{\quad T_b\to T\quad}B(g)$$

$$S_T=\sum_i\Delta S_i=\int_0^{T_f}\frac{C_p(s)}{T}dT+\frac{\Delta_{mel}H}{T_f}+\int_{T_f}^{T_b}\frac{C_p(l)}{T}dT+\frac{\Delta_{vap}H}{T_b}+\int_{T_b}^{T}\frac{C_p(g)}{T}dT$$

即三个积分项加上两个相变熵,就得到所求物质在温度 T 时的规定熵。1 mol 纯物质在指定温度 T 及标准状态下的规定熵称作标准摩尔熵(standard molar entropy)或标准熵,用 $S_m^{\ominus}(T)$ 表示。常见物质在 298.15 K 时的标准摩尔熵可从手册中获得。

3.化学反应熵变的计算

对于任意的化学反应:$0=\sum_B\nu_B B$,如果所有的物质均处于 298.15 K 时的标准态,则反应的标准摩尔熵变 $\Delta_r S_m^{\ominus}$ 可以通过手册中的标准熵数据计算,即

$$\Delta_r S_m^{\ominus}(298.15\text{ K})=\sum_B\nu_B S_m^{\ominus}(B,298.15\text{ K})\tag{2-25}$$

例 2-6　计算甲醇合成反应在 25 ℃时的标准摩尔熵变 $\Delta_r S_m^{\ominus}$。反应方程式为 $CO(g)+2H_2(g)\to CH_3OH(g)$。

解:查表得 $CO(g)$、$H_2(g)$ 和 $CH_3OH(g)$ 的 $S_m^{\ominus}(298.15\text{ K})$ 分别为 197.67 J·mol^{-1}·K^{-1}、130.68 J·mol^{-1}·K^{-1} 和 239.80 J·mol^{-1}·K^{-1},代入得

$$\begin{aligned}\Delta_r S_m^{\ominus}(298.15\text{ K})&=\sum_B\nu_B S_m^{\ominus}(B,相态,298.15\text{ K})\\&=S_m^{\ominus}(CH_3OH,g,298.15\text{ K})-S_m^{\ominus}(CO,g,298.15\text{ K})\\&\quad-2\times S_m^{\ominus}(H_2,g,298.15\text{ K})\\&=239.80-197.67-2\times130.68\\&=-219.23\text{ J·mol}^{-1}\cdot\text{K}^{-1}\end{aligned}$$

大多数情况下,反应并不在 298.15 K 下进行,此时需要利用 298.15 K 下各物质的 $S_m^{\ominus}$ 来计算任意温度下的标准摩尔化学反应熵变 $\Delta_r S_m^{\ominus}(T)$,借助状态函数法,可得

$$\Delta_r S_m^{\ominus}(T)=\Delta_r S_m^{\ominus}(298.15\text{ K})+\int_{298.15\text{ K}}^{T}\frac{\Delta_r C_{p,m}}{T}dT\tag{2-26}$$

式中:$\Delta_r C_{p,m}=\sum_B\nu_B C_{p,m}(B)$。

例 2-7　计算蔗糖在 298.15 K 及标准压力 $p^{\ominus}$ 下发生氧化反应的熵变为多少。若 1 mol 蔗糖在人体中(体温为 310.15 K)发生这样的代谢过程,其熵变为多少?已知各物质的 $S_m^{\ominus}(298.15\text{ K})$ 及 $C_{p,m}(298.15\text{ K})$ 如下表所示,并设在题中的温度区间内各物质的 $C_{p,m}$ 是与 T 无关的常数。

物质	$S_m^{\ominus}(298.15\ \text{K})/(\text{J} \cdot \text{mol}^{-1} \cdot \text{K}^{-1})$	$C_{p,m}(298.15\ \text{K})/(\text{J} \cdot \text{mol}^{-1} \cdot \text{K}^{-1})$
$C_{12}H_{22}O_{11}(s)$	359.8	425.51
$O_2(g)$	205.138	29.355
$CO_2(g)$	213.74	37.11
$H_2O(l)$	69.91	75.291

解：蔗糖的氧化反应为 $C_{12}H_{22}O_{11}(s)+12O_2(g) \rightarrow 11H_2O(l)+12CO_2(g)$，故蔗糖在 298.15 K 及标准压力 $p^{\ominus}$ 下发生氧化反应的熵变为

$$\Delta_r S_m^{\ominus}(298.15\ \text{K}) = \sum_B \nu_B S_m^{\ominus}(B, 298.15\ \text{K})$$
$$= 11 S_m^{\ominus}(H_2O, l) + 12 S_m^{\ominus}(CO_2, g) - S_m^{\ominus}(C_{12}H_{22}O_{11}, s) - 12 S_m^{\ominus}(O_2, g)$$
$$= (11 \times 69.91 + 12 \times 213.74 - 1 \times 359.8 - 12 \times 205.138) \text{J} \cdot \text{mol}^{-1} \cdot \text{K}^{-1}$$
$$= 512.434\ \text{J} \cdot \text{mol}^{-1} \cdot \text{K}^{-1}$$

在人体中(体温为 310.15 K)进行该代谢过程时，

$$\Delta_r S_m^{\ominus}(310.15\ \text{K}) = \Delta_r S_m^{\ominus}(298.15\ \text{K}) + \int_{298.15\ \text{K}}^{310.15\ \text{K}} \frac{\sum_B \nu_B C_{p,m}(B)}{T} dT$$
$$= \left[512.434 + (11 \times 75.291 + 12 \times 37.11 - 1 \times 425.51 - \right.$$
$$\left. 12 \times 29.355) \ln \frac{310.15}{298.15} \right] \text{J} \cdot \text{mol}^{-1} \cdot \text{K}^{-1}$$
$$= 531.896\ \text{J} \cdot \text{mol}^{-1} \cdot \text{K}^{-1}$$

2.3.4 熵的统计意义

热力学第二定律表明隔离系统中一切不可逆过程总是向着熵增大的方向进行，达到平衡态时熵最大。从统计理论来看，自发过程总是从有序的状态变化为无序的状态，都是微观状态数增加的过程，也是熵增加的过程；当达到平衡态时，系统的微观状态数最多，熵值最大。由此可见，系统的熵与微观状态数(Ω)有着密切的联系，可用函数表示为

$$S = f(\Omega)$$

设有两个独立系统，其熵和热力学概率分别以 S_1, Ω_1 和 S_2, Ω_2 表示，则有

$$S_1 = f(\Omega_1), S_2 = f(\Omega_2)$$

因为熵是广度性质，具有加和性，故两个独立系统合起来的大系统的熵为

$$S = S_1 + S_2 = f(\Omega_1) + f(\Omega_2)$$

由概率定理可知，大系统的概率是小系统概率的积，即 $\Omega = \Omega_1 \times \Omega_2$，所以有

$$S = f(\Omega) = f(\Omega_1 \times \Omega_2) = f(\Omega_1) + f(\Omega_2)$$

唯一能满足这个条件的是对数函数,因此

$$S \propto \ln\Omega$$

Boltzmann(玻尔兹曼)提出

$$S = k_B \ln\Omega \tag{2-27}$$

该式称作 Boltzmann 公式,其中 k_B 为 Boltzmann 常数。一旦获得微观量的表示式,就可计算出系统的所有热力学性质,因此,该式是联通系统的宏观性质和微观性质的一个桥梁,它奠定了统计热力学的基础。

2.4 Helmholtz 自由能与 Gibbs 自由能

用熵作为过程的方向和限度的判据只适用于隔离系统,而热力学通常研究的是封闭系统,应用熵判据时除了计算系统的熵变,还需要计算环境的熵变,这在使用的时候很不方便。考虑到很多变化通常是在等温、等压或等温、等容条件下进行的,因此若能引入新的状态函数,在某些特定条件下,仅利用系统的这些函数值的变化就能判断过程的方向和限度,而不再考虑环境,那样就方便多了。

将热力学第一定律 $\delta Q = dU - \delta W_e - \delta W'$($W_e$ 为体积功,W' 为非体积功)代入热力学第二定律 $dS \geqslant \delta Q/T$,整理后有

$$-dU + TdS \geqslant -\delta W' - \delta W_e \tag{2-28}$$

该式即为热力学第一定律、第二定律联合式,自该式出发,限制某些条件可导出两个新的函数,即 Helmholtz 自由能(A)和 Gibbs 自由能(G),用这两个函数的变化值就可直接判断过程的方向和限度。

2.4.1 Helmholtz 自由能及判据

在等温的条件下,$TdS = d(TS)$,故式(2-28)可写为:

$$-d(U - TS) \geqslant -\delta W' - \delta W_e \tag{2-29}$$

因 U, T 及 S 均为系统的状态函数,故其组合($U - TS$)也必定是状态函数,将此函数用符号 A 表示,定义:

$$A \equiv U - TS \tag{2-30}$$

此函数是由德国科学家 Helmholtz(亥姆霍兹)定义的,故称之为 Helmholtz 自由能(Helmholtz free energy)或 Helmholtz 函数(Helmholtz function)。A 是系统的广度性质,具有能量的量纲,其绝对值无法确定。

将式(2-30)代入式(2-29)中,可得

$$-dA_T \geqslant -\delta W' - \delta W_e \quad \text{或} \quad -\Delta A_T \geqslant -W' - W_e \tag{2-31}$$

式中的等号适用于可逆过程,不等号适用于不可逆过程。它表示若过程等温不可逆,则系统所输出的功小于 Helmholtz 自由能的减小量;若过程等温可逆,则系统所输出的功等于 Helmholtz 自由能的减小量,也就是说在等温条件下,系统所输出的功最大等于系统 Helmholtz 自由能的减小量。

对于等温等容系统,因 $\delta W_e = -p_e\mathrm{d}V = 0$,故式(2-31)可写作

$$-\mathrm{d}A_{T,V} \geqslant -\delta W' \quad 或 \quad -\Delta A_{T,V} \geqslant -W' \tag{2-32}$$

此式说明在等温等容可逆过程中,系统向环境输出的非体积功等于系统 Helmholtz 自由能的减少量;对于等温等容的不可逆过程,则系统向环境输出的非体积功小于系统 Helmholtz 自由能的减少量。也就是说,在等温等容过程中系统向环境输出的非体积功最大等于系统 Helmholtz 自由能的减少量。

若在等温等容不做非体积功的条件下,则有

$$\mathrm{d}A_{T,V,W'=0} \leqslant 0 \quad 或 \quad \Delta A_{T,V,W'=0} \leqslant 0 \tag{2-33}$$

式中的等号适用于可逆过程,不等号适用于不可逆过程。即如果系统满足上述条件,则系统变化总是沿 Helmholtz 自由能减小的方向进行,直到系统达该情况下所允许的 Helmholtz 自由能最小值,系统便达到平衡态,此后系统发生的任何变化均是 Helmholtz 自由能不变的可逆过程,在此条件下系统不可能发生 Helmholtz 自由能增加的变化。利用此式可以判断等温等容且不做非体积功的条件下,封闭系统内过程进行的方向与限度,因此式(2-33)称为 Helmholtz 自由能判据。

2.4.2 Gibbs 自由能及判据

在等温等压的情况下,$T\mathrm{d}S = \mathrm{d}(TS)$,$\delta W_e = -p_e\mathrm{d}V = -p\mathrm{d}V = -\mathrm{d}(pV)$,故式(2-29)可写为:

$$-\mathrm{d}(U + pV - TS) \geqslant -\delta W' \tag{2-34}$$

式中:U,p,V,T 及 S 均为系统的状态函数,故其组合 $(U + pV - TS)$ 也必定是状态函数,将此函数用符号 G 表示,定义:

$$G \equiv U + pV - TS \equiv H - TS \tag{2-35}$$

因为由美国科学家 Gibbs(吉布斯)定义了此函数,所以称之为 Gibbs 自由能(Gibbs free energy)或 Gibbs 函数(Gibbs function)。G 是系统的广度性质,具有能量的量纲,其绝对值无法确定。

将式(2-35)代入式(2-34)中,可得:

$$-\mathrm{d}G_{T,p} \geqslant -\delta W' \quad 或 \quad -\Delta G_{T,p} \geqslant -W' \tag{2-36}$$

式中的等号为可逆过程适用,不等号为不可逆过程适用。它表示在等温等压条件下,一个封闭系统所能做的最大非体积功等于 Gibbs 自由能的减少。若过程为不可逆,则所做的非体积功小于系统的 Gibbs 自由能减少。

若系统在等温等压下不做非体积功,则有:

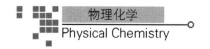

$$dG_{T,p,W'=0} \leqslant 0 \quad \text{或} \quad \Delta G_{T,p,W'=0} \leqslant 0 \tag{2-37}$$

式(2-37)表示等温等压下,只做体积功的封闭系统,实际过程总是向着 Gibbs 自由能降低的方向进行,当 Gibbs 自由能降低到该情况下所允许的最小值时,系统便达到了平衡态,此后系统发生的任何变化均是 Gibbs 自由能不变的可逆过程,而在上述条件下,系统 Gibbs 自由能增大的过程是不可能进行的,这个原理称为 Gibbs 自由能减小原理。式(2-37)就是等温等压下过程的方向与限度的 Gibbs 自由能判据。自然界中的很多变化,不论实验室的还是工业上的,大都是在等温等压且 $W'=0$ 的条件下进行的,因而该判据具有广泛的应用。

2.4.3 热力学判据小结

由热力学第一、二定律的联合公式,引出了两个辅助的状态函数——Helmholtz 自由能 A 和 Gibbs 自由能 G。从熵判据的不等式,推导出了 Helmholtz 自由能和 Gibbs 自由能的不等式,由此可以判别变化的方向和平衡的条件。现将 S、A 及 G 的相关判据及限制条件归纳如表 2-1 所示。

表 2-1 变化的方向及平衡条件

判据	适用系统	应用条件	变化的方向	平衡条件
熵判据	隔离系统	任何过程	$\Delta S > 0$	达到最大值
Gibbs 自由能判据	封闭系统	等温、等压、非体积功为零	$\Delta G < 0$	达到最小值
Helmholtz 自由能判据	封闭系统	等温、等容、非体积功为零	$\Delta A < 0$	达到最小值

应当注意,在等温、等压且不做非体积功的条件下,$\Delta G > 0$ 的过程一定不可能发生,若仅在等温、等压的条件下,此过程有可能发生,如反应 $H_2O(l) \rightarrow H_2(g) + \frac{1}{2}O_2(g)$ 的 $\Delta G > 0$,不能自动发生,但如果输入电功,则可使水电解而制得氢气和氧气。另外需要说明的是,热力学判据只表明存在这一种可能性,但如何把可能性转变为现实,则需要化学动力学来解决。

2.5 热力学函数间的关系

2.5.1 热力学函数之间的关系

由热力学第一定律和第二定律,引出了 U 和 S 两个最基本的热力学函数,并根据需要定义了三个组合的状态函数 H,G 和 A。它们之间存在如下的关系:

$$H = U + pV$$
$$A = U - TS = H - pV - TS$$
$$G = H - TS = U + pV - TS = A + pV$$

为便于记忆,可将它们之间的关系用示意图 2-8 表示。

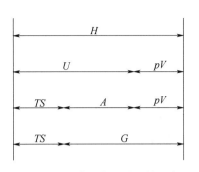

图 2-8 热力学函数间关系的示意图

2.5.2 热力学基本方程

根据热力学第一、第二定律的联合式 $-dU+TdS-p_e dV+\delta W'\geqslant 0$,对 $W'=0$ 的可逆微小变化有

$$dU = TdS - pdV \qquad (2\text{-}38)$$

由 $H=U+pV$ 微分得:$dH=dU+pdV+Vdp$,将式 (2-38)代入得

$$dH = TdS + Vdp \qquad (2\text{-}39)$$

采用同样的方法,分别微分 $G=U+pV-TS$ 和 $A=U-TS$,并代入式(2-38)后可得到另外两个方程式:

$$dG = -SdT + Vdp \qquad (2\text{-}40)$$

$$dA = -SdT - pdV \qquad (2\text{-}41)$$

式(2-38)至式(2-41)称为热力学基本方程。从推导过程可以看出,这些方程适用于只做体积功且系统内部组成不发生变化的封闭系统。虽然上述公式是通过可逆过程导出的,但四个关系式中的物理量均属于状态函数,所以对不可逆过程同样适用。

四个基本公式涉及八个热力学函数,其中 U 与 S 和 V 相联系,称 S 和 V 为 U 的特征变量。同样,H 的特征变量为 S 和 p,A 的特征变量为 T 和 V,G 的特征变量为 T 和 p。当这四个热力学函数以相应的特征变量作为自变量时,它们就称为特性函数。

2.5.3 特征偏微商和 Maxwell 关系式

要找到所需的热力学性质(如 U 和 S)和容易测量的性质(如 p,V,T)之间的关系式,除可应用上述基本方程外,由这些基本方程导出的下列偏微商也是非常重要的。

1. 特征偏微商

由特性函数 $U=U(S,V)$,可得到 U 的全微分式:

$$dU = \left(\frac{\partial U}{\partial S}\right)_V dS + \left(\frac{\partial U}{\partial V}\right)_S dV$$

将上式与(2-38)比较,可得

$$\left(\frac{\partial U}{\partial S}\right)_V = T, \left(\frac{\partial U}{\partial V}\right)_S = -p \qquad (2\text{-}42)$$

同理,由另外三个特性函数 $H(S,p)$、$A(T,V)$ 和 $G(T,p)$,可得到类似的关系式如下:

$$\left(\frac{\partial H}{\partial S}\right)_p = T, \left(\frac{\partial H}{\partial p}\right)_S = V \qquad (2\text{-}43)$$

$$\left(\frac{\partial A}{\partial T}\right)_V = -S, \left(\frac{\partial A}{\partial V}\right)_T = -p \tag{2-44}$$

$$\left(\frac{\partial G}{\partial T}\right)_p = -S, \left(\frac{\partial G}{\partial p}\right)_T = V \tag{2-45}$$

上面各式称为特征偏微商。其中式(2-45)在化学热力学中应用最广泛,它表明:①等压下物质的 Gibbs 自由能随温度的变化率取决于物质的熵值。一般物质的熵值都大于零,故 G 随 T 的升高而下降,物质的熵值越大,G 受温度的影响也越大。②等温下物质的 Gibbs 自由能随压力的增加而增大,该变化率的大小取决于该物质的体积,物质的体积越大,则 G 受压力的影响也越大。

2. Maxwell 关系式

设 z 代表系统中任一个状态函数,且是 x,y 两个变量的函数:

$$z = f(x,y)$$

则 z 的全微分为:

$$dz = \left(\frac{\partial z}{\partial x}\right)_y dx + \left(\frac{\partial z}{\partial y}\right)_x dy = M dx + N dy$$

式中令:$M = \left(\frac{\partial z}{\partial x}\right)_y$,$N = \left(\frac{\partial z}{\partial y}\right)_x$。$M$ 和 N 也是 x 和 y 的函数,将 M 对 y 偏导数,N 对 x 偏导数,得:

$$\left(\frac{\partial M}{\partial y}\right)_x = \frac{\partial^2 z}{\partial y \partial x}, \left(\frac{\partial N}{\partial x}\right)_y = \frac{\partial^2 z}{\partial x \partial y}$$

所以:

$$\left(\frac{\partial M}{\partial y}\right)_x = \left(\frac{\partial N}{\partial x}\right)_y$$

将这一结果应用于式(2-38)至式(2-41)可得:

$$\left(\frac{\partial T}{\partial V}\right)_S = -\left(\frac{\partial p}{\partial S}\right)_V \tag{2-46}$$

$$\left(\frac{\partial T}{\partial p}\right)_S = \left(\frac{\partial V}{\partial S}\right)_p \tag{2-47}$$

$$\left(\frac{\partial S}{\partial V}\right)_T = \left(\frac{\partial p}{\partial T}\right)_V \tag{2-48}$$

$$\left(\frac{\partial S}{\partial p}\right)_T = -\left(\frac{\partial V}{\partial T}\right)_p \tag{2-49}$$

式(2-46)至式(2-49)称为 Maxwell(麦克斯韦)关系式。利用这些关系式,可以将那些难以通过实验测量的偏导数如 $\left(\frac{\partial S}{\partial V}\right)_T$、$\left(\frac{\partial S}{\partial p}\right)_T$,用容易由实验直接测量的偏导数如 $\left(\frac{\partial p}{\partial T}\right)_V$、$\left(\frac{\partial V}{\partial T}\right)_p$ 来代替。

例 2-8 实际气体的 Van der Waals(范德华)经验方程为：

$$\left(p + \frac{n^2 a}{V^2}\right)(V - nb) = nRT$$

式中的 a,b 为常数。求实际气体的热力学能在恒温过程中随体积的变化率 $\left(\dfrac{\partial U}{\partial V}\right)_T$。

解：根据热力学的基本方程

$$dU = T\,dS - p\,dV$$

在等温的条件下可得

$$\left(\frac{\partial U}{\partial V}\right)_T = T\left(\frac{\partial S}{\partial V}\right)_T - p$$

根据 Maxwell 关系式：$\left(\dfrac{\partial S}{\partial V}\right)_T = \left(\dfrac{\partial p}{\partial T}\right)_V$，代入上式得：

$$\left(\frac{\partial U}{\partial V}\right)_T = T\left(\frac{\partial p}{\partial T}\right)_V - p$$

从 Van der Waals 方程得

$$p = \frac{nRT}{V - nb} - \frac{n^2 a}{V^2}$$

故有：

$$\left(\frac{\partial p}{\partial T}\right)_V = \frac{nR}{V - nb}$$

将其代入 $\left(\dfrac{\partial U}{\partial V}\right)_T$ 的表达式得

$$\left(\frac{\partial U}{\partial V}\right)_T = T\left(\frac{nR}{V - nb}\right) - p = p + \frac{n^2 a}{V^2} - p = \frac{n^2 a}{V^2}$$

从所得结果看,实际气体的热力学能不仅是温度的函数,还与体积、压力有关。

2.6 ΔG 的计算

2.6.1 单纯 p,V,T 变化过程中的 ΔG

G 是状态函数,在指定的始态和终态之间 ΔG 有定值。因此,对于那些不可逆过程或通过实验难以测定的过程,均可以拟定一个可逆过程来进行计算。

对于等温过程,有两种方法求解 ΔG：

(1)由 G 的定义求算：因为 $G = H - TS$,在等温条件下 $\Delta G = \Delta H - T\Delta S$,所以求出该过程对应的 ΔH 及 ΔS,便可得到 ΔG。

（2）由热力学基本公式求算：依据基本公式 $dG = -SdT + Vdp$ 可知，对于等温过程，有：

$$\left(\frac{\partial G}{\partial p}\right)_T = V$$

因此：

$$dG = Vdp \quad 或 \quad \Delta G = \int_{p_1}^{p_2} Vdp \tag{2-50}$$

若知道 V 与 p 的函数关系，就能对上式积分求得 ΔG。

对于理想气体 $pV = nRT$，因此

$$\Delta G = \int_{p_1}^{p_2} \frac{nRT}{p}dp = nRT\ln\frac{p_2}{p_1} = nRT\ln\frac{V_1}{V_2} \tag{2-51}$$

对于液体或固体，它们的体积 V 随压力的变化极小，一般可将 $V(l)$ 或 $V(s)$ 看作常数而得到：

$$\Delta G = V(p_2 - p_1) \tag{2-52}$$

对于非等温过程，依据 $G = H - TS$，则有 $\Delta G = \Delta H - \Delta(TS) = \Delta H - (T_2 S_2 - T_1 S_1)$，所以求得 T_1, T_2 温度下的规定熵 S_1 和 S_2 及该过程的 ΔH，代入上式便可得到非等温过程的 ΔG。

例 2-9　1 mol 理想气体 H_2 由 300.15 K，10^6 Pa 分别经过等温可逆膨胀和自由膨胀至 10^5 Pa，试求两个过程的 $Q, W, \Delta U, \Delta H, \Delta S, \Delta G$ 和 ΔA。

解：对等温可逆膨胀过程，有：

$$\Delta U = \Delta H = 0$$

$$-Q_R = W_R = -nRT\ln\frac{V_2}{V_1} = -nRT\ln\frac{p_1}{p_2}$$

$$= -1\ mol \times 8.314\ J \cdot mol^{-1} \cdot K^{-1} \times 300.15\ K \times \ln\frac{10^6}{10^5} = -5.74\ kJ$$

$$\Delta S = \frac{Q_R}{T} = \frac{5.74\ kJ}{300.15\ K} = 19.1\ J \cdot K^{-1}$$

$$\Delta G = nRT\ln\frac{p_2}{p_1} = -5.74\ kJ$$

$$\Delta A = -nRT\ln\frac{p_1}{p_2} = -5.74\ kJ$$

或由 A, G 的定义式可得，等温条件下，

$$\Delta A = \Delta G = -T\Delta S = -Q_R = W_R = -5.74\ kJ$$

若通过自由膨胀过程完成同一变化，则因外压为零，所以有 $W = 0$，根据热力学第一定律，$Q = -W = 0$，所有热力学函数的变化值只与系统的始、终态有关，因此，$\Delta U, \Delta H, \Delta S, \Delta G$ 及 ΔA 的数值与等温可逆膨胀过程完全相同。

例 2-10 1 mol 单原子理想气体,从始态 273.15 K,100 kPa 分别经过下列可逆变化达到各自的终态,试计算各个过程的 $Q,W,\Delta U,\Delta H,\Delta S,\Delta G$ 和 ΔA。已知该气体在 273.15 K, 100 kPa 的摩尔熵 $S_m=100\ J\cdot K^{-1}\cdot mol^{-1}$。

(1)等压下体积加倍;

(2)绝热可逆膨胀至压力减少一半。

解:(1)理想气体等压下体积加倍,则温度也加倍:

$$\frac{V_2}{V_1}=\frac{T_2}{T_1}=2,\ Q_p=\Delta H,\ \text{单原子理想气体},\ C_{V,m}=1.5R,\ C_{p,m}=2.5R$$

$$\Delta U=nC_{V,m}\Delta T=1\ mol\times1.5\times8.314\ J\cdot mol^{-1}\cdot K^{-1}\times(273.15\times2-273.15)K$$
$$=3\ 406.45\ J$$

$$\Delta H=nC_{p,m}\Delta T=1\ mol\times2.5\times8.314\ J\cdot mol^{-1}\cdot K^{-1}\times(273.15\times2-273.15)K$$
$$=5\ 677.42\ J=Q_p$$

$$W=\Delta U-Q_p=(3\ 406.45-5\ 677.42)J=-2\ 270.97\ J$$

$$\Delta S=nC_{p,m}\ln\frac{T_2}{T_1}=1\ mol\times2.5\times8.314\ J\cdot mol^{-1}\cdot K^{-1}\times\ln2=14.41\ J\cdot K^{-1}$$

$$S_2=\Delta S+S_1=14.14\ J\cdot K^{-1}+1\ mol\times100\ J\cdot K^{-1}\cdot mol^{-1}=114.41\ J\cdot K^{-1}$$

$$\Delta G=\Delta H-(T_2S_2-T_1S_1)=5\ 677.42\ J-(273.15\times2\times114.41-273.15\times100)J$$
$$=-2.95\times10^4\ J$$

$$\Delta A=\Delta U-(T_2S_2-T_1S_1)=3\ 406.45\ J-(273.15\times2\times114.41-273.15\times100)J$$
$$=-3.18\times10^4\ J$$

(2)绝热可逆膨胀至压力减少一半:

$$Q=0,\ \Delta U=W,\ \gamma=\frac{C_{p,m}}{C_{V,m}}=\frac{5}{3}$$

$$p_1^{1-\gamma}T_1^{\gamma}=p_2^{1-\gamma}T_2^{\gamma}\Rightarrow T_2=\left(\frac{p_1}{p_2}\right)^{\frac{1-\gamma}{\gamma}}T_1=2^{-\frac{2}{5}}\times273.15\ K=207.00\ K$$

$$W=\Delta U=nC_{V,m}\Delta T=1\ mol\times1.5\times8.314\ J\cdot mol^{-1}\cdot K^{-1}\times(207.00-273.15)K$$
$$=-824.96\ J$$

$$\Delta H=nC_{p,m}\Delta T=1\ mol\times2.5\times8.314\ J\cdot mol^{-1}\cdot K^{-1}\times(207.00-273.15)K$$
$$=-1\ 374.93\ J$$

绝热可逆过程熵不变,所以有

$$\Delta S=0$$

$$\Delta G=\Delta H-S\Delta T=-1\ 374.93\ J-100\times(207.00-273.15)J=5\ 240.07\ J$$

$$\Delta A=\Delta U-S\Delta T=-824.96\ J-100\times(207.00-273.15)J=5\ 790.04\ J$$

2.6.2 相变过程中的 ΔG

对于等温等压且非体积功等于零的可逆相变过程,由 Gibbs 自由能判据可知 $\Delta G=0$。

对于等温等压且非体积功等于零的不可逆相变过程,ΔG 的计算与计算不可逆相变 ΔS

的计算类似,也需要设计一系列的可逆过程来求得该变化的 ΔG。

例 2-11 1 mol 液态水在 100 ℃,101 325 Pa 下分别经过以下两个不同的过程蒸发为同温同压的水蒸气:(1)可逆蒸发;(2)向真空蒸发。求两个过程的 $W, Q, \Delta U, \Delta H, \Delta S, \Delta A$ 和 ΔG。已知该温度下,水的摩尔蒸发焓为 40.66 kJ·mol^{-1},并且假设水蒸气可视为理想气体,液态水的体积和水蒸气相比可以忽略不计。

解:(1)1 mol 液态水在 100 ℃,101 325 Pa 下可逆蒸发有

$$Q_p = \Delta H = n\Delta_{\mathrm{vap}}H_{\mathrm{m}} = 40.66 \text{ kJ}$$

$$W = -p\Delta V \approx -pV_{\mathrm{g}} = -nRT = -1 \text{ mol} \times 8.314 \text{ J}\cdot\mathrm{mol}^{-1}\cdot\mathrm{K}^{-1} \times 373.15 \text{ K}$$
$$= -3\ 102.37 \text{ J}$$

$$\Delta U = Q + W = 37.56 \text{ kJ}$$

或 $\quad \Delta U = \Delta H - \Delta(pV) = \Delta H - p\Delta V \approx \Delta H - pV_{\mathrm{g}} = \Delta H - nRT = 37.56 \text{ kJ}$

$$\Delta S = \frac{Q}{T} = \frac{40.66 \times 10^3 \text{ J}}{373.15 \text{ K}} = 109.0 \text{ J}\cdot\mathrm{K}^{-1}$$

$$\Delta A = W_{\mathrm{R}} = -nRT = -3\ 102.37 \text{ J} \quad 或 \quad \Delta A = \Delta U - T\Delta S = -3\ 102.37 \text{ J}$$

等温等压只有体积功的可逆相变,$\Delta G = 0$ 或 $\Delta G = \Delta H - T\Delta S = 0$。

(2)真空蒸发的始态和终态与(1)可逆蒸发的始态终态相同,故根据状态函数的特征可知,状态函数的变化值与(1),均相同,但有:

$$W = 0$$

$$Q = \Delta U = 37.56 \text{ kJ}$$

这里不能用 ΔG 值来判定过程的方向,因为水向真空蒸发的相变过程的环境压力为零,不是在等压条件下进行的。但该过程符合等温条件,所以可用 ΔA 作为判据:$\Delta A = -3\ 103$ J,而 $W = 0$ J,即有 $\Delta A_T < W$,故水向真空蒸发为水蒸气的过程为不可逆过程。也可计算熵变并用熵判据判断过程的方向,可得到同样的结论。

例 2-12 在 -59 ℃时,过冷液态二氧化碳的饱和蒸气压为 0.460 MPa,同温度时固态 CO_2 的饱和蒸气压为 0.434 MPa,问在上述温度时,将 1 mol 过冷液态 CO_2 转化为固态 CO_2 时,ΔG 为多少?设气体服从理想气体行为。

解:此过程为不可逆相变,故设计如下可逆过程以计算 ΔG:

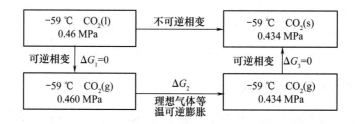

$$\Delta G_2 = nRT\ln\frac{p_2}{p_1} = \left(1\times 8.314\times 214.2\ln\frac{0.434}{0.460}\right) J = -104\ J$$

$$\Delta G = \Delta G_1 + \Delta G_2 + \Delta G_3 = \Delta G_2 = -104\ J$$

2.6.3 化学变化过程中的 ΔG

一般来说,计算化学反应的 $\Delta_r G_m^{\ominus}$ 有如下几种方法:

(1)对于等温、标准态下的反应,可根据反应的标准摩尔焓变 $\Delta_r H_m^{\ominus}$ 和标准摩尔熵变 $\Delta_r S_m^{\ominus}$,然后即可按下式求得反应的标准摩尔 Gibbs 自由能变量 $\Delta_r G_m^{\ominus}$:

$$\Delta_r G_m^{\ominus} = \Delta_r H_m^{\ominus} - T\Delta_r S_m^{\ominus} \tag{2-53}$$

(2)通过参加反应的各物质的标准摩尔生成 Gibbs 自由能来计算反应的标准摩尔 Gibbs 自由能变量 $\Delta_r G_m^{\ominus}$。

在温度为 T 的标准态下,由稳定的单质生成 1 mol 的物质 B 时反应的 Gibbs 自由能变 $(\Delta_f G_m^{\ominus})$ 称为物质 B 的标准摩尔生成 Gibbs 自由能(standard molar Gibbs free energy of formation),用 $\Delta_f G_m^{\ominus}$ 表示,下标"f"表示生成。$\Delta_f G_m^{\ominus}$ 是物质的特性,它随温度的改变而改变,常见物质的 $\Delta_f G_m^{\ominus}$(298.15 K)可从手册中获得。

根据这一定义可知,稳定单质的标准摩尔生成 Gibbs 自由能都等于零。

对于任意的化学反应 $0 = \sum_B \nu_B B$,有:

$$\Delta_r G_m^{\ominus} = \sum_B \nu_B \Delta_f G_m^{\ominus}(B) \tag{2-54}$$

(3)通过电化学的方法,设计可逆电池,使反应在电池中进行。然后根据 $\Delta_r G_m^{\ominus} = -zFE^{\ominus}$ 来计算。式中 $E^{\ominus}$ 是可逆电池在标准态时的电动势,F 是法拉第常数,z 是电池反应式中电子得失系数。这将在电化学一章中详述。

化学反应的 ΔG 还有其他计算方法,如根据化学反应等温式,利用化学平衡常数 $K^{\ominus}$ 推算 $\Delta_r G_m^{\ominus}$,有了一些化学反应的 $\Delta_r G_m^{\ominus}$,可以通过代数运算,求得另一些反应的 $\Delta_r G_m^{\ominus}$,这将在化学平衡一章中讨论。

关于化学反应的 $\Delta_r A_m$,可以由 $\Delta_r A_m = \Delta_r U_m - T\Delta_r S_m$ 计算而得。若为等温可逆的化学变化,也可由 $\Delta_r A_m = W_R$(W_R 为等温可逆过程中的体积功和非体积功的总和)而求得。

例 2-13 判定反应 $CO_2(g) + 2NH_3(g) = (NH_2)_2CO(s) + H_2O(l)$ 在 298.15 K 及 $p^{\ominus}$ 下的自发性。假定 $\Delta_r S_m^{\ominus}$ 与温度无关,估算 $(NH_2)_2CO$ 自发分解的最低温度。已知 298.15 K 及 $p^{\ominus}$ 下,各物质的标准摩尔生成焓和标准摩尔熵的数据如下表所示:

物质	$CO_2(g)$	$NH_3(g)$	$(NH_2)_2CO(s)$	$H_2O(l)$
$\Delta_f H_m^{\ominus}/(kJ\cdot mol^{-1})$	-393.509	-46.11	-333.51	-285.830
$S_m^{\ominus}/(J\cdot mol^{-1}\cdot K^{-1})$	213.74	192.45	104.60	69.91

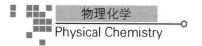

解：(1) $\Delta_r H_m^{\ominus} = \sum\limits_B \nu_B \Delta_f H_m^{\ominus}(B)$

$= [-285.830 + (-333.51) - (-393.509) - 2 \times (-46.11)] kJ \cdot mol^{-1}$

$= -133.611 \ kJ \cdot mol^{-1}$

$\Delta_r S_m^{\ominus} = \sum\limits_B \nu_B S_m^{\ominus}(B)$

$= (104.60 + 69.91 - 213.74 - 2 \times 192.45) J \cdot mol^{-1}$

$= -424.13 J \cdot mol^{-1} \cdot K^{-1}$

$\Delta_r G_m^{\ominus} = \Delta_r H_m^{\ominus} - T \Delta_r S_m^{\ominus}$

$= -133.611 \ kJ \cdot mol^{-1} - 298.15 \ K \times (-424.13) \times 10^{-3} \ kJ \cdot mol^{-1} \cdot K^{-1}$

$= -7.156 \ kJ \cdot mol^{-1}$

故该反应在上述条件下可自发地进行。

(2)$(NH_2)_2CO$ 自发分解的条件是上述反应的 $\Delta_r G_m^{\ominus} \geqslant 0$，故有：

$$\Delta_r G_m^{\ominus} = \Delta_r H_m^{\ominus} - T \Delta_r S_m^{\ominus} \geqslant 0$$

代入数据得不等式

$$-133.611 \ kJ \cdot mol^{-1} - T \times (-424.13) \times 10^{-3} \ kJ \geqslant 0$$

解此不等式得 $T \geqslant 315 \ K$，即 $(NH_2)_2CO$ 自发分解的最低温度为 315 K。

例 2-14 在 298.15 K 和 $p^{\ominus}$ 下，化学反应 $Zn(s) + 2HCl(aq) = ZnCl_2(aq) + H_2(g)$ 生成 1 mol 气体时，放热 40 000 J。若使反应通过可逆电池来完成，则吸热 4 000 J。试计算反应的 $\Delta_r U_m$，$\Delta_r H_m$，$\Delta_r S_m$，$\Delta_r A_m$ 和 $\Delta_r G_m$。

解：两条途径的反应都是由相同的始态变到相同的终态，根据状态函数的特征可知两条途径的 $\Delta_r U_m$，$\Delta_r H_m$，$\Delta_r S_m$，$\Delta_r A_m$ 和 $\Delta_r G_m$ 均相同。

(1)第一条途径(直接反应)为非体积功为零的等温等压过程，有

$$Q_p = \Delta_r H_m = -40\ 000 \ J$$

$$W_{系统} \approx -pV_g = -nRT = -2\ 479 \ J$$

$$\Delta_r U_m = Q_p + W_{系统} = -42\ 479 \ J$$

(2)第二条途径(电池反应)为非体积功不为零的等温可逆过程，有

$$Q_R = 4\ 000 \ J$$

由可逆热 Q_R 可求得 $\Delta_r S_m$

$$\Delta_r S_m = \frac{Q_R}{T} = 13.41 \ J \cdot K^{-1}$$

$$\Delta_r A_m = \Delta_r U_m - T \Delta_r S_m = (-42\ 479 - 298.15 \times 13.41) J = -46\ 477 \ J$$

$$\Delta_r G_m = \Delta_r H_m - T \Delta_r S_m = (-40\ 000 - 298.15 \times 13.41) J = -43\ 998 \ J$$

ΔA 和 ΔG 也可由最大功求得

$$\Delta_r U_m = Q_p + W_{系统} = Q_R + W_{系统} + W_{电} \Rightarrow W_{电} = Q_p - Q_R$$

$$\Delta_r A_m = W_R = W_{系统} + W_{电} = W_{系统} + Q_p - Q_R$$
$$= (-2\ 479 - 40\ 000 - 4\ 000)J = -46\ 479\ J$$
$$\Delta_r G_m = W_{电} = Q_p - Q_R = (-40\ 000 - 4\ 000)J = -44\ 000\ J$$

2.7　Gibbs 自由能变随温度及压力的变化

从化学手册上可查得的大多为物质在 298.15 K，$p^{\ominus}$ 下的热力学数据，因而化学反应的 $\Delta_r G_m^{\ominus}(298.15\ K)$ 容易通过计算而获得。为了求得其他温度和压力下反应的 $\Delta_r G_m$，需要知道 $\Delta_r G_m$ 与温度及压力的关系。

2.7.1　Gibbs 自由能变与温度的关系

根据 $\left(\dfrac{\partial G}{\partial T}\right)_p = -S$ 可得

$$\left(\frac{\partial \Delta G}{\partial T}\right)_p = -\Delta S$$

又已知在温度 T 时，有

$$\Delta G = \Delta H - T\Delta S \quad 或 \quad -\Delta S = \frac{\Delta G - \Delta H}{T}$$

代入上式得

$$\left(\frac{\partial \Delta G}{\partial T}\right)_p = \frac{\Delta G - \Delta H}{T} \tag{2-55}$$

将式(2-55)两边同除以 T，并整理后可得到易于积分的形式：

$$\frac{1}{T}\left(\frac{\partial \Delta G}{\partial T}\right)_p - \frac{\Delta G}{T^2} = -\frac{\Delta H}{T^2}$$

上式左方是压力不变时 $\dfrac{\Delta G}{T}$ 对 T 的偏导数，故可写成：

$$\left[\frac{\partial \left(\dfrac{\Delta G}{T}\right)}{\partial T}\right]_p = -\frac{\Delta H}{T^2} \tag{2-56}$$

式(2-55)和式(2-56)都称为 Gibbs-Helmholtz 方程(Gibbs-Helmholtz equation)，由此可求得不同 T 下的 ΔG。

将式(2-56)改写为

$$d\left(\frac{\Delta G}{T}\right) = -\frac{\Delta H}{T^2}dT$$

两边求积分，得

$$\left(\frac{\Delta G_2}{T_2}\right) - \left(\frac{\Delta G_1}{T_1}\right) = \int_{T_1}^{T_2} -\frac{\Delta H}{T^2}dT \tag{2-57}$$

若已知 ΔH 与温度的函数关系,则可由 T_1 时相变化或化学变化的 ΔG_1 求得 T_2 时相变化或化学变化的 ΔG_2。当温度变化区间不大,ΔH 可近似为常数时,有:

$$\left(\frac{\Delta G_2}{T_2}\right) = \left(\frac{\Delta G_1}{T_1}\right) + \Delta H\left(\frac{1}{T_2} - \frac{1}{T_1}\right) \tag{2-58}$$

同理,根据 $\left(\frac{\partial A}{\partial T}\right)_V = -S$,可以证明

$$\left[\frac{\partial\left(\frac{\Delta A}{T}\right)}{\partial T}\right]_V = -\frac{\Delta U}{T^2} \tag{2-59}$$

该式也称为 Gibbs-Helmholtz 方程。

例 2-15 对于下列反应:$2SO_3(g, p^\ominus) = 2SO_2(g, p^\ominus) + O_2(g, p^\ominus)$,已知 298 K 时,$\Delta_r G_m = 1.400 \times 10^5\ J \cdot mol^{-1}$,$\Delta_r H_m = 1.956 \times 10^5\ J \cdot mol^{-1}$,若反应的焓变不随温度而变化,求在 600 ℃时,此反应的 $\Delta_r G_m$。

解:由 Gibbs-Helmholtz 方程:

$$\frac{\Delta G(T_2)}{T_2} - \frac{\Delta G(T_1)}{T_1} = \frac{\Delta H}{T_2} - \frac{\Delta H}{T_1}$$

$$\frac{\Delta G(T_2)}{873} - \frac{140\ 000}{298} = \frac{195\ 600}{873} - \frac{195\ 600}{298}$$

$$\Delta G(T_2) = 32\ 718\ J \cdot mol^{-1}$$

2.7.2 Gibbs 自由能变与压力的关系

等温下,相变或化学变化的 ΔG 将随压力的改变而改变。根据 $\left(\frac{\partial G}{\partial p}\right)_T = V$,有

$$\left(\frac{\partial \Delta G}{\partial p}\right)_T = \Delta V$$

作定积分得

$$\Delta G_2 - \Delta G_1 = \int_{p_1}^{p_2} \Delta V \mathrm{d}p \tag{2-60}$$

式中 ΔG_1 和 ΔG_2 分别是系统在同一温度,两个不同的压力下进行的等温等压过程中的 Gibbs 自由能变。

例 2-16 已知在 298 K 和 100 kPa 的条件下,如下反应的 $\Delta_{trs} G_m^\ominus$ 为 2.862 kJ·mol^{-1}

$$C(s, 石墨) \longrightarrow C(s, 金刚石)$$

要求在 298 K 的条件下,要加多少压力才有可能将石墨变为金刚石?已知金刚石的密

度为 3 513 kg·m^{-3},石墨的密度为 2 260 kg·m^{-3},下标"trs"表示"转晶"。

解:在室温和标准压力下,从石墨变为金刚石的 Gibbs 自由能变化值大于零,显然石墨更稳定,这个变化不能自发进行。要使反应进行,至少使 $\Delta G=0$,这就要利用等温下 G 随 p 变化的关系式

$$\Delta G_2 - \Delta G_1 = \int_{p_1}^{p_2} \Delta V \mathrm{d}p$$

式中 $\Delta G_1 = \Delta_{\mathrm{trs}} G_{\mathrm{m}}^{\ominus}$,故上式为:

$$\Delta G_2 = \Delta_{\mathrm{trs}} G_{\mathrm{m}}^{\ominus} + \Delta V(p - 100 \text{ kPa}) = 0$$

$$\Delta V = \frac{0.012 \text{ kg·mol}^{-1}}{3\ 513 \text{ kg·m}^{-3}} - \frac{0.012 \text{ kg·mol}^{-1}}{2\ 260 \text{ kg·m}^{-3}} = -1.89 \times 10^{-6} \text{ m}^3 \cdot \text{mol}^{-1}$$

代入已知数,解得 $p = 1.5 \times 10^9$ Pa。

也就是说,在室温下要将石墨变为金刚石,压力必须大于 1.5×10^9 Pa 才有可能。要获得标准压力的 10^4 倍的高压通常是做不到的,要有非常特殊的设备才行。

★2.8 不可逆过程热力学简介

经典热力学是建立在观察与实验基础上的一门学科,从根本上说它只有两条基本定律:热力学第一定律——运动的守恒性;热力学第二定律——运动的方向性。热力学第一定律揭示了各种形式的能量之间相互转化和守恒的规律。热力学第二定律的思想始自 1824 年的 Carnot 循环和 Carnot 原理。Clausius 在进一步研究了 Carnot 的工作的基础上,发现其中包含着一个新的自然规律,即热力学第二定律。Clausius 把这一规律表述为:不可能把热从低温物体转移到高温物体而不引起别的变化。1851 年,Kelvin 独立地提出了热力学第二定律的另一种表述方法:不可能从单一热源取热使之完全变为有用功而不产生其他影响。1865 年,Clausius 把上述关系推广到不可逆过程,得出 Clausius 不等式,同时,就是在这篇论文中引入了新的热力学函数熵,给出了热力学第二定律的数学表达式。1906 年,能斯特提出热力学第三定律:若将绝对零度时完美晶体中的每种元素的熵值取为零,则一切物质均具有一定的正熵值,但是在绝对零度时,完美晶体物质的熵值为零,至此,经典热力学的基本定律确立。

Onsager(昂萨格)在 1931 年确立的,以他的名字命名的 Onsager 倒易关系(reciprocal relation)和 Prigogine(普里高津)在 1945 年确立的最小熵产生原理是线性热力学的基础,它标志着非平衡态线性热力学的成熟,它的主要结果是线性热力学对许多输运现象有重要的应用。Prigogine 于 1967 年在关于"理论物理和生物学"的第一次国际会议上提出耗散结构(dissipative structure)这一新概念,它使非平衡态非线性热力学取得突破性进展,首次使人们认识到,不可逆过程并不是单纯破坏宏观有序结构,在远离平衡态的条件下,非平衡态和不可逆过程在建立有序方面起到积极的作用。这不仅有利于人们认识并解释自然界中的各种宏观上的有序结构的形成和维持机理,也有利于人去利用这些有序现象,因而它展示了广

阔的应用前景。例如许多树叶、花朵以及各种动物的皮毛等常呈现出很漂亮的规则图案。生物有序不仅体现在空间特点上，也表现在时间特点上，例如所谓的生物振荡现象，即生物过程随时间周期变化的现象，现在已经确认许多生物化学反应是随时间振荡的，如新陈代谢过程中占重要地位的糖酵反应，许多中间化合物和酶的浓度随时间规则振荡，振荡周期约为几分钟的量级。再如生物钟就是由于生物化学反应随时间而有规则地周期性振荡的结果。周期交替，显然是一种有序现象。在无生命界，同样存在许多自发形成的宏观有序现象，例如蒸气凝结排列成有序的雪花；天空中的云彩有时呈现出鱼鳞状或条状的有序排列；有些岩石中，几种矿物组分形成非常规则的花纹；木星的大气层中有大规模的旋涡状有序结构；一些有颜色变化的化学反应，可以在两种不同的颜色之间做周期性的振荡（化学振荡）。上述存在的自组织现象无法用经典的热力学来解释，因此必须跳出经典热力学的框框，从平衡态（或可逆过程）推广到非平衡态（或不可逆过程）。

2.8.1 熵产生和熵流

耗散结构是在远离平衡态的开放系统中形成的，非平衡态热力学所讨论的中心问题是熵产生。1945 年，Prigogine 分析了开放系统熵变形成的内、外因素，认为系统的总熵变来源于两个方面：一个是系统与环境进行物质、能量交换产生的熵变，称为熵流（entropy flux），用 d_eS 表示；另一个是系统内部的不可逆过程引起的熵变，称为熵产生（entropy production），用 d_iS 表示，于是有

$$dS = d_eS + d_iS \tag{2-61}$$

式(2-61)中，d_eS 的符号一般来说没有确定，它可正、可负或等于零，d_iS 的值却永远不可能为负值。系统内部进行的过程为不可逆时 $d_iS>0$，系统内部进行的过程为可逆时 $d_iS=0$，即

$$d_iS \geqslant 0 \tag{2-62}$$

对于一个孤立系统，因与环境无物质、能量交换，熵流为零，即 $d_eS=0$，所以有

$$dS_{孤立} = d_iS \geqslant 0 \tag{2-63}$$

敞开系统与孤立系统之差别体现在 d_eS 项上，此项包含着系统与环境之间有物质和能量交换所引起的影响。若引入的是负熵流，即 $d_eS<0$，且 $|d_eS|>d_iS$ 时，系统的总熵变 $dS<0$，这时敞开系统内可能发生由无序向有序的变化，即可能自发地形成有序组织。可见，敞开系统的有序结构能够存在和维持有赖于负熵流，即进入系统的熵值小于系统输出的熵值。输入负熵流是需要消耗能量的，因而 Prigogine 将之称为耗散结构。

耗散结构理论的杰出贡献在于把 Clausius 的热力学第二定律与达尔文的进化论相统一，证明了自然界乃至人类社会是一个和谐、有序的整体。自耗散结构理论问世以来，引起了各学科理论工作者的广泛注意，并应用于研究化学、医学、社会学、经济现象等，已经取得了许多突破性的进展。

2.8.2 熵与生命

生物由简单到复杂，由低等向高等逐渐发展，这是一个向着有序程度逐渐递增的发展趋

势,这似乎与热力学第二定律相矛盾并且引起了很多争议,Prigogine 的耗散结构理论的建立使该问题的答案得以明朗化。因生物体属于典型的开放系统,所以存在因与环境进行物质、能量交换产生的熵流 d_eS,而且它将决定系统是有序的还是无序的,是进化的还是退化的。

若 $d_eS \geq 0$ 时,系统引入正熵流,生命体的熵变 $dS>0$,系统总熵值增大,无序度增加,生命即将或已经走向死亡;若 $d_eS<0$,系统引入负熵流,如果该负熵流大于生命体内部产生的熵变($|d_eS|>d_iS$),则生命体的熵变 $dS<0$,这时系统的熵是减少的,因而系统的有序性增加,这意味着生命从一定的有序结构上升到更高的有序结构,这就是生命体的发育、生长过程;如果在一定时期内,生命体自身内部产生的熵变和生命体与外界交换物质、能量而产生的负熵流恰好相等($|d_eS|=d_iS$),那么系统的熵变 $dS=0$,系统将维持一定的有序结构,生命有机体便处在稳态、成熟的阶段;若生命体获得的负熵流小于自身内部的熵产生($|d_eS|<d_iS$),则生命体的熵变 $dS>0$,生命体的熵是增加的,生命机体便产生疾病、退化、衰老。当生命体的熵累积到最大时,整个生命机体呈现出高度无序性,处于高度混乱状态,这就是生命的终止——死亡。

可见,有机体要维持高度有序的生活状态,需要不断排出熵,正如薛定谔所说,它是"以负熵流为生"的。也就是生物体通过摄取诸如蛋白质、淀粉之类含有高度有序的低熵值大分子食物,经过消化后排泄出较无序的高熵小分子,吸入低熵物而排出高熵物,从而把熵流传给环境以补偿内部不可逆过程(如内部的化学过程,扩散过程及血液流动等)所产生的熵,使得自身稳定在低熵水平。

地球的负熵流大部分来自太阳,人类合理利用太阳给予的负熵流及能流时可以实现不断发展。但是地球生命系统获得的负熵流及能量仅由太阳可见表面积的一小部分即"生命圈"供给,是有限的,并非无穷无尽。通过对地球生命系统的全面合理认识,在发展过程中节制系统的自发熵增,控制和消除系统的伴随熵增,是可持续发展的关键。

☐ 本章小结

1. 根据自发变化具有方向性的特点,提出热力学第二定律,介绍了最具有代表性的 Clausius 和 Kelvin 的两种经典表述。

2. 根据热力学第二定律和 Carnot 定理的联系,引出了熵的概念,并得到了 Clausius 不等式:$dS-\dfrac{\delta Q}{T} \geq 0$,据此可以判断过程的可逆性。

3. 在隔离体系中利用"熵增加原理"可判断过程的方向性,根据 Boltzmann 公式可知熵具有统计意义,它是系统中混乱度的量度。通过热力学第三定律引入了规定熵的概念,从根本上解决了化学反应熵变的计算问题。

4. 从熵增加原理,定义了 Helmholtz 自由能和 Gibbs 自由能,利用这两个辅助函数,可判断等温、等容和等温、等压下变化的方向性。

5. 从热力学第一定律和热力学第二定律的联合式出发,导出了封闭系统中热力学基本公式,依据四个基本公式,进一步导出了特征偏微商和 Maxwell 关系式等一系列热力学重要公式,根据这些重要公式,可以解决 ΔS 和 ΔG 的计算。

☐ 拓展材料

1.代雨航.《物理化学》课程思政的探究与实践 ——以热力学第二定律为例.化工设计通讯,2022,48(1):131-133.

2.王凤林,高炳坤.卡诺定理的简易证明.大学物理,2003,22(9):14,20.

3.赵妍,王庭槐.生物反馈治疗中的控制论和熵原理.中国实用神经疾病杂志,2009,12(11):49-52.

4.林清枝,吴义熔.吉布斯自由能判据本质的揭示.北京师范大学学报(自然科学版),1999,35(2):227-229.

5.傅献彩.物理化学.6版.北京:高等教育出版社,2021.

☐ 思考题

1.选择题

(1)一列火车在我国的铁道上行驶,在下述哪种地理和气候条件下,内燃机的热效率最高?(   )

A.南方的夏季　　　　B.北方的夏季　　　　C.南方的冬季　　　　D.北方的冬季

(2)理想气体在等温条件下反抗恒定外压膨胀,该变化过程中系统的熵变 $\Delta S_体$ 及环境的熵变 $\Delta S_环$ 应为(   )。

A.$\Delta S_体 > 0, \Delta S_环 = 0$ 　　　　　　　　B.$\Delta S_体 < 0, \Delta S_环 = 0$

C.$\Delta S_体 > 0, \Delta S_环 < 0$ 　　　　　　　　D.$\Delta S_体 < 0, \Delta S_环 > 0$

(3)1 mol 理想气体在等温下向真空膨胀,体积从 V_1 变至 V_2,吸热为 Q,其熵变值应该如何计算?(   )

A.$\Delta S = 0$ 　　　B.$\Delta S = R \ln \dfrac{V_2}{V_1}$ 　　　C.$\Delta S = \dfrac{Q}{T} > 0$ 　　　D.$\Delta S = R \ln \dfrac{p_2}{p_1}$

(4)在 273.15 K 和 101 325 Pa 条件下,水凝结为冰,判断系统的下列热力学量中何者一定为零?(   )

A.ΔU 　　　　　B.ΔH 　　　　　C.ΔS 　　　　　D.ΔG

(5)理想气体经绝热不可逆过程,则系统与环境的熵变为(   )。

A.$\Delta S_体 = 0, \Delta S_环 = 0$ 　　　　　　　　B.$\Delta S_体 > 0, \Delta S_环 = 0$

C.$\Delta S_体 = 0, \Delta S_环 > 0$ 　　　　　　　　D.$\Delta S_体 > 0, \Delta S_环 > 0$

(6)系统由初态 A 经不同的不可逆途径达到终态 B 时,其熵变 ΔS 应如何?(   )

A.各不相同 　　　　　　　　　　　B.都相同

C.不等于经过可逆途径的熵变 　　　D.不一定相同

(7)过程 A→B 的熵变 ΔS 应等于什么?(   )

A.$\Delta S = \displaystyle\int_A^B \dfrac{\delta Q}{T}$ 　　　　　　　　B.$\Delta S = \displaystyle\int_A^B \dfrac{\delta Q_{可逆}}{T}$

C. $\Delta S = \int_A^B \delta Q$　　　　　　　　　　D. $\Delta S = \int_A^B \delta Q_{可逆}$

(8)在 N_2 和 O_2 混合气体的绝热可逆压缩过程中,系统的热力学函数变化值在下列结论中正确的是(　　)。

A. $\Delta U = 0$　　　　B. $\Delta A = 0$　　　　C. $\Delta S = 0$　　　　D. $\Delta G = 0$

(9)1×10^{-3} kg 水在 373 K,101 325 Pa 的条件下汽化为同温同压的水蒸气,热力学函数变量为 ΔU_1,ΔH_1 和 ΔG_1;现把 1×10^{-3} kg 的 H_2O(温度、压力同上)放在恒 373 K 的真空箱中,控制体积,使系统终态蒸气压也为 101 325 Pa,这时热力学函数变量为 ΔU_2,ΔH_2 和 ΔG_2。问这两组热力学函数的关系为(　　)。

A. $\Delta U_1 > \Delta U_2$,$\Delta H_1 > \Delta H_2$,$\Delta G_1 > \Delta G_2$　　B. $\Delta U_1 < \Delta U_2$,$\Delta H_1 < \Delta H_2$,$\Delta G_1 < \Delta G_2$

C. $\Delta U_1 = \Delta U_2$,$\Delta H_1 = \Delta H_2$,$\Delta G_1 = \Delta G_2$　　D. $\Delta U_1 = \Delta U_2$,$\Delta H_1 > \Delta H_2$,$\Delta G_1 = \Delta G_2$

(10)在 $-10\ ℃$,$p^{\ominus}$ 压力下,1 mol 的过冷水结成冰时,下述表示正确的是(　　)。

A. $\Delta G < 0$,$\Delta S_{体} > 0$,$\Delta S_{环} > 0$,$\Delta S_{孤} > 0$　　B. $\Delta G > 0$,$\Delta S_{体} < 0$,$\Delta S_{环} < 0$,$\Delta S_{孤} < 0$

C. $\Delta G < 0$,$\Delta S_{体} < 0$,$\Delta S_{环} > 0$,$\Delta S_{孤} > 0$　　D. $\Delta G > 0$,$\Delta S_{体} > 0$,$\Delta S_{环} < 0$,$\Delta S_{孤} < 0$

(11)298 K 时,1 mol 理想气体等温可逆膨胀,压力从 1 000 kPa 变到 100 kPa,系统 Gibbs 自由能变化为(　　)。

A. 0.04 kJ　　　　B. -12.4 kJ　　　　C. 1.24 kJ　　　　D. -5.70 kJ

(12)对于不做非膨胀功的隔离系统,熵判据为(　　)。

A. $(dS)_{T,U} \geq 0$　　B. $(dS)_{p,U} \geq 0$　　C. $(dS)_{U,p} \geq 0$　　D. $(dS)_{U,V} \geq 0$

(13)封闭系统中,若某过程的 $\Delta A = W_R$,应满足的条件是(　　)。

A. 等温、可逆过程　　　　　　　　　B. 等容、可逆过程

C. 等温等压、可逆过程　　　　　　　D. 等温等容、可逆过程

(14)热力学第三定律也可以表示为(　　)。

A. 在 0 K 时,任何纯物质晶体的熵等于零

B. 在 0 K 时,任何纯物质完整晶体的熵等于零

C. 在 0 ℃ 时,任何纯物质晶体的熵等于零

D. 在 0 ℃ 时,任何纯物质完整晶体的熵等于零

(15)纯 $H_2O(l)$ 在标准压力和正常沸点温度时,等温、等压可逆气化,则(　　)。

A. $\Delta_{vap} U^{\ominus} = \Delta_{vap} H^{\ominus}$,$\Delta_{vap} A^{\ominus} = \Delta_{vap} G^{\ominus}$,$\Delta_{vap} S^{\ominus} > 0$

B. $\Delta_{vap} U^{\ominus} < \Delta_{vap} H^{\ominus}$,$\Delta_{vap} A^{\ominus} < \Delta_{vap} G^{\ominus}$,$\Delta_{vap} S^{\ominus} > 0$

C. $\Delta_{vap} U^{\ominus} > \Delta_{vap} H^{\ominus}$,$\Delta_{vap} A^{\ominus} > \Delta_{vap} G^{\ominus}$,$\Delta_{vap} S^{\ominus} < 0$

D. $\Delta_{vap} U^{\ominus} < \Delta_{vap} H^{\ominus}$,$\Delta_{vap} A^{\ominus} < \Delta_{vap} G^{\ominus}$,$\Delta_{vap} S^{\ominus} < 0$

2.问答题

(1)自发过程一定是不可逆的,所以不可逆过程一定是自发的。这种说法对吗?

(2)空调、冰箱不是可以把热从低温热源吸出、放给高温热源吗? 这是否与第二定律矛盾呢?

(3)对处于绝热瓶中的气体进行不可逆压缩,过程的熵变一定大于零,这种说法对吗?

(4) 相变过程的熵变可以用公式 $\Delta S = \dfrac{\Delta H}{T}$ 来计算,这种说法对吗?

(5) 将压力为 101.3 kPa,温度为 268.2 K 的过冷液体苯,凝固成同温、同压的固体苯。已知苯的凝固点温度为 278.7 K,如何设计可逆过程?

(6)能否说系统达平衡时熵值最大,Gibbs 自由能最小?

(7)某系统从始态出发,经一个绝热不可逆过程到达终态。为了计算熵值,能否设计一个绝热可逆过程来计算?

(8)ΔS,ΔG 和 ΔA 作为判据时必须满足的条件分别是什么?

(9)下列过程中,Q,W,ΔU,ΔH,ΔS,ΔG 和 ΔA 的数值哪些为零? 哪些的绝对值相等?

①理想气体真空膨胀;

②实际气体绝热可逆膨胀;

③水在冰点结成冰;

④理想气体等温可逆膨胀;

⑤$H_2(g)$ 和 $O_2(g)$ 在绝热钢瓶中生成水;

⑥等温等压且不做非膨胀功的条件下,下列化学反应达到平衡:

$$H_2(g) + Cl_2(g) \Longrightarrow 2HCl(g)$$

(10) 四个热力学基本公式适用的条件是什么? 是否一定要可逆过程?

□ 习 题

1.热机的低温热源一般是空气或水,平均温度设为 293 K,为提高热机的效率,只有尽可能提高高温热源的温度。如果希望可逆热机的效率达到 60%,试计算这时高温热源的温度。高温热源一般为加压水蒸气,这时水蒸气将处于什么状态? 已知水的临界温度为647 K。

2.试计算以下过程的熵变 ΔS:

(1)5 mol 双原子分子理想气体,在等容条件下由 448 K 冷却到 298 K;

(2)3 mol 单原子分子理想气体,在等压条件下由 300 K 加热到 600 K。

3.某蛋白质在 323 K 时变性,并达到平衡状态,即天然蛋白质 $\Longrightarrow$ 变性蛋白质,已知该变性过程的摩尔焓变 $\Delta_r H_m = 29.288$ kJ·mol^{-1},求该反应的摩尔熵变 $\Delta_r S_m$。

4.1 mol 理想气体在等温下分别经历如下两个过程:(1)可逆膨胀过程;(2)向真空膨胀过程。终态体积都是始态的 10 倍。分别计算两个过程的熵变。

5.有 2 mol 单原子理想气体由始态 500 kPa、323 K 加热到终态 1 000 kPa、373 K。试计算此气体的熵变。

6.在 300 K 时,n mol 的单原子分子理想气体由始态 100 kPa、122 dm^3 反抗 50 kPa 的外压,等温膨胀到 50 kPa。试计算:

(1)ΔU、ΔH、终态体积 V_2;

(2)过程的热 Q 和功 W;

(3)ΔS_{sys}、ΔS_{sur} 和 ΔS_{iso}。

7.有一绝热、具有固定体积的容器,中间用导热隔板将容器分为体积相同的两部分,分别充以 $N_2(g)$ 和 $O_2(g)$,如 7 题图。N_2,O_2 皆可视为理想气体,热容相同,$C_{V,m} = (5/2)R$。

(1)求系统达到热平衡时的 ΔS；

(2)热平衡后将隔板抽去，求系统的 $\Delta_{mix}S$。

1 mol N₂	1 mol O₂
293 K	283 K

习题 2-7 图

8. 人体活动和生理过程是在恒压下做广义电功的过程。问 1 mol 葡萄糖最多能供应多少能量来供给人体动作和维持生命之用？已知 298 K 时葡萄糖的 $\Delta_c H_m^\ominus = -2\,808$ kJ·mol⁻¹；$S_m^\ominus = 288.9$ J·K⁻¹·mol⁻¹，CO_2 的 $S_m^\ominus = 213.639$ J·K⁻¹·mol⁻¹；$H_2O(l)$ 的 $S_m^\ominus = 69.94$ J·K⁻¹·mol⁻¹；O_2 的 $S_m^\ominus = 205.029$ J·K⁻¹·mol⁻¹。

9. 某化学反应在等温、等压下（298 K，$p^\ominus$）进行，放热 40.00 kJ，若使该反应通过可逆电池来完成，则吸热 4.00 kJ。

(1)计算该化学反应的 $\Delta_r S_m^\ominus$；

(2)当该反应自发进行时（即不做电功时），求环境的熵变及总熵变；

(3)计算系统可能做的最大电功。

10. 在 298.2 K 的等温情况下，两个瓶子中间有旋塞连通，开始时一瓶放 0.2 mol O_2，压力为 20 kPa。另一瓶放 0.8 mol N_2，压力为 80 kPa，打开旋塞后，两气体相互混合，计算：

(1)终态时瓶中的压力；

(2)混合过程的 Q，W，$\Delta_{mix}U$，$\Delta_{mix}S$，$\Delta_{mix}G$；

(3)如果等温下可逆地使气体恢复原状，计算过程的 Q 和 W。

11. 1 mol 理想气体在 273 K 等温地从 1 000 kPa 膨胀到 100 kPa，如果膨胀是可逆的，试计算此过程的 Q，W 以及气体的 ΔU，ΔH，ΔS，ΔG，ΔA。

习题 2-11 解答视频

12. 1 mol 理想气体在 122 K 等温的情况下反抗恒定的外压，从 10 dm³ 膨胀到终态。已知在该过程中，系统的熵变为 19.14 J·K⁻¹，求该膨胀过程系统反抗外压 p_e 和终态的体积 V_2，并计算 ΔU、ΔH、ΔG、ΔA、环境熵变 ΔS_{sur} 和孤立系统的熵变 ΔS_{iso}。

13. 在 373 K，101.325 kPa 条件下，将 2 mol 的液态水可逆蒸发为同温、同压的水蒸气。计算此过程的 Q，W，ΔU，ΔH 和 ΔS，已知 101.325 kPa，373 K 时水的摩尔汽化焓为 40.68 kJ·mol⁻¹。水蒸气可视为理想气体，忽略液态水的体积。

14. 将一玻璃球放入真空容器中，球中已封入 1 mol $H_2O(l)$，压力为 101.3 kPa，温度为 373 K。真空容器内部恰好可容纳 1 mol 的 101.3 kPa、373 K 的 $H_2O(g)$，若保持整个系统的温度为 373 K，小球被击破后，水全部汽化成水蒸气，计算 Q，W，ΔU，ΔH，ΔS，ΔG，ΔA。根据计算结果，判断这一过程是自发的吗？用哪一个热力学性质作为判据？试说明之。已知在 373 K 和 101.3 kPa 下，水的摩尔汽化焓为 40.68 kJ·mol⁻¹。气体可以作为理想气体处理，忽略液体的体积。

15. 在 −5 ℃ 和标准压力下，1 mol 过冷液体苯凝固为同温、同压的固体苯，计算该过程的 ΔS 和 ΔG。已知 −5 ℃ 时，固态苯和液态苯的饱和蒸气压分别为 2.25 kPa 和 2.64 kPa；−5 ℃ 及 $p^\ominus$ 时，苯的摩尔熔化焓为 9.86 kJ·mol⁻¹。

习题 2-14 解答视频

16. 298 K，101.3 kPa 下，Zn 和 $CuSO_4$ 溶液的置换反应在可逆

电池中进行,做出电功 200 kJ,放热 6 kJ,求该反应的 $\Delta_r U$,$\Delta_r H$,$\Delta_r A$,$\Delta_r S$,$\Delta_r G$(设反应前后的体积变化可忽略不计)。

17. 在 600 K、100 kPa 压力下,生石膏的脱水反应为:

$$CaCO_3 \cdot 2H_2O(s) \longrightarrow CaCO_3(s) + 2H_2O(g)$$

试计算该反应进度为 1 mol 时的 Q,W,$\Delta_r U_m^\ominus$,$\Delta_r H_m^\ominus$,$\Delta_r S_m^\ominus$,$\Delta_r A_m^\ominus$ 和 $\Delta_r G_m^\ominus$。已知各物质 298.15 K、100 kPa 时的热力学数据如下。

物质	$\Delta_f H_m^\ominus/(kJ \cdot mol^{-1})$	$S_m^\ominus/(J \cdot mol^{-1} \cdot K^{-1})$	$C_{p,m}/(J \cdot mol^{-1} \cdot K^{-1})$
$CaCO_3 \cdot 2H_2O(s)$	-2021.12	193.97	186.20
$CaCO_3(s)$	$-1\,432.68$	106.70	99.60
$H_2O(g)$	-241.82	188.83	33.58

混合物和溶液
Mixture and Solution

学习目标

1.了解单组分系统与多组分系统的区别,理解偏摩尔量的含义,掌握偏摩尔量的集合公式。

2.了解多组分均相系统的热力学基本公式,理解化学势的含义,掌握化学势判据及其应用。

3.掌握理想气体化学势的表达式,理解逸度的定义,了解非理想气体化学势的表达式。

4.掌握 Raoult 定律和 Henry 定律及其应用。

5.理解理想液态混合物、活度和活度系数的定义,掌握理想液态混合物及理想稀溶液中各组分的化学势的表达式,了解非理想稀溶液中各组分的化学势的表达式。

6.掌握稀溶液的依数性及分配定律。

两种或两种以上的物质组成的系统称为多组分系统。多组分系统可分为组分均匀分散的均相系统和组分非均匀分散的多相系统。对于多相系统,又可分为几个均相系统分别加以研究。多组分均相系统是由两种或者两种以上物质以分子或离子状态均匀混在一起所形成,按照热力学处理方法的不同,可分为混合物和溶液。

混合物(mixture)是指多组分均相系统中的所有物质不分彼此,在热力学中每一种物质按相同的原则、方法来处理。溶液(solution)则区分为溶质和溶剂,在热力学中溶质和溶剂按不同原则和方法进行研究。溶液分为液态溶液和固态溶液,但没有气态溶液,因为气体一般都能均匀混合,从而形成气态混合物。对于气体或固体溶入液体所形成的溶液中,通常把气体或固体称为溶质(solute),而把液体物质称为溶剂(solvent)。对于一种或多种液体溶入另一液体中所形成的溶液中,通常把含量较少的物质称为溶质,而将含量较多的物质称为溶剂。根据溶液中溶质的导电性,又可将溶液分为电解质溶液和非电解质溶液。

本章以均相系统为着眼点,将研究非电解质溶液的热力学性质,溶液的 T、p 及组成之间的定量关系以及溶液形成过程的热力学函数关系。为相平衡、溶液化学反应和化学平衡的研究建立理论基础。

描述多组分均相系统,首先需引入偏摩尔量和化学势这两个重要的概念,其次为确定系统中各组分的化学势的表达式需引入标准态和参考态。我们将学习稀溶液的两个经验定律,理想液态混合物的概念和理想稀溶液的性质,并以此为参考,研究非理想稀溶液的性质。

3.1　偏摩尔量

3.1.1　单组分系统与多组分系统的区别

对于单组分均相或组成不变的封闭系统,任一热力学状态函数均可以由其他两个独立的状态函数来描述,如:$Z = f(p, T)$,故在学习热力学基本定律时,四个热力学基本公式中只涉及两个变量,用两个变量就可以确定系统的状态。但是研究有化学反应和相变化的多组分系统时,其内部各相及各组分物质的量(n_B)可能因相变化或化学变化而发生改变。此时,仅用 T、p 和系统各物质的总量并不能确定系统的状态。如 100 cm³ 乙醇和 100 cm³ 乙醇混合后,因单组分系统中,任何容量性质都具有简单加和性故其体积为 200 cm³,但如果是不同物质相互混合,结果则不然。下面以乙醇与水混合前后体积的变化为例来说明。在 293 K、101.325 kPa 下,1 g 乙醇的体积是 1.267 cm³,1 g 水的体积是 1.004 cm³。若将乙醇与水以不同的比例混合,使溶液的总质量为 100 g,实验结果见表 3-1。

表 3-1　乙醇与水混合液的体积与乙醇的质量分数 w 的关系

w(乙醇) /%	V(乙醇) /cm³	V(水) /cm³	混合前的体积相加值/cm³	混合后的实际总体积/cm³	偏差 ΔV /cm³
10	12.67	90.36	103.03	101.84	1.19
20	25.34	80.32	105.66	103.24	2.42
30	38.01	70.28	108.29	104.84	3.45
40	50.68	60.24	110.92	106.93	3.99
50	63.35	50.20	113.55	109.43	4.12
60	76.02	40.16	116.18	112.22	3.96
70	88.69	30.12	118.81	115.25	3.56
80	101.36	20.08	121.44	118.56	2.88
90	114.03	10.04	124.07	122.25	1.82

从表 3-1 中的数据可以看出:在温度、压力一定且系统的总质量确定的条件下,系统混合前后总体积不相等,并且 ΔV 的值随浓度的不同而改变,即随组成的变化而变化。

实验证明,除了物质的质量和物质的量外,多组分系统的容量性质与混合前各组分的容量性质之间一般均不具有简单的加和性,因此必须引入新的概念,除了需要指明温度和压力两个状态函数外,还需加入各组分的物质的量作为变量,而这个新引入的概念就是偏摩尔量。

3.1.2 偏摩尔量的定义

多组分均相系统中某一容量性质 Z 随系统的温度、压力和组成的变化可表示为

$$Z = f(T, p, n_1, n_2, \cdots, n_k)$$

式中 $n_1, n_2, \cdots, n_k$ 分别为组分 $1, 2, \cdots, k$ 的物质的量,则 Z 的全微分可表示为

$$\mathrm{d}Z = \left(\frac{\partial Z}{\partial T}\right)_{p,n} \mathrm{d}T + \left(\frac{\partial Z}{\partial p}\right)_{T,n} \mathrm{d}p + \left(\frac{\partial Z}{\partial n_1}\right)_{T,p,n_2,n_3,\cdots,n_k} \mathrm{d}n_1 + \left(\frac{\partial Z}{\partial n_2}\right)_{T,p,n_1,n_3,\cdots,n_k} \mathrm{d}n_2$$
$$+ \cdots + \left(\frac{\partial Z}{\partial n_k}\right)_{T,p,n_1,n_2,\cdots,n_{k-1}} \mathrm{d}n_k \tag{3-1}$$

在等温等压条件下,式(3-1)可写为

$$\mathrm{d}Z = \sum_{\mathrm{B}=1}^{k} \left(\frac{\partial Z}{\partial n_{\mathrm{B}}}\right)_{T,p,n_{\mathrm{C}}(\mathrm{C} \neq \mathrm{B})} \mathrm{d}n_{\mathrm{B}}$$

令

$$Z_{\mathrm{B,m}} = \left(\frac{\partial Z}{\partial n_{\mathrm{B}}}\right)_{T,p,n_{\mathrm{C}}(\mathrm{C} \neq \mathrm{B})} \tag{3-2}$$

则得

$$\mathrm{d}Z = Z_{1,\mathrm{m}} \mathrm{d}n_1 + Z_{2,\mathrm{m}} \mathrm{d}n_2 + \cdots + Z_{k,\mathrm{m}} \mathrm{d}n_k = \sum_{\mathrm{B}=1}^{k} Z_{\mathrm{B,m}} \mathrm{d}n_{\mathrm{B}} \tag{3-3}$$

式中 $Z_{\mathrm{B,m}}$ 称为物质 B 的某种容量性质 Z 的偏摩尔量(partial molar quantity),它的物理意义是:在等温等压下,在一无限大的系统中,除了 B 组分以外,保持其他组分的数量不变(即 n_{C} 不变,C 代表除 B 以外的其他组分),加入 1 mol B 时所引起的系统容量性质 Z 的改变;或者理解为在有限量的系统中加入 $\mathrm{d}n_{\mathrm{B}}$ 后,系统容量性质 Z 随 B 物质的量 n_{B} 的变化率。其共同点是保持系统的组成不变。

Z 代表系统的任一容量性质,具体形式有

$$V_{\mathrm{B,m}} = \left(\frac{\partial V}{\partial n_{\mathrm{B}}}\right)_{T,p,n_{\mathrm{C}}(\mathrm{C} \neq \mathrm{B})}, \quad U_{\mathrm{B,m}} = \left(\frac{\partial U}{\partial n_{\mathrm{B}}}\right)_{T,p,n_{\mathrm{C}}(\mathrm{C} \neq \mathrm{B})}, \quad H_{\mathrm{B,m}} = \left(\frac{\partial H}{\partial n_{\mathrm{B}}}\right)_{T,p,n_{\mathrm{C}}(\mathrm{C} \neq \mathrm{B})},$$

$$S_{\mathrm{B,m}} = \left(\frac{\partial S}{\partial n_{\mathrm{B}}}\right)_{T,p,n_{\mathrm{C}}(\mathrm{C} \neq \mathrm{B})}, \quad A_{\mathrm{B,m}} = \left(\frac{\partial A}{\partial n_{\mathrm{B}}}\right)_{T,p,n_{\mathrm{C}}(\mathrm{C} \neq \mathrm{B})}, \quad G_{\mathrm{B,m}} = \left(\frac{\partial G}{\partial n_{\mathrm{B}}}\right)_{T,p,n_{\mathrm{C}}(\mathrm{C} \neq \mathrm{B})}$$

如果系统中只有一种组分(纯组分系统),则偏摩尔量 $Z_{\mathrm{B,m}}$ 就是摩尔量 $Z_{\mathrm{m}}(\mathrm{B})$。例如纯组分系统的偏摩尔体积就是摩尔体积 $V_{\mathrm{B,m}} = V_{\mathrm{m}}(\mathrm{B})$,偏摩尔吉布斯自由能就是摩尔吉布斯自由能 $G_{\mathrm{B,m}} = G_{\mathrm{m}}(\mathrm{B})$ 等。

使用偏摩尔量时必须注意:只有容量性质才有偏摩尔量,强度性质没有偏摩尔量;只有等温等压条件下系统的容量性质随某一组分的物质的量的变化率才能称为偏摩尔量,任何其他条件(如等温等容等)下的变化率都不能称为偏摩尔量。偏摩尔量是两个容量性质之比,所以是系统的强度性质。

3.1.3 偏摩尔量的集合公式

偏摩尔量是系统的强度性质,与混合物的浓度有关,而与混合物的总量无关。如保持混合物浓度不变的条件下,按比例在混合物中同时加入组分 $1,2,\cdots,k$,直到加入的各组分的物质的量为 $n_1,n_2,\cdots,n_k$ 时为止。由于是按比例加入,过程中组成恒定,因此各组分的偏摩尔量 $Z_{B,m}$ 的数值也不改变。在此条件下将式(3-3)积分得

$$Z = Z_{1,m}\int_0^{n_1} \mathrm{d}n_1 + Z_{2,m}\int_0^{n_2}\mathrm{d}n_2 + \cdots + Z_{k,m}\int_0^{n_k}\mathrm{d}n_k$$

$$= n_1 Z_{1,m} + n_2 Z_{2,m} + \cdots + n_k Z_{k,m} = \sum_{B=1}^{k} n_B Z_{B,m} \tag{3-4}$$

式(3-4)称为偏摩尔量的集合公式,它表示等温等压条件下,系统的任一容量性质等于该系统中各组分的偏摩尔量与其物质的量的乘积之和。若系统只含有两个组分,则其总体积与各组分偏摩尔体积的关系如下

$$V = n_1 V_{1,m} + n_2 V_{2,m} \tag{3-5}$$

3.2 化学势

对于多组分系统,另一个重要的物理量就是化学势。由于实际所遇到的系统常常是敞开系统或组成发生变化的封闭系统,为了处理这些系统的热力学问题,Gibbs 和 Lewis 提出了化学势的概念。

3.2.1 多组分均相系统热力学基本公式

对于多组分均相系统,U,H,A 和 G 除了是 p,V,T 和 S 等变量中任意两个变量的函数外,还是各组分物质的量 $n_1,n_2,\cdots,n_k$ 的函数。例如:$U=f(S,V,n_1,n_2,\cdots,n_k)$,$H=f(S,p,n_1,n_2,\cdots,n_k)$,$A=f(T,V,n_1,n_2,\cdots,n_k)$,$G=f(T,p,n_1,n_2,\cdots,n_k)$。

以 $G=f(T,p,n_1,n_2,\cdots,n_k)$ 为例,求其全微分,得

$$\mathrm{d}G = \left(\frac{\partial G}{\partial T}\right)_{p,n}\mathrm{d}T + \left(\frac{\partial G}{\partial p}\right)_{T,n}\mathrm{d}p + \sum_{B=1}^{k}\left(\frac{\partial G}{\partial n_B}\right)_{T,p,n_C(C\neq B)}\mathrm{d}n_B \tag{3-6}$$

因为
$$\left(\frac{\partial G}{\partial T}\right)_{p,n} = -S, \qquad \left(\frac{\partial G}{\partial p}\right)_{T,n} = V$$

所以
$$\mathrm{d}G = -S\mathrm{d}T + V\mathrm{d}p + \sum_{B=1}^{k}\left(\frac{\partial G}{\partial n_B}\right)_{T,p,n_C(C\neq B)}\mathrm{d}n_B \tag{3-7}$$

类似地处理,得到多组分均相系统的热力学基本公式:

$$\mathrm{d}U = T\mathrm{d}S - p\mathrm{d}V + \sum_{B=1}^{k}\left(\frac{\partial U}{\partial n_B}\right)_{S,V,n_C(C\neq B)}\mathrm{d}n_B \tag{3-8}$$

$$dH = TdS + Vdp + \sum_{B=1}^{k}\left(\frac{\partial H}{\partial n_B}\right)_{S,p,n_C(C \neq B)} dn_B \qquad (3-9)$$

$$dA = -SdT - pdV + \sum_{B=1}^{k}\left(\frac{\partial A}{\partial n_B}\right)_{T,V,n_C(C \neq B)} dn_B \qquad (3-10)$$

由 $H = U + pV$,得

$$dH = dU + pdV + Vdp \qquad (3-11)$$

将式(3-8)代入式(3-11),得

$$dH = TdS + Vdp + \sum_{B=1}^{k}\left(\frac{\partial U}{\partial n_B}\right)_{S,V,n_C(C \neq B)} dn_B \qquad (3-12)$$

比较式(3-9)与式(3-12),可得

$$\left(\frac{\partial H}{\partial n_B}\right)_{S,p,n_C(C \neq B)} = \left(\frac{\partial U}{\partial n_B}\right)_{S,V,n_C(C \neq B)} \qquad (3-13)$$

同理可得

$$\left(\frac{\partial H}{\partial n_B}\right)_{S,p,n_C(C \neq B)} = \left(\frac{\partial A}{\partial n_B}\right)_{T,V,n_C(C \neq B)} = \left(\frac{\partial G}{\partial n_B}\right)_{T,p,n_C(C \neq B)} = \left(\frac{\partial U}{\partial n_B}\right)_{S,V,n_C(C \neq B)} \qquad (3-14)$$

3.2.2 化学势定义

在所有偏摩尔量中,偏摩尔 Gibbs 自由能最为重要,因此又将它称为化学势(chemical potential)。系统中组分 B 的化学势用符号 μ_B 表示,其定义为:

$$\mu_B = \left(\frac{\partial G}{\partial n_B}\right)_{T,p,n_C(C \neq B)} \qquad (3-15)$$

由式(3-14)可得

$$\mu_B = \left(\frac{\partial U}{\partial n_B}\right)_{S,V,n_C(C \neq B)} = \left(\frac{\partial H}{\partial n_B}\right)_{S,p,n_C(C \neq B)} = \left(\frac{\partial A}{\partial n_B}\right)_{T,V,n_C(C \neq B)} = \left(\frac{\partial G}{\partial n_B}\right)_{T,p,n_C(C \neq B)} \qquad (3-16)$$

式(3-16)中四个偏微商都叫做化学势,这是化学势的广义说法,但必须注意其右下角标,每个热力学函数所选择的独立变量彼此不同,如果变量选择不当,常会引起错误。只有用 Gibbs 自由能表示的化学势(其下角标是 T,p)才是偏摩尔量,通常所说的化学势就是指偏摩尔 Gibbs 自由能。

在不做其他功的条件下,四个热力学基本公式可写为:

$$dU = TdS - pdV + \sum_{B}\mu_B dn_B \qquad (3-17)$$

$$dH = TdS + Vdp + \sum_{B}\mu_B dn_B \qquad (3-18)$$

$$dA = -SdT - pdV + \sum_{B}\mu_B dn_B \qquad (3-19)$$

$$dG = -SdT + Vdp + \sum_{B}\mu_B dn_B \qquad (3-20)$$

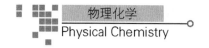

3.2.3　化学势判据及其在相变化系统的应用

在等温等压只做体积功的条件下,$dG \leqslant 0$ 是过程变化方向及限度的判据。因此由式(3-20)可知

$$(dG)_{T,p} = \sum_B \mu_B dn_B \leqslant 0 \tag{3-21}$$

式中:$\sum_B \mu_B dn_B < 0$ 表示不可逆过程变化的方向,$\sum_B \mu_B dn_B = 0$ 表示可逆或平衡状态。式(3-21)就是判断多组分系统的相变化方向的化学势判据。

设系统有 α 和 β 两相,两相均为多组分,物质 B 在 α 和 β 相中的化学势分别为 μ_B^α 和 μ_B^β。在等温等压下,设 α 相中的物质 B 有 dn_B 转移至 β 相中,此时体系 Gibbs 自由能的总变化根据式(3-20)为

$$dG = dG^\alpha + dG^\beta = \sum_B \mu_B dn_B = \mu_B^\alpha dn_B^\alpha + \mu_B^\beta dn_B^\beta$$

β 相所得等于 α 相所失,即 $-dn_B^\alpha = dn_B^\beta > 0$,则

$$dG = (\mu_B^\beta - \mu_B^\alpha) dn_B^\beta$$

若系统发生自发相变化,则 $dG < 0$,因此

$$\mu_B^\beta < \mu_B^\alpha \tag{3-22}$$

若系统达到相平衡状态,则 $dG = 0$,因此

$$\mu_B^\beta = \mu_B^\alpha \tag{3-23}$$

由式(3-22)和式(3-23)可知,在等温等压条件下,物质 B 在 α、β 两相中分配达平衡的条件是 B 在两相中的化学势相等;若物质 B 在两相中的化学势不等,则相变化进行的方向必然是从化学势较高的相转变到化学势较低的相,即朝着化学势减少的方向进行,直到 B 在两相中的化学势相等为止。由此可知物质的化学势是决定物质传递方向和限度的一个强度因素,这是化学势的物理意义。

推而广之,等温等压下多种物质多相系统平衡的条件是:同一种物质在各相中的化学势相等,即

$$\mu_B^\alpha = \mu_B^\beta = \mu_B^\gamma = \cdots = \mu_B^\varphi \tag{3-24}$$

3.3　气体的化学势

在相平衡和化学平衡研究中,化学势是一个非常重要的物理量,比较两个状态化学势的高低是判断自发变化方向和限度的前提。因为热力学能的绝对值不可知,故化学势的绝对值无法计算,为此需要选择一个标准态。

气体的标准态是标准压力 $p^\ominus$ 下具有理想气体性质的纯气体状态,对温度没有规定,该状态下的化学势称为标准化学势,用 $\mu_B^\ominus$ 表示,因给定压力为 $p^\ominus$,故其只是温度的函数。

3.3.1 理想气体的化学势

1. 单组分理想气体的化学势

对单组分系统，偏摩尔量就等于摩尔量，即 $\mu_B = G_{B,m} = G_m(B)$。

一定温度下，当某纯组分理想气体由压力 $p^\ominus$ 变至压力 p 时，其化学势由 $\mu^\ominus$ 变至 μ，根据热力学基本公式 $d\mu = dG_m = -S_m dT + V_m dp$，因 $dT = 0$，得

$$d\mu = dG_m = V_m dp = \frac{RT}{p} dp = RT d\ln p$$

积分

$$\int_{\mu^\ominus}^{\mu} d\mu = RT \int_{p^\ominus}^{p} d\ln p$$

得单组分理想气体化学势的表达式

$$\mu = \mu^\ominus + RT \ln \frac{p}{p^\ominus} \tag{3-25}$$

式中：μ 为 T，p 的函数，$\mu^\ominus$ 为给定压力为标准压力 $p^\ominus$、温度 T 时理想气体的化学势，因为压力已经给定，所以它仅是温度的函数。这个状态就是气体的标准状态（standard state）。

2. 混合理想气体的化学势

混合理想气体中的分子模型与单组分理想气体相同，即理想气体中分子之间的相互作用可以忽略不计，因此理想气体混合物中任一组分的行为与该组分单独占有混合气体总体积的行为相同，其化学势与它处于相同压力下的纯态时的化学势相同，即

$$\mu_B = \mu_B^\ominus(T) + RT \ln \frac{p_B}{p^\ominus} \tag{3-26}$$

式中：p_B 为混合物中 B 的分压，$\mu_B^\ominus(T)$ 为温度为 T、分压 p_B 等于 $p^\ominus$ 时组分 B 的化学势，它仅是温度的函数。

将 $p_B = p x_B$（x_B 为混合气体中组分 B 的物质的量分数）代入式（3-26），得

$$\mu_B(T,p) = \mu_B^\ominus(T,p^\ominus) + RT \ln \frac{p}{p^\ominus} + RT \ln x_B$$

$$= \mu_B^*(T,p) + RT \ln x_B \tag{3-27}$$

式中：$\mu_B^*(T,p)$ 为纯理想气体 B 在指定 T，p 时的化学势，显然它不是标准态，式（3-27）是混合理想气体中组分气体化学势表达式的另外一种形式。

3.3.2 非理想气体的化学势

非理想气体在压力较高时其行为偏离理想气体模型，p，V，T 之间的关系不服从理想气体状态方程，因此非理想气体的化学势就不能用式（3-25）表示。为了与理想气体化学势具有相类似的表达式，Lewis 于 1901 年提出了一个简便方法，将非理想气体的压力 p 乘以一个校正因子 γ 来表示非理想气体相当于理想气体的有效压力，校正后的压力称为逸度（fugacity），用符号 f 表示。校正因子 γ 称为逸度系数（fugacity coefficient），即

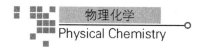
$$f = \gamma p \tag{3-28}$$

此式为逸度的定义式,逸度系数表示非理想气体与理想气体的偏差程度,其数值不仅与气体的特性有关,还与气体所处的温度和压力有关。显然,对于理想气体 $\gamma = 1$,$f = p$。

由于逸度是非理想气体相当于理想气体的有效压力,因此只需把理想气体化学势表达式中的压力 p 改为逸度 f,即可用来表示非理想气体的化学势,即

$$\mu(T,p) = \mu^{\ominus}(T) + RT\ln\left(\frac{p\gamma}{p^{\ominus}}\right) = \mu^{\ominus}(T) + RT\ln\frac{f}{p^{\ominus}} \tag{3-29}$$

这就是单组分非理想气体化学势的表达式。其中 $\mu^{\ominus}(T)$ 是温度为 T,压力为标准压力 $p^{\ominus}$ 且具有理想气体性质的状态的化学势,这个状态就是非理想气体的标准态,由于非理想气体在压力 $p \to 0$ 时,其行为才接近于理想气体,当 $f = p^{\ominus}$ 时,显然不具有理想气体行为,因此非理想气体的标准态客观上是不存在的,是假想态。

要想表示非理想气体的化学势,必须知道在压力 p 时该气体的逸度 f 的数值。如果能知道某非理想气体的状态方程,原则上就可得到气体的逸度 f 和压力 p 之间的关系。

对于非理想气体混合物,组分 B 的化学势表达式在形式上与理想气体混合物中组分 B 的化学势表达式相似,只是用逸度 f_B 代替分压 p_B,即

$$\mu_B(T,p) = \mu_B^{\ominus}(T,p^{\ominus}) + RT\ln\frac{f_B}{p^{\ominus}} \tag{3-30}$$

式中:f_B 为组分 B 的逸度,$\mu_B^{\ominus}$ 为标准化学势,对应的标准态为:$f_B = p^{\ominus}$,$\gamma = 1$ 并且具有理想气体性质的状态,显然它也是一个假想态。

3.4　稀溶液中的两个经验定律

3.4.1　Raoult 定律

纯液体在一定温度、压力下有确定的饱和蒸气压。大量实验事实证明,往纯液体 A 中加入溶质 B(不论是否挥发)后,溶液中溶剂 A 的蒸气压比纯溶剂 A 的蒸气压低,并且蒸气压的降低值与溶液浓度有关,据此在 1887 年 Raoult(拉乌尔)总结出如下规律:在定温下,稀溶液中溶剂的蒸气压等于纯溶剂的蒸汽压与溶液中溶剂的物质的量分数的乘积。这个规律就称为 Raoult 定律,其数学表达式为:

$$p_A = p_A^* x_A \tag{3-31}$$

式中:p_A^* 为一定温度下纯溶剂 A 的饱和蒸气压,它除了与温度有关外,还与溶剂的本性有关;p_A 为同温度时溶液中溶剂的蒸气压,x_A 为溶剂在溶液中的物质的量分数。

若溶液中只有 A、B 两个组分,则 $x_A + x_B = 1$,因此

$$\frac{p_A^* - p_A}{p_A^*} = x_B \tag{3-32}$$

即溶剂蒸气压的降低值与其饱和蒸气压之比等于溶质的物质的量分数。

Raoult 定律最初是从非挥发性非电解质溶液总结出来的,但是进一步的实验事实表明,对挥发性非电解质的稀溶液,其溶剂的蒸气压与组成也服从 Raoult 定律。使用 Raoult 定律时应注意,在计算溶剂的量时应该以气相中存在的分子形式计算。

3.4.2 Henry 定律

1803 年,英国化学家 Henry(亨利)根据大量的实验结果总结出了稀溶液的另一重要经验定律,即在一定温度和平衡状态下,一种挥发性溶质的平衡分压与该溶质在溶液中的浓度成正比,这个规律称为 Henry 定律。若溶质 B 的浓度用物质的量分数表示,则 Henry 定律可表示为

$$p_B = k_x x_B \tag{3-33}$$

式中:p_B 为溶质的平衡蒸气压,x_B 为溶液中溶质的物质的量分数,k_x 为比例系数,称为 Henry 常数,它不同于 Raoult 定律中的纯溶剂蒸气压 p_A^*,k_x 值与溶质、溶剂的性质、温度、压力以及浓度的表示方法等有关。

稀溶液中溶质的浓度除了用物质的量分数表示外,还可以用质量摩尔浓度 b_B 和物质的量浓度 c_B 表示,相关公式如下

$$x_B = \frac{n_B}{n_A + n_B} \approx \frac{n_B}{n_A}$$

$$b_B = \frac{n_B}{m_A} = \frac{n_B}{n_A M_A} \approx \frac{x_B}{M_A}$$

$$c_B = \frac{n_B}{V} = \frac{n_B \rho}{n_A M_A + n_B M_B} \approx \frac{\rho n_B}{M_A n_A} \approx \frac{\rho x_B}{M_A}$$

式中:m_A、M_A 分别为溶剂 A 的质量和摩尔质量,ρ 和 V 分别为溶液的密度和体积,n_A 和 n_B 分别为 A、B 二组分的物质的量。将以上浓度换算公式分别代入式(3-33),可得到用质量摩尔浓度和物质的量浓度表示的 Henry 定律

$$p_B = k_x M_A b_B = k_b b_B \tag{3-34}$$

$$p_B = k_x \frac{M_A}{\rho} c_B = k_c c_B \tag{3-35}$$

式中的 k_x、k_b、k_c 都叫 Henry 常数。由上可知,采用不同的浓度单位时,Henry 常数不同;并且其单位不仅与浓度单位有关,还与 p_B 所用的单位有关,因此在查手册时应特别注意它们的单位。

使用 Henry 定律时应注意以下几点:

(1)Henry 定律只适用于溶质在气相和在溶液中的分子状态相同的情况。如氯化氢在气相的分子状态为 HCl 分子,溶解在水中时分子就发生解离,变为 $H^+(aq)$ 和 $Cl^-(aq)$,这时 Henry 定律就不适用;而氯化氢溶于苯或三氯甲烷时,在气相和液相都呈 HCl 的分子状态,这时可以应用 Henry 定律。

(2)Henry 定律适用于稀溶液和低压下的气体。

(3)对于混合气体,在总压力不大时,Henry 定律可分别适用于每一种气体,可以近似认

为与其他气体的分压无关。

（4）温度改变时，Henry 常数的数值也随之改变。由于温度升高，挥发性溶质的挥发能力增强，Henry 常数的值将增大，即同样压力下，气体溶于水时，溶解度常随温度的升高而降低。

Henry 定律有很多重要的应用。在生物系统中，利用测得气体的分压，如果知道 Henry 常数，通过计算便可了解氧和二氧化碳在水中和血液的含量等；在深海工作的人必须缓慢地从海底回到海面，这样有利于让在深海高压时溶解在血液中的氮气有足够的时间释放出来，防止氮气在短时间内大量释放而在血管中形成氮气泡造成血栓；再如煤气中毒者要被送入高压舱抢救，因氧气分压增大，使氧气在血液中溶解度增大，可减轻甚至消除由于缺氧造成的对人体器官的损害。Henry 定律是化工单元操作中"吸收"的依据，利用不同气体在溶剂中溶解度的差异，达到从混合气体中回收或除去某种气体的目的。

3.5 溶液中各组分的化学势

3.5.1 理想液态混合物及其各组分的化学势

1. 理想液态混合物

在一定温度和压力下，任一组分在全部浓度范围内都符合 Raoult 定律的溶液称为理想液态混合物，即

$$p_B = p_B^* x_B \quad \text{（B 是溶液中任一组分）}$$

理想液态混合物和理想气体一样，是一个科学的抽象，实际上是不存在的。一般来说，只有稀溶液中的溶剂才能较准确地遵守 Raoult 定律，因为在稀溶液中，溶剂分子之间的引力受溶质分子的影响很小，溶剂分子周围的环境与纯溶剂几乎相同，所以溶剂的蒸汽压只与单位体积溶液中溶剂的分数（物质的量分数）有关，而与溶质的性质无关。

但是，某些性质相似物质的混合物（同位素化合物的混合物、同分异构体的混合物、同系物的混合物），如 H_2O-D_2O、左旋樟脑-右旋樟脑、苯-甲苯、正己烷-正庚烷等，因其各组分的分子结构相似、分子间作用力近似相等，它们可以在较高浓度范围内均遵守 Raoult 定律，可以近似认为混合时形成的是理想液态混合物。理想液态混合物中各组分分子的处境与它们在纯态极为相似，各组分自溶液中逸出的能力仅与单位体积内该组分的物质的量分数相关。

2. 理想液态混合物中各组分的化学势

在温度 T 时，某理想液态混合物与其蒸气达平衡，则溶液中任意组分 B 在两相中化学势相等，即

$$\mu_B(l) = \mu_B(g) \tag{3-36}$$

若蒸气视为理想气体混合物，则蒸气中组分 B 的蒸气分压为 p_B 时，其化学势 $\mu_B(g)$ 可表示为

$$\mu_B(g) = \mu_B^\ominus(T, g) + RT \ln \frac{p_B}{p^\ominus}$$

由于溶液为理想液态混合物,其中任一组分都服从 Raoult 定律,即 $p_B = p_B^* x_B(l)$,代入上式,得

$$\mu_B(g) = \mu_B^\ominus(T, g) + RT\ln\frac{p_B^*}{p^\ominus} + RT\ln x_B(l)$$
$$= \mu_B^*(T, p, l) + RT\ln x_B(l) \tag{3-37}$$

式中:$\mu_B^*(T, p, l) = \mu_B^\ominus(T, g) + RT\ln\dfrac{p_B^*}{p^\ominus}$ 是温度 T、压力为 p(液面上的总压力)时纯液体 B 的化学势,p_B^* 是该条件下纯液体 B 的饱和蒸气压。当外压 p 改变时,纯液体 B 的饱和蒸气压 p_B^* 也要改变,导致 $\mu_B^*(T, p, l)$ 有所改变,但是这一改变数值很小,在通常情况下压力 p 与标准态压力 $p^\ominus$ 相差不会很大,而溶液体积受压力的影响又较小,因此可忽略由于压力变化引起溶液中组分 B 的 $\mu_B^*(T, p, l)$ 变化,故有

$$\mu_B^*(T, p, l) \approx \mu_B^\ominus(T, p^\ominus, l) = \mu_B^\ominus(g) + RT\ln\frac{p_B^*}{p^\ominus}$$

将式(3-37)代入式(3-36)即可得到理想液态混合物中任一组分的化学势表达式:

$$\mu_B(l) = \mu_B^*(T, p, l) + RT\ln x_B(l) \approx \mu_B^\ominus(T, p^\ominus, l) + RT\ln x_B(l)$$

通常简写为

$$\mu_B = \mu_B^\ominus(T) + RT\ln x_B \tag{3-38}$$

式中:$\mu_B^\ominus(T)$ 是 $x_B = 1$ 时即纯组分 B 在 T、$p^\ominus$ 时的化学势,因此理想液态混合物中组分 B 的标准态就是 T、$p^\ominus$ 下的纯液体状态。式(3-38)既是理想液态混合物中各组分的化学势表达式,也是理想液态混合物的热力学定义,即凡是溶液中任一组分的化学势在全部浓度范围内均能用此式表示者,则该溶液称为理想液态混合物。

3. 理想液态混合物的通性

理想液态混合物有一些特殊的性质,可利用理想液态混合物中组分的化学势表达式(3-38)导出。

(1)$\Delta_{mix}V = 0$(即由纯组分混合形成理想液态混合物时,总体积等于各纯组分体积之和,混合过程体积没有额外的增加或减少)

根据式(3-38)对 p 求偏微分后,得

$$\left(\frac{\partial\mu_B}{\partial p}\right)_{T,n} = \left[\frac{\partial\mu_B^\ominus(T)}{\partial p}\right]_{T,n} + \left[\frac{\partial(RT\ln x_B)}{\partial p}\right]_{T,n} = \left[\frac{\partial\mu_B^\ominus(T)}{\partial p}\right]_{T,n}$$

所以
$$V_{B,m} = V_m(B)$$

式中:$V_{B,m}$ 是理想液态混合物中物质 B 的偏摩尔体积,$V_m(B)$ 是纯物质 B 的摩尔体积,上式表明理想液态混合物中任一组分的偏摩尔体积等于纯组分的摩尔体积,因此

$$\Delta_{mix}V = V_{混后} - V_{混前} = \sum_B n_B V_{B,m} - \sum_B n_B V_m(B) = 0$$

(2)$\Delta_{mix}S > 0$(即由纯组分混合形成理想液态混合物过程中系统的熵增加)

根据式(3-38)对 T 求偏微分后,得

$$\left(\frac{\partial \mu_B}{\partial T}\right)_{p,n} = \left[\frac{\partial \mu_B^{\ominus}(T)}{\partial T}\right]_{p,n} + \left[\frac{\partial (RT\ln x_B)}{\partial T}\right]_{p,n}$$

即

$$-S_{B,m} = -S_m(B) + R\ln x_B$$

因此

$$\Delta_{mix}S = \sum_B n_B S_{B,m} - \sum_B n_B S_m(B) = -R\sum_B n_B\ln x_B > 0$$

(3)$\Delta_{mix}G < 0$(即由纯组分混合形成理想液态混合物过程中系统的自由能减少)

设混合前和混合后体系的 Gibbs 自由能分别为 G_1 和 G_2,则

$$G_1 = \sum_B n_B G_m(B) = \sum_B n_B \mu_B^{\ominus}(T,p)$$

$$G_2 = \sum_B n_B G_{B,m} = \sum_B n_B \mu_B^{\ominus}(T,p) + RT\sum_B n_B\ln x_B$$

因此混合过程

$$\Delta_{mix}G = G_2 - G_1 = RT\sum_B n_B\ln x_B < 0$$

(4)$\Delta_{mix}H = 0$(即由纯组分混合形成理想液态混合物过程中系统的焓不变)

定温下 $\Delta_{mix}G = \Delta_{mix}H - T\Delta_{mix}S$,

所以

$$\Delta_{mix}H = \Delta_{mix}G + T\Delta_{mix}S = RT\sum_B n_B\ln x_B + T\left(-R\sum_B n_B\ln x_B\right) = 0$$

3.5.2 理想稀溶液中各组分的化学势

一定温度、压力下的二组分稀溶液,若在某浓度范围内溶质服从 Henry 定律,溶剂服从 Raoult 定律,则称为理想稀溶液。理想稀溶液与理想液态混合物不同,理想稀溶液中溶质服从 Henry 定律而不是 Raoult 定律,因此溶质的化学势表达式与溶剂的化学势表达式不同。

1. 理想稀溶液中溶剂的化学势

理想稀溶液中溶剂服从 Raoult 定律,则其化学势与理想液态混合物中各组分化学势具有相同的表达式,且由于溶液体积随压力变化较小,所以

$$\mu_A = \mu_A^{\ominus}(T) + RT\ln x_A \tag{3-39}$$

式中,$\mu_A^{\ominus}(T)$ 为定温度 T、标准压力 $p^{\ominus}$ 时纯溶剂 $A(x_A = 1)$ 的化学势。

2. 理想稀溶液中溶质的化学势

在一定 T、p 下,理想稀溶液中溶质 B 在气液两相达平衡时,溶质 B 在两相的化学势相等

$$\mu_B(l) = \mu_B(g) = \mu_B^{\ominus}(T,g) + RT\ln\frac{p_B}{p^{\ominus}}$$

因理想稀溶液中溶质服从 Henry 定律,将 $p_B = k_x x_B$ 代入上式得

$$\mu_B(l) = \mu_B(g) = \mu_B^{\ominus}(T,g) + RT\ln\frac{k_x}{p^{\ominus}} + RT\ln x_B$$

令
$$\mu_{B,x}^{\ominus}(T,p)=\mu_{B}^{\ominus}(T,g)+RT\ln\frac{k_x}{p^{\ominus}}$$

则稀溶液中溶质 B 的化学势为

$$\mu_B=\mu_{B,x}^{\ominus}(T,p)+RT\ln x_B \tag{3-40}$$

式中：$\mu_{B,x}^{\ominus}(T,p)=\mu_{B}^{\ominus}(T,g)+RT\ln\dfrac{k_x}{p^{\ominus}}$是指 $x_B=1$ 并且服从 Henry 定律时溶质的化学势。

由于 $x_B=1$ 已是纯物质状态，因此 $x_B=1$ 并且服从 Henry 定律的状态是一个不存在的假象状态，如图 3-1(a) 中的 R 点。此时溶液真实的状态是 W 点的状态。R 点实际上是达不到的，也称为参考态，$\mu_{B,x}^{\ominus}(T,p)$ 称为参考态化学势。

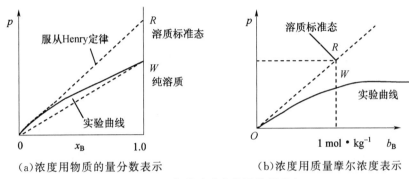

(a) 浓度用物质的量分数表示　　　　　(b) 浓度用质量摩尔浓度表示

图 3-1　理想稀溶液中溶质的标准态

若 Henry 定律写作 $p_B=k_b b_B$ 或 $p_B=k_c c_B$，则溶质 B 的化学势可表示为

$$\mu_B=\mu_B^{\ominus}(T,g)+RT\ln\frac{k_b b^{\ominus}}{p^{\ominus}}+RT\ln\frac{b_B}{b^{\ominus}}$$

$$=\mu_{B,b}^{\ominus}(T,p)+RT\ln\frac{b_B}{b^{\ominus}} \tag{3-41}$$

$$\mu_B=\mu_B^{\ominus}(T,g)+RT\ln\frac{k_c c^{\ominus}}{p^{\ominus}}+RT\ln\frac{c_B}{c^{\ominus}}$$

$$=\mu_{B,c}^{\ominus}(T,p)+RT\ln\frac{c_B}{c^{\ominus}} \tag{3-42}$$

式中：$b^{\ominus}=1.0\ \text{mol}\cdot\text{kg}^{-1}$，$c^{\ominus}=1.0\ \text{mol}\cdot\text{dm}^{-3}$，$\mu_{B,b}^{\ominus}(T,p)$ 和 $\mu_{B,c}^{\ominus}(T,p)$ 分别是 $b_B=1\ \text{mol}\cdot\text{kg}^{-1}$ 和 $c_B=1\ \text{mol}\cdot\text{dm}^{-3}$ 并且服从 Henry 定律状态的化学势。这样的状态也都是假想态，如图 3-1(b) 中 R 点是 $\mu_{B,b}^{\ominus}(T,p)$ 的假想态。

显然，由于浓度表示方法的不同，三个假想的参考态化学势 $\mu_{B,x}^{\ominus}(T,p)$，$\mu_{B,b}^{\ominus}(T,p)$ 和 $\mu_{B,c}^{\ominus}(T,p)$ 的数值彼此并不相等。但对一个组成确定的系统，在一定 T、p 下，溶质的化学势 μ_B 的数值是一定的，不会因溶质的表示方式不同而异。在计算溶质化学势的改变值时，只要选用相同的参考态即可。

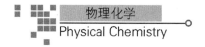

3.5.3 非理想稀溶液中各组分的化学势

1.活度的概念

在理想稀溶液中,溶剂服从 Raoult 定律,溶质服从 Henry 定律。但实际遇到的稀溶液对理想稀溶液所遵守的规律会产生偏差,这种偏差可正可负,此类溶液被称为非理想稀溶液。如电解质溶液及大分子溶液均为常见的非理想稀溶液。组成这类溶液的各组分分子的大小及作用力都有着较大的差别,甚至还有相互化学作用。因此,各种物质的分子在溶液中所处的状态与纯态时大不相同,形成溶液时常伴有体积变化和热效应产生,它们的化学势表达式与理想稀溶液各组分不同。

为了使非理想稀溶液中各组分化学势的表达式与理想稀溶液中各组分的化学势表达式具有统一的简捷形式,采用类似于非理想气体化学势的处理方法,把非理想稀溶液对理想稀溶液的一切偏差完全归结于浓度项加以校正,即将非理想稀溶液的浓度 x 前乘以一个校正因子 γ,来表示非理想稀溶液相当于理想稀溶液的浓度,修正后的浓度称为活度,用 a 表示,即

$$a = \gamma x \tag{3-43}$$

式中 a 称为相对活度(activity),确切地讲,是浓度用物质的量分数表示的相对活度,简称活度,它是一个无量纲的量,可看作非理想稀溶液校正后的浓度,因此也叫作有效浓度;γ 称为活度系数(activity coefficient),表示非理想稀溶液与理想稀溶液的偏差,其值与溶质、溶剂性质有关,还与溶液的浓度、温度有关。可从实验测出。

同理,当浓度分别用质量摩尔浓度和物质的量浓度表示时,对应的活度为

$$a_{B,b} = \gamma_{B,b} \cdot \frac{b_B}{b^\ominus} \qquad a_{B,c} = \gamma_{B,c} \cdot \frac{c_B}{c^\ominus}$$

式中:$a_{B,b}$,$a_{B,c}$ 也是无量纲的量。

对于同一个系统,显然 $a_{B,x} \neq a_{B,c} \neq a_{B,b}$,$\gamma_{B,x} \neq \gamma_{B,c} \neq \gamma_{B,b}$。

引入活度概念后,只要用活度 a 代替浓度 x(或 b、c)代入相应的理想稀溶液的表达式中即可适用于非理想稀溶液。如

对于非理想稀溶液中的 Raoult 定律为

$$p_A = p_A^* a_{A,x} \qquad a_{A,x} = \gamma_{A,x} \cdot x_A$$

Henry 定律为

$$p_B = k_x a_{B,x} \qquad a_{B,x} = \gamma_{B,x} \cdot x_B$$

$$p_B = k_b a_{B,b} \qquad a_{B,m} = \gamma_{B,b} \cdot \frac{b_B}{b^\ominus}$$

$$p_B = k_c a_{B,c} \qquad a_{B,c} = \gamma_{B,c} \cdot \frac{c_B}{c^\ominus}$$

2.非理想稀溶液中溶剂的化学势

用活度代替浓度代入式(3-39)得非理想稀溶液中溶剂的化学势表达式

$$\mu_A = \mu_A^\ominus(T) + RT\ln a_A \tag{3-44}$$

式中：$\mu_A^{\ominus}(T)$ 为指定温度 T、标准压力 $p^{\ominus}$ 时纯溶剂的化学势，即 $a_A=1$，$\gamma_A=1$，$x_A=1$ 的状态。

3.非理想稀溶液中溶质的化学势

用活度代替浓度分别代入式(3-40)、式(3-41)、式(3-42)得非理想稀溶液中溶质的化学势表达式如下：

$$\mu_B=\mu_{B,x}^{\ominus}(T,p)+RT\ln(\gamma_{B,x}\cdot x_B)=\mu_{B,x}^{\ominus}(T,p)+RT\ln a_{B,x} \tag{3-45}$$

$\mu_{B,x}^{\ominus}(T,p)$ 是指 T、p 时，当 $x_B=1$，$\gamma_{B,x}=1$，$a_{B,x}=1$ 时仍服从 Henry 定律的那个假想状态的化学势。

$$\mu_B=\mu_{B,b}^{\ominus}(T,p)+RT\ln\frac{\gamma_{B,b}\cdot b_B}{b^{\ominus}}=\mu_{B,b}^{\ominus}(T,p)+RT\ln a_{B,b} \tag{3-46}$$

$\mu_{B,b}^{\ominus}(T,p)$ 是指 T、p 时，当 $b_B=b^{\ominus}$，$\gamma_{B,b}=1$，$a_{B,b}=1$ 时仍服从 Henry 定律的那个假想状态的化学势。

$$\mu_B=\mu_{B,c}^{\ominus}(T,p)+RT\ln\frac{\gamma_{B,c}\cdot c_B}{c^{\ominus}}=\mu_{B,c}^{\ominus}(T,p)+RT\ln a_{B,c} \tag{3-47}$$

$\mu_{B,c}^{\ominus}(T,p)$ 是指 T、p 时，当 $c_B=c^{\ominus}$，$\gamma_{B,c}=1$，$a_{B,c}=1$ 时仍服从 Henry 定律的那个假想状态的化学势。

由于 $a_{B,x}\neq a_{B,b}\neq a_{B,c}$，因此 $\mu_{B,x}^{\ominus}(T,p)\neq\mu_{B,b}^{\ominus}(T,p)\neq\mu_{B,c}^{\ominus}(T,p)$。但是，溶质 B 在同一非理想稀溶液中化学势 $\mu_B(T,p)$ 当然只有一个数值，不会因为浓度的表示不同而不同。

3.6　稀溶液的依数性

在纯溶剂中加入非挥发性溶质，会使溶液的蒸气压下降，因而发生溶液的凝固点降低、沸点升高以及在半透膜两侧产生渗透压等现象。对于稀溶液，这四个性质的数值仅与溶液中溶质的粒子数有关，而与溶质的性质无关，故将这些性质称为稀溶液的依数性(colligative properties)。其定量关系可根据稀溶液中溶剂服从 Raoult 定律这一共性，由热力学方法导出。

3.6.1　蒸气压下降

对于非挥发溶质的二组分系统，溶液的蒸气压(即溶剂的蒸气压)小于同温度下纯溶剂的饱和蒸气压，这一现象称为溶液的蒸气压下降，在稀溶液中可表示为

$$p_A=p_A^*x_A=p_A^*(1-x_B)$$
$$\Delta p=p_A^*-p_A=p_A^*-p_A^*x_A=p_A^*x_B \tag{3-48}$$

式中：Δp 为溶液的蒸气压下降值，它与溶质的物质的量分数成正比，与溶质的种类无关，比例系数为同温度下纯溶剂的饱和蒸气压。

3.6.2　凝固点降低

一定压力下，纯液体和它的固相平衡共存时的温度称为该液体的凝固点(freezing

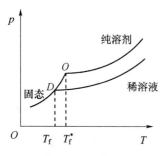

图 3-2　溶液的凝固点下降示意图

point);而一定的压力下,溶液与其固体溶剂平衡共存时的温度称为溶液的凝固点。图 3-2 是溶液、纯溶剂的液态和固态的蒸气压曲线。其中 O 点是纯溶剂固相和液相蒸气压相等时所对应的温度即纯溶剂的凝固点(用 T_f^* 表示),D 点所对应的温度是溶液的凝固点(用 T_f 表示),即溶液与纯溶剂固相两相平衡时的温度。由图 3-2 可见:$T_f^* > T_f$,溶液的凝固点低于纯溶剂的凝固点,其差值为:$\Delta T_f = T_f^* - T_f$。

在溶液的凝固点,固态溶剂 A 与溶液呈平衡,因此固态纯溶剂的化学势与溶液中溶剂的化学势相等。有

$$\mu_A(T, s) = \mu_A(T, l) = \mu_A^\ominus(T, l) + RT\ln x_A$$

在恒定外压下,纯固态 A 的化学势只是温度的函数,而溶液中 A 的化学势则是温度和组成的函数,当溶剂的物质的量分数 x_A 不同时,凝固点随之变动。若在一定的压力下,使溶液的组成由 x_A 变至 $x_A + dx_A$,则溶液的凝固点相应的由 T 变至 $T + dT$,重新建立平衡后,有

$$\mu_A(s) + d\mu_A(s) = \mu_A(l) + d\mu_A(l)$$

因为

$$\mu_A(s) = \mu_A(l)$$

所以

$$d\mu_A(s) = d\mu_A(l)$$

即

$$\left(\frac{\partial \mu_A(s)}{\partial T}\right)_p dT = \left(\frac{\partial \mu_A(l)}{\partial T}\right)_{p, x_A} dT + \left(\frac{\partial \mu_A(l)}{\partial x_A}\right)_{T, p} dx_A$$

因稀溶液 $\mu_A(l) = \mu_A^\ominus(T, l) + RT\ln x_A$,又知 $\left(\frac{\partial \mu_A}{\partial T}\right)_{p, n_A, n_C} = -S_{A,m}$,代入上式后得

$$-S_{A,m}(s)dT = -S_{A,m}(l)dT + \frac{RT}{x_A}dx_A \tag{3-49}$$

因为

$$S_{A,m}(l) - S_{A,m}(s) = \frac{H_{A,m}(l) - H_{A,m}(s)}{T} = \frac{\Delta H_m(A)}{T} \tag{3-50}$$

式中 $\Delta H_m(A)$ 是在凝固点时,1 mol 纯固态 A 熔化进入溶液时的焓变,对于稀溶液,$\Delta H_m(A)$ 近似地等于纯 A 的摩尔熔化热 $\Delta_{fus}H_m(A)$。

将式(3-50)代入式(3-49)后得

$$\frac{RT}{x_A}dx_A = \frac{\Delta_{fus}H_m(A)}{T}dT$$

分离变量积分

$$\int_{T_f^*}^{T_f} \frac{\Delta_{fus}H_m(A)}{RT^2}dT = \int_1^{x_A} \frac{dx_A}{x_A}$$

若温度改变不大,$\Delta_{fus}H_m(A)$ 可认为与温度无关,则得

$$\ln x_A = \frac{\Delta_{fus} H_m(A)}{R}\left(\frac{1}{T_f^*} - \frac{1}{T_f}\right)$$

$$= \frac{\Delta_{fus} H_m(A)}{R}\left(\frac{T_f - T_f^*}{T_f \cdot T_f^*}\right)$$

因 $\Delta T_f = T_f^* - T_f$，对于稀溶液凝固点变化较小，所以有 $T_f \cdot T_f^* \approx (T_f^*)^2$，代入上式得

$$-\ln x_A = \frac{\Delta_{fus} H_m(A)}{R(T_f^*)^2} \cdot \Delta T_f \tag{3-51}$$

对于稀溶液 $x_B \ll 1$，则得

$$-\ln x_A = -\ln(1-x_B) \approx x_B \approx \frac{n_B}{n_A}$$

式中：n_A，n_B 分别为溶液中 A 和 B 的物质的量，将其代入式(3-51)，则得

$$\Delta T_f = \frac{R(T_f^*)^2}{\Delta_{fus} H_m(A)} \cdot \frac{n_B}{n_A} \tag{3-52}$$

设在质量为 m_A(单位：kg)的溶剂中溶有溶质 m_B(单位：kg)，M_A 和 M_B 分别表示 A 和 B 的摩尔质量(单位：kg·mol^{-1})，则式(3-52)可写作

$$\Delta T_f = \frac{R(T_f^*)^2}{\Delta_{fus} H_m(A)} \cdot M_A \left(\frac{m_B}{M_B m_A}\right) = \frac{R(T_f^*)^2 M_A}{\Delta_{fus} H_m(A)} b_B$$

令 $K_f = \dfrac{R(T_f^*)^2 M_A}{\Delta_{fus} H_m(A)}$，则

$$\Delta T_f = K_f b_B \tag{3-53}$$

式(3-53)就是稀溶液的凝固点降低公式。K_f 称为物质的摩尔凝固点降低常数，简称凝固点降低常数(cryoscopic constant)，单位为 K·kg·mol^{-1}，其数值只与溶剂的性质有关，与溶质性质无关。一些常见溶剂的 K_f 见表3-2。

表 3-2 一些溶剂的凝固点降低常数 K_f

溶剂	水	醋酸	苯	萘	氯仿	对二溴苯	三溴甲烷	樟脑
$K_f/(K \cdot kg \cdot mol^{-1})$	1.86	3.90	5.10	7.0	3.88	12.5	14.4	40

如果知道 K_f 的数值，通过测定凝固点降低值 ΔT_f 后，可求得溶质的摩尔质量 M_B。

$$M_B = \frac{K_f}{\Delta T_f} \cdot \frac{m_B}{m_A} \tag{3-54}$$

式中：m_A、m_B 分别为溶剂、溶质的质量。

3.6.3 沸点升高

沸点(boiling point)是液体蒸气压等于外压时的温度。在相同的温度下，非挥发溶质溶

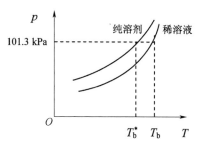

图 3-3 溶液的沸点升高示意图

液的蒸气压总是低于纯溶剂的蒸气压。因此,溶液的蒸气压等于外压时所对应的温度必定高于纯溶剂,即溶液的沸点比纯溶剂的沸点高。图 3-3 是纯溶剂和稀溶液的蒸气压温度图,图中 T_b^* 是外压为 101.325 kPa 时纯溶剂的沸点,T_b 是在相同外压下稀溶液的沸点,它与纯溶剂沸点的差值为:$\Delta T_b = T_b - T_b^*$。

溶液沸腾时溶剂 A 在溶液中的化学势与气相中的化学势相等

$$\mu_A(T,p,g) = \mu_A(T,p,x,l)$$

用类似于凝固点降低的热力学方法分析,同样可以得到以下结果

$$\Delta T_b = K_b b_B \tag{3-55}$$

式中:$K_b = \dfrac{R(T_b^*)^2 M_A}{\Delta_{vap}H_m(A)}$ 称为沸点升高常数(boiling point elevation coefficient),单位为 K·kg·mol^{-1},其值与溶剂的性质有关,与溶质性质无关。表 3-3 列出了一些常用溶剂的沸点升高常数。

表 3-3 几种常用溶剂的 K_b 值

溶剂	水	醋酸	甲醇	乙醇	乙醚	丙酮	氯仿	苯	四氯化碳
K_b/(K·kg·mol^{-1})	0.52	3.07	0.80	1.20	2.11	1.72	3.88	2.53	4.95

利用式(3-55),可求出溶质的摩尔质量 M_B:

$$M_B = \frac{K_b}{\Delta T_b} \cdot \frac{m_B}{m_A} \tag{3-56}$$

式中:m_A、m_B 分别为溶剂、溶质的质量。

3.6.4 渗透压

一定温度下,在如图 3-4 所示的容器中,通过半透膜将溶剂和溶液隔开,此半透膜只允许溶剂分子透过而不能使溶质分子透过。由于纯溶剂的化学势大于溶液中溶剂的化学势,溶剂分子会自发地由纯溶剂一侧透过半透膜进入溶液中,这种现象称为渗透现象。渗透现象的结果会导致溶液液面上升,直到液面升到一定高度达到平衡状态时,渗透才会停止。欲阻止渗透现象发生,必须在溶液上方增加压力,以使半透膜两边溶剂的化学势相等,而达到平衡。这个额外的压力 Π 称为溶液的渗透压(osmotic pressure)。如果施加的压力超过渗透压

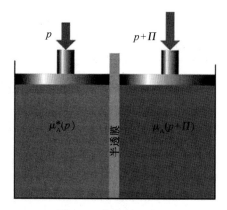

图 3-4 渗透压示意图

的压力时,就会使溶液中的溶剂透过半透膜反向渗透,这就是逆渗透现象。

根据热力学推导并作适当近似,得到稀溶液渗透压 Π 与溶质的浓度之间的定量关系式为

$$\Pi V = n_B RT \quad \text{或} \quad \Pi = c_B RT \tag{3-57}$$

此式只适用于稀溶液,称为 Van't Hoff(范特霍夫)渗透压公式。式中 c_B 为溶质 B 的物质的量浓度。

将 $c_B = \dfrac{n_B}{V}$ 和 $n_B = \dfrac{m_B}{M_B}$(m_B 和 M_B 分别为溶质 B 的质量和摩尔质量)代入式(3-57)中,得

$$\Pi = \frac{m_B}{V M_B} RT$$

渗透压是稀溶液依数性中最灵敏的一种,特别适用于测定大分子化合物的摩尔质量。由渗透压求溶质的摩尔质量的公式为

$$M_B = \frac{m_B RT}{\Pi V} \tag{3-58}$$

例 3-1 298 K 时测得浓度为 0.020 kg·dm^{-3} 的血红蛋白水溶液的渗透压为 762.5 Pa,求血红蛋白的摩尔质量。

解:已知血红蛋白在水溶液中的浓度为 0.020 kg·dm^{-3},则

$$M_B = \frac{m_B RT}{\Pi V} = \frac{0.02 \times 10^3 \text{ kg·m}^{-3} \times 8.314 \text{ J·mol}^{-1} \cdot \text{K}^{-1} \times 298 \text{ K}}{762.5 \text{ Pa}}$$

$$= 64.99 \text{ kg·mol}^{-1}$$

渗透现象在农学、林学、医学、生命科学以及生活中都有广泛的应用。生物的细胞膜起着半透膜的作用,细胞内有些物质不能透过,维持着一定的渗透压。具有相等渗透压的溶液称为等渗溶液。若一溶液的渗透压大于细胞液,该溶液称为高渗溶液,反之称为低渗溶液。将渗透压不等的两溶液用半透膜隔开时,水总是由低渗溶液向高渗溶液转移,直到两溶液浓度相等、渗透压相等为止。一般植物细胞液的渗透压为 405~2 026 kPa。若植物细胞与高渗溶液接触,细胞内水分将迅速向外渗透,细胞萎缩。盐碱地土壤中盐分含量多,导致植物枯萎死亡就是此原因。若细胞与低渗溶液接触,水进入细胞内部,将导致细胞膨胀甚至破裂。只有与渗透压相等的溶液相接触,细胞才能维持正常的生理功能。哺乳动物血液的渗透压几乎是恒定的。人通过肾脏功能的调节,维持人体正常渗透压为 710~860 kPa。超过这个范围就是病理状态。等渗溶液在医药上也具有重要意义,人体静脉注射时应注意所用液体与血液必须是等渗溶液,若其为高渗溶液,则血细胞中的水分会向血液中渗透而引起血细胞脱水萎缩;若其为低渗溶液,则水分会向血细胞中渗透而导致细胞肿胀甚至破裂,引起溶血现象。

应该注意:①在利用依数性测定化合物的摩尔质量时,式(3-54)和式(3-56)常用于测定

小分子物质的摩尔质量,对大分子溶质并不适用,因为大分子溶液的凝固点或沸点变化值太小,很难测准;大分子化合物的摩尔质量是以式(3-58)测得(即测渗透压法求得),此法求大分子的摩尔质量是最灵敏的。②溶液的依数性与溶质在溶液中的质点数有关,若溶质粒子发生离解或缔合,则质点数将会发生变化,相应的依数性也随之改变;因此在应用依数性的公式时,必须注意溶质 B 在溶液中的实际存在状态。③凝固点降低法只限析出纯溶剂 A 的系统,对溶质是否挥发无限制。沸点上升法只用于非挥发性溶质形成的稀溶液,对挥发性溶质的稀溶液不适用。

3.7 分配定律及其应用

3.7.1 分配定律

实验证明,"在一定温度、压力下,如果一种物质溶解在两个同时存在的互不相溶的液体里,达平衡后,该物质在两相中的浓度之比为一常数",这一结论称为分配定律(distribution law)。

若以 α 和 β 分别代表两种共存的互不相溶的溶剂,当溶质 B 在两相中达分配平衡时,两相中 B 的浓度分别为 c_B^{α} 和 c_B^{β},则

$$\frac{c_B^{\alpha}}{c_B^{\beta}} = K \tag{3-59}$$

式中:K 称为分配系数(distribution coefficient),它与 T、p 以及溶质和两种溶剂的性质有关。对于指定的溶质 B 及互不相溶的溶剂 α 和 β,则 $K = f(T, p)$。K 值与 1 相差越大,表明 B 在两溶剂中的浓度相差越大,B 在溶解时对两种溶剂具有高选择性。

分配定律是稀溶液定律,即只有当溶液浓度不大时,该式才与实验结果相符。

分配定律也可以从热力学得到证明。

令 μ_B^{α}、μ_B^{β} 分别代表 α、β 两相中溶质 B 的化学势,定温定压下,当达平衡时

$$\mu_B^{\alpha} = \mu_B^{\beta}$$

因为 $\mu_B^{\alpha} = \mu_B^{\ominus \alpha} + RT\ln\alpha_B^{\alpha}$,$\mu_B^{\beta} = \mu_B^{\ominus \beta} + RT\ln\alpha_B^{\beta}$

所以 $\mu_B^{\ominus \alpha} + RT\ln\alpha_B^{\alpha} = \alpha_B^{\ominus \beta} + RT\ln\alpha_B^{\beta}$

因此

$$\frac{\alpha_B^{\alpha}}{\alpha_B^{\beta}} = \exp\left(\frac{\mu_B^{\ominus \beta} - \mu_B^{\ominus \alpha}}{RT}\right) = K(T, p) \tag{3-60}$$

如果 B 在 α 相及 β 相中的浓度不大,则活度可以用浓度代替,就得到式(3-59)。应用分配定律时应该注意溶质在两相中是否有相同的分子形态。如果溶质分子在 α 相是单分子的,在 β 相中有缔合、电离或化学反应等现象,式(3-59)就不能直接应用。这时应设法计算出溶质在 β 相中以单分子状态存在的浓度,才能应用分配定律计算公式。

3.7.2 分配定律的应用——萃取

分配定律的一个重要应用是萃取。所谓萃取就是利用溶剂从一互不相溶的溶液中分离

出溶质的方法。所加入的溶剂称为萃取剂。萃取是一种广泛应用的简便快捷的分离方法，在科研及生产中都有着广泛的应用。例如，从粮食、水果、植物和中药等中提取某些活性成分、精制产品、成分分析以及在制剂学方面的应用。

利用分配定律可以计算有关萃取效率的问题。

设用体积为 V_2 的某萃取剂，从体积为 V_1 的含溶质为 m 的溶液中萃取该溶质，并设溶质在这两溶剂中不挥发，不起化学反应，溶质分子在萃取剂中与原溶液中形态相同。当分配达平衡时，溶质留在原溶液中的质量为 m_1，则根据分配定律，有

$$K = \frac{\text{溶质在原溶剂中的浓度}}{\text{溶质在萃取剂中的浓度}} = \frac{\dfrac{m_1}{V_1}}{\dfrac{m-m_1}{V_2}}$$

整理上式得
$$m_1 = m\,\frac{KV_1}{KV_1+V_2}$$

若用同样体积的萃取剂做第二次萃取，则残留在原溶液中溶质的质量 m_2 应为

$$m_2 = m_1\,\frac{KV_1}{KV_1+V_2} = m\left(\frac{KV_1}{KV_1+V_2}\right)^2$$

同理经 n 次萃取后，留在原溶液中的溶质的质量为

$$m_n = m\left(\frac{KV_1}{KV_1+V_2}\right)^n$$

因为 $\dfrac{KV_1}{KV_1+V_2}<1$，所以 n 次萃取后，留在原溶液中的溶质 m_n 已很少。

以上是分多次萃取的情况，若用相同体积的萃取剂（即 nV_2）一次萃取体积为 V_1 的含溶质为 m 的溶液，则萃取后留在原溶液中的溶质的质量为

$$m' = m\,\frac{KV_1}{KV_1+nV_2}$$

数学上可以证明

$$\left(\frac{KV_1}{KV_1+V_2}\right)^n < \frac{KV_1}{KV_1+nV_2} \quad \text{即 } m_n < m'$$

因此用一定量的萃取剂时，分成若干份进行多次萃取的效率要比一次用全部萃取剂进行萃取的效果好，这就是少量多次原则。

例 3-2 现有 $1.00\ \text{dm}^3$ 含碘量为 $0.100\ \text{g}$ 的水溶液，若用 $0.600\ \text{dm}^3\ CCl_4$ 进行萃取，求一次萃取和平均三次萃取情况下溶液中所剩碘的量。已知碘在 H_2O 和 CCl_4 中的分配系数为 $0.011\ 7$。

解：由分配定律得一次萃取剩下碘的量为

$$m_1 = m\frac{KV_1}{KV_1+V_2}$$

$$= 0.100 \times \frac{0.011\ 7 \times 1.00}{0.011\ 7 \times 1.00 + 0.600}$$

$$= 1.91 \times 10^{-3}\ \text{g}$$

平均三次萃取剩下碘的量为

$$m_3 = m\left(\frac{KV_1}{KV_1+V_2}\right)^3$$

$$= 0.100 \times \left(\frac{0.011\ 7 \times 1.00}{0.011\ 7 \times 1.00 + 0.200}\right)^3$$

$$= 1.69 \times 10^{-5}\ \text{g}$$

由计算结果看出三次萃取的效果远远好于一次萃取。同时,经三次萃取后水相中的碘大部分转移至 CCl_4 中,没有必要再进行萃取操作了。

本章小结

1.根据单组分与多组分系统的区别,引出了偏摩尔量的基本概念,介绍了多组分系统中一系列状态函数之间的关系。

2.引入了化学势的概念,介绍了化学势判据及其在相变化系统中的应用,进一步导出了气体物质化学势的表达式。

3.介绍了稀溶液的两个经验定律(Raoult 定律和 Henry 定律)及其应用,引入了理想液态混合物、活度、逸度、标准态等概念。

4.介绍了理想液态混合物、理想稀溶液、非理想稀溶液中各组分化学势的表达式。利用这些表达式可以处理溶液中的相关问题(相平衡和化学平衡)。

5.介绍了稀溶液的依数性和分配定律及其应用,进一步了解利用化学势来处理溶液问题的基本方法。

阅读材料

新型的分离技术——渗透膜蒸馏

膜分离技术是从 20 世纪二三十年代开始兴起的一种新型分离技术,主要依据膜两侧的某种作用力大小不同而产生推动力,在推动力(如浓度差)的作用下,利用膜对被分离组分的选择性能和迁移率的差异而实现分离的一种技术,与其他传统的分离方法相比,膜分离具有过程简单、经济性较好、节能、高效、无二次污染等优点,被认为是 20 世界末至 21 世纪中期最有发展前途的高新技术之一。近年来,膜蒸馏作为膜分离技术的一种,发展越来越广泛。渗透膜蒸馏是膜蒸馏的一种变体,该技术研究开始于 20 世纪 80 年代,由悉尼的 Synix 研究所 Lefebvre 发起,渗透膜蒸馏(Osmoticmembrane distillation,OMD)是一种通过水的蒸发来实现溶液浓缩的分离过程,是渗透和蒸发过程耦合的新型分离方法。具有重要的应用前景。在众多领域有着广泛的用途。

渗透膜蒸馏在食品领域:渗透膜蒸馏在食品工业上的应用主要包括浓缩果汁、蔬菜汁、牛奶、速溶咖啡等和其他不耐温度的液体,用于去除液体中的水分。渗透膜蒸馏的潜在应用是发酵饮料、葡萄酒或啤酒的脱醇,其有助于选择性地去除酒精饮料中的乙醇,而不会对其味道、气味或口感产生不利影响,同时从渗透液中回收乙醇可进一步作为一种潜在的混合原料用于制造强化酒精饮料。Alves 等将渗透膜蒸馏用于果汁浓缩进行研究,结果表明,经渗透膜蒸馏浓缩的果汁质量和成分接近于新鲜的果汁,该技术抑制了果汁风味和颜色的退化,同时阻止了挥发性香气随进料温度的升高而损失,从而保持了果汁气味的香醇。

渗透膜蒸馏在医药领域:渗透膜蒸馏可以对疫苗、氨基酸、多肽、蛋白质、核酸、激素、抗菌素等热敏性物料进行高倍浓缩,过程往往在低温条件下进行,其工艺类似于果汁浓缩过程。Hogan 等早期就对采用渗透膜蒸馏浓缩各种疫苗进行大量研究,结果显示,采用渗透膜蒸馏浓缩疫苗技术科学可行,开拓了其在医药领域的应用市场。

渗透膜蒸馏在化工领域:渗透膜蒸馏在化工领域上与其他分离方法联用,可以得到浓度更高、质量更好的物质,同时又能降低成本,特别是在酯化反应中引入渗透膜蒸馏过程脱水,例如乙酸与丁醇酯化反应和渗透蒸发耦合可以提高乙酸丁酯的转化率和选择性。Bessarabov 等报道了渗透膜蒸馏的新机遇,讨论了渗透膜蒸馏技术的大规模应用前景。

渗透膜蒸馏作为一种技能高效的分离技术,已成功地应用于食品、医药工业等领域,随着研究的不断深入,其应用前景将更为广阔。

□ 拓展材料

1. 沈文霞,王喜章,许波连. 物理化学核心教程. 3 版. 北京:科学出版社,2016.

2. 彭笑刚. 物理化学讲义. 北京:高等教育出版社,2018.

3. 裴素朋,孙迎新,周义锋. 应用型大学物理化学课程思政建设初探. 黑龙江科学,2022,13(9):98-100.

□ 思考题

1. 什么叫偏摩尔量?下列四个表示式中,哪个是偏摩尔量?(　　　)。哪个是化学势?(　　　)。

A. $\left(\dfrac{\partial H}{\partial n_B}\right)_{T,p,n_C}$ B. $\left(\dfrac{\partial G}{\partial n_B}\right)_{T,S,n_C}$ C. $\left(\dfrac{\partial A}{\partial n_B}\right)_{T,V,n_C}$ D. $\left(\dfrac{\partial U}{\partial n_B}\right)_{T,S,n_C}$

2. H_2O 分别处于下列各状态,试比较化学势的高低:①100 ℃,1.01×10^5 Pa 下的液体;②100 ℃,1.01×10^5 Pa 下的气体;③100 ℃,1.1×10^5 Pa 下的液体;④100 ℃,1.1×10^5 Pa 下的气体;⑤101 ℃,1.01×10^5 Pa 下的液体。(　　　)

A. ①和②   B. ①和⑤   C. ②和④   D. ③和④

3. A 和 B 形成非理想稀溶液,在温度 T 时测得其总蒸气压为 29 398 Pa,在气相中 B 的物质的量分数 $y_B = 0.82$,而该温度时纯 A 的蒸气压为 29 571 Pa,那么在溶液中 A 的活度为( )。

    A. 0.813   B. 0.815   C. 0.179   D. 0.994

4. 液体 A 和 B 两物质形成理想液态混合物的宏观性质是( )。

    A. $\Delta_{mix}V = 0, \Delta_{mix}H = 0, \Delta_{mix}S > 0, \Delta_{mix}G < 0$

    B. $\Delta_{mix}V = 0, \Delta_{mix}H = 0, \Delta_{mix}S = 0, \Delta_{mix}G = 0$

    C. $\Delta_{mix}V < 0, \Delta_{mix}H < 0, \Delta_{mix}S > 0, \Delta_{mix}G = 0$

    D. $\Delta_{mix}V > 0, \Delta_{mix}H < 0, \Delta_{mix}S > 0, \Delta_{mix}G < 0$

5. 判断下列说法是否正确

(1)只有容量性质才有偏摩尔量。( )

(2)在定温定压下,多相系统中物质有自化学势较高的相向化学势较低的相转移的趋势。( )

(3)如果两种物质混合成溶液时没有热效应,则此混合物就是理想液态混合物。( )

(4)溶液的化学势是溶液中各组分化学势之和。( )

(5)同一溶液中,选择不同的标准态,溶质的活度也不同。( )

(6)溶剂服从 Raoult 定律,溶质服从 Lenry 定律的溶液称为理想液态混合物。( )

(7)溶质加入溶剂中将使溶液的蒸气压降低,沸点升高,凝固点降低。( )

(8)理想液态混合物中各种微粒间的相互作用可忽略不计。( )

(9)沸点升高常数只与溶剂的种类有关。( )

(10)Henry 常数 k_x 只与溶剂、溶质性质有关,而与温度无关。( )

6. 在一定温度下,对于组成一定的某溶液,若对溶质 B 选择不同的标准态,则 μ_B 和 $\mu_B^{\ominus}(T, p, l)$ 是否会改变?

7. 外压一定时,质量摩尔浓度相同的蔗糖水溶液和氯化钠水溶液凝固点是否相等?

8. 在一封闭的恒温箱内有一杯纯水和一杯盐水,静置足够长的时间后可观察到什么现象?

9. 稀溶液的沸点是否一定比纯溶剂高?解释原因。

☐ 习 题

1. 同种理想气体分别处于 298 K、105 kPa 及 300 K、105 kPa,写出气体两种状态的化学势表达式,并判断两种状态的化学势 μ 和标准化学势 $\mu^{\ominus}$ 是否相等?

2. 写出同温同压下纯苯和苯-甲苯理想液态混合物中组分苯的化学势,并判断苯的两种状态的化学势 μ 和 $\mu_B^{\ominus}(T, p, l)$ 是否相等?

3. 35 ℃时,纯丙酮的蒸气压为 43.063 kPa,今测得氯仿的物质的量分数为 0.3 的氯仿丙酮溶液上方,丙酮的蒸气压为 26.77 kPa,问此混合液是否为理想液态混合物,为什么?

4. 纯液体 A 与 B 形成理想液态混合物,在一定温度下液态混合物上方的平衡蒸气压为53.30 kPa,测得蒸气中组分 A 的物质的量分数 $y_A = 0.45$,而在液相中组分 A 的物质的量分

数 $x_A = 0.65$,求在该温度下两种纯液体的饱和蒸汽压。

5. 在 298 K 时,纯液体 A 的 $p_A^* = 50$ kPa,纯液体 B 的 $p_B^* = 60$ kPa。假设两液体能形成理想液态混合物,当达到气液平衡时,液相中组成 $x_A = 0.4$,则气相中 B 的物质的量分数为多少?

6. HCl 溶于氯苯中的 Henry 常数 $k_b = 4.44 \times 10^4$ Pa·kg·mol^{-1}。试求当氯苯溶液中含 HCl 的质量比为 1.00% 时,溶液上方 HCl 的分压为多少?

7. 在 310 K 时正常人的血液的渗透压是 759.94 kPa。若同温下要配制与血液渗透压相同的葡萄糖水溶液 1 dm³,需要葡萄糖的质量为多少?

习题 3-5 解答视频

8. 12.2 g 苯甲酸(C_6H_5COOH)溶于 100 g 乙醇后,使乙醇沸点升高 1.20 K。若将 12.2 g 苯甲酸溶在相同质量的苯中后,则使苯的沸点升高 1.30 K。计算苯甲酸在两种溶剂中的摩尔质量。已知 K_b(乙醇)= 1.22 K·mol^{-1}·kg,K_b(苯)= 2.57 K·mol^{-1}·kg,计算结果说明什么问题?

9. 某含有不挥发性溶质的理想稀水溶液,其凝固点为 -1.5 ℃。已知水的 $K_f = 1.86$ K·mol^{-1}·kg,$K_b = 0.52$ K·mol^{-1}·kg,试求该溶液的下列性质:(1)正常沸点;(2)25 ℃时的蒸气压(25 ℃时纯水的蒸气压为 3 170 Pa);(3)25 ℃时的渗透压。

10. 把 500 g 樟脑(熔点为 446 K)和 0.1 mol 的某有机物相混合,所得混合物的熔点为 433.15 K,已知该有机物 0.13 g 和 5 g 樟脑的混合物的熔点为 437.15 K,则该有机物的摩尔质量为多少?

Chapter 4 第 4 章
相平衡
Phase Equilibrium

学习目标

1. 掌握相、组分、自由度等基本概念和意义,掌握相律及其应用,能利用相律对相图进行分析。

2. 掌握单组分系统相图的特征,能利用 Clapeyron-Clausius 方程对单组分系统两相平衡进行计算。

3. 掌握各种类型相图中点、线、面的分析。

4. 掌握杠杆原理在相图中的应用,理解精馏的基本原理。

相平衡是热力学在化学领域中的重要应用,也是化学热力学的主要研究对象。相平衡主要研究多相系统的相变化规律,具体地说,主要研究温度、压力和浓度对多相系统状态的影响。例如,在冶金工业上根据冶炼过程中的相变情况,可以监测金属的冶炼过程以及研究金属的成分、结构与性能之间的关系;海盐、盐岩和盐湖中产的盐都是混合物,只有用相平衡的原理及适当的溶解、重结晶等方法将其分离、提纯,才能作为重要化工原料;在有机合成及石化工业中,产品和副产品总是相互混杂,只有用蒸馏、精馏、萃取等方法提取、纯化,才能得到价值较高的产品,这些都要用到相平衡的知识。显然,研究多相系统的相平衡理论无论是对科学研究,还是对生产实际都具有十分重要的意义。

研究相平衡时,常需了解很多方面的问题,如一个相平衡系统有多少相共存?有多少种物质及组成如何?需要几个独立变量才能确定系统的状态?温度、压力、浓度等与相态和相组成之间有何关系?Gibbs(吉布斯)于 1876 年在研究了大量相平衡系统的基础上总结出了一个基本定律即相律,解决了上述问题。

4.1　相律

4.1.1　基本概念

1. 相与相数

在热力学上,把系统中物理性质和化学性质完全均匀的部分称为一相,同一相的性质是完全均匀的。在理解"相"概念时注意以下几点:

(1)同一种物质尽管可以有不同的分散度,若性质相同时,属于一相,如将大块 NaCl 碎成小颗粒时,不同颗粒的 NaCl 仍属于同一相。

(2)不同物质之间,尽管相互分散得较细,只要性质不均匀,达不到分子或离子状态的混合,则不属于一相。如将 NaCl 和沙子混合,表面上看很均匀,但每一固体小颗粒仍保留着原有物质的物理和化学性质,则不属于同一相。但若能形成固溶体时,性质达到均匀的程度,则属于同一相,如合金为一相。

(3)相与相之间有明显的界面,在相界面上其宏观性质的改变是飞跃式的。如在大气压力和 0 ℃时,有一个冰与水的混合系统,冰内部的物理性质和化学性质是均匀的,是固相;而水内部的物理性质和化学性质也是均匀的,为液相。冰与水之间有明显的界面,在界面上其密度、黏度、折光率等宏观性质会发生突变。因此水和冰是不同的相。同时还应注意,具有明显界面的系统并非就是不同相,如同一固体物质的粉碎。

系统中所具有的相的总数称之为相数,用符号 P 表示。通常任何气体都能无限混合,所以,一个系统中无论含有多少种气体,都只有一个气相。例如,纯净的空气为一相。液体则按相互溶解的程度,可以形成不同相数的系统。例如,水和乙醇完全互溶,形成的是单相系统;水和苯在通常情况下形成的是两相平衡系统,溶有少量苯的水层与溶有少量水的苯层平衡共存。对于固体,一般有一种固体便有一个相,不考虑它们的质量和大小。同种固体如果晶体的晶型不同,有几种晶型共存就有几个相。

2. 物种数和组分数

系统中能够独立存在的纯化学物质的种类数目称为物种数,用符号 S 表示。例如,NaCl 水溶液,尽管溶液中存在 Na^+、Cl^- 和 OH^-、H^+,由于 Na^+ 和 Cl^-、OH^- 和 H^+ 均不能独立存在,所以 NaCl 水溶液的物种数是 2,而不是 6。不同相态的同一化学物质,其物种数不变,例如水和水蒸气其物种数为 1,而不是 2。

系统中的物种数,并不一定都是独立的,可能某物种变化后,能引起其他物种的变化。表示一个平衡系统中各相组成所需要的最少数目的独立物质种类数称为组分数,用符号 C 表示。应该指出,组分数和物种数是两个不同的概念。

若系统中各物质之间没有发生化学反应,则在平衡系统中就没有化学平衡存在,此时组分数等于物种数,即 $C=S$。

若系统中物质之间有化学反应发生,建立了化学平衡关系,定温定压下,只要知道其中几种物质的物质的量,另一种物质的物质的量受到平衡常数的约束而确定,不能任意变动。例如,系统中含有 PCl_5、PCl_3 和 Cl_2 三种物质发生了如下反应

$$PCl_5(g) \Longrightarrow PCl_3(g) + Cl_2(g)$$

虽然系统中的物种数 $S=3$，但组分数 $C=2$。这是因为平衡关系的出现，三种物质中只有两种是可以独立变动的，第三种物质取决于前两者。有时系统中同时存在几个化学平衡，但这些平衡并非都是独立的，某个平衡来自另外几个平衡。例如，在 $H_2(g)$、$O_2(g)$、$CO(g)$、$CO_2(g)$、$H_2O(g)$ 五种气体的平衡体系中，发生下列反应

$$H_2(g) + \frac{1}{2}O_2(g) \Longrightarrow H_2O(g)$$

$$CO(g) + \frac{1}{2}O_2(g) \Longrightarrow CO_2(g)$$

$$CO(g) + H_2O(g) \Longrightarrow H_2(g) + 2CO(g)$$

上述三个反应中，只有两个是独立的，独立的化学平衡数为 2。因此，对于有化学反应的系统，其组分数应由下式确定

$$\text{组分数} = \text{物种数} - \text{独立的化学反应数}$$

即

$$C = S - R \tag{4-1}$$

由此可见，在上述例子中，系统的物种数为 5，独立的化学反应数为 2，组分数 $C = S - R = 5 - 2 = 3$。

若在 S 种物质中，有几种物质在同一相中的浓度能保持某种数量关系，常称这种关系的数目为"独立浓度限制关系数"，用 R' 表示。计算组分数时，还要扣除这种数量关系数（R'）。例如，$NH_4HS(s)$ 在真空中分解达成平衡

$$NH_4HS(s) \Longrightarrow NH_3(g) + H_2S(g)$$

物种数 $S=3$，有一个独立的化学平衡 $R=1$，因为在真空中分解，产物在同一气相中，两者的物质的量（或摩尔分数）必然相等，这时 $R'=1$，所以这个系统的组分数 $C = 3 - 1 - 1 = 1$。因此，对于既有化学平衡又有独立浓度限制关系的系统，其组分数应由下式确定：

$$\text{组分数} = \text{物种数} - \text{独立的化学平衡数} - \text{独立的浓度限制关系数}$$

即

$$C = S - R - R' \tag{4-2}$$

应该指出，浓度限制关系必须是在同一相中，并有一个方程式把物质间的浓度联系起来。不同相中不存在此种限制条件。如 $CaCO_3(s)$ 在真空中的分解

$$CaCO_3(s) \Longrightarrow CaO(s) + CO_2(g)$$

虽有 $n(CO_2) = n(CaO)$，但 $CaO(s)$ 和 $CO_2(g)$ 不处在同一相，彼此之间无相互限制条件，所以 $R'=0$，

$$C = S - R - R' = 3 - 1 - 0 = 2$$

3. 自由度和自由度数

由于相的存在与物质的量无关，所以物质的量也就不影响相平衡，影响相平衡的仅是系

统的强度性质。我们把在一定范围内可以独立改变而不会引起旧相消失新相产生的系统强度变量称为自由度,这种变量的数目称为自由度数,用符号 f 表示。例如,当纯水以单一液相存在时,在液相不消失,同时也不生成新相冰和水蒸气的情况下,系统温度和压力均可在一定范围内分别独立变动,相互无制约,是两个独立变量,此时 $f=2$。对于水与水蒸气共存达平衡时的系统,要维持气、液两相平衡,保持两个相不变,温度和压力两个变量中,只有一个是独立可变的,另一个则不能任意选择。因当指定温度后,其压力必定是该温度下水的饱和蒸气压,两者间的关系遵循 Clapeyron-Clausius 方程式(将在 4.2 中介绍),此时,$f=1$。

4. 相图

系统达到相平衡时,各相的温度、压力以及每一个组分在每一个相中的浓度之间有着相互依赖的关系图,即为相图。相图就是用来表示多相系统的状态随温度、压力和组成等变量的改变而改变的图形,是利用几何的语言(图形、点、线、面等几何性质)来描述系统的状态及其变化。例如,有两个变量,相图用平面图表示。有三个变量,则用立体图表示。相图无论在理论研究还是在生产实践中都有重大作用。

4.1.2　相律

在一个多相平衡系统中,相数、组分数、自由度数与温度和压力之间必定存在着一定的相互关系。相律就是在多相平衡系统中,联系系统内相数、组分数、自由度数和影响物质性质的外界因素之间数量关系的一种普遍性规律。Gibbs 根据热力学基本原理在 1876 年通过大量相平衡的研究导出了此规律。

相律可表述为:相平衡系统中,系统的自由度数等于系统的独立组分数减去平衡的相数,再加上可影响平衡的外界强度变量的个数。其数学表达式为

$$f = C - P + n \tag{4-3}$$

式中:f 为自由度,C 为组分数,P 为相数,n 为可影响平衡的外界强度变量的个数。n 通常为 2,表示只考虑温度、压力对系统相平衡的影响。因此相律的表达式通常为

$$f = C - P + 2 \tag{4-4}$$

相律可通过如下推导获得:

设系统中有 S 个物种,分布在 P 个相中,在温度 T、压力 p 下达到平衡。假设每种物质在 P 个相中都存在,且没有化学反应发生,则每一相中有 S 个浓度变量。则有

在 α 相中的变量为:　　　　　$x_1^\alpha, x_2^\alpha, \cdots, x_S^\alpha$

在 β 相中的变量为:　　　　　$x_1^\beta, x_2^\beta, \cdots, x_S^\beta$

$\vdots$　　　　　　　　　　　　　　$\vdots$

在 P 相中的变量为:　　　　　$x_1^P, x_2^P, \cdots, x_S^P$

所以描述系统状态的总变量数为 $SP+2$,2 是指温度和压力两个变量。

平衡时,各变量间的平衡关系式共三种。

第一种,每一相中各物质的量分数之和等于 1,即

$$x_1^\alpha + x_2^\alpha + \cdots + x_S^\alpha = 1$$
$$x_1^\beta + x_2^\beta + \cdots + x_S^\beta = 1$$
$$\vdots \qquad\qquad\qquad \vdots$$
$$x_1^P + x_2^P + \cdots + x_S^P = 1$$

共 P 个关系式。

第二种,根据相平衡条件,每种物质在各相中的化学势相等,即有

$$\mu_1^\alpha = \mu_1^\beta = \cdots = \mu_1^P$$
$$\mu_2^\alpha = \mu_2^\beta = \cdots = \mu_2^P$$
$$\vdots \qquad \vdots \qquad \vdots \qquad \vdots$$
$$\mu_S^\alpha = \mu_S^\beta = \cdots = \mu_S^P$$

共 $S(P-1)$ 个关系式。

第三种,系统中有独立化学平衡关系式的数目 R 和独立浓度限制条件数目 R'。则系统中关系式总数为

$$P + S(P-1) + R + R'$$

由此可求得自由度数 $f = SP + 2 - [P + S(P-1) + R + R']$,整理得相律的表达式为

$$f = S - R - R' - P + 2 = C - P + 2$$

上式表明系统的自由度数随系统的组分数增加而增加,随相数增加而减少。

关于相律有如下几点说明:

(1)在相律推导时曾假设在每一相中 S 种物质均存在,当有物种不是全部分布于所有相时,上式仍成立。

(2)相律 $f = C - P + 2$ 式中的 2 表示只考虑温度、压力对系统相平衡的影响。但当需要考虑其它因素(如电场、磁场、重力场等因素)对系统相平衡的影响时,设 n 是造成这一影响的各种外界因素的数目,则相律的形式应为 $f = C - P + n$。

(3)当固定系统温度或压力时,相律的形式为 $f' = C - P + 1$,当温度和压力都固定时,则为 $f'' = C - P$,f' 和 f'' 都称为条件自由度。

相律只能对多相平衡系统做定性描述,不能解决各变量间的定量关系。如根据相律可以确定一个系统有几相,有几个因素对相平衡产生影响,但不能指明具体是哪些相,以及每一相的数量是多少。因此尚需热力学的有关定律和经验加以补充。

例 4-1 指出下列各系统的组分数、相数和自由度数各为多少?

(1)在真空密闭容器中,$NH_4HCO_3(s)$ 部分分解为 $NH_3(g)$,$CO_2(g)$ 和 $H_2O(g)$ 达平衡;

(2)若系统(1)在 80 ℃时发生此分解反应;

(3)$NH_4HS(s)$ 和任意量的 $NH_3(g)$ 和 $H_2S(g)$ 混合达平衡。

解:(1)$NH_4HCO_3(s) \Longrightarrow NH_3(g) + CO_2(g) + H_2O(g)$

因为 $S = 4$,$R = 1$,$R' = 2$,所以 $C = S - R - R' = 4 - 1 - 2 = 1$

因为 $P=2$，所以 $f=C-P+2=1-2+2=1$

(2)系统的 S,C,P 均不变，但由于系统的温度一定，此时
$$f'=C-P+1=1-2+1=0$$

(3)$NH_4HS(s)\Longrightarrow NH_3(g)+H_2S(g)$
$$S=3,R=1,R'=0 \text{ 则 } C=S-R-R'=3-1-0=2$$

因为 $P=2$，所以 $f=C-P+2=2-2+2=2$

例 4-2 碳酸钠和水可以组成下列水合物 $Na_2CO_3\cdot H_2O(s)$，$Na_2CO_3\cdot 7H_2O(s)$，和 $Na_2CO_3\cdot 10H_2O(s)$ 求：(1)在 101.325 kPa 时与 Na_2CO_3 水溶液及冰平衡共存的含水盐最多可有几种？(2)在 293.15 K 时与水蒸气平衡共存的含水盐最多可有几种？

解：此系统由 Na_2CO_3，H_2O 及三种含水盐构成，$S=5$，但每形成一种含水盐，就存在一个化学平衡，因此组分数 $C=S-R=5-3=2$。

(1)定压下，相律表达式为：$f'=C-P+1=3-P$

自由度最少时，相数最多，即 $f=0$，相数最多为 3。根据题意已有碳酸钠水溶液和冰两相，因此只可能再有一种含水盐存在。

(2)定温时，相律表达式为：$f'=C-P+1=3-P$

同理，相数最多为三相，表明最多还可有两种含水盐与水蒸气共存。

4.2 单组分系统相图及其应用

组分数为 1 的系统称为单组分系统，如水、二氧化碳、乙醇等纯物质单组分系统。相律应用于单组分系统得
$$f=C-P+2=1-P+2=3-P$$

因自由度数最少为零，所以单组分系统中最多共存的相数 $P=3$，相数最少为 $P=1$，因此单组分系统中自由度数最多为 $f=2$。这两个自由度指温度和压力。

单组分系统中最常见的是气-液、气-固和固-液两相平衡共存的问题。此时 $P=2$，$f=1$。这表明单组分系统两相平衡共存时，温度、压力之中只有一个可以自由改变，两者之间必然存在某种函数关系，这种关系就是 Clapeyron(克拉贝龙)方程。

4.2.1 Clapeyron 方程

设在温度 T、压力 p 时，单组分系统内 α 和 β 两相平衡共存，此时系统中物质在两相中的化学势必定相等，则有：
$$\mu_B^\alpha(T,p)=\mu_B^\beta(T,p)$$

当温度改变 dT 时，为建立新的平衡，相应压力也改变 dp，当达到新平衡时，则有
$$\mu_B^\alpha(T,p)+d\mu_B^\alpha=\mu_B^\beta(T,p)+d\mu_B^\beta$$

因此 $$d\mu_B^\alpha=d\mu_B^\beta \tag{4-5}$$

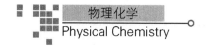

因为单组分系统即纯物质,有 $\mathrm{d}\mu = \mathrm{d}G_m = -S_m\mathrm{d}T + V_m\mathrm{d}p$
代入式(4-5),得:

$$-S_{B,m}^{\alpha}\mathrm{d}T + V_{B,m}^{\alpha}\mathrm{d}p = -S_{B,m}^{\beta}\mathrm{d}T + V_{B,m}^{\beta}\mathrm{d}p$$

整理得

$$\frac{\mathrm{d}p}{\mathrm{d}T} = \frac{S_{B,m}^{\beta} - S_{B,m}^{\alpha}}{V_{B,m}^{\beta} - V_{B,m}^{\alpha}} = \frac{\Delta S_m}{\Delta V_m} \tag{4-6}$$

式(4-6)中 ΔS_m 和 ΔV_m 分别为纯物质由 α 相转移到 β 相的摩尔熵变和摩尔体积变化。

对于可逆相变

$$\Delta S_m = \frac{\Delta H_m}{T} \quad (\Delta H_m \text{ 表示摩尔相变焓}) \tag{4-7}$$

将式(4-7)代入式(4-6)得:

$$\frac{\mathrm{d}p}{\mathrm{d}T} = \frac{\Delta H_m}{T\Delta V_m} \tag{4-8}$$

式(4-8)即为 Clapeyron(克拉贝龙)方程。它适用于纯物质的任意两相平衡系统,反映了相变时系统的压力随温度的变化关系。

对于固-气和液-气两相平衡,凝聚相的体积与气相相比可以忽略不计,因此 $\Delta V_m \approx V_m(g)$;若将气体视为理想气体,$V_m(g) = \dfrac{RT}{p}$,代入式(4-8)中,得

$$\frac{\mathrm{d}p}{\mathrm{d}T} = \frac{\Delta H_m}{RT^2/p}$$

整理得

$$\frac{\mathrm{d}\ln p}{\mathrm{d}T} = \frac{\Delta H_m}{RT^2} \tag{4-9}$$

式(4-9)称为 Clapeyron-Clausius(克拉贝龙-克劳修斯)方程,简称克-克方程。它定量给出了温度对纯物质饱和蒸气压的影响。式中的 ΔH_m 为液体的摩尔气化热 $\Delta_{vap}H_m$ 或固体的摩尔升华热 $\Delta_{sub}H_m$。若温度变化范围不大时,ΔH_m 可近似看作常数,对式(4-9)作不定积分得

$$\ln p = -\frac{\Delta H_m}{R} \cdot \frac{1}{T} + C \tag{4-10}$$

式中:C 为积分常数,由式(4-10)可见,将 $\ln p$ 对 $\dfrac{1}{T}$ 作图可得一直线,其斜率为 $-\dfrac{\Delta H_m}{R}$,由直线的斜率可求得 ΔH_m。

对式(4-9)进行定积分可得

$$\ln\frac{p_2}{p_1} = \frac{\Delta H_m}{R}\left(\frac{1}{T_1} - \frac{1}{T_2}\right) \tag{4-11}$$

当液体的气化热数据缺乏时,可应用经验规则近似估计。对于分子不缔合的非极性液体,可应用 Trouton(特鲁顿)规则:在正常沸点时的摩尔气化热与正常沸点之比为一常

数,即

$$\frac{\Delta_{vap}H_m}{T_b}=88 \text{ J}\cdot\text{mol}^{-1}\cdot\text{K}^{-1}$$

例 4-3 某物质液态蒸气压 p 与温度 T 的关系为

$$\ln p(\text{Pa})=24.38-\frac{3\ 063}{T}$$

固态蒸气压与温度的关系为

$$\ln p(\text{Pa})=27.92-\frac{3\ 754}{T}$$

求:(1)该物质的液态的摩尔蒸发热;(2)该物质三相点对应的温度 T 及压力 p。

解:(1)式 $\ln p(\text{Pa})=24.38-\dfrac{3\ 063}{T}$ 与式(4-10)对照,得

$$\Delta_{vap}H_m=3\ 063\times8.314=25.46 \text{ kJ}\cdot\text{mol}^{-1}$$

(2)三相点是物质气、液、固三相平衡,此时三相的温度、压力相同。上两式同时成立

$$27.92-\frac{3\ 754}{T}=24.38-\frac{3\ 063}{T}$$

得 $T=195.2$ K,$p=5.94$ kPa
即该物质三相点的温度为 195.2 K,压力为 5.94 kPa。

4.2.2 水的相图

在通常压力下,水的相图为单组分系统中最简单的相图。水的相图是根据实验数据绘制出来的,具体形状见图 4-1。

水是单组分系统,自由度最大为 2,因此水的相图是平面图,两个坐标分别为温度和压力。

整个相图由三个相区、三条两相平衡线和一个三相点构成。

(1)相区　当系统中只有一相存在时,即水以气相或液相或固相存在时,根据相律系统的自由度数 $f=2$,即温度、压力均可改变。因此在 T-p 图上有三个面代表这三相,即有三个单相区,分别是水蒸气、水和冰。在每个相区内温度和压力在一定范围内的变动不会引起相的改变。也就是说,在单相区中必须同时确定温度和压力两个变量,系统的状态才能完全确

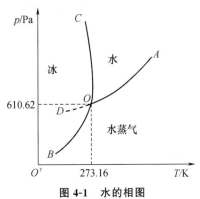

图 4-1　水的相图

定下来。

(2)两相平衡线　在此系统中可能存在的两相平衡有三种情况,即气-液、气-固、固-液平衡,此时系统的自由度数 $f=1$,即温度和压力中只有一个能任意改变,因此,在 T-p 图上有三条线分别代表上述三种两相平衡。

OA 是水蒸气-水两相平衡线,因为它代表了水的饱和蒸气压随温度的变化关系,又称为水的饱和蒸气压曲线或水的蒸发曲线。它不能任意延长,终止于临界点。临界点的温度为647 K,压力为 2.23×10^7 Pa,这时气-液界面消失。高于临界温度,不能用加压的方法使气体液化。一旦超过临界点($p > p_c$,$T > T_c$),气液两相界面消失,物质处于超临界流体状态,这是物质存在的另一种状态。目前超临界流体是一个十分活跃的研究领域,从认识自然现象到实际应用(如超临界流体萃取)都有广阔的发展前景。

OB 是水蒸气-冰两相平衡线,因为它代表冰的饱和蒸气压随温度变化的关系,又称为冰的饱和蒸气压曲线或冰的升华曲线,理论上可以延长至绝对零度附近。

OC 是水-冰两相平衡线,因为它根据不同压力下冰的熔点的实验曲线画出,又称为冰的熔点曲线。OC 线斜率为负,压力增大,冰的熔点下降。当 C 点延长至压力大于 2×10^8 Pa时,相图变得复杂,有不同结构的冰生成。

OD 是 OA 的延长线,是过冷水和水蒸气的介稳平衡线。因在相同温度下,过冷水的蒸气压大于冰的蒸气压,故 OD 线在 OB 线之上。过冷水处于不稳定状态,一旦有凝聚中心出现,就立刻全部变成冰。

(3)三相点　在此系统可能存在的三相平衡为:固-液-气三相平衡,此时系统的自由度数 $f=0$,即温度和压力均已一定,不能改变。图中 O 点是三条线的交点称为三相点,此时气-液-固三相平衡共存。三相点是物质自身的特性,不能随意改变,温度和压力有确定的数值。水的三相点温度为 273.16 K,压力为 610.62 Pa。水的三相点不同于水的冰点,在三相点处时纯水、冰和水蒸气共存;而冰点指冰被空气饱和的水和空气与水蒸气的混合气体(压力为101.325 kPa)三相共存时的温度。在此情况下,水已被空气所饱和,液相变为溶液,已非单组分系统。冰点温度比三相点温度低 0.01 K,是由两方面因素造成的:一方面,因外压增加,使凝固点下降 0.007 48 K;另一方面,因水中溶有空气,使凝固点下降 0.002 41 K。两种效应之和使冰点下降了 0.01 K。这就是水的冰点与三相点不一致的原因。

4.2.3　超临界流体及其应用

高于临界温度和临界压力以上的流体称为超临界流体,简称 SCF。超临界流体没有明显的气液分界面,既不是气体,也不是液体,是一种气液不分的状态,具有十分独特的物理化学性质,它的黏度低,密度大,有良好的流动、传质、传热和溶解性能。超临界流体对温度和压力的改变十分敏感,温度和压力变化较小时,就会使流体的性质发生较大的改变。由于超临界流体的这些良好的性能,被广泛应用于节能、天然产物萃取(如中药、化妆品、保健品、香精、色素等)、聚合反应、超微粉和纤维的生产、喷料和涂料、催化过程和超临界色谱等领域。此外,还可利用超临界流体作为化学反应系统,研究的领域涉及金属有机反应、多相催化反应、高分子化学合成、超临界水氧化技术等,在超临界状态下的化学平衡和化学反应机理及速率等有出乎意外的规律,因此产生了许多意想不到的效果。

1. 超临界流体的物理特性

超临界流体具有液体和气体的双重特性,有与液体接近的密度,同时有与气体接近的黏度及高的扩散系数,故具有很强的溶解能力和良好的流动、传递性能。物质的溶解能力与溶剂的密度又有密切的关系。在临界点附近超临界流体的密度仅是温度和压力的函数,故在合适的温度和压力下,它能提供足够的密度来保证有足够强的溶解能力,是解决化工生产过程中因有机溶剂对环境造成污染的有效途径。

2. 超临界流体的应用

(1)超临界流体萃取技术 超临界流体萃取技术用于石蜡族、芳香族、环烷族等同系物的分离精制等化学工业;用于萃取食用油、香精油及脱除香烟中的尼古丁等食品工业。超临界流体的密度对温度与压力的变化十分敏感,其溶解能力在一定压力范围内与其密度成正比,可通过对温度和压力的控制而改变物质的溶解度,特别是在临界点附近,当温度与压力发生微小的变化时,可导致溶质的溶解度发生几个数量级的突变,这正是超临界流体萃取的依据。

目前研究较多的系统包括:二氧化碳、水、氨、甲醇、乙醇、氙、戊烷等。其中 CO_2 作为超临界流体的首选物质,主要是因为 CO_2 的临界温度比较低(304.2 K),临界压力也不太高(7.28 MPa),具有较温和的临界条件,且无毒、无臭、无公害,受到较深入的研究和应用。

具体工艺过程是,在高压条件下,使超临界流体与物料接触,使物料中的有效成分(即溶质)溶于超临界流体中(即萃取),与物料分离,然后通过降低溶有溶质的超临界流体的压力或升温的方法,使溶质析出。如果有效成分(溶质)不止一种,可采取逐级降压,则可使多种溶质分步析出,分别提取。

超临界流体萃取技术有如下特点:同类物质能按沸点由低到高的顺序进入超临界流体中,具有极高的选择性;能在常温或温度不高的情况下溶解相当难挥发的物质,特别适用于提取和精制热敏性和易氧化的物质;超临界流体兼有气体和液体的优点,其萃取效率高于液体萃取,也不会污染被萃取物;超临界流体的溶解能力随其密度增加而提高,当密度恒定时,则随温度升高而增大;通过降低超临界流体的密度使萃取物分离,萃取工艺过程是靠恒温降压或恒压升温两种方式来实现超临界流体密度的降低;只需靠重新压缩的手段就可使与溶质分离后的超临界流体循环使用,消除了萃取剂回收的复杂过程,从而节省能源;超临界流体技术同时利用蒸馏和萃取,可分馏难分离的有机物,对同系物的分馏精制更有利;超临界流体萃取技术属于高压技术范围。

(2)作为反应溶剂的应用 因为超临界 CO_2 表现出良好的溶解能力,故在高分子材料合成中可作为传统有机溶剂的替代品,到目前为止,以超临界 CO_2 为介质而进行的高分子合成包括自由基聚合、阳离子聚合等机制。此外,还可以利用临界点附近溶质的溶解度受压力变化而变化的特性,将超临界 CO_2 用作其他反应的溶剂。比如可采用调节压力的方法控制催化剂-酶的活性,来达到控制反应及其进度的目的,现已成功的用于生化反应,合成出具有较高立体选择性的化合物,充分展示了超临界技术在生化合成领域的强大生命力。利用同样的原理,在生物催化超临界合成中可采用调压的方法来制备分子量可控的聚合物。

超临界技术虽然兴起仅仅 20 多年,但其应用领域与前景是非常引人注意的,尤其是在

化学化工过程中能够代替许多传统的有毒、有害、易燃、易挥发的有机溶剂,为绿色化学提供了全新的溶剂系统,有着光明的应用前景。

4.3 二组分双液系统相图及其应用

对于二组分系统,$C=2$,$f=C-P+2=4-P$。系统至少有一相 $P=1$,所以自由度最多等于3,即系统的状态可以由三个独立变量所决定,这三个变量通常采用温度、压力和组成。因此二组分系统的相图是三维空间的立体图形,使得作图和看图都很不方便。为此,我们通常是固定某一变量,用平面图来表示二组分系统的相图,这样可以方便简单,以供相平衡研究用。当固定某一变量时,相律应为 $f'=C-P+1=3-P$,系统至少有一相 $P=1$ 时,$f'=2$,系统的状态用两个独立变量描述。固定 T 时,得到压力-组成图,即 p-x 图;固定 p 时,得到温度-组成图,即 T-x 图。T-x_B 图用得最多。

二组分系统相图的类型很多,本节主要介绍二组分的气-液和固-液系统的相图及其应用,其内容包括完全互溶、部分互溶、不互溶的双液系统以及水盐系统。

4.3.1 理想的完全互溶双液系统的相图

两种纯液体能以任意比例相互混溶且各组分在全浓度范围都遵守 Raoult 定律的系统称为理想的完全互溶双液系统,也称理想液态混合物。如苯-甲苯、正己烷-正庚烷、丁烷-异丁烷等系统,形成接近于理想的液态混合物。

1. 理想的完全互溶双液系 p-$x(y)$ 图

对于理想液态混合物在一定温度下,根据 Raoult 定律:

$$p_A = p_A^* x_A \qquad p_B = p_B^* x_B = p_B^* (1-x_A)$$

溶液的总蒸气压为

$$p = p_A + p_B = p_A^* x_A + p_B^* x_B = p_B^* + (p_A^* - p_B^*) x_A$$

若温度为 T 时,以压力为纵坐标,组成为横坐标,并设 $p_A^* > p_B^*$,将上述关系作图,见图4-2。图4-2中实线是总压与液相组成的关系线,称为液相线。从液相线上可以找出,指定液相组成时的蒸气总压,或指定蒸气总压下的液相组成。由图可知,理想液态混合物的蒸气总压是介于两纯液体的饱和蒸气压之间,即

$$p_B^* < p < p_A^*$$

若该系统蒸气视为理想气体混合物,根据分压定律有

$$y_A = \frac{p_A}{p} = \frac{p_A^* x_A}{p} = = \frac{p_A^* x_A}{p_B^* + (p_A^* - p_B^*) x_A}$$

$$y_B = \frac{p_B}{p} = \frac{p_B^* x_B}{p_B^* + (p_A^* - p_B^*) x_A}$$

已知 p_A^*,p_B^*,x_A 或 x_B,就可把液相组成对应的气相组成求出,将组成 y 对蒸气压 p 作图得气相线。在 p-x 图上气相线总是在液相线下面的一条曲线(图4-3),它表示与溶液平衡

的蒸气总压与蒸气组成关系。

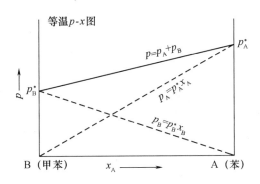

图 4-2 理想液态混合物 p-x 图

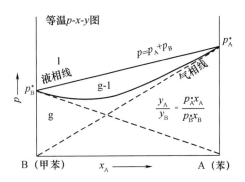

图 4-3 理想液态混合物 p-x-y 图

因 $p_B^* < p < p_A^*$，所以 $\dfrac{p_A^*}{p} > 1$，$\dfrac{p_B^*}{p} < 1$，依 $y_A = \dfrac{p_A^* x_A}{p}$ 和 $y_B = \dfrac{p_B^* x_B}{p}$，必有如下结果

$$y_B < x_B \qquad y_A > x_A$$

这说明饱和蒸气压不同的两种液体形成理想液态混合物呈气-液平衡时，两相的组成不同。易挥发组分 A 在气相中的相对含量较它在液相中的相对含量高。因此，气相组成点不会与液相组成点重合，且在液相线的下方。在等温条件下，p-x-y 图分三个区域。在液相线上方区域，系统压力高于液相平衡共存的气相的压力，能稳定存在是的液相，气相无法存在，该区为液相单相区；气相线的下方区域，压力小于平衡时气相压力，液相无法存在，该区为气相单相区；在液相线和气相线之间的梭形区内，是气-液两相平衡共存区。

例 4-4 设苯(A)和甲苯(B)能形成理想液态混合物。在 101.325 kPa 下将苯和甲苯的混合物加热到 363 K，处于气液两相平衡区，试分别计算气、液两相的组成。已知 363 K 时，苯的饱和蒸汽压 $p_A^* = 136.12$ kPa，甲苯的饱和蒸汽压 $p_B^* = 54.22$ kPa。

解：苯和甲苯液相的摩尔分数用 x_A，x_B 表示，气相用 y_A，y_B。因为苯和甲苯形成理想液态混合物，故：

$$p_A = p_A^* x_A \qquad p_B = p_B^* x_B = p_B^*(1 - x_A)$$
$$p = p_A^* x_A + p_B^*(1 - x_A)$$

代入数据　$101.325 = 136.12 x_A + 54.22(1 - x_A)$

解得　　$x_A = 0.58$

　　　　$x_B = 1 - x_A = 0.42$

对应的气相组成

$$y_A = p_A / p = (p_A^* x_A)/p = (136.12 \times 0.58)/101.325 = 0.78$$
$$y_B = 1 - y_A = 0.22$$

2.理想的完全互溶双液系 T-x-y 图

一定压力下，气、液两相平衡时，表示气、液两相平衡温度与组成之间关系的相图，叫作

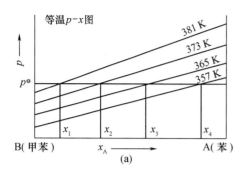

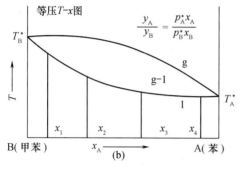

图 4-4　从 p-x 图绘 T-x 图

温度-组成图,即 T-x-y 图。

T-x-y 图通常可有两种方法获得,一种是在一定压力下,直接利用沸点仪测定出一系列不同组成的溶液沸点及气、液两相组成,直接绘制 T-x-y 图。另一种是根据蒸气压-组成图转换成温度-组成图。以苯-甲苯系统为例,它们形成的溶液可近似为理想液态混合物。首先在一系列不同温度下测定混合溶液总蒸气压与组成的关系,绘出一系列 p-x 线,如图 4-4(a)所示。从该图纵坐标为标准压力处作一水平线,与各 p-x 线分别交于 x_1,x_2,x_3,… 诸点,即得到各组成 x_1,x_2,x_3,… 对应的沸点温度,分别为 381 K,373 K,365 K,…,把沸点与组成关系相应地标在图 4-4(b)中,就得到了温度-组成的液相线。用同样的方法可从一系列 p-x-y 图中的 p-y 线得到温度-组成的气相线。图 4-4(b)为理想的完全互溶双液系 T-x-y 图,图中气相线在上,气相线之上为气相区;液相线以下为液相区;气相线与液相线中间的区域为气、液两相共存区。

3. 杠杆规则

相图中表示系统总组成状态的点称为物系点;表示各相组成和状态的点称为相点。物系点只告诉我们系统在相图的位置,相点才告诉我们此时系统各相的具体情况。在单相区,物系点与相点重合。在两相区,物系点与液相点、气相点不重合,通过物系点作水平线,分别与液相线和气相线相交两点,为液相点和气相点,分别表示系统的气相组成和液相组成。

如图 4-5 所示,若总组成为 x_B 的物系点落在气-液两相区 O 点时,气、液两相的组成由 PQ 水平线两端读出,分别为 $x_{B,P}$,$y_{B,Q}$,气液两相及物系总的物质的量分

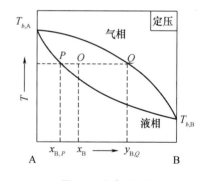

图 4-5　杠杆规则

别用 n_g,n_1,$n_{(总)}$ 表示,根据质量守恒原理,系统中所含 B 的物质的量等于液相与气相中所含 B 的物质的量之和,则有

$$n_{(总)}x_B = n_g y_{B,Q} + n_1 x_{B,P}$$

所以

$$(n_g + n_1)x_B = n_g y_{B,Q} + n_1 x_{B,P}$$

$$n_g(y_{B,Q} - x_B) = n_1(x_B - x_{B,P})$$

即

$$\frac{n_g}{n_1} = \frac{x_B - x_{B,P}}{y_{B,Q} - x_B} = \frac{\overline{PO}}{\overline{OQ}} \tag{4-12}$$

若把物系点 O 视为支点, $\overline{PO}$ 和 $\overline{OQ}$ 视为力臂,则式(4-12)相当于力学中的杠杆原理,因此称为杠杆规则。杠杆规则表示平衡系统中气液两相的物质的量与组成之间的定量关系,若从相图上确定两相的组成,即可求得两相的相对量;若知道系统的总量,则可确定每一相的量。杠杆规则是质量守恒的必然结果,所以用质量分数表示组成时仍然成立,只不过是两相物质的量改为质量而已。杠杆规则不仅对气-液相平衡适用,也适用于相图上任何两相平衡共存的区域。

4. 精馏原理

从相图中可知,当气、液两相共存时,气相中易挥发组分的含量总大于它在液相中的含量,所以将混合液部分气化,并将气化过程中生成的蒸气在另一个容器中随时冷凝成液体,这样便得到两种组成不同的溶液,这种简单分离过程称为蒸馏。要使混合物较完全的分离,需采用精馏的方法。精馏实际上是多次简单蒸馏的组合。

如图 4-6 所示,设待分离混合物总组成为 x_B,当温度加热到 T_4 时,物系点为 O 点,此时溶液部分气化,两相共存,气相组成为 y_4,液相组成为 x_4。在气相中易挥发的 B 组分有所增加,而液相中难挥发的 A 组分浓度有所增加。

若把组成为 y_4 的气相降温至 T_3,则气相部分冷凝,得到组成为 x_3 的液相和组成为 y_3 的气相。气相中 B 组分浓度又有所增加。使组成为 y_3 的气相再次冷凝,得到组成为 y_2 的气相,再次将该气相冷却降温,如此反复操作,每重复一次冷凝过程,气相中 B 的含量就增大一些,最后可得到组成接近于纯 B 的气相。

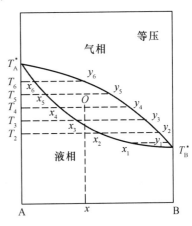

图 4-6　精馏过程示意图

若把组成为 x_4 的液相加热至 T_5,则液相部分气化,得到组成为 x_5 的液相和组成为 y_5 的气相,在组成为 x_5 的液相中难挥发的组分 A 的含量有所增加。如此重复升温,由图 4-6 可知 $x_6 > x_5 > x_4$,最后可得到组成接近于纯 A 的液相。

由此可知,将气相部分冷凝和液相部分气化,可使气相组成沿气相线下降,最后得到易挥发的 B 组分;液相组成沿液相线上升,最后得到难挥发的 A 组分。两种液体的沸点相差越大,分离效果越好。这种连续的进行部分气化与部分冷凝,使混合液得以分离就是精馏的原理。实际精馏过程是在精馏柱或精馏塔中实现的。溶液不断从中部加入,蒸气由下向上流动,液体由上向下流动。由顶部冷凝器出来的液体几乎是纯 B,塔底出来的液体几乎是纯 A。

4.3.2 非理想的完全互溶双液系统的相图

非理想液态完全互溶混合物由于不同分子间引力差别较大,它们不能在全浓度范围内遵守 Raoult(拉乌尔)定律,其蒸气压与按 Raoult 定律计算值有一定的偏差。产生偏差的原因根据具体情况各有不同,常见的有以下几种解释:①某组分单独存在时为缔合分子,在形成溶液后发生离解或缔合度变小,溶液中该组分的分子数目增加,蒸气压增大,产生正偏差。

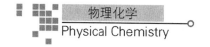

②若两组分混合后,发生分子间缔合或化学反应,使两组分的分子数目都减少,蒸气压均减小,产生负偏差。③若 B-A 分子间的引力小于两纯组分分子间的引力时,则两组分形成溶液后,各分子间的引力就会减少,A 和 B 分子都变得容易逸出,蒸气压增大,产生正偏差。相反,若 B-A 分子间的引力大于两纯组分分子间的引力时,则形成溶液后,分子间引力增加,蒸气压减小,产生负偏差。实验表明,溶液中某一组分发生正(负)偏差,另一组分也发生正(负)偏差,溶液的总蒸气压也发生正(负)偏差。偏离的程度随组分种类及温度而不同,大致可分如下三类。

1. 具有较小正、负偏差的双液系统

如图 4-7 所示,这类系统对 Raoult 定律有偏差,但不论是正偏差还是负偏差,偏差都不大。在此类相图中,溶液的总蒸气压还是介于两个纯组分蒸气压之间,溶液的沸点也是介于两纯组分沸点之间。这类系统的 p-x 相图与理想双液系相图形状相似。此类系统有 CH_3OH-H_2O,C_6H_6-CH_3COCH_3,CH_3Cl-$C_2H_5OC_2H_5$ 等。

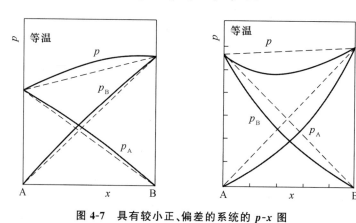

图 4-7 具有较小正、偏差的系统的 p-x 图

2. 具有很大正偏差的双液系统

如图 4-8 所示,这类 A、B 二组分系统对 Raoult 定律有很大的正偏差,在 p-x 图上形成最高点,相应的在 T-x 图上出现最低点,最低点称为最低恒沸点,在此点时,气、液两相组成相同,即 $x_B(l) = y_B(g)$。处在最低恒沸点时的混合物称为最低恒沸混合物,它是混合物而不是化合物,它的组成在定压下有定值。改变压力,最低恒沸点的温度也改变,它的组成也随之改变。此类系统有 C_2H_5OH-H_2O,C_2H_5OH-C_6H_6,CH_3OH-C_6H_6 等。

3. 具有很大负偏差的双液系统

如图 4-9 所示,这类 A、B 二组分系统对 Raoult 定律有很大的负偏差,在 p-x 图上形成最低点,相应的在 T-x 图上出现最高点,这个最高点称为最高恒沸点。处在最高恒沸点时的混合物称为最高恒沸混合物,此类系统与前面最低恒沸混合物具有相同的性质。属于这类系统的有 H_2O-HCl,H_2O-HNO_3 等。

具有最高或最低恒沸点的相图可以看作由两个简单的 T-x 图的组合。当组成处于恒沸点之左,精馏只能得到纯 A 和恒沸混合物。组成处于恒沸点之右,精馏只能得到恒沸混合物和纯 B。用普通精馏的方法不能将混合物溶液分离成两个纯组分,只能得到一个纯组分

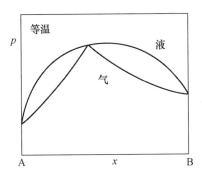 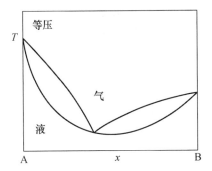

图 4-8　具有很大正偏差溶液系统的 *p-x* 图和 *T-x* 图

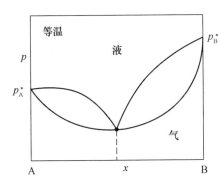 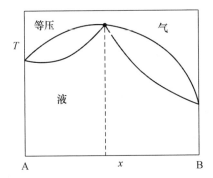

图 4-9　具有很大负偏差溶液系统的 *p-x* 图和 *T-x* 图

和恒沸混合物。

★4.3.3　部分互溶双液系统的相图

当两种液体的性质差异较大时,会发生部分溶解现象。即在某些温度下,两种组分相互

溶解度都不大,只有当一种液体的量相对很少而另一种液体的量相对很多时,才能溶成均匀的单一液相,而在其他数量配比条件下,系统将分层而呈两个液相平衡共存。此类系统称为部分互溶双液系。根据实验结果,二组分部分互溶双液系统的温度—组成图主要有三种类型。

1. 具有最高临界溶解温度的相图

图 4-10 是水-苯胺在恒定压力下的温度-组成图。图中帽形区外为完全互溶的单相区,帽形区以内为水与苯胺部分互溶的两相区。*DB* 曲线为苯胺在水中的溶解度曲线;*EB* 为水在苯胺中的溶解度曲线。两条曲线的交点 *B* 称为临界点,所对应的温度称为最高临界溶解温度。超过此

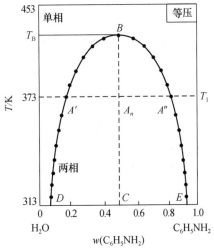

图 4-10　水-苯胺的溶解度图

107

温度,水与苯胺能以任意比例互溶。临界温度的高低反映了两组分间相互溶解能力的强弱。临界溶解温度越低,两组分间的互溶性越好。

如图 4-10 所示,在温度 T_1 时,取少量苯胺加入到水中,苯胺在水中完全溶解。继续加入苯胺,物系点向右移。当苯胺在水中溶解达到饱和时,溶液分成两层:一层是饱和了苯胺的水溶液,称为富水层;另一层是饱和了水的苯胺,称为富胺层,两层平衡共存。若在该温度下继续加入 T_1 苯胺,两层中二组分的相对含量不变,只是相对重量发生变化。如果升高温度,则苯胺在水中的溶解度沿 DB 曲线上升,水在苯胺中的溶解度沿 EB 曲线上升。两层的组成逐渐接近,最后会聚于 B 临界点。

2. 具有最低临界溶解温度的系统

水-三乙基胺的双液系为此类型,如图 4-11 所示。此类系统与第一类刚好相反,二组分在低温时可以任意混溶成均匀一相,温度升高,则互溶度降低,形成共轭双液层。

3. 同时具有最低和最高临界溶解温度的系统

图 4-12 是水-烟碱的溶解度曲线。此类系统有封闭式的溶解度曲线,在某一高温或低温下两组分可以任意比例混溶成单一液相。在封闭曲线内为两相,形成共轭双液层。

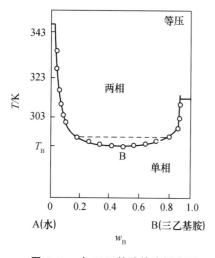

图 4-11　水-三乙基胺的溶解度图

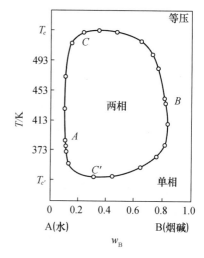

图 4-12　水-烟碱的溶解度图

★4.3.4　完全不互溶双液系统的相图

严格地讲,两种液体完全不互溶是没有的,但当两种组分性质差别很大,彼此互溶的程度非常小时,可以忽略不计,视为完全不互溶系统。如 $H_2O\text{-}CS_2$,$H_2O\text{-}C_6H_5Br$ 等。

当两种互不相溶的液体 A、B 二组分共存时,各组分的蒸气压与单独存在时一样,不受另一组分含量多少的影响,系统的总蒸气压为两个纯组分蒸气压之和,即 $p = p_A^* + p_B^*$,总压恒大于任一组分的分压。显然,混合系统的沸点也就恒低于任一纯组分的沸点,称此为混合物的共沸点。

完全不互溶的二组分液体混合物的共沸点低于每一纯组分的沸点,利用这一原理,把不溶于水的高沸点液体与水一起蒸馏,混合物可在低于水沸点温度下共沸并进入气相。收集馏出物并冷却,得到被提纯的液体和水,由于两者完全不互溶,很容易分离出高沸点液体,这种蒸馏方法称为水蒸气蒸馏。有不少有机化合物的沸点很高,不易直接蒸馏或在达沸点前该物质就分解了,这样就不能采用常压分馏法提纯,可采用水蒸气蒸馏。

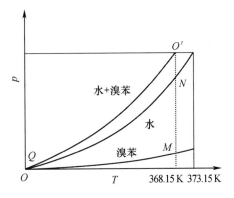

图 4-13　水-T 苯系统的蒸气压曲线

例如水-溴苯互不相溶,可采用水蒸气蒸馏。由图 4-13 可知,溴苯的正常沸点为 429 K,水的正常沸点为 373.15 K,而混合物的正常沸点为 368.15 K,当达到混合物的沸点温度时,溴苯和水同时馏出,由于它们互不相溶,很容易分离。

4.4　二组分固液系统相图及其应用

二组分固液系统又称二组分凝聚系统。此系统在低温时为固态,高温时为液态(熔融态)。属于这类相图有:水-盐系统、合金系统以及两种有机物或有机盐形成的系统。由于压力对液体和固体相态变化影响很小,因此讨论二组分凝聚系统的相平衡时,通常不考虑压力的变化,固定压力,所研究的相图都是 T-x 图,相律表示为 $f' = C - P + 1 = 3 - P$。

二组分凝聚系统种类很多,根据互溶程度,此类系统可分为固相完全不互溶的简单低共熔系统、固相生成化合物系统、固相完全互溶系统和固相部分互溶系统四类。本节主要讨论固相完全不互溶的简单低共熔系统。

绘制简单低共熔混合物系统的相图,常见有两种方法:一种是热分析法,另一种是溶解度法。

1.热分析法

热分析法是利用相变的热效应来测定已知组成系统的固-液平衡温度,将一系列不同的已知组成与所测得的固-液平衡温度绘制成相图,此法用于熔点较高的系统如合金及有机物系统。通常的做法是将所研究的两组分配制成百分含量递变的一系列样品,逐个将样品加热至全部熔化,然后让其在一定环境下自行冷却,把观测到的温度随冷却时间的关系绘制成曲线。因该曲线是在逐步冷却过程中获得的,故称为步冷曲线。由步冷曲线上出现的转折点或停歇点找出发生相变的温度,然后绘制出相应的相图。

2.溶解度法

许多水-盐系统为简单低共熔混合物的系统,这类系统的相图通常采用溶解度法绘制,即通过不同温度下测得某盐类在水中的溶解度数据,以温度为纵坐标,以溶解度(即组成)为横坐标,绘制水-盐系统的相图。图 4-14 为 $H_2O(A)$-$(NH_4)_2SO_4(B)$ 系统的固、液平衡相图。

图中 EB 是 $(NH_4)_2SO_4$ 固体的饱和溶解度曲线,EA 是水的冰点下降曲线。在 E 点

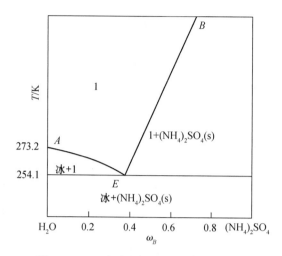

图 4-14　$H_2O(A)$-$(NH_4)_2SO_4(B)$固液平衡

冰、$(NH_4)_2SO_4$ 溶液和 $(NH_4)_2SO_4$ 固体三相共存，E 点所对应的温度是溶液所能存在的最低温度，故称此点为最低共熔点。组成在 EA 点以左的溶液冷却时，首先析出冰；在 E 点以右的溶液冷却时，首先有固体 $(NH_4)_2SO_4$ 析出。当溶液的组成恰好相当于 E 点时，冷却后，$(NH_4)_2SO_4$ 固体和冰同时析出形成低共熔混合物。相图中注明了各相区存在的稳定相。

　　这类相图对于用结晶法提纯盐类有指导意义。例如从 30% $(NH_4)_2SO_4$ 溶液中提取 $(NH_4)_2SO_4$ 晶体，由相图可知，仅凭冷却的手段得不到纯 $(NH_4)_2SO_4$ 晶体。这是因为在冷程中首先析出的是冰，而冷却到 254.1 K 时，冰又与 $(NH_4)_2SO_4$ 同时析出，并形成低共熔混合物，得不到纯 $(NH_4)_2SO_4$ 晶体。故应先将溶液加热蒸发，进行浓缩使系统点移到 A 点以右（即浓度超过 39.8%），然后再将浓缩后的溶液冷却，并将温度控制在略高于 254.1 K，便可获得纯 $(NH_4)_2SO_4$ 晶体。

　　与 $(NH_4)_2SO_4$-H_2O 类似的水盐系统有 $NaCl$-H_2O，KCl-H_2O，$CaCl_2$-H_2O 和 NH_4Cl-H_2O，它们的最低共熔点分别为 252.1 K，262.5 K，218.2 K 和 257.8 K。按照最低共熔点的组成来配冰和盐的量，就可以获得较低的冷冻温度。实际化工生产中，经常用 $NaCl$ 水溶液作为冷冻的循环液。就是因为以最低共熔点的浓度配制盐水时，在 252.1 K 以上都不会结冰。

☐ 本章小结

　　1.相律是多相平衡系统共同遵守的最基本的热力学规律，是研究多相平衡系统中相数、独立组分数、独立浓度限制条件与自由度之间关系的规律，它是热力学在多相系统应用的结果。相律的一般表达式：$f=C-P+2$。运用相律可说明一些多相平衡的已知事实，并进一步预见一些简单的多相平衡的未知事实。使用相律时应该注意：只有相平衡系统才服从相律公式，对于非相平衡系统不能直接套用公式；相律公式中的数字 2 是指系统的 T 和 p；相平衡并不要求每一种物质在所有相中都存在，只要求每一种物质在它所在的所有相中化学势相等。

2. Clapeyron 方程适用于纯物质的任意两相平衡系统,反映了相变时系统的压力随温度的变化关系,其定积分式和不定积分式使用时应注意条件。

3. 将系统的状态与温度、压力、浓度等因素的关系用图形表示,这种图形称为相图。水的相图可分为三个相区,两个单相区的交界线表示两相共存,三条交界线的交点表示冰、水和水蒸气三相共存。

4. 二组分双液系统的相图有三种: p-x 图、T-x 图和 p-T 图。杠杆规则适用于相图上任何两相平衡共存的区域,如果系统的组成以质量分数表示,通过杠杆规则计算得到的就是平衡共存两相的相对质量。

5. 完全互溶双液系统不能在全部浓度范围内遵守 Raoult 定律,根据其与理想液态混合物相比所产生的偏差大小可以分为三类。此外,还有部分互溶的双液系和完全不互溶的双液系。

6. 热分析法和溶解度法是绘制二组分固-液系统相图的常用方法。

□ 阅读材料

第一个精测水三相点的中国物理化学家——黄子卿

中国人要为祖国工作。我是中国人,我要为中国的科学事业出力。

——黄子卿

黄子卿教授(1900—1982)是广东梅县人,九三学社社员,物理化学家,化学教育家,中国科学院学部委员(院士)。黄子卿早年远渡重洋,到美国研读化学,1925 年获康奈尔大学理学硕士学位,同年 9 月入麻省理工学院攻读物理化学博士学位。1929—1934 年任清华大学化学系教授。1934 年再度赴美深造,1935 年获麻省理工学院哲学博士学位。1945—1952 年任清华大学教授,其间曾赴美国加州理工学院从事研究。新中国成立后,他立即回到祖国,全力投身到物理化学的教学和科学研究,1952 年全国高等院校院系调整,黄子卿到北京大学化学系物理化学教研室任主任,并被评聘为一级教授、中国科学院学部委员。

黄子卿教授在生物化学、电化学、化学热力学和溶液理论等领域从事研究,而贡献最大、影向最广的是他在美国精确测定了水的三相点。

水的三相点即水在其饱和蒸气压力下气-液-固三相平衡时的温度,它不涉及大气压和冰的含气问题。1934 年黄子卿教授在美国麻省理工学院攻读博士学位期间,在著名热力学家贝蒂指导下进行热力学温标的实验研究。当时物理化学界企图并已开始测定水的三相点,因此黄子卿选择了重新测定水的三相点的课题。

测定水的三相点就需要以冰点为参考,测量水的三相点与冰点的温度之差。黄子卿为了严格按照定义测定冰点,对水样精心地作了纯化处理,并严格使冰点瓶中水样含饱和气量稳定,仔细计算了对实际压力的修正,用测量水样电导的方法估算杂质对冰点影响的修正。为确定三相点,他精选了三相点瓶的材料,用真空蒸馏的方法将水样注入三相点瓶中,同样用测量水样电导的方法作杂质影响的修正。最后,将三相点瓶和冰点瓶都浸入冰水混合浴槽中,用铜-康铜热电偶测量三相点瓶和冰点瓶的温差,由此得出水的三相点温度为$(0.009\,80\pm0.000\,05)\ ℃$。

这一重要结果在 1945 年被美国华盛顿哲学会主席斯廷森推崇为水的三相点的可靠数据之一,1948 年被确定为国际实用温标(IPTS-1948)选择基准点(水的三相点)的参照数据之一。黄子卿教授由于对水三相点的精确测定,被选入美国出版的《世界名人录》。

☐ 拓展材料

1. 邢杨荣. 溶液的相平衡与晶体味精结晶. 发酵科技通讯,2006,35(2):28-26.

2. 张恺容,解铁民. 超临界流体萃取技术及其在食品中的应用. 农业科技与装备. 2020 (6),48-49,52.

3. 毛双. 物理化学课程教学中的课程思政——以"水的相图"为例. 大学教育,2021,4:97-99,106.

4. 彭阳峰,王俊有,吴艳阳,等. 化工热力学教学中的"汽"和"气". 化工高等教育,2022,39(2):153-156.

5. 刘晴,巩学敏,张向祎,等. 20 ℃时海水体系相平衡研究. 煤炭与化工,2022,45(6):148-153.

☐ 思考题

一、是非题(判断下列说法是否正确,并说明原因)

(　　)1.水和乙醇完全互溶,形成的是单相系统。

(　　)2.面粉和米粉混合得十分均匀,肉眼已无法分清彼此,所以它们已成为一相。

(　　)3.将金粉和银粉混合加热至熔融,再冷却至固态,它们已成为一相。

(　　)4.二组分理想液态混合物达到气-液两相平衡时,易挥发组分在气相中的相对含量较它在液相中的相对含量高。

(　　)5.纯水在三相点和冰点时,都是三相共存,根据相律,这两点的自由度数都应该等于零。

二、选择题

1. 真空密闭容器中,$NH_4HS(s)$部分分解为 $NH_3(g)$ 和 $H_2S(g)$ 达到平衡,其组分数,相数和自由度数分别为_____。

A. $C=1,P=2,f=3$ 　　　　　　　　B. $C=2,P=2,f=2$

C. $C=1,P=2,f=1$ 　　　　　　　　D. $C=2,P=3,f=1$

2. $CaCO_3(s)$,$CaO(s)$,$BaCO_3(s)$,$BaO(s)$ 及 $CO_2(g)$ 形成的平衡系统,其组分数、相数

和自由度数分别为_____。

　　A. $C=5,P=5,f=2$　　　　　　　　　　B. $C=4,P=5,f=1$

　　C. $C=3,P=4,f=1$　　　　　　　　　　D. $C=3,P=5,f=0$

　　3. 在 $p^{\ominus}$ 下，I_2 在水和 CCl_4 中的分配达到平衡的系统中(无固体 I_2)，组分数、相数、自由度数为_____。

　　A. 3,3,1　　　　　　B. 3,3,2　　　　　　C. 3,2,1　　　　　　D. 3,2,2

　　4. 两液体纯态时的饱和蒸气压分别为 p_A^*，p_B^*，它们混合形成理想液态混合物，液相组成为 x，气相组成为 y，若 $p_A^*>p_B^*$，则_____。

　　A. $y_A>x_A$　　　　B. $y_A>y_B$　　　　C. $x_A>y_A$　　　　D. $y_B>y_A$

　　5. 在相图上，当系统只存在一个相，处于_____。

　　A. 恒沸点　　　　　B. 熔点　　　　　　C. 临界点　　　　　D. 低共熔点

　　6. 二元恒沸混合物在沸点时，物质的量分数间的关系是_____。

　　A. $x_{A(l)}=x_{B(l)}$　　　B. $x_{A(l)}=x_{A(g)}$　　　C. $x_{A(l)}=x_{B(g)}$　　　D. $x_{A(g)}=x_{B(g)}$

　　7. 对于二组分气液平衡系统，可以用蒸馏或精馏的方法将两组分分离成纯组分的是_____。

　　A. 接近于理想的液体混合物

　　B. 对 Raoult 定律产生最大正偏差的双液系

　　C. 对 Raoult 定律产生最大负偏差的双液系

　　D. 部分互溶的双液系

三、填空题

　　1. 相律的表达式为_____，对于 $CaCO_3(s)=CaO(s)+CO_2(g)$ 的离解平衡，组分数为_____，相数为_____，自由度为_____。

　　2. 将足量的固态氨基甲酸铵(NH_2COONH_4)放在抽空容器内于一定温度下发生分解反应并达到平衡：$NH_2COONH_4(s) = 2NH_3(g) + CO_2(g)$；此平衡系统的组分数为_____，相数为_____，自由度数为_____。

　　3. 两种液体 A(l) 和 B(l) 可以形成理想的液态混合物，在相同温度时纯物质的饱和蒸气压 $p_A^*>p_B^*$。当液态混合物的组成处于 $0<x_B<1$ 时，混合物的总蒸气压 p 与 p_A^* 和 p_B^* 的大小关系为_____。在该系统的蒸气压-组成图上，在气-液两相区与液相呈平衡的气相中，B组分在气相的含量 y_B 与在液相的含量 x_B 的大小关系为_____。

　　4. 完全互溶的二组分溶液，在 $x_B=0.6$ 处，平衡蒸气压有最高值，那么组成 $x_B=0.4$ 的溶液在气-液平衡时，$x_B(g)$，$x_B(l)$，x_B(总)的大小顺序为_____，将 $x_B=0.4$ 的溶液进行精馏，塔顶将得到_____。

四、问答题

　　1. $CaCO_3(s)$ 高温分解为 $CaO(s)$ 和 $CO_2(g)$，(1)由相律证明可以把 $CaCO_3$ 在保持固定压力的 CO_2 气流中加热到相当的温度而不使 $CaCO_3$ 分解；(2)证明 $CaCO_3$ 与 CaO 的混合物与一定压力的 CO_2 放在一起时，平衡温度也是一定的。

　　2. Clapeyron 方程可以应用于单组分两相非平衡系统吗？它是否可用于理想液态混合

物中的任意组分？

3.沸点与恒沸点有何不同？恒沸混合物是不是化合物？

4.单组分系统的三相点与二组分系统的低共熔点有何异同点？低共熔混合物是化合物吗？

5.物系点与相点有何不同？水的三相点与冰点有何不同？水在三相点和冰点时自由度数分别是多少？

习　题

1.指出下列平衡系统中的物种数、组分数、相数和自由度数。

(1)$NH_4HCO_3(s)$在真空容器中,部分分解成 $NH_3(g)$,$CO_2(g)$和 $H_2O(g)$达平衡;

(2)$Ag_2O(s)$在真空容器中部分分解为 $Ag(s)$和 $O_2(g)$,达平衡;

(3)纯水与蔗糖水溶液在只允许水分子通过的半透膜两边达渗透平衡;

(4)101.325 kPa 下 NaOH 水溶液与 H_3PO_4 水溶液混合。

2. 硫酸与水可形成 $H_2SO_4 \cdot H_2O(s)$,$H_2SO_4 \cdot 2H_2O(s)$,$H_2SO_4 \cdot 4H_2O(s)$三种水合物,问在 101 325 Pa 的压力下,能与硫酸水溶液及冰平衡共存的硫酸水合物最多可有几种？

3. 固态氨的饱和蒸气压与温度的关系

习题 4-2 解答视频

$$\ln(p/Pa)=27.92-\frac{3\ 754}{T/K}$$

液态氨的饱和蒸气压与温度的关系为

$$\ln(p/Pa)=24.38-\frac{3\ 063}{T/K}$$

试求:(1)氨的三相点的温度和压力;

(2)氨的气化热、升华热和熔化热。

4. 在 303 K 时,以 60 g 水和 40 g 酚混合,此时系统分为两层,在酚层中含酚为 70%,在水层中含水 92%,试计算酚层和水层各有若干克？

5. 水和一有机物构成完全不互溶的混合物系统,在外压为 9.79×10^4 Pa 下于 90.0 ℃沸腾。馏出物中有机液的质量分数为 0.70。已知 90.0 ℃时,水的饱和蒸气压为 7.01×10^4 Pa,试求:

(1)90.0 ℃时该有机液体的饱和蒸气压;

(2)该有机物的摩尔质量。

6. 25 ℃丙醇(A)-水(B)系统气、液两相平衡时,两组分蒸气分压与液相组成的关系如下:

x_B	0	0.1	0.2	0.4	0.6	0.8	0.95	0.98	1.0
p_A/kPa	2.90	2.59	2.37	2.07	1.89	1.81	1.44	0.67	0
p_B/kPa	0	1.08	1.79	2.65	2.89	2.91	3.09	3.13	3.17

(1)画出完整的压力-组成图(包括蒸气分压及总压,液相线及气相线);

(2)组成为 $x_B=0.3$ 的系统平衡压力 $p=4.16\ \text{kPa}$ 下气、液两相平衡,求平衡时气相组成 y_B 及液相组成 x_B;

(3)上述系统 5 mol,在 $p=4.16\ \text{kPa}$ 下达平衡时,气相、液相的量各为多少摩尔?气相中含丙醇和水各多少摩尔?

(4)上述系统 10 kg,在 $p=4.16\ \text{kPa}$ 下达平衡时,气相、液相的量各为多少千克?

7. 已知 101.3 kPa 下,苯和甲苯的沸腾温度和汽化热分别为 80.2 ℃,30.69 kJ · mol^{-1} 和 110.6 ℃,31.97 kJ · mol^{-1}。今以苯和甲苯组成理想液态混合物,若使该溶液在 101.3 kPa,100 ℃沸腾,问溶液的组成如何?

8. 设 A、B 两种液体能形成理想液态混合物,353.15 K 时,在体积为 15 L 的容器中,加入 0.3 mol 的 A 和 0.5 mol 的 B,混合物在容器内达到气、液两相平衡。测得系统的压力为 102.655 kPa,液相中 B 的物质的量分数 $x_{B(l)}=0.55$。求两纯液体在 353.15 K 时的饱和蒸气压 p_A^*,p_B^*。设液相体积忽略不计,气体为理想气体。

习题 4-7 解答视频

化学平衡
Chemical Equilibrium

　　绝大多数化学反应都是可逆反应,即在一定的温度、压力、浓度等条件下,化学反应可以向正反两个方向同时进行。当正反应速率等于逆反应速率时,反应达到平衡状态,此时反应达到该条件下进行的最大限度。不同的系统,达到平衡所需的时间各不相同。化学平衡是一种动态平衡,当系统在一定条件下达到平衡时,各物质的浓度均不再随时间而改变。当外界条件改变时,化学平衡发生移动,直到建立新的平衡。

　　在科学研究和生产实际中,化学平衡有着重要的理论意义。在一定条件下,反应能否按照我们所需的方向进行以及最高限度是什么? 什么时候达到平衡? 改变条件能否改变反应的方向或提高产率? 这些问题都是很重要的,尤其是研究新反应。例如,化工、冶金石油产品、新药合成等工业生产中,如何选择最佳反应条件(温度、压力、浓度等)。从原则上确定反应进行的方向及能达到的最高限度,都有赖于热力学的基本知识,解决这些问题具有重要的实际意义。另外,应用化学平衡规律研究生化系统内的酸碱平衡、电离平衡、耦合反应等,有利于解决生命现象中的许多问题。

　　本章根据热力学的平衡条件导出化学反应等温式和平衡常数的表示式,处理化学平衡问题,讨论一些因素对化学平衡的影响,以便创造条件使反应向着需要的方向进行。

5.1 化学反应的方向和限度

设任意的封闭系统,有一个只做体积功的化学反应:

$$0 = \sum_{B} \nu_B B$$

在等温等压下,当反应进度发生微小变化 $d\xi$ 时,系统 Gibbs 自由能变化为

$$dG = -SdT + Vdp + \sum_{B} \mu_B dn_B = \sum_{B} \mu_B dn_B \tag{5-1}$$

根据反应进度 ξ 的定义: $\qquad dn_B = \nu_B d\xi$

代入式(5-1),得 $\qquad dG = \sum_{B} \nu_B \mu_B d\xi$

或 $$\Delta_r G_m = \left(\frac{\partial G}{\partial \xi}\right)_{T,p} = \sum_{B} \nu_B \mu_B \tag{5-2}$$

其中 $\Delta_r G_m$ 称为反应的摩尔 Gibbs 自由能变,表示在等温、等压、不做非体积功时,在一个有限量的反应系统中发生一个微小变化 $d\xi$ 时,系统自由能的变化 dG 与 $d\xi$ 的比值。也可理解成等温、等压、不做非体积功的条件下,在一个无限大系统中,发生一单位反应($\Delta\xi = 1$ mol)所引起系统 Gibbs 自由能的变化值,它的单位是 $J \cdot mol^{-1}$。μ_B 与各物质实际所处的状态(分压或浓度)有关,所以 $\Delta_r G_m$ 不是常数。

若在等温等压条件下,将系统的 Gibbs 自由能 G 对反应进度 ξ 作图,可得图 5-1。曲线上任一点相当于系统的某一状态,任一点切线的斜率是该反应进度时的 $\Delta_r G_m$,化学反应方向性问题是一个瞬时的概念。

等温等压下只做体积功的过程总是自发地向着 Gibbs 自由能降低的方向进行,直到 Gibbs 自由能降低到该条件下允许的最低值,系统达到平衡为止。因此,当 $\Delta_r G_m = \left(\frac{\partial G}{\partial \xi}\right)_{T,p} = \sum_{B} \nu_B \mu_B < 0$,反应物的化学势之和大于产物的

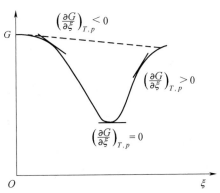

图 5-1 系统的 Gibbs 自由能与 ξ 的关系

化学势之和时,反应正向自发进行;当 $\Delta_r G_m = \left(\frac{\partial G}{\partial \xi}\right)_{T,p} = \sum_{B} \nu_B \mu_B > 0$ 时,反应自发地逆向进行;当 $\Delta_r G_m = \left(\frac{\partial G}{\partial \xi}\right)_{T,p} = \sum_{B} \nu_B \mu_B = 0$,反应物的化学势之和与产物的化学势之和相等时,系统达到平衡,此时系统的 G 值最小且不再变化。

图 5-1 中虚线所示,系统的 Gibbs 自由能 G 随反应进度 ξ 的变化呈直线关系,则不存在化学平衡。实际上化学反应一经开始,一旦有产物生成,产物就参与混合,产生了具有负值

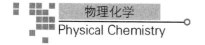

的混合 Gibbs 自由能。等温等压下 Gibbs 自由能的最低值,即曲线的最低点就是平衡点,对应着化学反应的限度。

因此,上述结果可表示为:

$$\Delta_r G_m = \left(\frac{\partial G}{\partial \xi}\right)_{T,p} = \sum_B \nu_B \mu_B \begin{cases} <0 & \text{反应正向进行} \\ =0 & \text{达到平衡态} \\ >0 & \text{反应逆向进行} \end{cases}$$

5.2 化学反应等温式与平衡常数

5.2.1 平衡常数

在一定温度下,任意参加反应物质 B 的化学势为

$$\mu_B(T,p) = \mu_B^\ominus(T) + RT\ln a_B$$

将上式代入式(5-2),得到

$$\Delta_r G_m = \sum_B \nu_B \mu_B = \sum_B \nu_B(\mu_B^\ominus + RT\ln a_B) \tag{5-3}$$

设在等温等压、只做体积功的封闭系统中,有一任意的化学反应

$$a\text{A} + d\text{D} =\!\!=\!\!= g\text{G} + h\text{H}$$

则

$$\Delta_r G_m = \sum_B \nu_B(\mu_B^\ominus + RT\ln a_B) = \Delta_r G_m^\ominus + RT\ln \frac{a_G^g a_H^h}{a_A^a a_D^d} \tag{5-4}$$

其中 $\sum_B \nu_B \mu_B^\ominus$ 是指参加反应的物质均处于标准态时,产物的标准摩尔 Gibbs 自由能与其计量系数乘积的总和与反应物的标准摩尔 Gibbs 自由能与其计量系数乘积的总和之和,定义为反应的标准摩尔 Gibbs 自由能变,用 $\Delta_r G_m^\ominus$ 表示,即 $\sum_B \nu_B \mu_B^\ominus = \Delta_r G_m^\ominus$。 对一定的系统来说,在温度一定时,$\Delta_r G_m^\ominus$ 有定值。

a_B 是反应系统在某一状态时任意物质 B 的相对活度,令 $Q_a = \frac{a_G^g a_H^h}{a_A^a a_D^d}$,称为相对活度商。如果是理想气体反应,活度商即为 Q_p;如果是实际气体反应,活度商一般记作 Q_f。

因此式(5-4)可写为

$$\Delta_r G_m = \Delta_r G_m^\ominus + RT\ln Q_a \tag{5-5}$$

式(5-5)表明,决定反应自发方向的量 $\Delta_r G_m$ 除与反应物质本性决定的 $\Delta_r G_m^\ominus$ 有关外,还与系统中各组分的相对活度商有关,式(5-5)称为化学反应等温式(reaction isotherm),又称为 Van't Hoff(范特霍夫)等温式。

当反应达到平衡时 $\Delta_r G_m = 0$,式(5-5)变成

$$\Delta_r G_m^{\ominus} = -RT\ln Q_a \text{（平衡）} \tag{5-6}$$

式中 Q_a（平衡）$= \dfrac{a_{G,e}^g a_{H,e}^h}{a_{A,e}^a a_{D,e}^d} = \prod a_{B,e}^{\nu_B}$，其中 $a_{B,e}$ 为反应达平衡时各组分的相对活度。由于对一定的系统来说，在温度一定时，$\Delta_r G_m^{\ominus}$ 是常数，所以式(5-6)右边 Q_a（平衡）也是常数，将其定义为标准平衡常数(standard equilibrium constant)或称热力学平衡常数，用 $K_a^{\ominus}$ 表示，即

$$K_a^{\ominus} = Q_a \text{（平衡）} = \dfrac{a_{G,e}^g a_{H,e}^h}{a_{A,e}^a a_{D,e}^d} = \prod a_{B,e}^{\nu_B} \tag{5-7}$$

显然，$K_a^{\ominus}$ 是一个量纲为 1 的量。将式(5-7)代入式(5-6)，得

$$\Delta_r G_m^{\ominus} = -RT\ln K_a^{\ominus} \tag{5-8}$$

式 (5-8) 表明，化学反应的标准平衡常数 $K_a^{\ominus}$ 与反应的标准摩尔 Gibbs 自由能变 $\Delta_r G_m^{\ominus}$ 相关。根据此式，可由化学反应的 $\Delta_r G_m^{\ominus}$ 直接计算反应的标准平衡常数 $K_a^{\ominus}$。

将式 (5-8) 代入式 (5-5)，得

$$\Delta_r G_m = -RT\ln K_a^{\ominus} + RT\ln Q_a = RT\ln\dfrac{Q_a}{K_a^{\ominus}} \tag{5-9}$$

式 (5-9) 是化学反应等温式的另一种形式。

根据式 (5-9) 可以看出：

当 $Q_a < K_a^{\ominus}$ 时，$\Delta_r G_m < 0$，反应正向进行；

当 $Q_a = K_a^{\ominus}$ 时，$\Delta_r G_m = 0$，反应达到平衡；

当 $Q_a > K_a^{\ominus}$ 时，$\Delta_r G_m > 0$，反应逆向进行。

在讨论化学平衡时，式 (5-8) 和式 (5-9) 是两个很重要的方程式，$\Delta_r G_m^{\ominus}$ 和标准平衡常数相关联，而 $\Delta_r G_m$ 则和反应的方向和限度相关联。

例 5-1 已知 298 K 时，理想气体反应 $N_2O_4(g) = 2NO_2(g)$ 的 $\Delta_r G_m^{\ominus} = 4.75$ kJ·mol^{-1}，试判断在此温度及下列条件下，反应进行的方向。

(1) N_2O_4(100 kPa)，NO_2(50 kPa)；

(2) N_2O_4(800 kPa)，NO_2(100 kPa)；

(3) N_2O_4(800 kPa)，NO_2(50 kPa)。

解：标准平衡常数 $K_a^{\ominus} = K_p^{\ominus}$，

反应在任意状态下的活度商 $Q_a = \dfrac{[p(NO_2)/p^{\ominus}]^2}{p(N_2O_4)/p^{\ominus}}$

(1) $RT\ln Q_a = 8.314$ J·K^{-1}·$mol^{-1} \times 298$ K $\times \ln\dfrac{(50/100)^2}{100/100} = 3.43$ kJ·mol^{-1}

$\Delta_r G_m = \Delta_r G_m^{\ominus} + RT\ln Q_a = 4.75$ kJ·$mol^{-1} + 3.43$ kJ·$mol^{-1} = 8.18$ kJ·$mol^{-1} > 0$

反应向左进行。

(2) $RT\ln Q_a = 8.314$ J·K^{-1}·$mol^{-1} \times 298$ K $\times \ln\dfrac{(100/100)^2}{800/100} = -5.15$ kJ·mol^{-1}

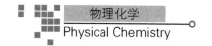

$$\Delta_r G_m = \Delta_r G_m^{\ominus} + RT\ln Q_a = 4.75 \text{ kJ} \cdot \text{mol}^{-1} - 5.15 \text{ kJ} \cdot \text{mol}^{-1} = -0.4 \text{ kJ} \cdot \text{mol}^{-1} < 0$$

反应向右进行。

$$(3) RT\ln Q_a = 8.314 \text{ J} \cdot \text{K}^{-1} \cdot \text{mol}^{-1} \times 298 \text{ K} \times \ln\frac{(50/100)^2}{800/100} = -8.59 \text{ kJ} \cdot \text{mol}^{-1}$$

$$\Delta_r G_m = \Delta_r G_m^{\ominus} + RT\ln Q_a = 4.75 \text{ kJ} \cdot \text{mol}^{-1} - 8.59 \text{ kJ} \cdot \text{mol}^{-1} = -3.84 \text{ kJ} \cdot \text{mol}^{-1} < 0$$

反应向右进行。

从例 5-1 可以看出,改变活度商 Q_a 的大小,可以改变反应的方向。另外,改变温度,使标准平衡常数改变,也能改变反应的方向,标准平衡常数与温度的关系将在后面章节讨论。

5.2.2　平衡常数的表达式

不同类型的反应,其活度表示方法不同,因而平衡常数的表示方法也不同。当反应系统达平衡时,各种物质的量不再变化,用相应的相对平衡浓度代替相对活度,可得到不同类型反应(气相反应、溶液反应、多相反应)的标准平衡常数表达式。实际应用中,还有经验平衡常数,它与 $K_a^{\ominus}$ 可以相互换算。

1. 理想气体反应的平衡常数

对于理想气体反应系统,各组分的化学势为

$$\mu_B = \mu_B^{\ominus}(T) + RT\ln\frac{p_B}{p^{\ominus}}$$

用各物质的平衡分压与标准压力的比值 $p_B/p^{\ominus}$ 代替相对活度,代入式(5-7),可以得到理想气体反应的标准平衡常数 $K_p^{\ominus}$

$$K_p^{\ominus} = \frac{\left(\dfrac{p_{G,e}}{p^{\ominus}}\right)^g \left(\dfrac{p_{H,e}}{p^{\ominus}}\right)^h}{\left(\dfrac{p_{A,e}}{p^{\ominus}}\right)^a \left(\dfrac{p_{D,e}}{p^{\ominus}}\right)^d} = \frac{(p_{G,e})^g (p_{H,e})^h}{(p_{A,e})^a (p_{D,e})^d} \cdot (p^{\ominus})^{-\sum_B \nu_B} \tag{5-10}$$

式中:$\sum_B \nu_B$ 为反应前后计量系数的代数和,令

$$K_p = \frac{p_{G,e}^g p_{H,e}^h}{p_{A,e}^a p_{D,e}^d} = \prod_B p_{B,e}^{\nu_B} \tag{5-11}$$

结合式(5-10)和式(5-11),可得

$$K_p^{\ominus} = K_p \cdot (p^{\ominus})^{-\sum_B \nu_B}$$

式(5-10)是理想气体反应的标准平衡常数的定义,$K_p^{\ominus}$ 为量纲 1 的量,对于理想气体反应来说,因 $\mu_B^{\ominus}(T)$ 仅为温度的函数,所以 $K_p^{\ominus}$ 也仅是温度的函数。式(5-11)是用物质的平衡分压表示的反应的经验平衡常数 K_p 的定义式,单位为 $(p_a)^{\sum_B \nu_B}$,并非总是量纲 1 的

量，只有 $\sum\limits_{B}\nu_B=0$ 时，其单位为1。除了单位之外，标准平衡常数与经验平衡常数在 $\sum\limits_{B}\nu_B\neq 0$ 时，数值有时也不同。因为标准态的压力 $p^{\ominus}$ 的数值不等于1，而是 100 kPa，所以当 $\sum\limits_{B}\nu_B\neq 0$ 时，$K_p^{\ominus}$ 和 K_p 的数值也不相等。根据标准热力学函数所计算的平衡常数是 $K_p^{\ominus}$，书写时在右上角加符号"$\ominus$"以示区别。理想气体反应的组成除了用平衡分压表示外，还可以用物质的量浓度、物质的量分数、物质的量表示，相应地，可以得到平衡常数 K_c、K_x、K_n，它们与标准平衡常数 $K_p^{\ominus}$ 之间的关系可以由式（5-10）推出：

（1）$K_p^{\ominus}$ 与 K_c 的关系：

对于理想气体混合物 $p_{B,e}=c_{B,e}RT$，将此式分别代入式（5-10）和式（5-11），得

$$K_p^{\ominus}=\frac{\left(\dfrac{C_{G,e}RT}{p^{\ominus}}\right)^g\left(\dfrac{C_{H,e}RT}{p^{\ominus}}\right)^h}{\left(\dfrac{C_{A,e}RT}{p^{\ominus}}\right)^a\left(\dfrac{C_{D,e}RT}{p^{\ominus}}\right)^d}=\frac{C_{G,e}{}^g C_{H,e}{}^h}{C_{A,e}{}^a C_{D,e}{}^d}\cdot\left(\frac{RT}{p^{\ominus}}\right)^{\sum\limits_{B}\nu_B}\tag{5-12}$$

$$K_p=K_c(RT)^{\sum\limits_{B}\nu_B}\tag{5-13}$$

其中 $K_c=\dfrac{(C_{G,e})^g(C_{H,e})^h}{(C_{A,e})^a(C_{D,e})^d}$ 是用物质的量浓度表示的平衡常数，单位是 $(\text{mol}\cdot\text{dm}^{-3})^{\sum\limits_{B}\nu_B}$，也只是温度的函数。

（2）$K_p^{\ominus}$ 与 K_x 的关系：

由于理想气体混合物 $p_{B,e}=x_{B,e}p_e$，将此式分别代入式（5-10）式（5-11）得

$$K_p^{\ominus}=\frac{\left(\dfrac{p_e\cdot x_{G,e}}{p^{\ominus}}\right)^g\left(\dfrac{p_e\cdot x_{H,e}}{p^{\ominus}}\right)^h}{\left(\dfrac{p_e\cdot x_{A,e}}{p^{\ominus}}\right)^a\left(\dfrac{p_e\cdot x_{D,e}}{p^{\ominus}}\right)^d}=\frac{(x_{G,e})^g(x_{H,e})^h}{(x_{A,e})^a(x_{D,e})^d}\cdot\left(\frac{p_e}{p^{\ominus}}\right)^{\sum\limits_{B}\nu_B}$$

$$=K_x\left(\frac{p_e}{p^{\ominus}}\right)^{\sum\limits_{B}\nu_B}\tag{5-14}$$

$$K_p=K_x(p_e)^{\sum\limits_{B}\nu_B}\tag{5-15}$$

其中 $K_x=\prod\limits_{B}(x_{B,e})^{\nu_B}$ 是用物质的量分数表示的平衡常数，无量纲，除 $\sum\limits_{B}\nu_B=0$ 的情况外，K_x 对于指定反应来说是温度和压力的函数。

（3）$K_p^{\ominus}$ 与 K_n 的关系：

由于理想气体混合物 $x_{B,e}=n_{B,e}/n_e$（式中 $n_e=\sum\limits_{B}n_{B,e}$），将此式分别代入式（5-10）和式（5-11）得

$$K_p^{\ominus} = \frac{\left(\dfrac{p_e \cdot \dfrac{n_{G,e}}{n_e}}{p^{\ominus}}\right)^g \left(\dfrac{p_e \cdot \dfrac{n_{H,e}}{n_e}}{p^{\ominus}}\right)^h}{\left(\dfrac{p_e \cdot \dfrac{n_{A,e}}{n_e}}{p^{\ominus}}\right)^a \left(\dfrac{p_e \cdot \dfrac{n_{D,e}}{n_e}}{p^{\ominus}}\right)^d} = \frac{(n_{G,e})^g (n_{H,e})^h}{(n_{A,e})^a (n_{D,e})^d} \cdot \left(\frac{p_e}{p^{\ominus} \cdot n_e}\right)^{\sum\limits_B \nu_B}$$

$$= K_n \left(\frac{p_e}{p^{\ominus} \cdot n_e}\right)^{\sum\limits_B \nu_B}$$

$$K_p = K_n \left(\frac{RT}{V}\right)^{\sum\limits_B \nu_B} \tag{5-16}$$

综上所述,$K_p = K_c(RT)^{\sum\limits_B \nu_B} = K_x(p_e)^{\sum\limits_B \nu_B} = K_n\left(\dfrac{RT}{V}\right)^{\sum\limits_B \nu_B}$,用这些公式可判断有气体参加的反应改变压强和加入惰性气体时平衡移动的方向。

例 5-2 已知标准压力和 298 K 时,合成氨反应 $\dfrac{1}{2}N_2(g) + \dfrac{3}{2}H_2(g) = NH_3(g)$ 的 $\Delta_r G_m^{\ominus} = -16.5 \text{ kJ} \cdot \text{mol}^{-1}$。设气体均为理想气体,试求:(1)该条件下的 K_p 和 $K_p^{\ominus}$;(2)判断当物质的量比为 $N_2 : H_2 : NH_3 = 2 : 3 : 4$ 时,反应自发进行的方向。

解:(1) $\Delta_r G_m^{\ominus} = -RT\ln K_p^{\ominus}$

$$K_p^{\ominus} = \exp\left[\frac{-\Delta_r G_m^{\ominus}}{RT}\right] = \exp\left[\frac{16\,500 \text{ J} \cdot \text{mol}^{-1}}{8.314 \text{ J} \cdot \text{mol}^{-1} \cdot \text{K}^{-1} \times 298 \text{ K}}\right] = 780$$

该反应的 $\sum\limits_B \nu_B = 1 - 0.5 - 1.5 = -1$

因为 $K_p^{\ominus} = K_p \cdot (p^{\ominus})^{-\sum\limits_B \nu_B}$

所以 $K_p = K_p^{\ominus}(p^{\ominus})^{\sum\limits_B \nu_B} = 780 \times (100\,000 \text{ Pa})^{-1} = 7.8 \times 10^{-3} \text{ Pa}^{-1}$

(2)因为总压是 $1p^{\ominus}$,根据题目给出的物质的量比,三者的分压应该分别为 $2/9p^{\ominus}$,$3/9p^{\ominus}$ 和 $4/9p^{\ominus}$,因此

$$Q_p = \prod\left(\frac{p_B}{p^{\ominus}}\right)^{\nu_B} = \frac{\left(\dfrac{4}{9}\right)}{\left(\dfrac{2}{9}\right)^{0.5}\left(\dfrac{3}{9}\right)^{1.5}} = 4.90 < 780 ,\text{所以反应是自发正向进行的。}$$

2. 实际气体反应的平衡常数

对于实际气体反应系统,各组分的化学势为

$$\mu_B(T, p) = \mu_B^{\ominus}(T) + RT\ln\frac{f_B}{p^{\ominus}}$$

用各物质的 $f_B/p^\ominus$ 代替相对活度,可以得到实际气体反应的标准平衡常数:

$$K_f^\ominus = \frac{\left(\frac{f_{G,e}}{p^\ominus}\right)^g \left(\frac{f_{H,e}}{p^\ominus}\right)^h}{\left(\frac{f_{A,e}}{p^\ominus}\right)^a \left(\frac{f_{D,e}}{p^\ominus}\right)^d} = \frac{\left(\frac{p_{G,e}}{p^\ominus}\right)^g \left(\frac{p_{H,e}}{p^\ominus}\right)^h}{\left(\frac{p_{A,e}}{p^\ominus}\right)^a \left(\frac{p_{D,e}}{p^\ominus}\right)^d} \cdot \frac{\gamma_G^g \gamma_H^h}{\gamma_A^a \gamma_D^d}$$

$$= K_p \cdot K_\gamma (p^\ominus)^{-\sum_B \nu_B} \tag{5-17}$$

得,

$$K_p = \frac{K_f^\ominus}{K_\gamma (p^\ominus)^{-\sum_B \nu_B}} \tag{5-18}$$

$$K_p = \prod_B p_B^{\nu_B} \qquad K_\gamma = \prod_B \gamma_B^{\nu_B} \tag{5-19}$$

$$\sum_B \nu_B \mu_B^\ominus (T) = \Delta_r G_m^\ominus (T) = -RT\ln K_f^\ominus$$

实际气体反应的 $K_f^\ominus$ 是用逸度表示的标准平衡常数,无量纲。由于式中 $\mu_B^\ominus(T)$ 仅是温度 T 的函数,所以 $K_f^\ominus$ 只是温度的函数。但由于 K_γ 与 T、p 有关,所以 K_p 也与温度、压力有关。但在压力不大的情况下,$\gamma_B \approx 1$,$K_\gamma \approx 1$,所以 K_p 也可以看作只与温度有关。

3. 理想液态混合物中反应的平衡常数

理想液态混合物中各组分的化学势为

$$\mu_B = \mu_B^* (T,p) + RT\ln x_B$$

用各组分的物质的量分数表示各组分的相对活度,可得理想液态混合物反应的标准平衡常数表示式

$$K_x^\ominus = \frac{x_{G,e}^g \cdot x_{H,e}^h}{x_{A,e}^a \cdot x_{D,e}^d} \tag{5-20}$$

4. 理想稀溶液中反应的平衡常数

如果参加反应的物质均溶于溶剂中,并且溶液为理想稀溶液,则溶质的化学势为

$$\mu_B = \mu_{B,x}^\ominus (T,p) + RT\ln x_B$$

$$\mu_B = \mu_{B,b}^\ominus (T,p) + RT\ln(b_B/b^\ominus)$$

$$\mu_B = \mu_{B,c}^\ominus (T,p) + RT\ln(c_B/c^\ominus)$$

因此可得稀溶液中反应的标准平衡常数表示式

$$K_x^\ominus = \frac{x_{G,e}^g \cdot x_{H,e}^h}{x_{A,e}^a \cdot x_{D,e}^d} \tag{5-21}$$

$$K_c^\ominus = \frac{(c_{G,e}/c^\ominus)^g \cdot (c_{H,e}/c^\ominus)^h}{(c_{A,e}/c^\ominus)^a \cdot (c_{D,e}/c^\ominus)^d} \tag{5-22}$$

$$K_b^{\ominus} = \frac{(b_{G,e}/b^{\ominus})^g \cdot (b_{H,e}/b^{\ominus})^h}{(b_{A,e}/b^{\ominus})^a \cdot (b_{D,e}/b^{\ominus})^d} \tag{5-23}$$

溶液中各物质的标准态化学势均是温度与压力的函数,所以溶液中反应的标准平衡常数也是温度和压力的函数。但压力影响很小,通常忽略不计,因此标准平衡常数可看作只是温度的函数。

当溶液浓度较大时,即实际溶液中的反应,这时必须分别以活度

$a_{B,x} = \gamma_{B,x} x_B$,$a_{B,b} = \gamma_{B,b} \cdot \dfrac{b_B}{b^{\ominus}}$,$a_{B,c} = \gamma_{B,c} \cdot \dfrac{c_B}{c^{\ominus}}$ 来代替 x_B,b_B 及 c_B,得

$$K_a^{\ominus} = \frac{a_{G,e}^g a_{H,e}^h}{a_{A,e}^a a_{D,e}^d}$$

5. 多相反应的平衡常数

若参与反应的各物质不处于同一相中,则称为多相反应或复相反应。在多相反应中,设有 N 种物质参与反应,其中有 n 种是气体,其余的处于凝聚相(液体或固体),且液体或固体均为纯态,不形成溶液或固溶体。设某一化学反应,其平衡条件为

$$\sum_{B=1}^{n} \nu_B \mu_B + \sum_{B=n+1}^{N} \nu_B \mu_B = 0$$

其中,$(1 \rightarrow n)$ 为气相,$(n+1 \rightarrow N)$ 为凝聚相。

若参与反应的气体压力不大,可视为理想气体,则有

$$\mu_B = \mu_B^{\ominus}(T) + RT \ln \frac{p_B}{p^{\ominus}}$$

代入上式后得,

$$\sum_{B=1}^{n} \nu_B \mu_B^{\ominus} + RT \sum_{B=1}^{n} \ln(p_B/p^{\ominus})^{\nu_B} + \sum_{B=n+1}^{N} \nu_B \mu_B = 0 \tag{5-24}$$

等式 (5-24) 中第一项,是指温度 T 时标准状态下气体的化学势。第三项为 $n+1 \rightarrow N$ 凝聚相在指定 T、p 下的化学势,由于是纯的凝聚态,则 $\mu_B \approx \mu_B^{\ominus}$($\mu_B^{\ominus}$ 是纯凝聚相在标准压力 $p^{\ominus}$ 下的化学势),所以上式可写成

$$\sum_{B=1}^{N} \nu_B \mu_B^{\ominus} + RT \sum_{B=1}^{n} \ln(p_B/p^{\ominus})^{\nu_B} = 0$$
$$\Delta_r G_m^{\ominus} = -RT \ln K_p^{\ominus}$$

因此,这里的
$$K_p^{\ominus}(T) = \prod_B \left(\frac{p_B}{p^{\ominus}}\right)^{\nu_B} = 常数$$

例如:多相反应 $CaCO_3(s) \rightleftharpoons CaO(s) + CO_2(g)$

$$K_p^{\ominus}(T) = \frac{p_{CO_2}}{p^{\ominus}} \tag{5-25}$$

其经验平衡常数为

$$K_p = p_{CO_2}$$

根据式(5-25)可知，一定温度下，不论反应开始时 $CaCO_3$ 与 CaO 的质量是多大，平衡时 CO_2 的分压总是定值。通常将平衡时 CO_2 的分压称为 $CaCO_3$ 在该温度下的分解压。在平衡常数的表示式中均不出现凝聚相，但如果根据 $\Delta_r G_m^{\ominus}$ 计算反应的平衡常数时，则应把凝聚相考虑进去。

一般来说，对于一些能分解出气体的固态化合物，常将它在某温度下所产生气体的平衡压力称为该温度下的分解压力。当分解压达到标准压时的温度称为该化合物的分解温度。

对于一些其他的复相反应，例如

$$Fe_2O_3(s) + 3CO(g) \Longrightarrow 2Fe(s) + 3CO_2(g)$$

$$K_p^{\ominus} = \frac{(p_{CO_2}/p^{\ominus})^3}{(p_{CO}/p^{\ominus})^3}$$

此反应不是分解反应，故无分解压。

又如反应 $\qquad NH_4HS(s) \Longrightarrow NH_3(g) + H_2S(g)$

总压 $p = p_{NH_3} + p_{H_2S}$，由于 $p_{NH_3} = p_{H_2S}$，所以

$$K_p = p_{NH_3} \cdot p_{H_2S} = \left(\frac{p}{2}\right)\left(\frac{p}{2}\right) = \frac{p^2}{4}$$

达平衡时总为 p_e，标准平衡常数为

$$K_p^{\ominus} = \frac{p_{NH_3}}{p^{\ominus}} \cdot \frac{p_{H_2S}}{p^{\ominus}} = \frac{1}{4}\left(\frac{p_e}{p^{\ominus}}\right)^2$$

5.2.3 平衡常数与反应方程式写法的关系

平衡常数与化学反应方程式中各物质的计量系数密切相关。同一个化学反应，如果反应方程式采用不同的写法，其计量系数呈倍数关系，则 $\Delta_r G_m^{\ominus}$ 的值也呈倍数关系，而 $K_a^{\ominus}$ 值会成指数关系。例如，生成氨气反应可以表示为

$$N_2(g) + 3H_2(g) \Longrightarrow 2NH_3(g) \tag{1}$$

也可以表示为

$$\frac{1}{2}N_2(g) + \frac{3}{2}H_2(g) \Longrightarrow NH_3(g) \tag{2}$$

因为 $\qquad\qquad \Delta_r G_m^{\ominus}(1) = 2\Delta_r G_m^{\ominus}(2)$

所以 $\qquad\qquad K_f^{\ominus}(1) = \left[K_f^{\ominus}(2)\right]^2$

上述关系对于其他各种平衡常数也适用。

5.3 平衡常数的测定和计算

5.3.1 平衡常数的测定

当一个化学反应达平衡时,各组分的浓度或分压不再随时间变化,可采用化学方法或物理方法测定浓度或分压,确定其平衡常数。

(1)化学方法 在不破坏平衡的条件下,用骤冷、移去催化剂或用大量溶剂冲稀等方法使反应停止,然后用化学分析的方法测定平衡的组成。由于测定平衡组分的浓度或压力较为困难,所以化学方法应用较少。

(2)物理方法 通过测定系统中物质的物理性质间接求出浓度或压力,如体积、折光率、电导率、光的吸收、定量的色谱图谱、核磁共振谱等,求出平衡的组成。这种方法快速、简捷、不干扰系统的平衡状态,是目前常用的方法。

5.3.2 平衡常数的计算

根据 $\Delta_r G_m^\ominus = -RT \ln K_a^\ominus$,$\Delta_r G_m^\ominus$ 直接联系着平衡常数和反应所能达到的最高限度,因此只要计算出反应的 $\Delta_r G_m^\ominus$,即可求得平衡常数 $K_a^\ominus$。

一般来说,$\Delta_r G_m^\ominus$ 可以用如下的四种方法计算:

(1)有些反应的平衡常数可由实验直接计算,再计算反应的 $\Delta_r G_m^\ominus = -RT \ln K_a^\ominus$。

例 5-3 在 903 K 及 100 kPa 下,使 SO_2 和 O_2 各 1 mol 反应,平衡后使气体流出冷却,用碱液吸收 SO_3 和 SO_2 后,在 273 K 及 100 kPa 下测得 O_2 体积为 13.78 dm^3,计算该氧化反应的 $\Delta_r G_m^\ominus$。

解:由题可知,气相总压 $p_{总} = 100$ kPa

$$平衡时 O_2 的量为 \quad n_{O_2} = \frac{pV}{RT} = \frac{100 \times 10^3 \text{ Pa} \times 13.78 \times 10^{-3} \text{ m}^3}{8.314 \text{ J} \cdot \text{mol}^{-1} \cdot \text{K}^{-1} \times 273 \text{ K}} = 0.61 \text{ mol}$$

$$SO_2(g) + 1/2 O_2(g) \Longrightarrow SO_3(g)$$

初始 n_B/mol	1	1	0
平衡 n_B/mol	$1-2(1-0.61)=0.22$	0.61	$2(1-0.61)=0.78$

平衡时 $\quad n_{总} = (0.22 + 0.61 + 0.78) = 1.61$ mol

所以
$$K^\ominus = \frac{(p_{SO_3}/p^\ominus)}{(p_{SO_2}/p^\ominus)(p_{O_2}/p^\ominus)^{1/2}} = \frac{0.78/1.61}{(0.22/1.61)(0.61/1.61)^{1/2}} = 5.76$$

$$\Delta_r G_m^\ominus = -RT \ln K^\ominus$$

$$= -8.314 \text{ J} \cdot \text{mol}^{-1} \cdot \text{K}^{-1} \times 903 \text{ K} \times \ln 5.76$$

$$= -13.14 \text{ kJ} \cdot \text{mol}^{-1}$$

（2）热化学的方法：由反应的 $\Delta_r H_m^{\ominus}$、$\Delta_r S_m^{\ominus}$ 计算，$\Delta_r G_m^{\ominus} = \Delta_r H_m^{\ominus} - T\Delta_r S_m^{\ominus}$。

（3）由物质的 $\Delta_f G_{m,B}^{\ominus}$ 计算反应的 $\Delta_r G_m^{\ominus}$：$\Delta_r G_m^{\ominus} = \sum_B \nu_B \Delta_f G_{m,B}^{\ominus}$。

气体物质的标准态是标准压力下的纯物质状态，因此气体物质间发生反应的平衡常数可以直接从热力学数据求得。

例 5-4 合成氨反应 $N_2(g) + 3H_2(g) \Longrightarrow 2NH_3(g)$ 中各物质的标准生成 Gibbs 自由能分别为 $\Delta_f G_m^{\ominus}(N_2, g, 298.15 \text{ K}) = 0$，$\Delta_f G_m^{\ominus}(H_2, g, 298.15 \text{ K}) = 0$，$\Delta_f G_m^{\ominus}(NH_3, g, 298.15 \text{ K}) = -16.45 \text{ kJ} \cdot \text{mol}^{-1}$，求反应在 298.15 K 时的 $\Delta_r G_m^{\ominus}$ 和标准平衡常数 $K_p^{\ominus}$。

解：把参加反应各物质的标准生成 Gibbs 自由能代入公式，得

$$\Delta_r G_m^{\ominus} = \sum_B \nu_B \Delta_f G_{m,B}^{\ominus} = 2 \times (-16.45 \text{ kJ} \cdot \text{mol}^{-1}) - 0 - 0 = -32.9 \text{ kJ} \cdot \text{mol}^{-1}$$

根据 $\ln K_p^{\ominus}(298.15 \text{ K}) = \dfrac{\Delta_r G_m^{\ominus}}{RT} = 13.27$，可求得 $K_p^{\ominus} = 5.81 \times 10^5$

例 5-5 已知 （1）$CuSO_4 \cdot H_2O(s) \Longrightarrow CuSO_4(s) + H_2O(g)$

（2）$CuSO_4 \cdot 3H_2O(s) \Longrightarrow CuSO_4 \cdot H_2O(s) + 2H_2O(g)$

（3）$CuSO_4 \cdot 5H_2O(s) \Longrightarrow CuSO_4 \cdot 3H_2O(s) + 2H_2O(g)$

反应中各物质的 $\Delta_f G_m^{\ominus}(298 \text{ K})$ 如下：

物质	$CuSO_4 \cdot 5H_2O(s)$	$CuSO_4 \cdot 3H_2O(s)$	$CuSO_4 \cdot H_2O(s)$	$CuSO_4(s)$	$H_2O(g)$
$\dfrac{\Delta_f G_m^{\ominus}}{\text{kJ} \cdot \text{mol}^{-1}}$	$-1\,879.6$	$-1\,399.8$	-917.0	-661.8	-228.6

求上述反应在 298 K 时平衡的蒸气压。

解：（1）$\Delta_r G_m^{\ominus} = -228.6 \text{ kJ} \cdot \text{mol}^{-1} - 661.8 \text{ kJ} \cdot \text{mol}^{-1} - (-917.0 \text{ kJ} \cdot \text{mol}^{-1})$

$\qquad = 26.6 \text{ kJ} \cdot \text{mol}^{-1}$

$\qquad \Delta_r G_m^{\ominus} = -RT\ln K^{\ominus} = -RT\ln(p/p^{\ominus})$

$\qquad 26.6 \times 10^3 \text{ J} \cdot \text{mol}^{-1} = -8.314 \text{ J} \cdot \text{mol}^{-1} \cdot \text{K}^{-1} \times 298 \text{ K} \times \ln(p/p^{\ominus})$

$\qquad p = 2.17 \text{ Pa}$

（2）$\Delta_r G_m^{\ominus} = 2 \times (-228.6 \text{ kJ} \cdot \text{mol}^{-1}) - 917.0 \text{ kJ} \cdot \text{mol}^{-1} - (-1\,399.8 \text{ kJ} \cdot \text{mol}^{-1})$

$\qquad = 25.6 \text{ kJ} \cdot \text{mol}^{-1}$

$\qquad \Delta_r G_m^{\ominus} = -RT\ln K^{\ominus} = -RT\ln(p/p^{\ominus})^2$

$\qquad 25.6 \times 10^3 \text{ J} \cdot \text{mol}^{-1} = -8.314 \text{ J} \cdot \text{mol}^{-1} \cdot \text{K}^{-1} \times 298 \text{ K} \times \ln(p/p^{\ominus})^2$

$\qquad p = 570 \text{ Pa}$

（3）$\Delta_r G_m^{\ominus} = 2 \times (-228.6 \text{ kJ} \cdot \text{mol}^{-1}) - 1\,399.8 \text{ kJ} \cdot \text{mol}^{-1} - (-1\,879.6 \text{ kJ} \cdot \text{mol}^{-1})$

$\qquad = 22.6 \text{ kJ} \cdot \text{mol}^{-1}$

$\qquad \Delta_r G_m^{\ominus} = -RT\ln K^{\ominus} = -RT\ln(p/p^{\ominus})^2$

$\qquad 22.6 \times 10^3 \text{ J} \cdot \text{mol}^{-1} = -8.314 \text{ J} \cdot \text{mol}^{-1} \cdot \text{K}^{-1} \times 298 \text{ K} \times \ln(p/p^{\ominus})^2$

$\qquad p = 1\,045 \text{ Pa}$

在溶液中进行的反应,溶质的标准态可以规定为 $b_B = b^{\ominus} = 1\ \text{mol} \cdot \text{kg}^{-1}$ 且服从亨利定律的状态,也可以规定为 $c_B = c^{\ominus} = 1\ \text{mol} \cdot \text{dm}^{-3}$ 且服从亨利定律的状态。因此,溶液中溶质 B 的标准摩尔生成 Gibbs 自由能指的是由稳定单质生成 1 mol 处于上述标准态下的物质的 Gibbs 自由能的改变值,通常以 $\Delta_f G_m^{\ominus}(B, aq)$ 表示。但是,一般在手册上所能查到的数值都是指标准状态下由稳定单质生成 1 mol 的纯态化合物的标准生成 Gibbs 自由能,即 $\Delta_f G_m^{\ominus}(B)$。因此,对溶液中溶质不能直接使用查表的 $\Delta_f G_m^{\ominus}(B)$ 值计算,还必须通过以下方法适当校正后得到 $\Delta_f G_m^{\ominus}(B, aq)$ 值去计算溶液中反应的 Gibbs 自由能变。

以任一种物质 B 在溶液中的标准摩尔生成 Gibbs 自由能 $\Delta_f G_m^{\ominus}(B, aq)$ 的值为例:

$$\text{稳定单质} \xrightarrow{\Delta_f G_m^{\ominus}(B)} \text{物质 B(纯态)} \underset{\Delta G_1 = 0}{\rightleftharpoons} \text{B(饱和溶液浓度 } c_{sat}) \xrightarrow{\Delta G_2} \text{B}(c_B^{\ominus})$$

$$\Delta_f G_m^{\ominus}(B, aq)$$

式中,$\Delta G_1 = 0$,$\Delta G_2 = -RT \ln \dfrac{c_{sat}}{c^{\ominus}}$,$\Delta_f G_m^{\ominus}(B)$ 可查表,将这些数据代入下式中,

$$\Delta_f G_m^{\ominus}(B, aq) = \Delta_f G_m^{\ominus}(B) + \Delta G_1 + \Delta G_2$$
$$= \Delta_f G_m^{\ominus}(B) - RT \ln \frac{c_{sat}}{c^{\ominus}}$$

因此,在溶液中进行的某一反应的 Gibbs 自由能改变值 $\Delta_r G_m^{\ominus}$ 为

$$\Delta_r G_m^{\ominus} = \sum_B \nu_B \Delta_f G_m^{\ominus}(B, aq)$$

(4)通过电化学的方法,设计可逆电池,然后根据 $\Delta_r G_m^{\ominus} = -nE^{\ominus}F$ 一式来计算(式中 $E^{\ominus}$ 是可逆电池在标准态时的电动势,F 为法拉第常数,n 是电池反应式中电子得失系数),这一公式将在电化学一章中讨论。

5.4 温度对化学平衡的影响

因为 $K_a^{\ominus}$ 是温度的函数,所以温度改变,$K_a^{\ominus}$ 的数值一定改变,化学平衡一定会移动,平衡组成也会发生改变。由于热力学算出的 $K_a^{\ominus}$ 通常是在 298.15 K 的数值,若要求其他温度的标准平衡常数,须找出 $K_a^{\ominus}$ 与 T 的关系。

根据 Gibbs-Helmholtz 方程

$$\frac{\partial}{\partial T}\left(\frac{\Delta_r G_m^{\ominus}}{T}\right)_p = -\frac{\Delta_r H_m^{\ominus}}{T^2}$$

把 $\Delta_r G_m^{\ominus} = -RT \ln K_a^{\ominus}$ 代入上式,可得

$$\left(\frac{\partial \ln K_a^{\ominus}}{\partial T}\right)_p = \frac{\Delta_r H_m^{\ominus}}{RT^2} \tag{5-26}$$

式(5-26)给出了标准平衡常数随温度的变化关系。

(1)对于吸热反应 $\Delta_r H_m^\ominus > 0$，$\left(\dfrac{\partial \ln K_a^\ominus}{\partial T}\right)_p > 0$，即 $K_a^\ominus$ 随着温度的上升而增大，升高温度对正向反应有利。如电离平衡、盐类水解平衡、难溶电解质的溶解平衡等属这种情况；

(2)对于放热反应 $\Delta_r H_m^\ominus < 0$，$\left(\dfrac{\partial \ln K_a^\ominus}{\partial T}\right)_p < 0$，即 $K_a^\ominus$ 随着温度的上升而减小，升高温度对正向反应不利，如中和反应平衡等。

如果温度变化不大，则 $\Delta_r H_m^\ominus$ 可视为与温度无关的常数，对式(5-26)求定积分可得

$$\ln \frac{K_2^\ominus}{K_1^\ominus} = \frac{\Delta_r H_m^\ominus}{R}\left(\frac{1}{T_1} - \frac{1}{T_2}\right) \tag{5-27}$$

由式(5-27)，根据反应 T_1 时 $K_1^\ominus$ 及 $\Delta_r H_m^\ominus$，可求 T_2 时的 $K_2^\ominus$；也可以在已知 T_1、T_2、$K_1^\ominus$ 和 $K_2^\ominus$ 的情况下，求反应的热效应 $\Delta_r H_m^\ominus$。

对式(5-26)进行不定积分可得

$$\ln K_a^\ominus = -\frac{\Delta_r H_m^\ominus}{RT} + C \tag{5-28}$$

其中 C 为积分常数。由式(5-28)可以看出，若以 $\ln K_a^\ominus$ 对 $1/T$ 作图得一直线，由直线斜率可以求出 $\Delta_r H_m^\ominus$。

例 5-6 氯化铵多为制碱工业的副产品，属生理酸性肥料，用于稻田肥效较高且稳定。但不宜用作种肥和叶面肥，也不宜在氯敏感作物上施用。加热氯化铵，其蒸气压在 700 K 和 732 K 时分别为 607.94 kPa 和 1 114.56 kPa。求氯化铵固体在 732 K 时，离解反应的平衡常数、$\Delta_r G_m^\ominus$ 和 $\Delta_r H_m^\ominus$（视为常数）。

解：
$$NH_4Cl(s) \Longrightarrow NH_3(g) + HCl(g)$$

平衡压力 $\qquad\qquad\qquad\qquad p_{NH_3} \qquad\quad p_{HCl}$

平衡总压 $\qquad\qquad\qquad\qquad p = p_{NH_3} + p_{HCl}$

因为 $\quad p_{NH_3} = p_{HCl} = \dfrac{1}{2}p$，则 $K_p^\ominus = \dfrac{p_{NH_3}}{p^\ominus} \cdot \dfrac{p_{HCl}}{p^\ominus} = \dfrac{1}{4}\left(\dfrac{p}{p^\ominus}\right)^2$

求得 $\quad T_2 = 732$ K 时，$K_p^\ominus(T_2) = 30.4$

$$\Delta_r G_m^\ominus(T_2) = -RT\ln K_p^\ominus = -20.8 \text{ kJ} \cdot \text{mol}^{-1}$$

当温度为 $T_1 = 700$ K 时，$K_p^\ominus(T_1) = 9.06$

因为 $\Delta_r H_m^\ominus$ 视为常数，则

$$\ln \frac{K_p^\ominus(T_2)}{K_p^\ominus(T_1)} = \frac{\Delta_r H_m^\ominus}{R}\left(\frac{1}{T_1} - \frac{1}{T_2}\right)$$

$$\Delta_r H_m^\ominus = \frac{RT_1 T_2}{T_2 - T_1}\ln \frac{K_p^\ominus(T_2)}{K_p^\ominus(T_1)} = 161.16 \text{ kJ} \cdot \text{mol}^{-1}$$

5.5 生化反应的标准态和平衡常数

生物化学反应大多在稀溶液中进行,物理化学家和生物化学家对溶液中溶质标准态的规定有所不同,从而使平衡常数数值也不同。在生物化学过程中,溶液的 pH 一般在 7 左右,所以为使标准态更接近于实际状态,H^+ 的标准态规定为 pH = 7,即 $c_{H^+} = 10^{-7}$ mol·dm^{-3} 或 $m_{H^+} = 10^{-7}$ mol·kg^{-1},而其他物质仍取 $c_B^\ominus = 1$ mol·dm^{-3} 或 $m_B^\ominus = 1$ mol·kg^{-1}。这样由于生化系统的 H^+ 标准态不同,标准化学势和标准 Gibbs 自由能变量及标准平衡常数也都与物理化学中的不同。因此为了区别生化标准态与物化标准态,对于生化反应的标准态(biochemical standard state)常在右上角加"⊕"符号,如 $\Delta_r G_m^\oplus$,以表示与物化标准态 $\Delta_r G_m^\ominus$ 的区别。对于没有 H^+ 参加的生化反应中,$\Delta_r G_m^\oplus$ 和 $\Delta_r G_m^\ominus$ 没有区别。

$\Delta_r G_m^\oplus$ 和 $\Delta_r G_m^\ominus$ 的关系可以从化学反应等温式推出,如设生化反应为

$$A + x H^+ \rightleftharpoons B + C$$

生化反应的标准态 $c_A = c_B = c_C = 1$ mol·dm^{-3} 及 $c_{H^+} = 10^{-7}$ mol·dm^{-3},则

$$\Delta_r G_m^\oplus = \Delta_r G_m^\ominus - RT \ln\left(\frac{c_{H^+}}{c^\ominus}\right)^x$$
$$= \Delta_r G_m^\ominus - xRT \ln 10^{-7}$$

当 $x = 1, T = 298$ K 时,$\Delta_r G_m^\oplus = \Delta_r G_m^\ominus + 39.93$ kJ·mol^{-1}

表明 H^+ 作为反应物参加反应,在 pH = 7 比在 pH = 0 时正向反应更难进行,它的逆向反应却更容易进行。

如果 H^+ 作为产物参加反应

$$A + B \rightleftharpoons x H^+ + C$$

同理可得,$\Delta_r G_m^\oplus = \Delta_r G_m^\ominus + xRT \ln 10^{-7}$

当 $x = 1, T = 298$ K 时,$\Delta_r G_m^\oplus = \Delta_r G_m^\ominus - 39.93$ kJ·mol^{-1}

表明 H^+ 作为产物参加生化反应,在 pH = 7 比在 pH = 0 时更容易自发进行。

如果生化反应中不包含 H^+,则 $\Delta_r G_m^\oplus = \Delta_r G_m^\ominus$,就不需要使用 $\Delta_r G_m^\oplus$ 符号了。

例 5-7 NAD^+ 和 NADH 是烟酰胺腺嘌呤二核苷酸的氧化态和还原态,氧化还原反应为:

$$NADH + H^+ = NAD^+ + H_2$$

(1)已知 298 K 时,反应的 $\Delta_r G_m^\ominus = -21.83$ kJ·mol^{-1},计算反应的 $K_c^\ominus$,$\Delta_r G_m^\oplus$,$K_c^\oplus$;

(2)当 $c_{NADH} = 1.5 \times 10^{-2}$ mol·dm^{-3},$c_{H^+} = 3 \times 10^{-5}$ mol·dm^{-3},$c_{NAD^+} = 4.6 \times 10^{-3}$ mol·dm^{-3},$p_{H_2} = 1.01$ kPa 时。计算反应的 $\Delta_r G_m$,并判断反应的方向。

解:(1)因为 $\Delta_r G_m^\ominus = -RT \ln K_c^\ominus$ 所以 $K_c^\ominus = 6.7 \times 10^3$

H^+ 出现在反应物一侧，所以

$$\Delta_r G_m^\oplus = \Delta_r G_m^\ominus + 39.93 \text{ kJ} \cdot \text{mol}^{-1}$$
$$= -21.83 \text{ kJ} \cdot \text{mol}^{-1} + 39.93 \text{ kJ} \cdot \text{mol}^{-1}$$
$$= 18.1 \text{ kJ} \cdot \text{mol}^{-1}$$

因为 $\Delta_r G_m^\oplus = -RT\ln K_c^\oplus$　　所以 $K_c^\oplus = 6.7 \times 10^{-4}$

计算结果表明 $K_c^\ominus$ 和 $K_c^\oplus$ 相差达 10^7。

$$(2)Q_c = \frac{\dfrac{c_{NAD^+}}{c^\ominus} \cdot \dfrac{p_{H_2}}{p^\ominus}}{\dfrac{c_{NADH}}{c^\ominus} \cdot \dfrac{c_{H^+}}{c^\ominus}} = \frac{4.6 \times 10^{-3} \times \dfrac{1.01}{101}}{1.5 \times 10^{-2} \times 3 \times 10^{-5}} = 102.2$$

$$\Delta_r G_m = \Delta_r G_m^\ominus + RT\ln Q_c$$
$$= -21\,830 \text{ J} \cdot \text{mol}^{-1} + 8.314 \text{ J} \cdot \text{K}^{-1} \cdot \text{mol}^{-1} \times 298 \text{ K} \times \ln 102.2$$
$$= -10.36 \text{ kJ} \cdot \text{mol}^{-1}$$

反应自发向右进行

若用 $\Delta_r G_m^\oplus$ 计算，则

$$Q_c = \frac{\dfrac{c_{NAD^+}}{c^\ominus} \cdot \dfrac{p_{H_2}}{p^\ominus}}{\dfrac{c_{NADH}}{c^\ominus} \cdot \dfrac{c_{H^+}}{c^\oplus}} = \frac{4.6 \times 10^{-3} \times \dfrac{1.01}{101}}{1.5 \times 10^{-2} \times \dfrac{3 \times 10^{-5}}{1 \times 10^{-7}}} = 1.02 \times 10^{-5}$$

$$\Delta_r G_m = \Delta_r G_m^\oplus + RT\ln Q_c$$
$$= 18\,100 \text{ J} \cdot \text{mol}^{-1} + 8.314 \text{ J} \cdot \text{mol}^{-1} \cdot \text{K}^{-1} \times 298 \text{ K} \times \ln(1.02 \times 10^{-5})$$
$$= -10.36 \text{ kJ} \cdot \text{mol}^{-1}$$

反应自发向右进行。

计算表明，尽管标准态选择不同，生化反应的 $\Delta_r G_m^\ominus$ 和 $\Delta_r G_m^\oplus$ 不同，导致 $K_c^\ominus$ 和 $K_c^\oplus$ 不同，但该反应的摩尔 Gibbs 能变 $\Delta_r G_m$ 值是一样的，即 $\Delta_r G_m$ 跟标准态的选择无关。

5.6　耦合反应

设系统中发生两个化学反应，若一个反应的产物是另一个反应的反应物之一，则这两个反应是耦联的，或称为耦合反应。耦合反应可以影响反应的平衡位置，甚至使不能进行的反应通过耦合反应而得以进行。

例如，在 298 K 时，乙苯脱氢生成苯乙烯：

(1)$C_8H_{10}(g) = C_8H_8(g) + H_2(g)$　　$K_{p,1}^\ominus = 2.7 \times 10^{-15}$，$\Delta_r G_{m,1}^\ominus(298 \text{ K}) = 83.11 \text{ kJ} \cdot \text{mol}^{-1}$

(2)$H_2(g) + \dfrac{1}{2}O_2(g) = H_2O(g)$　　$K_{p,2}^\ominus = 1.26 \times 10^{40}$，$\Delta_r G_{m,2}^\ominus(298 \text{ K}) = -228.76 \text{ kJ} \cdot \text{mol}^{-1}$

反应(1)的 $\Delta_r G_{m,1}^\ominus$ 正值很大，难以进行，若和反应(2)耦合即可得到乙苯氧化脱水生产

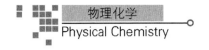
苯乙烯的反应:

$$(3)C_8H_{10}(g) + \frac{1}{2}O_2(g) = C_8H_8(g) + H_2O(g), \quad \Delta_r G_{m,3}^{\ominus}(298 \text{ K}) = -145.65 \text{ kJ} \cdot \text{mol}^{-1}$$

反应式(3)可以看成反应(1)和反应(2)的耦联结果。这表明,利用 $\Delta_r G_m^{\ominus}$ 值很负的反应,可以将单独存在时难以进行的反应带动起来。这种方法在设计合成新路线时很重要,当然也会同时考虑动力学因素。

耦合反应不仅在工业生产中常用来开发新的合成方法,而且在生物体中也具有重要的作用,举其中的一步反应为例:

(1)葡萄糖 + H_3PO_4 = 6-磷酸葡萄糖 + H_2O $\quad \Delta_{r,1} G_m^{\oplus}(310 \text{ K}) = 12.6 \text{ kJ} \cdot \text{mol}^{-1}$

该反应是人体内葡萄糖的代谢过程,在标准状态下是不能正向进行的。人体内还存在ATP(三磷酸腺苷),它的水解过程可简单地写成如下形式(其中 ADP 代表二磷酸腺苷):

(2)ATP + H_2O = ADP + H_3PO_4 $\quad \Delta_{r,2} G_m^{\oplus}(310 \text{ K}) = -30.54 \text{ kJ} \cdot \text{mol}^{-1}$

将两个反应耦合,可得

(3)ATP + 葡萄糖 = ADP + 6-磷酸葡萄糖 $\quad \Delta_{r,3} G_m^{\oplus} = \Delta_{r,1} G_m^{\oplus} + \Delta_{r,2} G_m^{\oplus}$
$$= -17.94 \text{ kJ} \cdot \text{mol}^{-1}$$

这里的反应(1)不能直接反应,通过反应(2),可使葡萄糖转化为 6-磷酸葡萄糖。在这耦合反应过程中通过 ATP 的反应,为最终的反应(3)提供了所需的能量,使得反应能够顺利进行。

生物系统内许多反应都是通过耦合而发生的。ATP 的水解是一个较强的放能作用,通常把上述(2)这种反应叫作放能反应,即 $\Delta_r G_m^{\oplus} < 0$,如光合作用、呼吸作用等。需要消耗能($\Delta_r G_m^{\oplus} > 0$)的反应,如由小分子合成氨基酸、蛋白质、RNA 等大分子反应及碳水化合物的合成等叫吸能反应,在热力学上不能进行,但借助于耦合反应变成一个自发反应。

此外,细胞膜的主动输运,也是通过与膜的自发反应耦联而得以实现的。ATP 的放能并不是最大,为什么许多生物代谢过程中又都有 ATP 参加?原因之一是由于 ATP 水解时的 $\Delta_r G_m^{\oplus}$ 值比较适宜。若 $\Delta_r G_m^{\oplus}$ 太大,意味着要合成它时需要更多的能量,不利于 ATP 再生;若 $\Delta_r G_m^{\oplus}$ 值太小,则在耦合反应中 ATP 不会发挥很大的作用。ATP 在生物体中如此重要,因此 ATP 被形象地称之为生物能量的硬通货。当 ATP 消耗后,可通过另外的途径再生,例如在糖酵解(glycolysis)反应的过程中可以再产生 ATP。

☐ 本章小结

1. 用 $\Delta_r G_m^{\ominus} = -RT \ln K_a^{\ominus}$ 可以计算反应的标准平衡常数。

2. 化学反应等温式 $\Delta_r G_m = \Delta_r G_m^{\ominus} + RT \ln Q_a = RT \ln \dfrac{Q_a}{K_a^{\ominus}}$,可以用来判断反应的方向和限度。

3. 不同类型的反应,其标准平衡常数的表达式不同。标准平衡常数是一个无量纲的量,而经验平衡常数通常有量纲。

4. 由 Van't Hoff 微分公式 $\left(\dfrac{\partial \ln K_a^{\ominus}}{\partial T} \right)_p = \dfrac{\Delta_r H_m^{\ominus}}{RT^2}$,可描述温度对平衡常数的影响。

拓展材料

1. 姚爽,杨帆,王秋生,等. 新工科背景下的工程化学课程思政案例设计. 当代化工研究,2020(18):124-126.

2. 刘士荣,杨爱云. 关于化学反应等温式的几个问题. 化学通报,1988(7):50-51.

3. 岳可芬,赵爽,王小芳. 物理化学中的化学平衡内容. 大学化学,2011,26(6):27-29.

4. 李大塘,郭军. 刍议化学平衡移动方向的判断. 大学化学,2003,18(1):51-53.

思考题

1. 一个反应的平衡常数可以从相关反应的平衡常数求得,这有没有实际价值?

2. 为什么化学反应通常不能进行到底?

3. 等温等压下,已知某反应的 $\Delta_r G_m^\ominus$ 数值,那么该反应的自发性能否判断?

4. 反应 $CO(g) + H_2O(g) \Longrightarrow CO_2(g) + H_2(g)$,因为反应前后分子数相等,所以无论压力如何变化,对平衡均无影响,对吗? 为什么?

5. 同一个化学反应,如果反应方程式采用不同的写法,其计量系数呈倍数关系,那么 $\Delta_r G_m^\ominus$ 值会呈指数关系,对吗?

6. 平衡常数变了则平衡必定移动,平衡移动了则平衡常数也一定会改变,这两句话对不对?

7. 工业上制取水煤气的反应为:$C(s) + H_2O(g) \Longrightarrow CO(g) + H_2(g)$,在 673 K 时达到平衡,反应的 $\Delta_r H_m = 133.5 \text{ kJ} \cdot \text{mol}^{-1}$,试讨论下列因素对平衡的影响:

(1) 增加碳的数量;(2) 提高反应温度;

(3) 增加系统的总压力;(4) 增加水气分压。

习 题

1. 已知反应 $\frac{1}{2}N_2(g) + \frac{3}{2}H_2(g) = NH_3(g)$ 在 298 K 时的 $\Delta_r G_m^\ominus = -16.5 \text{ kJ} \cdot \text{mol}^{-1}$,求下列反应(1)和(2)在该温度下的平衡常数。

(1) $N_2(g) + 3H_2(g) = 2NH_3(g)$

(2) $NH_3(g) = \frac{1}{2}N_2(g) + \frac{3}{2}H_2(g)$

2. 已知 900 K 时,反应 $CO(g) + H_2O(g) \rightarrow CO_2(g) + H_2(g)$ 的 $K_p^\ominus = 1.43$,现有一反应系统,各物质的分压为:$p(CO) = 500 \text{ kPa}$,$p(H_2O) = 200 \text{ kPa}$,$p(CO_2) = 300 \text{ kPa}$,$p(H_2) = 300 \text{ kPa}$。求(1)计算此条件下反应的自由能变化 $\Delta_r G_m$;(2)如果在 1 000 K 时反应的 $K_p^\ominus = 0.83$,试判断反应的自发性(设所有气体都是理想气体)。

3. 硫燃烧产物中含 SO_2,它被空气中的氧气氧化生成 SO_3,SO_3 与空气中的水蒸气结合

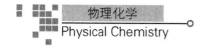

形成酸雨,对环境和人体有很大毒害。已知 298 K 时 SO_2 和 SO_3 的 $\Delta_f G_m^{\ominus}$ 分别为 -300.37 和 -370.42 kJ·mol^{-1}。

(1)计算 298 K 时反应 $SO_2 + \frac{1}{2}O_2 = SO_3$ 的标准平衡常数 $K_p^{\ominus}$;

(2)若 1 m^3 大气中含有 8 mol O_2,2×10^{-4} mol SO_2,2×10^{-6} mol SO_3 时,上述反应能否自发?

4. 已知 873 K 时,反应 C(石墨,s)$+ 2H_2(g) \Longrightarrow CH_4(g)$ 的 $\Delta_r H_m^{\ominus} = -88.0$ kJ·mol^{-1},并且与温度无关。(1)若 873 K 时 $K_p^{\ominus} = 0.386$,试求 1 000 K 时的平衡常数;(2)为了获得 CH_4 的高产率,温度应该如何变化?

5. 蓝色的硫酸铜晶体($CuSO_4 \cdot 5H_2O$)受热后失水褪色,$CuSO_4 \cdot 5H_2O(s) = CuSO_4(s) + 5H_2O(g)$。

已知 298 K 时,各物质的 $\Delta_f H_m^{\ominus}$ 和 $\Delta_f G_m^{\ominus}$ 如下表所示,求水的蒸气压达到 101.325 kPa 时的温度为多少?

物质	$CuSO_4 \cdot 5H_2O(s)$	$CuSO_4(s)$	$H_2O(g)$
$\Delta_f G_m^{\ominus}/(kJ \cdot mol^{-1})$	$-1\ 879.9$	-661.9	-228.59
$\Delta_f H_m^{\ominus}/(kJ \cdot mol^{-1})$	$-2\ 277.98$	-769.86	-241.83

6. 已知反应(1)丙氨酸 $+ H_2O =$ 丙酮酸盐 $+ NH_4^+ + H_2$ 的 $\Delta_r G_m^{\oplus} = 54.4$ kJ·mol^{-1},反应(2)$H_2O_2 = H_2 + O_2$ 的 $\Delta_r G_m^{\oplus} = 136.8$ kJ·mol^{-1}。试计算 pH $= 7$ 时反应式(3)丙氨酸 $+ O_2 + H_2O =$ 丙酮酸盐 $+ NH_4^+ + H_2O_2$ 的 $\Delta_r G_m^{\oplus}$。

习题 5-5 解答视频

7. 加热氯化铵 $NH_4Cl(s) = NH_3(g) + HCl(g)$,其蒸气压在 700 K 和 732 K 时分别为 607.94 kPa 和 1 114.56 kPa。求 $NH_4Cl(s)$ 离解反应在 710 K 时的 $\Delta_r G_m^{\ominus}$、$\Delta_r H_m^{\ominus}$ 及 $K_p^{\ominus}$(题中所研究温度范围内 $\Delta_r H_m^{\ominus}$ 可视为常数)。

8. 已知 $2SO_2(g) + O_2(g) \Longrightarrow 2SO_3(g)$ 反应中,各物质的标准热力学数据如下:

物质	$SO_2(g)$	$SO_3(g)$	$O_2(g)$
$\Delta_f H_m^{\ominus}/(kJ \cdot mol^{-1})$	-296.83	-395.72	0
$S_m^{\ominus}/(J \cdot mol^{-1} \cdot K^{-1})$	248.22	256.76	205.138

利用上述数据,求该反应在 298 K 时的 $\Delta_r G_m^{\ominus}$ 及 $K_p^{\ominus}$。

9. 已知反应 $(CH_3)_2CHOH(g) \Longrightarrow (CH_3)_2CO(g) + H_2(g)$ 的 $\Delta C_p = 16.72$ J·K^{-1}·mol^{-1},在 457.4 K 时的 $K_p^{\ominus} = 0.36$,在 298.15 K 时的 $\Delta_r H_m^{\ominus} = 61.5$ kJ·mol^{-1}。

(1)写出 lg $K_p^{\ominus} = f(T)$ 的函数关系;

(2)求 700 K 时的 $K_p^{\ominus}$。

10. 合成氨反应 $N_2(g) + 3H_2(g) \Longrightarrow 2NH_3(g)$ 在 400 ℃ 时,$\Delta_r G_m^{\ominus} = 48.95$ kJ·mol^{-1}。

(1)计算该反应的平衡常数 $K_p^{\ominus}$;

(2)在 1 000 kPa 下,混合 3 体积 H_2 和 1 体积 N_2 时氨气的平衡百分浓度为多少?

(3)已知该反应的 $\Delta_r H_m^{\ominus} < 0$,讨论温度对合成氨反应平衡的影响。

11. 五氯化磷分解反应为 $PCl_5(g) = PCl_3(g) + Cl_2(g)$。已知 298 K、$p^{\ominus}$ 下

	$PCl_5(g)$	$PCl_3(g)$	$Cl_2(g)$
$\Delta_f H_m^{\ominus}(kJ \cdot mol^{-1})$	-375	-287	0
$S_m^{\ominus}(J \cdot mol^{-1} \cdot K^{-1})$	364.6	311.8	223.07

(1)求 298 K 反应的 $\Delta_r H_m^{\ominus}$、$\Delta_r S_m^{\ominus}$、$\Delta_r G_m^{\ominus}$、$K^{\ominus}$;

(2)假设反应焓变不随温度而变,求 473 K 时反应的标准平衡常数 $K^{\ominus}$(473 K);

(3)计算 473 K、$p^{\ominus}$ 下 PCl_5 的解离度。

12. 已知 298 K 时,水的标准摩尔生成 Gibbs 自由能 $\Delta_f G_m^{\ominus}(l, 298\ K) = -237.14\ kJ \cdot mol^{-1}$,水的饱和蒸气压为 3 168 Pa。求该温度下,$H_2(g) + 1/2O_2(g) = H_2O(g)$ 反应的 $\Delta_r G_m^{\ominus}$ 和 $K_p^{\ominus}$ 各为多少?

Chapter 6 第 6 章
电解质溶液
Electrolytic Solution

学习目标

1. 理解电解质溶液的导电机理以及离子迁移数的意义，了解迁移数的常用测定方法；会运用 Faraday 电解定律进行相应运算。

2. 理解电导率及摩尔电导率与浓度的关系并掌握相关运算，会应用离子独立运动定律进行计算。

3. 理解电解质活度、离子平均活度、离子平均活度因子以及离子平均质量摩尔浓度的定义，掌握平均活度的计算方法。

4. 了解离子强度的概念以及强电解质溶液理论。

电化学系统无论是原电池还是电解池，都是由两个电极和电解质组成。电解质作为一种导体，可以是溶液，也可以是熔融的盐，本章只限于讨论液态的电解质溶液。电化学反应是在电极和电解质溶液的两相界面上进行的氧化还原反应，电解质溶液是构成电化学系统、完成电化学反应的重要组成部分。研究电解质溶液的导电机理等知识有助于正确理解电化学系统中化学能和电能的相互转化规律。本章主要介绍电解质溶液的特性，包括电解质溶液的导电机理、离子电迁移、电导、电解质的活度、离子平均活度因子以及强电解质溶液的离子互吸理论等。

6.1 电解质溶液的导电性质

6.1.1 电解质溶液的导电机理

能导电的物质称为导电体（electrical conductor），简称导体。导体大体上可分为两类：第一类导体是电子导体，它依靠自由电子的定向移动而导电，如金属、石墨及某些金属的化合物等，当电流通过时，导体本身不发生化学变化；第二类导体是离子导体，它依靠离子的定向移动而导电，如电解质溶液或熔融的电解质等，但是这类导体在导电的同时必然伴随着电极与溶液界面上发生电子得失的反应,只有这样整个电路才有电流通过。

电能与化学能之间的转化必须借助于电化学装置才能完成,通常将电能转化为化学能的装置称为电解池(electrolytic cell),如图 6-1(a)所示,这一过程称为充电过程;将化学能转化为电能的装置称为原电池(primary cell),如图 6-1(b)所示,这一过程称为放电过程。无论是电解池还是原电池,都包含两个电极(electrode)和沟通两个电极的电解质溶液(electrolytic solution)。那么,电池中电解质溶液是如何导电的呢?

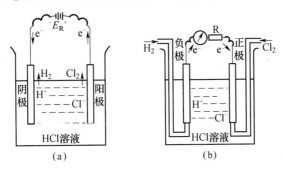

图 6-1 电解池(a)和原电池(b)示意图

如图 6-1 所示,电解池(a)由与外电源相连接的两个铂电极插入 HCl 水溶液中构成。当外电源在两电极上施加一定电压时,HCl 电解质溶液中的 H^+,Cl^- 在电场的作用下,分别向阴极、阳极迁移,溶液中正离子(cation)、负离子(anion)的这种定向运动称为离子的电迁移(electromigration)。离子电迁移的同时,在电极和溶液界面处发生了电化学反应。至此,使电流在溶液中得以通过,并与外电路共同形成一个闭合回路。电极与溶液界面处发生的电化学反应为

阴极 $2H^+(a_+) + 2e^- \rightarrow H_2(g)$ (还原反应)

阳极 $2Cl^-(a_-) \rightarrow Cl_2(g) + 2e^-$ (氧化反应)

而在原电池(b)中,当氢气和氯气冲击着插入 HCl 水溶液中的两个铂片时,在电极和溶液界面处会发生如下电化学反应

负极 $H_2(g) \rightarrow 2H^+(a_+) + 2e^-$ (氧化反应)

正极 $Cl_2(g) + 2e^- \rightarrow 2Cl^-(a_-)$ (还原反应)

电解池与原电池的电极上发生的有电子得失的化学反应被称为电极反应;电解池或原电池中所包含的两个电极反应的总结果称为电池反应。

在原电池中,氢电极上由于发生了氧化反应使电子密度增大而电势较低,为负极;氯电极上发生了还原反应而缺少电子导致电势较高,为正极;溶液中的 H^+ 移向氯电极,Cl^- 移向氢电极,形成通过溶液的电流。溶液中电流与外电路连通,形成连续的电流回路。

电解池和原电池中发生的化学变化的总反应可分别写为:

电解池 $2HCl(a\,HCl) \rightarrow H_2(g) + Cl_2(g)$

原电池 $H_2(g) + Cl_2(g) \rightarrow 2HCl(a\,HCl)$

由上可知,电解质溶液的导电机理是:电流通过电解质溶液是由正负离子的定向迁移来实现的;电流在电极与溶液界面处得以连续,是由于两电极上分别发生氧化反应和还原反应时导致电子得失而形成的。

在原电池和电解池中,电极的命名一般采用以下原则:①电极电势高的称为正极,低的称为负极;②发生氧化反应的电极为阳极(anode),发生还原反应的电极为阴极(cathode)。习惯上,原电池常用正极和负极来命名,电解池常用阳极和阴极来命名。在两种命名方法都使用时,通过上述例子我们可以知道它们相应的关系是:①在原电池中,负极是阳极,正极是阴极;②在电解池中,阳极是正极,阴极是负极。

另外,通常把电池中两个电极放在同一个电解质溶液中的电池叫作单液电池(如图 6-1 所示的两个电池),而把两个电极分别放在不同电解质溶液中的电池叫作双液电池,如大家所熟悉的铜锌原电池,也称丹尼尔电池(Daniell cell)。

6.1.2 Faraday 电解定律

经过大量精确的电解实验研究后,1833 年 Faraday(法拉第)发表了"恒定电化作用定律",即著名的 Faraday 电解定律(Faraday's law of electrolysis)。该定律指出:①电极上发生反应的物质的量与通过的电量成正比;②若将几个电解池串联,通入一定的电量后,在各个电解池的电极上发生反应的物质的量都相等(以反应过程中转移相同电荷的特定粒子组合作为其基本单元考虑时)。

1 mol 元电荷所带电量称为 Faraday 常数,用符号 F 表示,则

$$F = L \cdot e = 6.022 \times 10^{23} \ \text{mol}^{-1} \times 1.602\ 2 \times 10^{-19} \text{C} = 96\ 485 \ \text{C} \cdot \text{mol}^{-1}$$

式中:L 为 Avogadro(阿伏伽德罗)常数,e 为元电荷的电量。在一般的计算中 Faraday 常数 F 可近似取 96 500 C·mol^{-1}。

设电极反应为

$$\text{氧化态} + z e^- \rightarrow \text{还原态}$$

当按所示的电极反应式进行反应,反应进度为 ξ mol 时,通入的电量为

$$Q = zF\xi \tag{6-1}$$

式(6-1)即为 Faraday 电解定律表达式,式中 Q 为通过的电量,单位 C;z 为电极反应中转移的电子数,取正值;F 为 Faraday 常数。

若通入任意的电量 Q,则生成的还原态的物质的量 n_B 和质量 m_B 分别为

$$n_B = \frac{Q}{zF} \nu_B \tag{6-2a}$$

$$m_B = \frac{Q}{zF} M_B \nu_B \tag{6-2b}$$

Faraday 电解定律是自然科学中最准确的定律之一。不论在任何温度和压力下,在水溶液、非水溶液还是在熔融状态下进行的电解过程,都严格遵从 Faraday 电解定律。它对电化

学的发展起到奠基的作用。

此外,依据 Faraday 电解定律,人们可以通过分析测定电解过程中电极反应的反应物或产物物质的量的变化(常常测量阴极上析出的物质的量)来计算电路中通过的电量,相应的测量装置称为电量计或库仑计(coulomb meter)。最常用的有银电量计、铜电量计等。

6.2 离子的电迁移

6.2.1 离子的淌度

当电流通过电解质溶液时,溶液中承担导电任务的正、负离子分别向负极和正极方向迁移,离子的迁移速率除与离子的本性(离子半径、水化程度和所带电荷等)、溶剂性质(黏度等)以及温度有关外,还与电场的电势梯度(electric potential gradient)dE/dl 有关。而且在一定的电场条件下,离子迁移速率正比于电势梯度,其定量关系式为

$$r_+ = U_+ \frac{dE}{dl} \qquad r_- = U_- \frac{dE}{dl} \tag{6-3}$$

式中 U_+,U_- 为比例系数,分别称为正负离子的电迁移率,又称为离子淌度(ionic mobility),相当于单位电势梯度时的离子迁移速率,其单位为 $m^2 \cdot V^{-1} \cdot s^{-1}$(表 6-1)。

表 6-1　298.15 K 时一些离子在无限稀释水溶液中的离子电迁移率

正离子	$U_+^\infty \times 10^8 /(m^2 \cdot V^{-1} \cdot s^{-1})$	负离子	$U_-^\infty \times 10^8 /(m^2 \cdot V^{-1} \cdot s^{-1})$
H^+	36.30	OH^-	20.52
K^+	7.62	SO_4^{2-}	8.27
Ba^{2+}	6.59	Cl^-	7.91
Na^+	5.19	NO_3^-	7.40
Li^+	4.01	HCO_3^-	4.61

6.2.2 离子的迁移数

电解质溶液传递电量的任务是由正、负离子的定向迁移来共同完成的。由于各种离子的迁移速率不同,所带电荷不同,它们传递的电量也就不同。为表示各种离子对电解质溶液导电的贡献大小,提出了离子迁移数(transference number)的概念。离子迁移数(t_B)是指某种离子 B 所传递的电量 Q_B 与通过电解质溶液的总电量 Q 之比,即

$$t_B = \frac{Q_B}{Q} \tag{6-4}$$

对于只含有一种正离子和一种负离子的电解质溶液而言,其正、负离子的迁移数分别为:

$$t_+ = \frac{Q_+}{Q_+ + Q_-} \qquad t_- = \frac{Q_-}{Q_+ + Q_-} \tag{6-5}$$

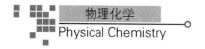

则有
$$t_+ + t_- = 1$$

如果溶液中有多种电解质,每种离子都承担一定的迁移电量任务,则有

$$\sum t_+ + \sum t_- = 1 \tag{6-6}$$

对于只含有一种正离子和一种负离子的电解质溶液,由于在导电过程中,每种离子迁移的电量正比于其迁移速率,所以迁移数也是离子迁移速率的分数,由式(6-3)整理可得:

$$t_+ = \frac{U_+}{U_+ + U_-} \qquad t_- = \frac{U_-}{U_+ + U_-} \tag{6-7}$$

离子迁移数与电势梯度的大小无关,而受离子本性、溶液浓度、温度、溶剂性质等影响。实验室中常用 Hittorf 法(Hittorf method)、界面移动法(boundary moving method)和电动势法来测定离子迁移数。

6.2.3 离子迁移数的测定

1. Hittorf 法

Hittorf(希托夫)法测定离子迁移数的实验装置示意图如图 6-2 所示,管内装有已知浓度的电解质溶液。电路中串联了一个电量计,由它可以知道通过溶液的总电量。接通直流电源,控制电压使很小的电流通过电解质溶液,这时正负离子分别向阴阳两极迁移,同时在电极上有反应发生。通电一段时间后,根据阴极区(或阳极区)溶液中电解质含量的变化,结合通过溶液的总电量,假定溶剂水不迁移,就可计算出离子的迁移数。

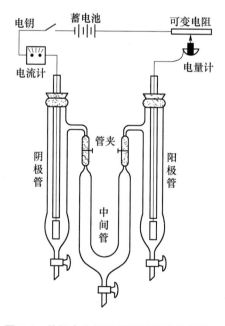

图 6-2 希托夫法测定离子迁移数的装置

例 6-1 用两个银电极电解 $AgNO_3$ 水溶液。在电解前,溶液中每 1 kg 水含有 43.50 mmol $AgNO_3$,通电后,银库仑计中有 0.723 mmol 的 Ag 沉积,由分析得知,电解后阳极区有 23.14 g 水和 1.390 mmol $AgNO_3$。试计算 $t(Ag^+)$ 和 $t(NO_3^-)$。

解:电解时两极的电极反应为

阳极:$Ag \rightarrow Ag^+ + e^-$

阴极:$Ag^+ + e^- \rightarrow Ag$

对于阳极区,如果假定水分子不发生迁移,则电解前阳极区 23.14 g 水中原有 $AgNO_3$ 的物质的量为

$$\frac{43.5 \text{ mmol}}{1\ 000 \text{ g}} \times 23.14 \text{ g} = 1.007 \text{ mmol}$$

银库仑计中有 0.723 mmol Ag 沉积,则在电解池中阳极必有相同数量的 Ag 被氧化成 Ag^+ 而进入溶液。

在阳极区,$AgNO_3$ 在电解前后的变化为

$$n_{电解后} = n_{电解前} + n_{电解} - n_{迁移}$$

则

$$n_{迁移} = n_{电解前} + n_{电解} - n_{电解后}$$
$$= 1.007 \text{ mmol} + 0.723 \text{ mmol} - 1.390 \text{ mmol} = 0.340 \text{ mmol}$$

$$t(Ag^+) = \frac{n_{迁移}}{n_{电解}} = \frac{0.340 \text{ mmol}}{0.723 \text{ mmol}} = 0.470$$

$$t(NO_3^-) = 1 - t(Ag^+) = 0.530$$

对于阴极区,电解池电解前后 $AgNO_3$ 的总量不变,阳极区 $AgNO_3$ 所增加的物质的量是负离子迁入造成的,故负离子 NO_3^- 迁出阴极区的物质的量就等于阳极区 $AgNO_3$ 增加的物质的量。故

$$NO_3^- \text{ 迁出阴极区的物质的量} = 1.390 \text{ mmol} - 1.007 \text{ mmol} = 0.383 \text{ mmol}$$

$$t(NO_3^-) = \frac{n_{迁移}}{n_{电解}} = \frac{0.383 \text{ mmol}}{0.723 \text{ mmol}} = 0.530$$

$$t(Ag^+) = 1 - t(NO_3^-) = 0.470$$

例 6-2 用金属铂作电极电解 HCl 溶液,阴极区一定量的溶液中在通电前后含 Cl^- 的质量分别为 0.177 g 和 0.163 g,在串联的银库仑计中有 0.250 8 g 银析出,试求 H^+ 和 Cl^- 迁移数。

解:阴极区的电极反应为 $2H^+ + 2e^- \rightarrow H_2$。$H^+$ 迁入而 Cl^- 迁出,对 Cl^- 而言:

$$n_{迁移} = n_{电解前} - n_{电解后} = (0.177 \text{ g} - 0.163 \text{ g})/35.5 \text{ g} \cdot \text{mol}^{-1} = 3.94 \times 10^{-4} \text{ mol}$$

$$n_{电解} = 0.250 \text{ 8 g}/108 \text{ g} \cdot \text{mol}^{-1} = 2.322 \times 10^{-3} \text{ mol}$$

$$t(Cl^-) = \frac{n_{迁移}}{n_{电解}} = \frac{3.94 \times 10^{-4} \text{ mol}}{2.322 \times 10^{-3} \text{ mol}} = 0.17$$

$$t(H^+) = 1 - t(Cl^-) = 0.83$$

2．界面移动法

界面移动法直接测定溶液中离子的迁移速率（或淌度）。若欲测定 H^+ 的迁移数，则可在一垂直的细玻璃管中装入两种溶液 HCl 及 $CdCl_2$，这两种电解质有一种共同的离子，两种溶液的密度不同，使这两种溶液间有一个清晰的分界面 ab（通常可借助于溶液的颜色或折射率的不同加以识别），如图 6-3 所示。选择适宜的条件，使 Cd^{2+} 和 H^+ 向阴极移动，可以观察到清晰界面的缓慢移动。通电一定时间后，ab 界面移至 $a'b'$。若通过的电量为 Q，则 H^+ 迁移的电量 $t_+ Q$，因此，通过界面 $a'b'$ 的 H^+ 的物质的量为 $t_+ Q/F$，即在界面 ab 和 $a'b'$ 间的液柱中全部 H^+ 通过了界面 $a'b'$。设此液柱的体积为 V，溶液中 H^+ 的浓度为 c，则

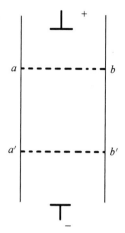

$$\frac{t_+ Q}{F} = cV$$

故

$$t_+ = \frac{cVF}{Q} \tag{6-8}$$

图 6-3　界面移动法
测定迁移数装置

玻璃管的直径是已知的，界面移动的距离 aa' 可由实验测定，这样 V 便可计算出来；Q 可由电量计测出，故可由式（6-8）计算出 t_+。

6.3　电导及其应用

6.3.1　电导、电导率及摩尔电导率

1．电导和电导率

导体的导电能力可以用电导 G（electric conductance）来表示，电导为电阻（resistance）的倒数，即

$$G = \frac{1}{R} \tag{6-9}$$

电导 G 的单位为 Ω^{-1} 或 S（siemens，西门子，$1\ S = 1\ \Omega^{-1}$）。

若导体具有均匀的截面，则其电导与截面积 A 成正比，与长度 l 成反比，即

$$G = \kappa \frac{A}{l} \tag{6-10}$$

式中：比例系数 κ 称为电导率（electrolytic conductivity），是指单位长度（1 m）、单位截面积（$1\ m^2$）的导体所具有的电导，电导率的单位为 $S \cdot m^{-1}$。

对电解质溶液而言，κ 的物理意义是相距 1 m 的两单位面积（$1\ m^2$）的平行电极间电解质溶液所具有的电导。电解质溶液电导率的数值与电解质的种类、溶液浓度及温度等因素有关。为了便于比较不同电解质的导电能力，引入摩尔电导率。

2. 摩尔电导率

相距 1 m 的两平行电极间含 1 mol 某电解质溶液所具有的电导称为此溶液的摩尔电导率(molar conductivity),用 Λ_m 表示。显然溶液的浓度不同,含 1 mol 电解质的溶液的体积也不同。设 c 为电解质溶液的物质的量浓度(单位为 $mol \cdot m^{-3}$),可以看出,含 1 mol 电解质的溶液的体积随其浓度变化而改变。若含 1 mol 电解质的溶液体积为 V_m(单位为 $m^3 \cdot mol^{-1}$),则

$$V_m = \frac{1}{c}$$

因电导率 κ 是相距 1 m 的两单位面积平行电极间 $1\ m^3$ 电解质溶液的电导,而 Λ_m 是相距 1 m 的两平行电极间 1 mol 电解质溶液的电导,于是

$$\Lambda_m = V_m \kappa$$

亦即

$$\Lambda_m = \frac{\kappa}{c} \tag{6-11}$$

摩尔电导率的单位为 $S \cdot m^2 \cdot mol^{-1}$。任何电解质溶液的 Λ_m 均是对 1 mol 电解质而言,这样就便于比较不同电解质的导电能力。

值得注意的是,表示电解质溶液的摩尔电导率时,必须指明其基本单元。例如 298.15 K 时,$MgCl_2$ 的摩尔电导率可写成

$$\Lambda_m(MgCl_2) = 0.025\ 8\ S \cdot m^2 \cdot mol^{-1}$$
$$\Lambda_m(1/2MgCl_2) = 0.012\ 9\ S \cdot m^2 \cdot mol^{-1}$$

显然,所取的基本单元不同,其摩尔电导率也不同。

3. 溶液电导的测定

电导是电阻的倒数,测定电导实际就是测定电阻,电导测定可用 Wheatstone(韦斯顿)电桥法,如图 6-4 所示。实验时要求使用的电源是交流电,目的是避免直流电通过电解质溶液时,使电极上发生反应,改变浓度并在电极上析出产物,致使电极本质的改变。

图 6-4 中 AB 为均匀滑线电阻,T 为检零器(如示波器、耳机、检流计等),R 为待测电阻(电导池),K 为一可变电容(补偿电导池的电容影响)。测定时,在选定适当的 R 后,接通电源,移动触点 C,使经过 T 的电流为零,此时电桥达平衡,则有:

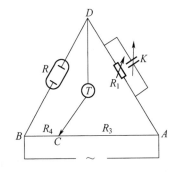

图 6-4 电导测定示意图

$$G = \frac{1}{R} = \frac{R_3}{R_1 R_4} \tag{6-12}$$

测定溶液的电导率是在两电极为面积很小、相距很近且镀有铂黑的铂片的电导池里进行的。根据式(6-10)可得:

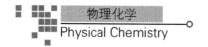

$$\kappa = G \frac{l}{A} = \frac{1}{R} \cdot \frac{l}{A} = \frac{K_{cell}}{R} \tag{6-13}$$

对于一个固定的电导池，l 与 A 都是定值，故比值 l/A 为一常数，称此常数为电导池常数(constant of a conductivity cell)，用符号 K_{cell} 表示，单位为 m^{-1}。通过测定已知电导率的标准溶液(通常是用 KCl 溶液，见表 6-2)的电阻，然后依式(6-13)计算出 K_{cell}。

表 6-2 KCl 水溶液的电导率

$c_{KCl}/(mol \cdot dm^{-3})$	$\kappa/(S \cdot m^{-1})$		
	273.15 K	291.15 K	298.15 K
1.0	6.453	9.820	11.173
0.1	0.715 4	1.119 2	1.288 6
0.01	0.077 51	0.122 7	0.141 14

例 6-3 298.15 K 时，用某一电导池测得 0.10 mol·dm⁻³ KCl 溶液的电阻为 28.44 Ω，其电导率 κ 为 1.29 S·m⁻¹。同一电导池中又测得 0.050 mol·dm⁻³ NaOH 溶液的电阻为 31.6 Ω。求 NaOH 溶液的电导率。

解:根据式

$$G = \frac{1}{R} = \kappa \frac{A}{l} = \frac{\kappa}{K_{cell}}$$

$$K_{cell} = \frac{\kappa}{G} = \kappa R$$

$$= 1.29 \text{ S} \cdot \text{m}^{-1} \times 28.44 \text{ }\Omega = 36.7 \text{ m}^{-1}$$

则 NaOH 溶液的电导率

$$\kappa = \frac{l}{A} \times G = K_{cell} \times \frac{1}{R} = \frac{36.7 \text{ m}^{-1}}{31.6 \text{ }\Omega} = 1.16 \text{ S} \cdot \text{m}^{-1}$$

6.3.2 电导率、摩尔电导率与浓度的关系

溶液较稀时，强电解质溶液的电导率随浓度增大而升高，当浓度增大到一定程度后，由于正、负离子之间的相互作用力增大，离子运动速率降低，电导率下降。弱电解质溶液的电导率随浓度的变化不明显，因为浓度增加，其解离度减小，溶液中离子数目变化不大，如图 6-5 所示。

无论是强电解质还是弱电解质溶液，其摩尔电导率都随浓度的增大而减小。这是因为浓度增大时，含 1 mol 电解质溶液的体积减小了，亦即正、负离子间距离缩短了，正、负离子间相互作用力增大，降低了离子的迁移速率和导电能力。Kohlrausch(科尔劳施)研究发现，

144

对浓度极稀的溶液,强电解质溶液的摩尔电导率 Λ_m 与溶液浓度平方根之间有线性关系(图 6-6)。

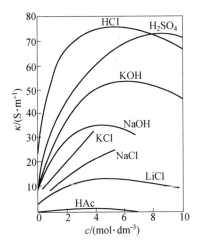

图 6-5　电导率与浓度的关系

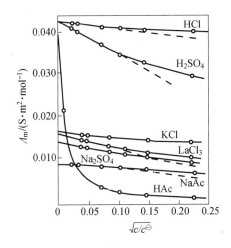

图 6-6　摩尔电导率与浓度的关系

$$\Lambda_m = \Lambda_m^\infty (1 - \beta \cdot \sqrt{c}) \tag{6-14}$$

上式称为 Kohlrausch 公式,式中 β 在一定温度下,对于一定的电解质和溶剂而言是一个常数。将直线外推至与纵坐标相交处,直线的截距即为电解质的无限稀释摩尔电导率 Λ_m^∞ (limiting molar conductivity)。

但弱电解质的情况不同,如醋酸,在浓度比较稀的范围内随着浓度的降低,摩尔电导率急剧增大,此时摩尔电导率 Λ_m 不遵循 Kohlrausch 公式,不能通过实验作图直接求得其 Λ_m^∞,Kohlrausch 的离子独立运动定律解决了这个问题。

6.3.3　离子独立运动定律和离子摩尔电导率

表 6-3 是在 298.15 K 时一些强电解质溶液的无限稀释摩尔电导率 Λ_m^∞ 实验测定值,由此表可见

$$\Lambda_m^\infty(\text{LiCl}) - \Lambda_m^\infty(\text{LiNO}_3) = \Lambda_m^\infty(\text{KCl}) - \Lambda_m^\infty(\text{KNO}_3) = \Lambda_m^\infty(\text{HCl}) - \Lambda_m^\infty(\text{HNO}_3)$$

这一结果说明,在无限稀释的溶液中,具有相同正离子的氯化物和硝酸盐溶液的 Λ_m^∞ 之差与正离子本性无关。同样由表可见,具有相同负离子的钾盐和锂盐溶液的 Λ_m^∞ 之差也与负离子的本性无关,即

$$\Lambda_m^\infty(\text{KCl}) - \Lambda_m^\infty(\text{LiCl}) = \Lambda_m^\infty(\text{KNO}_3) - \Lambda_m^\infty(\text{LiNO}_3) = \Lambda_m^\infty(\text{KClO}_4) - \Lambda_m^\infty(\text{LiClO}_4)$$

表 6-3 在 298.15 K 时一些强电解质的无限稀释摩尔电导率

电解质	$\Lambda_m^\infty /(\text{S}\cdot\text{m}^2\cdot\text{mol}^{-1})$	差 值	电解质	$\Lambda_m^\infty /(\text{S}\cdot\text{m}^2\cdot\text{mol}^{-1})$	差 值
KCl	0.014 986	3.483×10^{-3}	LiCl	0.011 503	4.93×10^{-4}
LiCl	0.011 503		$LiNO_3$	0.011 010	
KNO_3	0.014 496	3.486×10^{-3}	KCl	0.014 986	4.90×10^{-4}
$LiNO_3$	0.011 010		KNO_3	0.014 496	
$KClO_4$	0.014 004	3.506×10^{-3}	HCl	0.042 616	4.90×10^{-4}
$LiClO_4$	0.010 598		HNO_3	0.042 13	

Kohlrausch 根据大量实验事实,通过分析提出了离子独立运动定律(law of independent migration):在无限稀释溶液中,无论是强电解质还是弱电解质都全部解离,离子间相互无影响。每种离子对溶液电导的贡献是独立的,即无限稀释时,电解质的 Λ_m^∞ 是组成该电解质的正负离子的无限稀释摩尔电导率 λ_m^∞ 的代数和,即

对 1-1 价型电解质 $\qquad\qquad \Lambda_m^\infty = \lambda_{m,+}^\infty + \lambda_{m,-}^\infty$ $\qquad\qquad$ (6-15)

对 $M_{\nu_+}A_{\nu_-}$ 型电解质 $\qquad\qquad \Lambda_m^\infty = \nu_+\lambda_{m,+}^\infty + \nu_-\lambda_{m,-}^\infty$ $\qquad\qquad$ (6-16)

其中 ν_+,ν_- 分别为一个电解质分子解离出的正、负离子的个数。

离子无限稀释摩尔电导率只取决于离子的本性,在一定温度及一定的溶剂中,只要是无限稀释溶液,同一种离子的摩尔电导率都是相同的,与其他共存离子的种类无关。这样,弱电解质的 Λ_m^∞ 可以从强电解质的 Λ_m^∞ 或从离子的 λ_m^∞ 求得。例如:

$$\Lambda_m^\infty(HAc) = \lambda_m^\infty(H^+) + \lambda_m^\infty(Ac^-)$$

$$= [\lambda_m^\infty(H^+) + \lambda_m^\infty(Cl^-)] + [\lambda_m^\infty(Na^+) + \lambda_m^\infty(Ac^-)] - [\lambda_m^\infty(Na^+) + \lambda_m^\infty(Cl^-)]$$

$$= \Lambda_m^\infty(HCl) + \Lambda_m^\infty(NaAc) - \Lambda_m^\infty(NaCl)$$

电解质的无限稀释摩尔电导率是正负离子的无限稀释摩尔电导率之和,因此,离子的迁移数也可以认为是此种离子的无限稀释摩尔电导率占电解质的无限稀释摩尔电导率的分数。对于 1-1 型的电解质,在无限稀释时有

$$t_+ = \frac{\lambda_{m,+}^\infty}{\Lambda_m^\infty}, \quad t_- = \frac{\lambda_{m,-}^\infty}{\Lambda_m^\infty} \qquad\qquad (6\text{-}17)$$

对于浓度不太大的 1-1 型电解质的溶液可近似有

$$\Lambda_m = \lambda_{m,+} + \lambda_{m,-}$$

$$t_+ = \frac{\lambda_{m,+}}{\Lambda_m}, \quad t_- = \frac{\lambda_{m,-}}{\Lambda_m} \qquad\qquad (6\text{-}18)$$

t_+,t_- 和 Λ_m 均可由实验测定,因而就可由上式计算离子的摩尔电导率。

表 6-4　一些离子的无限稀释摩尔电导率(298.15 K)　　　　$S \cdot m^2 \cdot mol^{-1}$

正离子	$\lambda_m^\infty \times 10^4$	负离子	$\lambda_m^\infty \times 10^4$	正离子	$\lambda_m^\infty \times 10^4$	负离子	$\lambda_m^\infty \times 10^4$
H^+	349.8	OH^-	198.3	$1/2Ni^{2+}$	53	ClO_4^-	67.4
Li^+	38.7	F^-	55.4	$1/2Cu^{2+}$	53.6	MnO_4^-	61.0
NH_4^+	73.4	Cl^-	76.4	$1/2Zn^{2+}$	52.8	$HCOO^-$	54.6
Na^+	50.1	Br^-	78.1	$1/2Ba^{2+}$	63.6	CH_3COO^-	40.9
K^+	73.5	I^-	76.8	$1/2Hg^{2+}$	63.6	$C_2H_5COO^-$	35.8
Ag^+	61.9	HCO_3^-	44.5	$1/2Pb^{2+}$	59.4	$1/2CO_3^{2-}$	69.3
Tl^+	74.7	CN^-	82.0	$1/3Al^{3+}$	63.0	$1/2SO_4^{2-}$	79.8
$1/2Mg^{2+}$	53.1	NO_3^-	71.4	$1/3Fe^{3+}$	68.4	$1/3PO_4^{3-}$	80.0
$1/2Ca^{2+}$	59.5	HSO_4^-	52.0	$1/3La^{3+}$	69.6	$1/3Fe(CN)_6^{3-}$	101.0
$1/2Fe^{2+}$	54	ClO_3^-	64.6			$1/4Fe(CN)_6^{4-}$	110.5

表 6-4 列出了一些离子的无限稀释摩尔电导率(298.15 K)。从表中可以看出,水溶液中,H^+ 和 OH^- 的λ_m^∞特别大,这是因为它们的导电机制与其他离子不同。H^+,OH^- 在电场作用下,沿氢键在水分子间做接力式传递,结果导致 H^+,OH^- 以很快的速率向电极迁移,使其无限稀释摩尔电导率较大。两者的导电机制如图 6-7 所示。

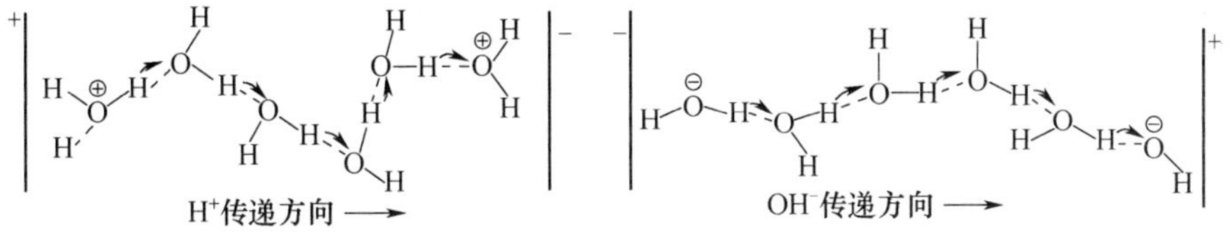

图 6-7　H^+ 和 OH^- 的导电机制

6.3.4　电导测定的应用

1. 检验水的纯度和计算水的离子积

电导率是检验水的纯度的一项常规指标。水的电导率大小与水中离子多少有关。电导率越大,说明水的纯度越低。普通蒸馏水的电导率约为 1×10^{-3} $S \cdot m^{-1}$,去离子水的电导率小于 1×10^{-4} $S \cdot m^{-1}$。而所谓的"电导水"就是用来测定溶液电导时所用的一种纯水,制备方法是向蒸馏水中加少许 $KMnO_4$ 去除残留的有机杂质,加入少许 KOH 除去溶入的 CO_2 等酸性氧化物,然后全部采用石英器皿重新蒸馏 1~2 次即可制得。$H_2O(l)$ 有微弱的解离,在 298.15 K 时,理论计算纯水的电导率应为 5.5×10^{-6} $S \cdot m^{-1}$。所以,只要测定水的电导率,就可以知道其纯度是否符合要求。

在海洋考察中,可以利用电导率仪快速测定海水的总含盐量,可供开发盐场(希望含盐量高)和选择埋设海底电缆(希望含盐量低,减少腐蚀)的工程做参考。

通过测定电导率还可计算水的离子积。纯水中存在下列平衡:

$$H_2O \rightleftharpoons H^+ + OH^-$$

因水的解离度很小,可把解离的水作为无限稀释溶液处理:

$$c(H^+) = c(OH^-) = \frac{\kappa(H_2O)}{\lambda_m^\infty(H^+) + \lambda_m^\infty(OH^-)}$$

将 H^+ 和 OH^- 的无限稀释摩尔电导率以及纯水的电导率 κ 代入上式得

$$c(H^+) = c(OH^-) = \frac{5.5 \times 10^{-6}\ S \cdot m^{-1}}{(349.8 + 198.3) \times 10^{-4}\ S \cdot m^2 \cdot mol^{-1}}$$

$$= 1.003 \times 10^{-4}\ mol \cdot m^{-3}$$

$$= 1.003 \times 10^{-7}\ mol \cdot dm^{-3}$$

水的离子积: $K_w^\ominus = \dfrac{c(H^+)}{c^\ominus} \times \dfrac{c(OH^-)}{c^\ominus} = 1.01 \times 10^{-14}$

2. 计算弱电解质的解离常数

在弱电解质溶液中,只有已解离的部分才能承担传递电量的任务。在一定浓度下的摩尔电导率 Λ_m 主要取决于溶液中离子的数目,其离子的数目与解离度成正比。在无限稀释的溶液中,可以认为弱电解质已全部解离,即解离度为 100%,溶液的电导率为无限稀释摩尔电导率 Λ_m^∞。这样 Λ_m 和 Λ_m^∞ 之间的差别就可近似地看成是由弱电解质部分解离和全部解离所产生的离子数目不同所致,所以弱电解质在一定条件下的解离度为

$$\alpha = \frac{\Lambda_m}{\Lambda_m^\infty} \tag{6-19}$$

设电解质为 AB 型(即 1-1 价型),若 c 为电解质的起始浓度,则

$$AB \rightarrow A^+ + B^-$$

起始浓度 $\qquad\qquad\qquad\qquad c \qquad 0 \qquad 0$

平衡时 $\qquad\qquad\qquad\qquad c(1-\alpha) \quad c\alpha \quad c\alpha$

$$K_c^\ominus = \frac{\dfrac{c}{c^\ominus}\alpha^2}{1-\alpha}$$

将式(6-19)代入后

$$K_c^\ominus = \frac{\dfrac{c}{c^\ominus}\left(\dfrac{\Lambda_m}{\Lambda_m^\infty}\right)^2}{1-\dfrac{\Lambda_m}{\Lambda_m^\infty}} = \frac{\dfrac{c}{c^\ominus}\Lambda_m^2}{\Lambda_m^\infty(\Lambda_m^\infty - \Lambda_m)} \tag{6-20}$$

上式也可写作

$$\frac{1}{\Lambda_m} = \frac{1}{\Lambda_m^\infty} + \frac{\Lambda_m \dfrac{c}{c^\ominus}}{K_c^\ominus (\Lambda_m^\infty)^2} \tag{6-21}$$

以 $1/\Lambda_m$ 对 $c\Lambda_m$ 作图,截距即为 $1/\Lambda_m^\infty$,根据直线的斜率即可求得 $K_c^\ominus$ 值。

这就是 Ostwald 稀释定律(Ostwald's Dilution Law)。

例 6-4 298.15 K 时把浓度为 15.81 mol·m⁻³ 的 HAc 溶液注入电导池,电导池常数为 13.7 m⁻¹,此时测得电阻为 655 Ω。试计算在给定条件下 HAc 的解离度和解离常数 $K_c^\ominus$。

解:$\kappa = \dfrac{K_{cell}}{R} = \dfrac{13.7 \text{ m}^{-1}}{655 \text{ }\Omega} = 2.09 \times 10^{-2} \text{ S·m}^{-1}$

$$\Lambda_m = \frac{\kappa}{c} = \frac{2.09 \times 10^{-2} \text{ S·m}^{-1}}{15.81 \text{ mol·m}^{-3}} = 1.32 \times 10^{-3} \text{ S·m}^2 \cdot \text{mol}^{-1}$$

查表 6-4 得

$$\Lambda_m^\infty (\text{HAc}) = \lambda_m^\infty (\text{H}^+) + \lambda_m^\infty (\text{Ac}^-)$$
$$= (349.8 + 40.9) \times 10^{-4} \text{ S·m}^2 \cdot \text{mol}^{-1}$$
$$= 390.7 \times 10^{-4} \text{ S·m}^2 \cdot \text{mol}^{-1}$$

$$\alpha = \frac{\Lambda_m}{\Lambda_m^\infty} = \frac{1.32 \times 10^{-3} \text{ S·m}^2 \cdot \text{mol}^{-1}}{390.7 \times 10^{-4} \text{ S·m}^2 \cdot \text{mol}^{-1}} = 3.38 \times 10^{-2}$$

$$K_c^\ominus = \frac{\dfrac{c}{c^\ominus}\alpha^2}{1-\alpha} = \frac{\dfrac{15.81 \times 10^{-3} \text{ mol·dm}^{-3}}{1 \text{ mol·dm}^{-3}} \times (3.38 \times 10^{-2})^2}{1 - 3.38 \times 10^{-2}} = 1.87 \times 10^{-5}$$

3. 计算难溶盐的溶解度和溶度积

某些难溶盐在水中溶解度很小,其浓度不能用普通化学分析方法测定,但可用电导方法来测定。现以 AgCl 为例,说明其测定步骤。

用已知电导率的纯水配制饱和 AgCl 溶液,测定其电导率,则有

$$\kappa(\text{AgCl 溶液}) = \kappa(\text{AgCl}) + \kappa(\text{H}_2\text{O})$$

即 $\kappa(\text{AgCl}) = \kappa(\text{AgCl 溶液}) - \kappa(\text{H}_2\text{O})$

$$\Lambda_m(\text{AgCl}) = \frac{\kappa(\text{AgCl})}{c(\text{AgCl})}$$

因为 AgCl 溶解度很小,溶液极稀,可以认为 $\Lambda_m(\text{AgCl}) \approx \Lambda_m^\infty(\text{AgCl})$

则溶解度 $c(\text{AgCl}) = \dfrac{\kappa(\text{AgCl})}{\Lambda_m^\infty(\text{AgCl})}$

例 6-5 298.15 K 时,测得 $BaSO_4$ 饱和溶液的电导率 4.20×10^{-4} S·m^{-1},又知水的电导率 κ 为 1.05×10^{-4} S·m^{-1},计算 $BaSO_4$ 的溶解度和溶度积。

解:$\kappa(BaSO_4) = \kappa(BaSO_4 溶液) - \kappa(H_2O)$

$$= (4.20 - 1.05) \times 10^{-4} \text{ S·m}^{-1}$$

$$= 3.15 \times 10^{-4} \text{ S·m}^{-1}$$

查表 6-4 得 $\Lambda_m^\infty(BaSO_4) = \lambda_m^\infty(Ba^{2+}) + \lambda_m^\infty(SO_4^{2-})$

$$= (63.6 \times 2 + 79.8 \times 2) \times 10^{-4} \text{ S·m}^2 \cdot \text{mol}^{-1}$$

$$= 2.868 \times 10^{-2} \text{ S·m}^2 \cdot \text{mol}^{-1}$$

溶解度 $c(BaSO_4) = \dfrac{\kappa(BaSO_4)}{\Lambda_m^\infty(BaSO_4)} = \dfrac{3.15 \times 10^{-4} \text{ S·m}^{-1}}{2.868 \times 10^{-2} \text{ S·m}^2 \cdot \text{mol}^{-1}}$

$$= 1.10 \times 10^{-2} \text{ mol·m}^{-3}$$

$$= 1.10 \times 10^{-5} \text{ mol·dm}^{-3}$$

溶度积 $K_{sp}^\ominus = \dfrac{c(Ba^{2+})}{c^\ominus} \cdot \dfrac{c(SO_4^{2-})}{c^\ominus} = (1.10 \times 10^{-5})^2 = 1.21 \times 10^{-10}$

4. 电导滴定

利用滴定过程中溶液电导变化的转折点来确定滴定终点的方法称为电导滴定。它可用于各类滴定反应,特别是溶液浑浊或颜色较深而不能应用指示剂时,此法更显重要。以 NaOH-HCl 中和滴定为例,在未加 NaOH 前,溶液中只有 HCl,因为 H^+ 摩尔电导率大,所以 HCl 溶液电导率也大,加入 NaOH 后,OH^- 与 H^+ 结合生成水后,H^+ 浓度减少。溶液电导率逐渐下降,OH^- 与 H^+ 恰好完全中和时电导率最小,此后继续滴加 NaOH,由于溶液中有剩余的 OH^-,其摩尔电导率也很大,所以电导率上升,见图 6-8。图中 A 线为强碱滴定强酸的曲线,B 线为强碱滴定弱酸的曲线,两条曲线的转折点即为滴定的终点。

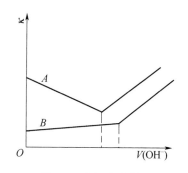

图 6-8 电导滴定曲线

电导滴定还可用于一些沉淀反应中,如用 KCl 滴定 $AgNO_3$,随着滴定的进行,溶液中 Ag^+ 为 K^+ 替代,因它们的电导率差别不大,故溶液电导率变化较小,但 KCl 过量后,电导率就开始增大,其转折点就是滴定终点。

电导滴定在农业生产、生物科学和环境科学研究中应用也是十分广泛的。例如,用电导法测定土壤中含盐量、蛋白质等电点、污染物 SO_2 的含量等。

6.4 离子的平均活度和平均活度因子

6.4.1 强电解质的离子平均活度和平均活度因子

通过前面的内容可知,当溶质的浓度用质量摩尔浓度表示时,理想稀溶液中溶质的化

学势为

$$\mu_B = \mu_B^{\ominus}(T) + RT\ln\frac{b_B}{b^{\ominus}}$$

非理想稀溶液则不遵循上述公式,为了使热力学计算仍然能保持简单的数学关系式,Lewis(路易斯)提出了活度的概念,定义

$$a_B = \gamma_B \frac{b_B}{b^{\ominus}}$$

式中:γ_B 是以质量摩尔浓度表示的物质 B 的活度因子。当 $b_B \to 0$ 时,$\gamma_B \to 1$,对非理想稀溶液中溶质,化学势的表示式为

$$\mu_B = \mu_B^{\ominus}(T) + RT\ln\gamma_B \frac{b_B}{b^{\ominus}}$$
$$= \mu_B^{\ominus}(T) + RT\ln a_B$$

当电解质溶于溶剂后,就会完全或部分解离成离子而形成电解质溶液。若溶质在溶剂中几近完全解离,则该电解质就称为强电解质;若仅是部分解离,则称为弱电解质。在电解质溶液中,由于离子间存在相互作用,因而情况要比非电解质溶液复杂得多。特别是在强电解质溶液中,溶质几乎全部解离成离子,正、负离子之间相互作用显著,正、负离子的活度分别表示为

$$a_+ = \gamma_+ \cdot \frac{b_+}{b^{\ominus}} \qquad a_- = \gamma_- \cdot \frac{b_-}{b^{\ominus}} \tag{6-22}$$

式中:a_+ 和 a_- 分别为正、负离子的活度,γ_+ 和 γ_- 分别为正、负离子的活度因子,b_+ 和 b_- 分别为正、负离子的质量摩尔浓度。

对于任意强电解质 $M_{\nu_+} A_{\nu_-}$ 的溶液,其化学势与其正、负离子的化学势的关系为

$$\mu(M_{\nu_+} A_{\nu_-}) = \nu_+ \mu_+ + \nu_- \mu_-$$
$$= (\nu_+ \mu_+^{\ominus} + \nu_+ RT\ln a_+) + (\nu_- \mu_-^{\ominus} + \nu_- RT\ln a_-)$$
$$= (\nu_+ \mu_+^{\ominus} + \nu_- \mu_-^{\ominus}) + RT\ln(a_+^{\nu_+} \cdot a_-^{\nu_-})$$

又因为 $\qquad \mu(M_{\nu_+} A_{\nu_-}) = \mu^{\ominus}(M_{\nu_+} A_{\nu_-}) + RT\ln a(M_{\nu_+} A_{\nu_-})$

所以 $\qquad a(M_{\nu_+} A_{\nu_-}) = a_+^{\nu_+} \cdot a_-^{\nu_-} \tag{6-23}$

由于电解质溶液中正负离子总是同时存在,无法实验测定单个离子的活度,所以定义了新的物理量——离子平均活度 $a_{\pm}$(mean activity of ions)。离子平均活度的定义为

$$a_{\pm} = (a_+^{\nu_+} \cdot a_-^{\nu_-})^{1/\nu} \tag{6-24}$$

同样,也分别定义相应的离子平均活度因子 $\gamma_{\pm}$(mean activity factor of ions)和离子平均质量摩尔浓度 $b_{\pm}$(mean molality of ions)为

$$\gamma_\pm = (\gamma_+^{\nu_+} \cdot \gamma_-^{\nu_-})^{1/\nu} \tag{6-25}$$

$$b_\pm = (b_+^{\nu_+} \cdot b_-^{\nu_-})^{1/\nu} \tag{6-26}$$

上述各式中 $\nu = \nu_+ + \nu_-$,显然

$$a_\pm = \gamma_\pm \cdot \frac{b_\pm}{b^\ominus} \tag{6-27}$$

比较式(6-23)与式(6-24),可得电解质的活度与离子平均活度的关系为

$$a(M_{\nu_+} A_{\nu_-}) = a_\pm^\nu \tag{6-28}$$

对于强电解质 $M_{\nu_+} A_{\nu_-}$,由于其全部解离,则:

$$b_+ = \nu_+ b, b_- = \nu_- b$$

$$b_\pm = (b_+^{\nu_+} \cdot b_-^{\nu_-})^{1/\nu} = [(\nu_+ b)^{\nu_+} (\nu_- b)^{\nu_-}]^{1/\nu}$$

$$= (\nu_+^{\nu_+} \cdot \nu_-^{\nu_-})^{1/\nu} b \tag{6-29}$$

从上述讨论可以看出,从电解质的质量摩尔浓度 b 可以求算出 $b_\pm$,实验方法(如电动势法、蒸气压法等)可测得 $\gamma_\pm$,进而可以求算出 $a_\pm$ 和 a。

例 6-6 已知 $0.010\ \text{mol} \cdot \text{kg}^{-1}$ NaCl 溶液的离子平均活度因子 $\gamma_\pm$ 为 0.889,试计算该溶液的离子平均活度 $a_\pm$ 和活度 a。

解:已知 $\gamma_\pm = 0.889$

$$b_\pm = (\nu_+^{\nu_+} \cdot \nu_-^{\nu_-})^{1/\nu} b = (1^1 \times 1^1)^{1/2} \times 0.010\ \text{mol} \cdot \text{kg}^{-1} = 0.010\ \text{mol} \cdot \text{kg}^{-1}$$

$$a_\pm = \gamma_\pm \cdot \frac{b_\pm}{b^\ominus} = 0.889 \times \frac{0.010\ \text{mol} \cdot \text{kg}^{-1}}{1.00\ \text{mol} \cdot \text{kg}^{-1}} = 0.008\ 89$$

$$a = a_\pm^\nu = 0.008\ 89^2 = 7.9 \times 10^{-5}$$

6.4.2 影响离子平均活度因子的因素

表 6-5 列出了水溶液中一些电解质的离子平均活度因子 $\gamma_\pm$。由表可知:$\gamma_\pm$ 与浓度有关,在稀溶液范围内,$\gamma_\pm$ 随浓度降低而增加(无限稀释时达到极限值 1),价型相同的电解质在相同浓度时,$\gamma_\pm$ 大致相等。不同价型的电解质,虽然浓度相同,但 $\gamma_\pm$ 不同,高价型电解质 $\gamma_\pm$ 比低价型的小。这就说明影响电解质离子平均活度因子的主要因素是离子的浓度和价型,而且离子的价数影响更大些。Lewis 根据大量实验事实,提出了包括这两个因素在内的概念——离子强度 I(ionic strength):

$$I = \frac{1}{2} \sum_B b_B z_B^2 \tag{6-30}$$

式中:b_B,z_B 分别为溶液中离子 B 的质量摩尔浓度和电荷数;I 的单位为 $\text{mol} \cdot \text{kg}^{-1}$。

例 6-7 试分别求出下列 $FeCl_3$ 和 $Al_2(SO_4)_3$ 溶液的离子强度 I 和质量摩尔浓度 b 之间的关系。

解：对于 $FeCl_3$

$$b_+ = b, b_- = 3b; z_+ = 3, z_- = -1$$

$$I = \frac{1}{2}\sum_B b_B z_B^2 = \frac{1}{2}[b \times 3^2 + 3b(-1)^2] = 6b$$

对于 $Al_2(SO_4)_3$

$$b_+ = 2b, b_- = 3b; z_+ = 3, z_- = -2$$

$$I = \frac{1}{2}\sum_B b_B z_B^2 = \frac{1}{2}[2b \times 3^2 + 3b(-2)^2] = 15b$$

Lewis 还进一步提出了在稀溶液范围内，离子强度与离子平均活度因子符合下列经验公式：

$$\lg\gamma_\pm = -A\sqrt{I} \tag{6-31}$$

式中：A 是与温度、溶剂有关的常数。该经验式与后来根据 Debye-Hückel 理论所导出的计算 $\gamma_\pm$ 的 Debye-Hückel 极限公式一致。

表 6-5 水溶液中一些电解质的离子平均活度因子 $\gamma_\pm$

电解质	浓度/$(mol \cdot dm^{-3})$							
	0.001	0.002	0.005	0.01	0.05	0.1	0.5	1.0
HCl	0.966	0.852	0.928	0.904	0.830	0.798	0.768	0.809
H_2SO_4	0.830	0.757	0.608	0.544	0.340	0.255	0.154	0.100
HBr	0.966	0.932	0.929	0.906	0.808	0.805	0.790	0.871
KOH	—	—	0.920	0.900	0.824	0.798	0.732	0.755
NaOH	—	—	0.900	0.818	0.766	0.690	0.688	0.678
KCl	0.965	0.952	0.923	0.901	0.815	0.769	0.651	0.606
NaCl	0.965	0.952	0.927	0.912	0.819	0.778	0.682	0.658
$NaNO_3$	0.966	0.953	0.930	0.900	0.820	0.758	0.615	0.348
Na_2SO_4	0.887	0.847	0.778	0.714	0.536	0.453	0.270	0.204
$ZnSO_4$	0.700	0.508	0.477	0.387	0.202	0.150	0.063	0.044
$ZnCl_2$	0.880	0.840	0.789	0.731	0.578	0.515	0.429	0.337
$CaCl_2$	0.888	—	0.789	0.732	0.384	0.324	0.318	0.123

6.5 强电解质溶液理论简介

★ 6.5.1 强电解质溶液的离子互吸理论

在研究电解质的性质时,科学家发现电解质溶液的依数性比同浓度的非电解质的数值大很多。1887 年 Arrhenius(阿伦尼乌斯)提出了部分解离理论,用解离度的概念来解释这种现象。他认为电解质在溶液中是部分解离的,溶液中的粒子包括已解离的离子和未解离的分子,且两者之间成平衡。但是如果把解离度和解离平衡的概念用于强电解质,就会得到相互矛盾或者与实验值不符的结果。这是由于经典的电离学说中没有考虑离子间的相互作用,对于弱电解质溶液来说,其解离度小,溶液中离子的浓度不大,所以离子间相互作用可以忽略不计,可以近似认为粒子相互之间是独立的。而对于强电解质来说,溶液中电解质全部解离,离子间的相互作用就不能被忽略。

1923 年,Debye(德拜)和 Hückel(休克尔)提出了强电解质溶液理论——离子互吸理论(ion-attraction theory),也称为非缔合式电解质理论。该理论认为:强电解质在稀溶液中是完全解离的,强电解质溶液与理想液态混合物的偏差,主要是由溶液中阴、阳离子之间的静电作用引起的。Debye-Hückel 根据离子间静电作用与离子热运动的关系,提出了离子氛(ionic atmosphere)的概念。

强电解质溶液中正、负离子共存,整个溶液呈电中性。依据 Coulomb(库仑)定律,同电性离子相互排斥,异电性离子相互吸引,因此,整个溶液中的离子在静电力的作用下趋于规则地分布。但是,离子在溶液中的热运动则力图使它们随机地分布在溶液中。由于热运动不足以与相对强大的静电力相抗衡,所以在溶液中离子虽然不能完全有规则地分布,但从统计的角度来看,在一定的时间间隔内,一个离子(称为中心离子)的周围,异电性离子出现的机会要比同电性离子大。这样,在强电解质溶液中,每个离子的周围相对集中的是异电性离子,形成了一个异电性离子的氛围,该氛围中异电性离子的总电荷在数值上与中心离子的电荷相等。我们称这种异电性离子氛围为离子氛,如图 6-9 所示。总体来看,在没有外加电场作用时,这种异电性离子的氛围是球形对称的。

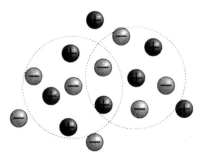

图 6-9 Debye-Hückel 的离子氛模型

每个离子都可作为中心离子而被异电性离子包围,同时,每个离子又可成为另一个或若干个异电性中心离子的离子氛的一员。由于离子的热运动使离子在溶液中所处的位置经常发生变化,因此离子氛是瞬息万变的。

有了离子氛的模型,就可以将强电解质溶液中离子间的静电作用形象地当作中心离子与其离子氛之间的作用,使所研究的问题大大简化。除此之外,Debye 和 Hückel 还作了若干假设,导出了强电解质稀溶液中离子活度因子公式。假设如下:

(1)离子在静电引力下的分布可以使用 Boltzmann(玻耳兹曼)公式,并且电荷密度与电势之间的关系遵从静电学中的 Poisson(泊松)公式。

(2)离子是带电荷的圆球,离子电场是球形对称的,离子不极化,在极稀的溶液中可看成点电荷。

(3)离子互吸而产生的吸引能小于它的热运动能量。

(4)溶液的介电常数与溶剂的介电常数相差不大,可忽略加入电解质后溶液介电常数的变化。

6.5.2 Debye-Hückel 极限公式

Debye 和 Hückel 在离子氛模型的基础上,并根据上述假设,通过适当的数学方法处理,导出了稀溶液中单种离子的活度因子的公式

$$\lg\gamma_B = -Az_B^2\sqrt{\frac{I}{b^\ominus}} \tag{6-32}$$

式中:A 在温度和溶剂一定时是个常数。例如,298.15 K 的水溶液,$A=0.509$。

单个离子的活度无法实验测定,只能测定离子平均活度因子 $\gamma_\pm$。根据式(6-32)以及 γ_+,γ_- 与 $\gamma_\pm$ 关系式导出离子平均活度因子 $\gamma_\pm$ 计算公式为

$$\lg\gamma_\pm = -A|z_+z_-|\sqrt{\frac{I}{b^\ominus}} \tag{6-33}$$

式(6-32)和式(6-33)都称为 Debye-Hückel 极限公式(Debye-Hückel limiting law)。以 $\lg\gamma_\pm$ 对 $\sqrt{\frac{I}{b^\ominus}}$ 作图,可得一条直线,见图 6-10。Debye-Hückel 极限公式适用于浓度 $b<0.1$ mol·kg^{-1} 或离子强度 $I<0.01$ mol·kg^{-1} 的稀溶液。

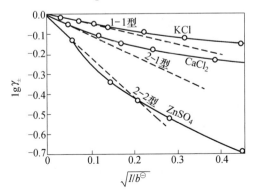

图 6-10 Debye-Hückel 极限公式的验证

若考虑到离子水合、缔合及离子本身体积等因素,则式(6-33)可修正为:

$$\lg\gamma_\pm = -\left(A\,|\,z_+z_-\,|\,\sqrt{\frac{I}{b^\ominus}}\right)\Bigg/\left(1+\alpha\cdot\beta\,\sqrt{\frac{I}{b^\ominus}}\right) \tag{6-34}$$

式中:α 是离子平均有效半径,A,β 为常数。对于 298.15 K 的水溶液,$\alpha\cdot\beta\approx1$,所以上式可化简为:

$$\lg\gamma_\pm = -\left(A\,|\,z_+z_-\,|\,\sqrt{\frac{I}{b^\ominus}}\right)\Bigg/\left(1+\sqrt{\frac{I}{b^\ominus}}\right) \tag{6-35}$$

此式适用于离子强度 $I<0.1\ \text{mol}\cdot\text{kg}^{-1}$ 的水溶液。

例 6-8　计算 298.15 K 时 0.01 $\text{mol}\cdot\text{kg}^{-1}$ 的 $NaNO_3$ 和 0.001 $\text{mol}\cdot\text{kg}^{-1}$ 的 $Mg(NO_3)_2$ 混合溶液中 $Mg(NO_3)_2$ 的离子平均活度因子 $\gamma_\pm$。

解:$I=\dfrac{1}{2}\sum_B b_B z_B^2=\dfrac{1}{2}\left[0.01\times(-1)^2+0.01\times1^2+0.002\times(-1)^2+0.001\times2^2\right]\text{mol}\cdot\text{kg}^{-1}$

$\qquad=0.013\ \text{mol}\cdot\text{kg}^{-1}$

$\qquad\lg\gamma_\pm=-A\,|\,z_+z_-\,|\,\sqrt{\dfrac{I}{b^\ominus}}=-0.509\times|\,2\times(-1)\,|\times\sqrt{\dfrac{0.013}{1.00}}$

$\qquad\quad=-0.116\,1$

$\qquad\quad\gamma_\pm=0.765$

从上例中可以看出,计算离子强度 I 要考虑溶液中所有电解质,而 $\gamma_\pm$ 和 z_+z_- 则是对某一电解质而言的。基于此点,实验研究中,为了使溶液中某一电解质的离子平均活度因子 $\gamma_\pm$ 在一个过程中基本恒定,通常在溶液中加入大量其他的电解质,使溶液的离子强度 I 主要由外加电解质控制,进而可使该电解质的 $\gamma_\pm$ 基本保持恒定。这种外加电解质被称为支持电解质,它起到离子强度补偿的作用,因此也被称为离子补偿剂。

6.5.3　Debye-Hückel-Onsager 电导公式

Debye 和 Hückel 首先将离子氛的概念用于解释溶液的电导。1926 年,Onsager(昂萨格)对 Debye-Hückel 理论作了改进,提出了自己的理论,并得到了正确的极限公式。该理论的推导是基于离子在电场中受力情况的分析,认为:在无限稀释溶液中,离子间距离很大,静电作用可以忽略,不存在离子氛,溶液此时的摩尔电导率为 Λ_m^∞。而一般平衡溶液中,离子氛以对称形式存在,符号相同的电荷是平均分布在中心离子周围的。

离子氛的存在必将影响中心离子的迁移,进而影响电解质的迁移速率。所有影响电解质导电能力的因素可归纳为以下几类:

(1)电场力:$z_B FE$(z_B 为离子电荷,F 为法拉第常数,E 为电场电势)。它是使离子迁移的主要动力。

(2)摩擦力:按 Stokes(斯托克斯)定律,摩擦力为 $6\pi\eta rv$(η 为溶液黏度,r 为粒子半径,

v 为粒子迁移速率)。

(3)松弛力(弛豫力):当离子运动时,离子氛的对称性遭破坏,见图 6-11。不对称的带相反电荷的离子氛对运动的离子产生阻力。此种阻力大小取决于离子氛恢复原来对称性所需要的时间,称为松弛时间。这种阻力则称为松弛力,它使离子迁移速率减慢,从而降低了溶液的摩尔电导率。

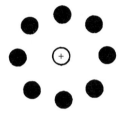

(a)无外加电场的离子氛　　(b)有外加电场时在运动离了周围的不对称离子氛

图 6-11　弛豫时间效应

(4)电泳力:离子都是溶剂化的。当中心离子向前运动时,反离子则带着溶剂化层向相反方向运动,因而离子不是在静止的溶剂中运动,而是在一股逆向流动的溶剂中运动,由此产生的阻力称为电泳力。电泳力阻碍了离子的迁移,降低了其摩尔电导率。

综合上述几种力,Onsager 导出了在离子运动达到稳定时的摩尔电导率公式,即 Debye-Hückel-Onsager 电导公式:

$$\Lambda_m = \Lambda_m^{\infty} - (A\Lambda_m^{\infty} + B)\sqrt{\frac{c}{c^{\ominus}}} \qquad (6\text{-}36)$$

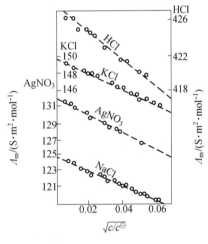

图 6-12　Debye-Hückel-Onsager 电导公式验证图

式中:A 为松弛力参数,与温度和溶剂的相对介电常数相关,B 为电泳力参数,与温度、溶剂的相对介电常数和黏度有关。由此 Kohlrausch 经验式(6-14)得到了理论的证明(如图 6-12 所示,图中圆圈为实验值,虚线为理论值)。式(6-36)中的 $(A\Lambda_m^{\infty} + B)$ 即式(6-14)中的 $\Lambda_m^{\infty}\beta$。

式(6-36)适用于较低浓度的电解质溶液,而浓度较高时,Falkenhegen(法尔肯哈根)又导出了一个近似计算公式:

$$\Lambda_m = \Lambda_m^{\infty} - \left[(A\Lambda_m^{\infty} + B)\sqrt{\frac{I}{b^{\ominus}}}\right] \Big/ \left[1 + B'\sqrt{\frac{I}{b^{\ominus}}}\right] \qquad (6\text{-}37)$$

□ 本章小结

1. 电解质溶液通过溶液中正、负离子的定向迁移来承担导电任务。当通电于电解质溶液时,正离子向阴极移动,负离子向阳极移动;同时在电极与溶液的界面上发生相应的电极反应,即阳极上发生氧化反应,阴极上发生还原反应。

2. Faraday 电解定律表明,两电极上发生反应的物质的量与通入的电量成正比;若通电于几个串联的电解池,则各个电解池的每个电极上发生反应的物质的量与离子所携带的电荷成反比。

3. 为了描述电解质溶液中各离子导电能力的差异,引入了离子迁移速率、离子电迁移率(即淌度)、离子迁移数和离子摩尔电导率等概念。

4. 为了描述电解质溶液的导电能力,引入了电导、电导率和摩尔电导率等概念。

5. 在浓度极稀的强电解质溶液中,其摩尔电导率与浓度的平方根呈线性关系,据此,可用外推法求算无限稀释时强电解质溶液的极限摩尔电导率。此外,在无限稀释的电解质溶液中,离子的运动遵循 Kohlrausch 离子独立运动定律,从而解决了弱电解质的无限稀释摩尔电导率的求算问题。

6. 为了解决溶液中单个离子的性质无法用实验测定的问题,引入了离子平均活度、离子平均质量摩尔浓度、离子平均活度因子和离子强度等概念。

7. 对于稀溶液,离子平均活度因子的值可以用 Debye-Hückel 极限定律进行理论计算,离子平均活度因子的实验值可以用于下一章中的电动势的计算。

□ 阅读材料

绿色的化学反应介质——离子液体

早在 19 世纪,科学家就在研究离子液体,但当时没有引起人们的广泛兴趣。20 世纪 70 年代初,美国空军学院的科学家威尔克斯开始倾心研究离子液体,以尝试为导弹和空间探测器开发更好的电池,发现了一种可用于电池的液态电解质。到了 20 世纪 90 年代末,兴起了离子液体的理论和应用研究的热潮。

离子液体是一类由有机阳离子(如咪唑类离子、吡啶类离子、吡咯烷类离子和四烷基磷类离子)和有机/无机阴离子(如六氟磷酸离子$[PF_6]^-$、四氟硼酸离子$[BF_4]^-$、双三氟甲磺酰亚胺离子$[TFSI]^-$、卤素离子$[X]^-$)组成的,在室温条件下呈液态的"盐"。与典型的有机溶剂不一样,在离子液体里没有电中性的分子,100% 是阴离子和阳离子,在 $-100\sim200$ ℃之间均呈液体状态,具有良好的热稳定性和导电性;对大多数无机物、有机物和高分子材料来说,离子液体是一种优良的溶剂;表现出酸性及超强酸性质,使得它不仅可以作为溶剂使用,而且还可以作为某些反应的催化剂使用,这些具有催化活性的溶剂避免了额外的可能有毒的催化剂或可能产生大量废弃物的缺点;离子液体一般不会成为蒸气,所以在化学实验过程中不会产生对大气造成污染的有害气体;价格相对便宜,多数离子液体对水具有稳定性,容易在水相中制备得到;离子液体还具有优良的可设计性,可以通过分子设计获得特殊功能的离子液体。

离子液体由于完全是由离子构成的,是电化学工作者良好的研究对象。离子液体萃取法是利用离子液体萃取剂对金属离子结合能力的不同而分离金属离子的一种方法。与传统萃取剂相比,离子液体萃取剂具有体系稳定性好、不挥发、选择性好、分离效果好、回收率高、可循环利用等特点;而且离子液体电化学窗口宽,导电性好,可作为电解质直接电沉积稀土金属。近年来,利用离子液体高效分离与提取稀土元素引起广泛关注。Chen Y. H. 等以疏水 1-烷基羧酸-3-甲基咪唑双(三氟甲基磺酰)亚胺离子液体为基底,仅通过调节水相酸度,无须添加任何稀释剂或萃取剂,可选择性萃取分离水溶液中的 Nd(Ⅲ)和 Fe(Ⅲ)及 Sm(Ⅲ)和 Co(Ⅱ)。萃取后,通过使用稀盐酸或草酸溶液,使得在单个反萃取步骤中得到的金属离子从离子液相中反萃取,离子液体被回收并可用于下一个萃取过程。

随着化石能源贮量的减少和环境保护力度的加大,锂离子电池这一绿色能源越来越受到人们的关注,目前锂离子电池所使用的有机电解质溶液存在易燃、易爆等安全隐患,离子液体由于具有蒸气压低、无可燃性、导电性高等优点,有望在彻底解决锂离子电池的安全性问题上发挥重要作用。不挥发、高电导率的离子液体替代有机电解质溶液用于染料敏化电池中,也提高了电池寿命和稳定性。离子液体也同样能应用于太阳能电池方面。钙钛矿太阳能电池正以迅猛的速度发展,在短短十余年,其光电转换效率就已经追赶上发展了六十余年的晶硅太阳能电池。钙钛矿太阳能电池的两大研究热点依然是提高光电转换效率和稳定性。离子液体具有低饱和蒸气压、高离子电导率和低毒性等特点,在制备高性能钙钛矿太阳能电池中提供了重要作用。

此外,离子液体在聚合反应、催化反应等方面也有广泛的应用,逐步取代传统有机溶剂实现了"绿色化工",并且可以提高产物收率和选择性,但这方面的应用大多处于实验室研究阶段,离子液体在工业上大规模的应用尚需很多工作要做。与此同时,科学工作者将离子液体的研究与其他学科交叉,开发基于离子液体的功能材料,如贮能材料、光学材料、智能材料、电学材料等。离子液体的研究显示出良好的应用前景,为绿色有机合成提供了广阔的空间。

总之,离子液体是传统挥发性溶剂的理想替代品,它有效地避免了传统有机溶剂的使用所造成的严重的环境、健康、安全以及设备腐蚀等问题,为名副其实的、环境友好的绿色溶剂。适合于当前所倡导的清洁技术和可持续发展的要求,已经越来越被人们广泛认可和接受。

拓展材料

1.梁栋,胡丽娜,王秀,等. 车载式大田土壤电导率在线检测系统设计与试验.农业机械学报,2022,53(6):274-285.

2.陶奇波,孙继鹏,聂宇婷,等. 电导率法评价紫云英种子活力并预测田间出苗表现.中国草地学报,2022,44(4):95-103.

3.田祥坤,郑重谊,刘勇军,等. 稻作烟区土壤电导率和阳离子交换量的垂直分布特征

与养分有效性的关系.西南农业学报,2021,34(12):2700-2706.

4.邬梦龙,牛文全,温圣林,等.应用电导法实时测定磷酸氢二铵和氯化钾混合肥液浓度.灌溉排水学报,2021,40(1):71-78.

5.何强,苏梦瑶,孙彦璞.电导率和摩尔电导率与浓度关系的教学讨论.化学教育(中英文),2018,39(18):69-71.

思考题

1.Faraday 电解定律的基本内容是什么? 该定律在电化学中有何用处?

2.在电极上发生反应的离子一定是主要迁移电量的那种离子吗? 离子的迁移速率越快,其迁移数越大吗? 说明原因。

3.电解质溶液中电解质的电导率和摩尔电导率都随电解质的浓度变化而变化,各自有什么样的规律? 为什么?

4.在温度、浓度以及电势梯度都相同的情况下,HCl、KCl 和 NaCl 溶液中,Cl^- 的运动速率是否相同? Cl^- 的迁移数是否相同?

5.溶液电导的测定与固体电阻的测定有何区别与联系?

6.测定强电解质和弱电解质的无限稀释摩尔电导率所用的方法一样吗? 为什么?

7.强电解质溶液中活度、正负离子的活度以及离子平均活度之间的关系是什么?

8.电解质的离子平均活度因子与其浓度有关,其规律如何?

9.为什么要引入离子强度的概念? 离子强度对电解质的离子平均活度因子有什么影响?

10.什么叫离子氛? Debye-Hückel 强电解质溶液离子互吸理论的理论表述是什么?

习 题

1.用铂电极电解 $CuCl_2$ 溶液。通过的电流为 20 A,经过 15 min 后,计算(1)在阴极上能析出多少质量的 Cu? (2)在阳极上能析出多少体积的 27 ℃,100 kPa 下的 $Cl_2(g)$?

2.以 1 930 C 的电量通入 $CuSO_4$ 溶液,在阴极有 0.018 mol 的 1/2Cu 析出,试求以同样电量通过另一电解池时,阴极产生 1/2H_2 的物质的量为多少?

3.用银电极电解氰化银钾(KCN+AgCN)溶液时,银在阴极上析出。若每通过 2 mol电子的电量,阴极即失去 2.80 mol 的 Ag^+ 和 1.60 mol 的 CN^- 而得到 1.20 mol 的 K^+,试求(1)氰化银钾的化学式;(2)正、负离子的迁移数。

习题 6-5 解答视频

4.用铜电极电解 $CuSO_4$ 水溶液。电解前每 100 g 溶液中含 10.06 g $CuSO_4$。通电一定时间后,测得银电量计中析出 0.500 8 g Ag,并测知阳极区溶液重 54.565 g,其中含 $CuSO_4$ 5.726 g。试计算 $CuSO_4$ 溶液的铜离子和硫酸根离子的迁移数。

5.已知 0.010 mol·dm^{-3} 某溶液的电导率为 0.141 2 S·m^{-1},将此溶液盛于一电导池,测得其电阻为 4.215 6 Ω。用同一电导池测得某盐酸溶液的电阻为 1.032 6 Ω。试计算(1)电导池常数;(2)该盐酸溶液的电导率。

6.用同一电导池在 298 K 测得 0.02 mol·dm^{-3} 的 KCl 溶液的电阻为 82.4 Ω,浓度为 0.002 5 mol·dm^{-3} 的 K$_2$SO$_4$ 溶液电阻为 326.0 Ω。已知 298 K 时 0.02 mol·dm^{-3} 的 KCl 溶液的电导率为 0.276 8 S·m^{-1}。试求(1)电导池常数 K_{cell};(2) 0.002 5 mol·dm^{-3} 的 K$_2$SO$_4$ 溶液的电导率和摩尔电导率。

7.298.15 K 时,测得 NaCl,NaOH 和 NH$_4$Cl 的 Λ_m^∞ 分别为 1.264×10^{-2},2.487×10^{-2} 和 1.285×10^{-2} S·m^2·mol^{-1},求 NH$_4$OH 的 Λ_m^∞。

8.298.15 K 时,NaCl 和 KCl 的 Λ_m^∞ 分别为 126.45×10^{-4} 和 149.86×10^{-4} S·m^2·mol^{-1},K$^+$ 和 Na$^+$ 的离子迁移数分别为 0.491 和 0.396,求(1)KCl 溶液中 K$^+$ 和 Cl$^-$ 的 λ_m^∞;(2)NaCl 溶液中 Na$^+$ 和 Cl$^-$ 的 λ_m^∞。

9.298 K 时,在某一电导池中盛以 0.010 mol·m^{-3}KCl 时,测得其电阻为 484.0 Ω,当盛以不同浓度 NaCl 水溶液时,测得如下数据:

c/(mol·dm^{-3})	0.000 50	0.001 0	0.002 0	0.005 0
R/Ω	10 910	5 494	2 772	1 128.9

已知此温度时 0.010 mol·dm^{-3}KCl 水溶液电导率为 0.141 2 S·m^{-1}。试求(1)NaCl 水溶液在不同浓度时的 Λ_m;(2)以 Λ_m 对 $\sqrt{c}$ 作图,求 Λ_m^∞。

10.298.15 K 时,0.010 mol·dm^{-3}HAc 水溶液的电阻为 2 220 Ω,已知电导池常数为 36.7 m^{-1},以及 HAc 的 Λ_m^∞ 为 391.6 S·m^2·mol^{-1}。求此温度下的 HAc 的解离度。

11.25 ℃时将电导率为 0.141 S·m^{-1} 的 KCl 溶液装入一电导池中,测得其电阻为 525 Ω。在同一电导池中装入 0.1 mol·dm^{-3} 的 NH$_4$OH 溶液,测得电阻为 2 030 Ω。查表计算 NH$_4$OH 的解离度 α 及解离常数 $K_c^\ominus$。

12.已知 25 ℃时水的离子积 K_w=1.008×10^{-14},NaOH、HCl 和 NaCl 的 Λ_m^∞ 分别等于 0.024 811 S·m^2·mol^{-1},0.042 616 S·m^2·mol^{-1} 和 0.012 645 S·m^2·mol^{-1}。(1)求 25 ℃时纯水的电导率;(2)利用该纯水配制 AgBr 饱和水溶液,测得溶液的电导率 κ(溶液)=1.664×10^{-5} S·m^{-1},求 AgBr(s)在纯水中的溶解度。

13.有浓度均为 0.10 mol·dm^{-3} 的 KCl,H$_2$SO$_4$ 和 CuSO$_4$ 三种溶液。它们的离子平均活度因子分别为 0.769、0.265 和 0.160,试求算上述各溶液的离子平均活度和电解质活度。

14.利用 Debye-Hückel 极限公式分别计算浓度均为 0.001 0 mol·kg^{-1} 的 HCl,Ca(NO$_3$)$_2$ 和 AlCl$_3$ 溶液的离子平均活度因子 $\gamma_\pm$。

15.298.15 K,配制含有 0.005 mol·kg^{-1}KNO$_3$ 和 0.001 0 mol·kg^{-1}MgCl$_2$ 的混合溶液,试问此溶液中 MgCl$_2$ 的 $\gamma_\pm$ 为多少?

Chapter 7 第 7 章

电化学

Electrochemistry

学习目标

1.了解可逆电池的含义。能正确写出给定电池的电极反应和电池反应。

2.了解电动势产生的原理以及对消法测定电动势的原理。掌握由电动势 E 和温度系数 $(\partial E/\partial T)_p$ 计算电池反应的热力学函数的变化值。

3.了解电极电势和标准电极电势等概念。能熟练地应用 Nernst 方程式计算电极电势和电池的电动势。

4.了解分解电压的概念、测定方法、极化现象和极化曲线;掌握超电势的定义和计算。

5.掌握电解池与原电池的极化曲线的异同点;理解电解中研究 $H_2(g)$ 超电势的意义。

6.会用计算的方法判断电解过程中电极上发生反应的物质的顺序。

7.了解金属腐蚀的类型、常用的防止金属腐蚀的方法;常见化学电源的基本原理、类型及发展前景。

电化学主要研究电能与化学能之间相互转化及其转化时的规律。电化学研究的具体内容是电极的研究,包括电极界面的平衡性质和非平衡性质,也就是电极和电解质界面上的电化学行为。

电化学古老而又充满活力,电化学的发展与其实际应用密不可分。19 世纪电极过程热力学的研究和 20 世纪 30 年代溶液电化学的研究都取得了重大的进展。1958 年美国 Appolo(阿波罗)宇宙飞船上成功地使用燃料电池作为辅助电源,使电化学得到更加迅猛的发展。随着太阳能电池、核电池等技术的快速发展,燃料电池已经逐步退出航天应用。20 世纪 70 年代以来,由于计算机技术和表面物理技术的应用,促使电化学进入由宏观到微观、由经验到理论的研究阶段。在物理化学的众多分支中,电化学是唯一以大工业为基础的学科。除了电池、电解等产业部门之外,电化学在能源、材料、生命、环境保护等领域中均占有重要的地位。本章主要从可逆电池电动势和不可逆电极过程等方面阐述电化学领域的基础知识,并对生物电化学等内容作简要介绍。

7.1 可逆电池和电池符号

7.1.1 可逆电池

把化学能转化为电能的装置称为原电池,而将化学能以热力学意义上的可逆方式转化为电能的电池称为可逆电池(reversible cell)。可逆电池必须具备下列两个必要条件:电池反应可逆和能量转换可逆。

1. 电池反应可逆

首先,电极上的电极反应可向正、反两个方向进行,且互为逆反应。即充放电之后,参与电极反应的物质恢复原状。例如,Daniell(丹尼尔)电池——Cu-Zn 电池(图 7-1)。

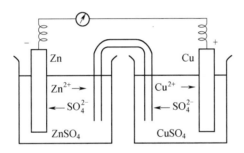

图 7-1 Cu-Zn 电池

放电时,即把它作为原电池时

Cu 电极还原(正极) $Cu^{2+} + 2e^- \rightarrow Cu(s)$

Zn 电极氧化(负极) $Zn(s) \rightarrow Zn^{2+} + 2e^-$

电池反应 $Zn(s) + Cu^{2+} \rightarrow Zn^{2+} + Cu(s)$

充电时,比如蓄电池充电

Cu 电极氧化(正极) $Cu(s) \rightarrow Cu^{2+} + 2e^-$

Zn 电极还原(负极) $Zn^{2+} + 2e^- \rightarrow Zn(s)$

电池反应 $Zn^{2+} + Cu(s) \rightarrow Zn(s) + Cu^{2+}$

即放电和充电时,两者的电池反应正好互为逆反应。故上述电池符合可逆电池的第一个条件,是内在条件。

但是,对于单液电池,例如铜电极和锌电极与 H_2SO_4 溶液构成的电池则是不可逆电池。该电池在放电和充电时的电极反应和电池反应分别为

放电反应时

Cu 电极 H^+ 还原(正极) $2H^+ + 2e^- \rightarrow H_2(g)$

Zn 电极氧化(负极) $Zn(s) \rightarrow Zn^{2+} + 2e^-$

电池反应 $Zn(s) + 2H^+ \rightarrow Zn^{2+} + H_2(g)$

充电反应时

Cu 电极氧化(正极) $Cu(s) \rightarrow Cu^{2+} + 2e^-$

Zn 电极 H^+ 还原(负极) $2H^+ + 2e^- \rightarrow H_2(g)$

电池反应 $Cu(s) + 2H^+ \rightarrow Cu^{2+} + H_2(g)$

充、放电时电池反应不是互为可逆反应,故不是可逆电池。

2. 能量转换可逆

电池在充、放电过程中能量的转换也要求是可逆的。此时电池所通过的电流必须无限小,接近平衡状态下工作。那么电池经历充、放电循环后,可以使系统和环境都恢复到原来的状态,这是使用条件,即外部条件。

同时满足上述两个条件的电池才是可逆电池。

实际工作时电池的电流不可能无限小,所以实际工作的电池都不是可逆电池。但是,在电化学中研究可逆电池是最基础且又十分重要的问题。因为一方面它揭示了化学能转化为电能的最高限度,为改善电池性能提供了理论依据;另一方面可利用可逆电池来研究电化学系统的热力学,即电化学反应的平衡规律。

7.1.2 电池符号

按惯例电池符号的书写遵循如下规定:

(1)电池的正极写在右边,发生还原反应;负极写在左边,发生氧化反应。金属电极材料写在左右两边的最外侧,电解质溶液写在中间。

(2)凡是两相接界面均需用符号标明,用单竖线"|"表示。

(3)连接两不同电解质溶液的盐桥,用双竖线"‖"表示。

(4)注明电池所处的温度和压力,若不写则表示 25 ℃和标准压力;标明构成电池的各物质的状态,溶液要注明浓度(或活度),气体要注明压力;气体电极和氧化还原电极等要注明用于导电的惰性金属,一般用镀有铂黑的铂电极。

例如,图 7-1 的 Cu-Zn 电池的电池符号表示为

$$Zn(s) | ZnSO_4(a_1) \| CuSO_4(a_2) | Cu(s)$$

而铜电极和锌电极与 H_2SO_4 溶液构成的单液电池的电池符号可表示为

$$Zn(s) | H_2SO_4(a) | Cu(s)$$

7.1.3 可逆电极的类型

电池主要由正、负两个电极和电解质溶液组成,因此电极也称为半电池。对于可逆电池,要求组成它的电极也必须可逆。可逆电极通常分为三类。

1. 第一类电极

包括金属电极(metal electrode)、汞齐电极和气体电极。

(1)金属电极:由金属浸在含有该金属离子的溶液中构成,表示为 $M^{z+}(a_+) | M(s)$。电极反应为

$$M^{z+}(a_+) + ze^- \rightarrow M(s)$$

(2)汞齐电极:活泼金属如 Na、K 等,由于会与水发生激烈反应,必须将其溶解在汞中,形成汞齐形式的电极,称为汞齐电极。

如钠汞齐电极,电极可表示为 $Na^+(a_+)|Na(Hg)(a)$。电极反应为

$$Na^+(a_+) + Hg(l) + e^- \rightarrow Na(Hg)(a)$$

(3)气体电极:有气体参与电极反应的电极。如氢电极、氧电极、氯电极等,它们的电极表示式和电极反应分别为

$H^+(a_+)|H_2(p)|Pt$ $2H^+(a_+) + 2e^- \rightarrow H_2(p)$

$OH^-(a_-)|H_2(p)|Pt$ $2H_2O(l) + 2e^- \rightarrow H_2(p) + 2OH^-(a_-)$

$H^+(a_+)|O_2(p)|Pt$ $O_2(p) + 4H^+(a_+) + 4e^- \rightarrow 2H_2O(l)$

$OH^-(a_-)|O_2(p)|Pt$ $O_2(p) + 2H_2O(l) + 4e^- \rightarrow 4OH^-(a_-)$

$Cl^-(a_-)|Cl_2(p)|Pt$ $Cl_2(p) + 2e^- \rightarrow 2Cl^-(a_-)$

因为气体不能导电,所以要浸入惰性金属作导体,一般用镀有铂黑的铂电极。氢电极和氧电极在酸性和碱性溶液中电极反应是不一样的,其电极电势也不同。

2. 第二类电极

包括难溶盐电极、难溶氧化物电极和难溶盐-难溶氧化物电极。

(1)难溶盐电极是金属表面覆盖一层该金属的难溶盐,然后再浸入与该盐有相同阴离子的溶液中而构成。例如,甘汞电极(calomel electrode)和银-氯化银电极的电极表示式和电极反应分别为

$Cl^-(a_-)|Hg_2Cl_2(s)|Hg(l)$ $Hg_2Cl_2(s) + 2e^- \rightarrow 2Hg(l) + 2Cl^-(a_-)$

$Cl^-(a_-)|AgCl(s)|Ag(s)$ $AgCl(s) + e^- \rightarrow Ag(s) + Cl^-(a_-)$

(2)难溶氧化物电极是在金属表面覆盖一薄层该金属的难溶氧化物,然后浸在含 H^+ 或 OH^- 的溶液中构成的电极。例如,氧化汞电极和氧化银电极的电极表示式和电极反应分别为

$OH^-(a_-)|HgO(s)|Hg(l)$ $HgO(s) + H_2O(l) + 2e^- \rightarrow Hg(l) + 2OH^-(a_-)$

$H^+(a_+)|Ag_2O(s)|Ag(s)$ $Ag_2O(s) + 2H^+(a_+) + 2e^- \rightarrow 2Ag(s) + H_2O(l)$

$OH^-(a_-)|Ag_2O(s)|Ag(s)$ $Ag_2O(s) + H_2O(l) + 2e^- \rightarrow 2Ag(s) + 2OH^-(a_-)$

(3)难溶盐-难溶氧化物电极,如铅酸蓄电池中的正极,其电极表示式和电极反应分别为

$H_2SO_4(a)|PbSO_4(s)|PbO_2(s)|Pb(s)$

$PbO_2(s) + 4H^+(a_+) + SO_4^{2-}(a_-) + 2e^- \rightarrow PbSO_4(s) + 2H_2O(l)$

3. 第三类电极

即氧化还原电极(redox electrode),由惰性金属(如铂片)浸入含有某种离子的不同氧化态所组成的溶液中构成。这里惰性金属只起导电作用,而不同价态离子之间的氧化-还原反应在溶液中进行。例如

$$Fe^{3+}(a_1), Fe^{2+}(a_2)|Pt \qquad Fe^{3+}(a_1)+e^- \rightarrow Fe^{2+}(a_2)$$

$$Sn^{4+}(a_1), Sn^{2+}(a_2)|Pt \qquad Sn^{4+}(a_1)+2e^- \rightarrow Sn^{2+}(a_2)$$

类似的还有用于 pH 测定的醌氢醌电极等。

7.1.4 可逆电池电动势测定

1.可逆电池电动势的测定

不能用伏特计直接测量电池电动势。原因有两个:①当电池与伏特计相接后必然有电流从正极流向负极,电池中发生氧化还原反应,电解质溶液浓度不断改变,电动势亦随之改变,这时电池已不是可逆电池;②电池本身有内电阻,当电流通过电池时,就必然有内电阻产生的内电势降,这时伏特表显示的只是电池电动势与内电势降的差值,而不是电池电动势。

只有在没有电流通过时才能准确测定电池电动势。为了达到这一目的,用一个方向相反、大小相等的电势对抗待测电池的电动势,使外线路中没有电流通过,根据这一原理测定电动势的方法称为 Poggendorff (波根多夫)对消法或补偿法(Poggendorff compensation method)。

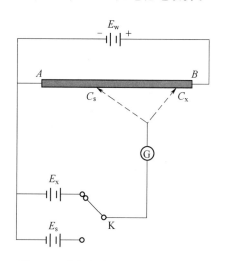

对消法测定电动势的装置如图 7-2 所示。图中 E_w 为工作电池的电动势,它的作用是对消标准电池(E_s)或待测电池(E_x)的电动势。K 为双向开关,G 为检流计,AB 为均匀的滑线电阻。实际测量时,将开关 K 扳向 E_s 方向,与标准电池相连,移动滑动接头,直到检流计 G 没有电流通过时为止,如果此时滑动接头位于 C_s 点,也就是说 AC_s 电势降等于标准电池电动势 E_s。

图 7-2 对消法测定电动势的示意图

再把开关 K 扳向 E_x,与待测电池相接,当滑动接头移到 C_x 点时,没有电流通过 G,此时 AC_x 电势降等于待测电池电动势 E_x。标准电池的电动势 E_s 为已知,而且 AB 段电阻是均匀的,电阻大小与长度成正比,则可以得出待测电池电动势

$$\frac{E_x}{E_s} = \frac{AC_x}{AC_s} \tag{7-1}$$

亦即

$$E_x = E_s \frac{AC_x}{AC_s} \tag{7-2}$$

标准电池电动势 E_s 是已知的,只要测得 AC_s 和 AC_x 就可以求出 E_x。事实上,根据这一原理设计的电位差计中,电阻 AB 的长度是以伏为单位来刻度的,所以实际测定时可以直接读出待测电池电动势 E_x 值。

2.标准电池

测量电池电动势必须有标准电池,常用的标准电池是 Weston(韦斯顿)标准电池,这是一个高度可逆的电池,该电池结构如图 7-3 所示,其阳极、阴极都是从下面引出的。Weston

电池符号表示式为

$$Cd(Hg)(a)\,|\,CdSO_4\cdot 8/3H_2O\text{ 的饱和水溶液}\,|\,Hg_2SO_4(s)\,|\,Hg(l)$$

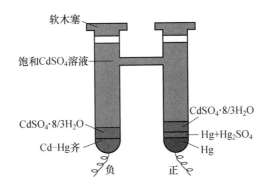

图 7-3 **Weston 标准电池示意图**

电极反应

正极 $\quad Hg_2SO_4(s)+2e^-\rightarrow SO_4^{2-}+2Hg(l)$

负极 $\quad Cd(Hg)(a)+SO_4^{2-}+8/3H_2O(l)\rightarrow CdSO_4\cdot 8/3H_2O(s)+2e^-$

电池反应 $\quad Cd(Hg)+Hg_2SO_4(s)+8/3H_2O(l)\rightarrow CdSO_4\cdot 8/3H_2O(s)+2Hg(l)$

从电池反应可知,温度一定时,标准电池的电动势只与镉汞齐中镉的活度有关。293.15 K 时,该电池电动势为 1.018 45 V;298.15 K 时,该电池电动势为 1.018 32 V,电动势受温度的影响很小。其他温度时的电动势 E 可由下式求得

$$E_T/V=1.018\,45-4.05\times 10^{-5}(T/K-293.15)-9.5\times 10^{-7}(T/K-293.15)^2+$$
$$1\times 10^{-8}(T/K-293.15)^3$$

7.2 可逆电池的热力学

因为可逆电池工作时满足热力学可逆过程的条件,所以有关可逆过程的热力学关系可应用于可逆电池。

7.2.1 由电动势及其温度系数求热力学函数的变化值

1. 由电动势 E 计算电池反应的 $\Delta_r G_m$

在等温、等压条件下,系统摩尔 Gibbs 自由能的减少等于系统对环境所做的非体积功,即

$$(\Delta_r G_m)_{T,p}=W'_R \qquad\qquad (7-3)$$

对于可逆电池反应来说,非体积功就是可逆电功。它等于电池电动势与所通过的电量的乘积。对于反应进度为 1 mol 的电池反应,若转移的电荷数为 z,则所通过的电量 $Q=zF$,因此系统所做的电功为

$$-W'_R = QE = zFE \tag{7-4}$$

则反应的摩尔 Gibbs 自由能变为

$$\Delta_r G_m = -zFE \tag{7-5}$$

式(7-5)是联系热力学与电化学的主要关系式。当电池反应各物质均处于标准状态时，则有

$$\Delta_r G_m^\ominus = -zFE^\ominus \tag{7-6}$$

式中：$E^\ominus$ 为该可逆电池的标准电动势(standard electromotive force)。

2. 电动势 E 与温度的关系

根据热力学基本方程 $dG = -SdT + Vdp$，得

$$\left(\frac{\partial G_m}{\partial T}\right)_p = -S_m \tag{7-7}$$

那么

$$\left(\frac{\partial \Delta_r G_m}{\partial T}\right)_p = -\Delta_r S_m \tag{7-8}$$

将 $\Delta_r G_m = -zFE$ 代入式(7-8)，得

$$\left(\frac{\partial \Delta_r G_m}{\partial T}\right)_p = -zF\left(\frac{\partial E}{\partial T}\right)_p = -\Delta_r S_m \tag{7-9}$$

即

$$\Delta_r S_m = zF\left(\frac{\partial E}{\partial T}\right)_p \tag{7-10}$$

式(7-10)中的 $\left(\frac{\partial E}{\partial T}\right)_p$ 称为电池电动势的温度系数(temperature coefficient)。它表示压力恒定时电池电动势随温度的变化率，其值可由实验测定。

3. 电池反应的摩尔焓变和可逆热效应

定温下，因

$$\Delta_r G_m = \Delta_r H_m - T\Delta_r S_m$$

将式(7-5)和式(7-10)代入，得

$$\Delta_r H_m = -zFE + zFT\left(\frac{\partial E}{\partial T}\right)_p \tag{7-11}$$

可逆电池的热效应为

$$Q_R = T\Delta_r S_m = zFT\left(\frac{\partial E}{\partial T}\right)_p \tag{7-12}$$

例 7-1 有如下电池

$$Ag(s) \mid AgCl(s) \mid HCl(a) \mid Cl_2(p^\ominus) \mid Pt$$

在 298.15 K，标准压力下测得该电池的电动势 $E = 1.97$ V，电动势的温度系数 $\left(\frac{\partial E}{\partial T}\right)_p$

为 -5.94×10^{-4} V·K^{-1}。

(1)试计算该电池反应的 $\Delta_r G_m, \Delta_r S_m, \Delta_r H_m$ 及 Q_R;

(2)若温度升高 10 K,电池的电动势 $E(308.15 \text{ K})$ 等于多少?

解:(1)电极反应与电池反应为

右边正极,还原　　　　$Cl_2(p^{\ominus}) + 2e^- \rightarrow 2Cl^-(a_-)$

左边负极,氧化　　　　$2Ag(s) + 2Cl^-(a_-) \rightarrow 2AgCl(s) + 2e^-$

电池反应　　　　　　　$2Ag(s) + Cl_2(p^{\ominus}) \rightarrow 2AgCl(s)$

$$\Delta_r G_m = -zFE = -2 \times 96\ 485 \times 1.97 = -380.15 \text{ kJ} \cdot \text{mol}^{-1}$$

$$\Delta_r S_m = zF\left(\frac{\partial E}{\partial T}\right)_p = 2 \times 96\ 485 \times (-5.94 \times 10^{-4}) = -114.62 \text{ J} \cdot \text{mol}^{-1} \cdot \text{K}^{-1}$$

$$Q_R = T\Delta_r S_m = 298.15 \times (-114.62) = -34.17 \text{ kJ} \cdot \text{mol}^{-1}$$

$$\Delta_r H_m = \Delta_r G_m + T\Delta_r S_m = -380.15 - 34.17 = -414.32 \text{ kJ} \cdot \text{mol}^{-1}$$

(2) $\left(\dfrac{\partial E}{\partial T}\right)_p = -5.94 \times 10^{-4}$ V·K^{-1},由于温度系数是一常数,可以作近似计算

$$\left(\frac{\partial E}{\partial T}\right)_p = \frac{\Delta E}{\Delta T} = \frac{E(308.15) - E(298.15)}{308.15 - 298.15} = -5.94 \times 10^{-4}$$

从上式可求得　　　$E(308.15 \text{ K}) = 1.96 \text{ V}$

7.2.2　由标准电动势 $E^{\ominus}$ 求标准平衡常数 $K^{\ominus}$

由化学平衡一章知道,$\Delta_r G_m^{\ominus}$ 与标准平衡常数 $K^{\ominus}$ 的关系为

$$\Delta_r G_m^{\ominus} = -RT\ln K^{\ominus}$$

而　　　　　　　　　　$\Delta_r G_m^{\ominus} = -zFE^{\ominus}$

所以　　　　　　　　　$-RT\ln K^{\ominus} = -zFE^{\ominus}$

$$E^{\ominus} = \frac{RT}{zF}\ln K^{\ominus} \quad 或 \quad K^{\ominus} = \exp\left(\frac{zFE^{\ominus}}{RT}\right) \tag{7-13}$$

利用式(7-13),可由标准电动势求反应的各种标准平衡常数 $K^{\ominus}$,反之亦然。

例 7-2　计算 298.15 K 时下列电池反应的标准平衡常数 $K^{\ominus}$。

$$Zn(s) \mid Zn^{2+}(a_1) \parallel Fe^{2+}(a_2) \mid Fe(s)$$

解:电极反应与电池反应为

正极　　　　$Fe^{2+}(a_2) + 2e^- \rightarrow Fe(s)$

负极　　　　$Zn(s) \rightarrow Zn^{2+}(a_1) + 2e^-$

电池反应　　$Zn(s) + Fe^{2+}(a_2) \rightarrow Zn^{2+}(a_1) + Fe(s)$

$$E^{\ominus} = \varphi^{\ominus}(Fe^{2+} \mid Fe) - \varphi^{\ominus}(Zn^{2+} \mid Zn) = -0.447 - (-0.761\ 8) = 0.314\ 8\ V$$

$$K^{\ominus} = \exp\left(\frac{zFE^{\ominus}}{RT}\right)$$

$$= \exp\left(\frac{2 \times 96\ 485 \times 0.314\ 8}{8.314 \times 298.15}\right)$$

$$= 4.40 \times 10^{10}$$

由上述可知,通过实验测定电池的电动势及电动势的温度系数,可以方便、准确地求出电池反应的 $\Delta_r G_m$,$\Delta_r S_m$,$\Delta_r H_m$,Q_R 及 $K^{\ominus}$ 等热力学量。但是,并不是所有的化学反应都可以采用电化学方法,只有那些可以设计成可逆电池的反应才可以用电化学方法求热力学函数的变化值。

7.3 电极电势和电池电动势

7.3.1 电池电动势产生的原理

1.金属与溶液界面的电势差

将金属 M 浸入含有该金属离子 M^{z+} 的溶液中时,将发生 M^{z+} 离开金属进入溶液(溶解过程),而将电子留在金属表面,以及离子从溶液中沉积到金属表面(沉积过程)的过程。当溶解过程与沉积过程速度相等时,金属与溶液两相间无净的 M^{z+} 转移,就形成了双电层。此时,可产生两种不同的情况,若溶液中存在易失去电子的金属离子,则金属溶解使其离子脱离金属溶入液相,而将电子留在金属上,导致金属带负电,溶液带正电,其电极表面双电层结构如图 7-4 所示。通常将图中虚线以左的称为紧密层,以右的称为扩散层,通称双电层。实际上双电层结构的溶液一侧,由于离子的热运

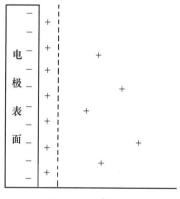

图 7-4 电极表面双电层结构示意图

动而呈现一种梯度分布,即形成扩散双电层结构。相反,若溶液中存在易得电子的金属离子,则溶液中的金属离子向金属表面沉积,使金属带正电,而溶液带负电。金属与溶液两相间的双电层结构产生的平衡电势差就是金属与溶液界面的电势差。

金属与溶液界面的电势差与温度、金属本性及溶液中金属离子 M^{z+} 的活度有关。

2.金属的接触电势

在原电池中常存在两种金属的接触,如 Cu-Zn 电池中,将锌片与铜导线接触以后,由于两种金属内的电子逸出功不同,电子就会从逸出功小的 Zn 相向 Cu 相转移,致使在 Cu 相有剩余的负电荷,而 Zn 相有剩余的正电荷,这种在两金属间形成紧密型双电层结构而产生的电势差称为接触电势(contact potential)。接触电势是由物理作用引起的,通常很小,可忽略不计。

3. 液接电势

两种不同电解质溶液或同种电解质但浓度不同的两种溶液相互接触时,由于溶液中不同离子的迁移速率不同,在界面两侧形成双电层而产生电势差,称为液接电势(liquid junction cell)。如图 7-5 左图是两种浓度不同的 HCl 溶液界面上形成液接电势的示意图。由于 H$^+$,Cl$^-$ 从高浓度一侧向低浓度一侧扩散,而且 H$^+$ 扩散速率比 Cl$^-$ 大,所以扩散达到平衡时在低浓度溶液一侧将出现过剩的 H$^+$ 而带正电荷,在高浓度溶液一侧将出现 Cl$^-$ 的过剩而带负电荷,所以在两溶液界面的两侧就产生了电势差。如果两种溶液是浓度相同的不同电解质,如 0.1 mol·kg^{-1} HCl 和 0.1 mol·kg^{-1} KCl(图 7-5 右图),因两侧 Cl$^-$ 浓度相同,故 Cl$^-$ 没有扩散,而 H$^+$ 向 KCl 溶液扩散,K$^+$ 向 HCl 溶液扩散,由于 H$^+$ 扩散速率比 K$^+$ 大,所以 H$^+$ 迁移到 KCl 一侧的数目比 K$^+$ 迁移到 HCl 一侧的数目多,结果在 KCl 一侧 H$^+$ 过剩带正电,而在 HCl 一侧过剩 Cl$^-$ 带负电,形成电势差。

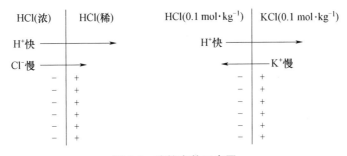

图 7-5 液接电势示意图

上面讨论的三种相界面电势差是绝对值、理论值,但是,单独相界面电势差是无法直接实验测量的。

一个电池的电动势应该是电池各相界面的电势差的总和。如铜锌电池

$$Cu(s)|Zn(s)|ZnSO_4(a_1) \| CuSO_4(a_2)|Cu(s)$$

$$\varphi_{接触} \quad \varphi_- \quad \varphi_{液接} \quad \varphi_+$$

的电动势 E 为

$$E = \varphi_{接触} + \varphi_- + \varphi_{液接} + \varphi_+ \tag{7-14}$$

式(7-14)中:$\varphi_{接触}$ 为铜导线与锌电极接触处的接触电势,很小,可忽略不计;φ_+ 和 φ_- 分别为正、负两极金属与溶液间的电势差(注意这里的电势差与后面所讲的电极电势不一样,电极电势实际上是与标准氢电极比较而得的相对值);$\varphi_{液接}$ 为两种溶液界面上的液接电势。液接电势的值一般不超过 0.03 V,通常可以采用盐桥(salt bridge)使液接电势尽量减小到可以忽略不计的程度(1~2 mV)。盐桥一般用饱和 KCl 溶液装在 U 形管中构成,为了避免溶液流出,常用凝胶如琼脂凝胶来固定饱和的 KCl 溶液。由于 KCl 溶液中 K$^+$、Cl$^-$ 的迁移速率几乎相同,且构成盐桥的饱和 KCl 溶液中电解质浓度远远大于两极电解质溶液的浓度,因此当盐桥放在两个溶液之间,代替原来的两个溶液直接接触,盐桥中的 K$^+$ 和 Cl$^-$ 便以几乎等速向两侧电极溶液中扩散,在盐桥两侧形成两个数值几乎相等而电势相反的接界电势,使液

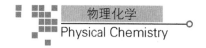

接电势很小，一般可以忽略。若电池中的电解质会与 KCl 发生反应或生成沉淀时，如溶液中含有 Ag^+，则要改用 NH_4NO_3 或 KNO_3 溶液作盐桥。

7.3.2 Nernst 方程式

1.电池电动势的 Nernst 方程式

对于在一定温度下进行的电池反应

$$0 = \sum_B \nu_B B$$

根据化学反应等温方程式

$$\Delta_r G_m = \Delta_r G_m^\ominus + RT\ln\prod_B a_B^{\nu_B} \tag{7-15}$$

式中的 a_B 为任意组分 B 的活度。将 $\Delta_r G_m = -zFE$，$\Delta_r G_m^\ominus = -zFE^\ominus$ 代入上式得

$$zFE = zFE^\ominus - RT\ln\prod_B a_B^{\nu_B} \tag{7-16}$$

整理得

$$E = E^\ominus - \frac{RT}{zF}\ln\prod_B a_B^{\nu_B} \tag{7-17}$$

式(7-17)即是著名的电池反应的 Nernst(能斯特)方程式(Nernst equation)，它表明可逆电池的电动势 E 与参加电池反应各物质活度 a_B 之间的关系。由于纯固体和纯液体的活度为1，因而在公式中不出现纯固体、纯液体的活度；对于气体，a 近似为相对分压 $p_B/p^\ominus$。式(7-17)是重要的电池电动势(electromotive force)计算公式。

在 298.15 K 时，$\frac{RT}{F}\ln 10 = \frac{8.314 \times 298.15}{964\,85}\ln 10 \approx 0.059\,16$，则式(7-17)可写为

$$E = E^\ominus - \frac{0.059\,16}{z}\lg\prod_B a_B^{\nu_B} \tag{7-18}$$

例 7-3 写出电池 $Pt|H_2(0.9p^\ominus)|H^+(a_1=0.01)\parallel Cu^{2+}(a_2=0.1)|Cu(s)$ 的电极反应和电池反应，并计算 298.15 K 时电池的电动势。已知 $\varphi^\ominus(Cu^{2+}|Cu)=0.337\ V$。

解：电极反应

正极　　　　$Cu^{2+}(a_2=0.1)+2e^- \rightarrow Cu(s)$

负极　　　　$H_2(0.9p^\ominus) \rightarrow 2H^+(a_1=0.01)+2e^-$

电池反应　　$Cu^{2+}(a_2=0.1)+H_2(0.9p^\ominus) \rightarrow Cu(s)+2H^+(a_1=0.01)$

电池电动势　$E = E^\ominus - \dfrac{RT}{2F}\ln\dfrac{a^2(H^+)}{a(Cu^{2+})a(H_2)}$

$$= [\varphi^\ominus(Cu^{2+}|Cu)] - \varphi^\ominus(H^+|H_2)] - \frac{0.059\,16}{2}\lg\frac{a^2(H^+)}{a(Cu^{2+})a(H_2)}$$

172

$$= (0.337 - 0) - \frac{0.059\ 16}{2} \lg \frac{0.01^2}{0.1 \times 0.9}$$

$$= 0.424\ \text{V}$$

其中,$a_{\text{H}_2} = \dfrac{0.9 p^{\ominus}}{p^{\ominus}} = 0.9$

2. 电极电势的 Nernst 方程式

(1)标准氢电极及二级标准电极 由于单独相界面电势差的绝对值无法测定,也就是无法测定单个电极的电极电势,但是,可以测量由两个电极组成的电池电动势。

为此,电极电势采用相对数值法。为确定不同电极的相对电极电势,国际上采用标准氢电极(standard hydrogen electrode)作为标准电极。标准氢电极的结构如图 7-6 所示。把镀有铂黑的铂片浸入 $a_{\text{H}^+} = 1$ 的溶液中,并不断通入压力为 $p^{\ominus}$ 的氢气拍打铂片,标准氢电极表示为 $\text{Pt} \mid \text{H}_2(p^{\ominus}) \mid \text{H}^+(a_+ = 1)$。其电极反应为

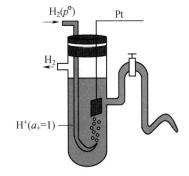

图 7-6 标准氢电极的结构示意图

$$\text{H}_2(p^{\ominus}) \rightarrow 2\text{H}^+(a_+ = 1) + 2\text{e}^-$$

人为规定标准氢电极的电极电势为零,即 $\varphi^{\ominus}(\text{H}^+ \mid \text{H}_2) = 0$。将待测电极作正极,标准氢电极作负极,组成电池

标准氢电极 ‖ 待测电极

测量该电池的电动势 E,即为待测电极的电极电势(electrode potential),以 $\varphi_{\text{电极}}$ 表示。

当待测电极中参加反应的各物质均处于标准状态时,即电极中各组分的活度均为 1 时,则此时的电极电势为标准电极电势,用 $\varphi^{\ominus}_{\text{电极}}$ 表示。

标准氢电极是一级参比电极,由于其制备困难、使用复杂,因此在实际工作中常采用二级参比电极来代替标准氢电极。最常用的二级参比电极是甘汞电极,其结构如图 7-7 所示。

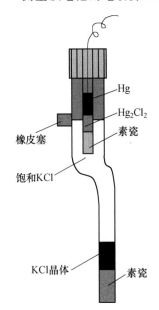

在电极的内部有一根小玻璃管,管内上部放置汞,它通过封在玻管内的铂丝与外部的导线相通;汞的下部放汞和甘汞(Hg_2Cl_2)糊状物,再用氯化钾溶液充满电极。甘汞电极的电极反应为

$$\text{Hg}_2\text{Cl}_2(\text{s}) + 2\text{e}^- \rightarrow 2\text{Hg}(\text{l}) + 2\text{Cl}^-(a_-)$$

显然,一定温度下,甘汞电极的电极电势只与 Cl^- 的活度有关。三种常用甘汞电极的电极电势见表 7-1,用得最多的是饱和甘汞电极。

图 7-7 饱和甘汞电极示意图

表 7-1　298.15 K 时，三种常用甘汞电极的电极电势

KCl 溶液浓度/(mol·dm^{-3})	φ/V	温度的影响
0.1	0.333 7	φ/V = 0.333 7 − 7.0×10^{-5}(T/K − 298.15)
1.0	0.280 1	φ/V = 0.280 1 − 2.4×10^{-4}(T/K − 298.15)
饱和	0.241 2	φ/V = 0.241 2 − 7.6×10^{-4}(T/K − 298.15)

(2)电极电势的 Nernst 方程式

设计如下电池

$$Pt \mid H_2(p) \mid H^+(a_1) \parallel Cu^{2+}(a_2) \mid Cu(s)$$

电极反应

正极　　　　　　　　$Cu^{2+}(a_2) + 2e^- \rightarrow Cu(s)$

负极　　　　　　　　$H_2(p) \rightarrow 2H^+(a_1) + 2e^-$

电池反应　　　　　　$Cu^{2+}(a_2) + H_2(p) \rightarrow Cu(s) + 2H^+(a_1)$

电池电动势　　　　　$E = E^\ominus - \dfrac{RT}{2F} \ln \dfrac{a^2(H^+)}{a(Cu^{2+})a(H_2)}$　　　　　　(7-19)

因 $E = \varphi(Cu^{2+} \mid Cu) - \varphi(H^+ \mid H_2)$，$E^\ominus = \varphi^\ominus(Cu^{2+} \mid Cu) - \varphi^\ominus(H^+ \mid H_2)$，代入式(7-19)得

$$\varphi(Cu^{2+} \mid Cu) - \varphi(H^+ \mid H_2) = \varphi^\ominus(Cu^{2+} \mid Cu) - \varphi^\ominus(H^+ \mid H_2) - \frac{RT}{2F} \ln \frac{1}{a(Cu^{2+})} - \frac{RT}{2F} \ln \frac{a^2(H^+)}{a(H_2)}$$

可得

$$\varphi(Cu^{2+} \mid Cu) = \varphi^\ominus(Cu^{2+} \mid Cu) - \frac{RT}{2F} \ln \frac{1}{a(Cu^{2+})}$$

$$\varphi(H^+ \mid H_2) = \varphi^\ominus(H^+ \mid H_2) - \frac{RT}{2F} \ln \frac{a(H_2)}{a^2(H^+)}$$

推广到任意电极，其电极反应可用下列通式表示

$$Ox + ze^- \rightarrow Red$$

式中：Ox 表示氧化态物质，Red 表示还原态物质。计算此电极的电极电势的通式为

$$\varphi_{Ox \mid Red} = \varphi^\ominus_{Ox \mid Red} - \frac{RT}{zF} \ln \frac{a_{Red}}{a_{Ox}}$$　　　　　　(7-20)

上式中，a 为物质的活度。式(7-20)称为电极电势的 Nernst 公式，可以用来计算电极反应中各物质活度不同时的电极电势。

标准电极电势 $\varphi^\ominus_{电极}$ 仅与电极的本性及温度有关，与参加电极反应的各物质的活度无关；而电极电势 $\varphi_{电极}$ 除了与电极的本性、温度有关外，还与参加电极反应的各物质的活度有关。

由 Nernst 方程式可知，电极电势和电池电动势的大小与电极反应和电池反应的计量系数无关，φ 与 E 均是强度性质。

7.3.3 电池电动势的计算

在计算电池电动势时,首先写出电极反应和电池反应,保持物量和电量平衡,各物质注明物态和活度(或压力),然后再用下述两种方法中的任一种计算电池电动势。

1. 由电极电势计算电池电动势

按照电极电势的规定,电池电动势与电极电势的关系为

$$E=\varphi_+-\varphi_- \tag{7-21}$$

式中:φ_+ 为正极的电极电势,φ_- 为负极的电极电势。如果电池反应中各物质都处于标准状态,即溶液中各物质的活度均为1,此时电池的电动势为标准电动势,用 $E^\ominus$ 表示

$$E^\ominus=\varphi_+^\ominus-\varphi_-^\ominus \tag{7-22}$$

式中:$\varphi_+^\ominus$ 为正极的标准电极电势,$\varphi_-^\ominus$ 为负极的标准电极电势。

用电极电势的 Nernst 方程式分别计算正、负极的电极电势,然后代入式(7-21),即可求得电池电动势。例如,下述电池

$$Zn(s)\,|\,Zn^{2+}(a_1)\,\|\,Cu^{2+}(a_2)\,|\,Cu(s)$$

的电极反应与电池反应为

正极　　　　　$Cu^{2+}(a_2)+2e^-\rightarrow Cu(s)$

负极　　　　　$Zn(s)\rightarrow Zn^{2+}(a_1)+2e^-$

电池反应　　　$Zn(s)+Cu^{2+}(a_2)\rightarrow Zn^{2+}(a_1)+Cu(s)$

则其电池电动势应为

$$\begin{aligned}E&=\varphi(Cu^{2+}\,|\,Cu)-\varphi(Zn^{2+}\,|\,Zn)\\&=\left[\varphi^\ominus(Cu^{2+}\,|\,Cu)+\frac{RT}{2F}\ln a(Cu^{2+})\right]-\left[\varphi^\ominus(Zn^{2+}\,|\,Zn)+\frac{RT}{2F}\ln a(Zn^{2+})\right]\\&=\left[\varphi^\ominus(Cu^{2+}\,|\,Cu)-\varphi^\ominus(Zn^{2+}\,|\,Zn)\right]-\frac{RT}{2F}\ln\frac{a(Zn^{2+})}{a(Cu^{2+})}\end{aligned}$$

2. 利用电池反应的 Nernst 公式计算电池电动势

也可以直接运用电池反应的 Nernst 公式计算电池电动势,下面举例说明。

例 7-4　计算 298.15 K 时下述电池的电动势。

$$Zn(s)\,|\,Zn^{2+}(a_1=0.01)\,\|\,Cu^{2+}(a_2=0.02)\,|\,Cu(s)$$

解:写出电极反应和电池反应

正极　　　　　$Cu^{2+}(a_2=0.02)+2e^-\rightarrow Cu(s)$

负极　　　　　$Zn(s)\rightarrow Zn^{2+}(a_1=0.01)+2e^-$

电池反应　　　$Zn(s)+Cu^{2+}(a_2=0.02)\rightarrow Zn^{2+}(a_1=0.01)+Cu(s)$

根据电池反应的 Nernst 公式

$$E = E^{\ominus} - \frac{RT}{zF}\ln\prod_{B} a_{B}^{\nu_{B}}$$

$$= E^{\ominus} - \frac{RT}{2F}\ln\frac{a(Zn^{2+})}{a(Cu^{2+})}$$

$$= [\varphi^{\ominus}(Cu^{2+}\mid Cu) - \varphi^{\ominus}(Zn^{2+}\mid Zn)] - \frac{RT}{2F}\ln\frac{a(Zn^{2+})}{a(Cu^{2+})}$$

$$= [0.342 - (-0.761\ 8)] - \frac{8.314\times298.15}{2\times96\ 485}\ln\frac{0.01}{0.02}$$

$$= 1.13\ V$$

由此可见,两种计算电池电动势的方法实际上是等同的。

7.4　浓差电池

前面讨论的电池在工作时电池中都发生了化学反应,称为化学电池(chemical cell)。另有一类电池,工作时电池中发生变化的净结果只是一种物质从高浓度(或高压力)向低浓度(或低压力)转移,称为浓差电池(concentration cell)。浓差电池分为两种类型:电极浓差电池和溶液浓差电池。

1.电极浓差电池

在同一电解质溶液中浸入种类相同而浓度不同的两个电极所组成的电池,即是单液浓差电池。例如,两个压力不同的氢电极浸入同一电解质溶液中构成的电池

$$Pt\mid H_2(p_1)\mid HCl(b)\mid H_2(p_2)\mid Pt \qquad (p_1 > p_2)$$

电极反应及相应的电极电势为

正极　$2H^+[a(H^+)] + 2e^- \rightarrow H_2(p_2)$ 　　　$\varphi_+ = \varphi^{\ominus}(H^+\mid H_2) - \dfrac{RT}{2F}\ln\dfrac{(p_2/p^{\ominus})}{a^2(H^+)}$

负极　$H_2(p_1) \rightarrow 2H^+[a(H^+)] + 2e^-$ 　　　$\varphi_- = \varphi^{\ominus}(H^+\mid H_2) - \dfrac{RT}{2F}\ln\dfrac{(p_1/p^{\ominus})}{a^2(H^+)}$

电池反应　$H_2(p_1) \rightarrow H_2(p_2)$

电池电动势　　　　$E = E^{\ominus} - \dfrac{RT}{2F}\ln\dfrac{p_2}{p_1} = \dfrac{RT}{2F}\ln\dfrac{p_1}{p_2}$ 　　　　　　(7-23)

由式(7-23)可见,电极浓差电池(electrode concentration cell)的电池电动势大小只取决于氢气压力,而与溶液中氢离子的活度无关。因 $p_1 > p_2$,则 $E > 0$,电池反应能进行。可以注意到,浓差电池的标准电动势为零,因为它的两个电极相同。

下面是单液浓差电池的另外一个例子：

$$Na(Hg)(a_1) | Na^+[a(Na^+)] | Na(Hg)(a_2) \quad (a_1 > a_2)$$

正极　　$Na^+[a(Na^+)] + Hg(l) + e^- \rightarrow Na(Hg)(a_2)$

负极　　$Na(Hg)(a_1) \rightarrow Na^+[a(Na^+)] + Hg(l) + e^-$

电池反应　　$Na(Hg)(a_1) \rightarrow Na(Hg)(a_2)$

电池电动势　　$E = \dfrac{RT}{F} \ln \dfrac{a_1}{a_2}$

2. 溶液浓差电池

由两个相同的电极浸入种类相同而活度不同的两个电解质溶液所组成的电池，这是双液浓差电池。例如

$$Ag(s) | AgNO_3(a_1) \| AgNO_3(a_2) | Ag(s)$$

电极反应

正极　　$Ag^+[a_2(Ag^+)] + e^- \rightarrow Ag(s)$

负极　　$Ag(s) \rightarrow Ag^+[a_1(Ag^+)] + e^-$

电池反应　　$Ag^+[a_2(Ag^+)] \rightarrow Ag^+[a_1(Ag^+)]$

电池电动势　　$E = \dfrac{RT}{F} \ln \dfrac{a_2(Ag^+)}{a_1(Ag^+)}$

溶液浓差电池(solution concentration cell)的电动势大小，只决定于两个电解质溶液的活度。电池的电动势是由于 Ag^+ 从高浓度向低浓度转移而产生的。

7.5　电池电动势测定的应用

准确测定电池电动势是电化学研究中最基本、最重要的测量。利用电动势数据及其测量来解决科研、生产以及其他实际问题的方法称为电动势法。电池电动势测定的应用非常广泛，除了已介绍的在热力学函数变量(如 $\Delta_r G_m^{\ominus}$，$\Delta_r G_m$，$\Delta_r S_m$，$\Delta_r H_m$ 和 Q_R)的应用以外，许多重要的理化数据往往亦用电动势法求取，如反应平衡常数、电解质溶液的活度和离子平均活度因子以及溶液的 pH 等。该法可作为重要的分析手段，制成各式各样的仪器(如酸度计等)，进行各种专门的测量。

如果要用电动势法求某一化学反应的某些性质，首先将该化学反应设计成电池，然后制作电池，测量电池的电动势，则可利用电动势计算所求的量。

7.5.1　判断化学反应的方向

判断化学反应的方向首先将该反应设计成可逆电池；然后计算该电池的电动势 E，如果 $E > 0$，由于 $\Delta_r G_m = -zFE < 0$，则该反应正向进行；反之，则该反应逆向进行。如果某一化学反应中各物质处于标准态，则可以用 $E^{\ominus}$ 来判断；否则就要用 E 来判断。

例7-5 在 298.15 K 时,判断下列反应能否进行?

$$AgI(s) \rightarrow Ag^+ [a(Ag^+) = 1.0] + I^- [a(I^-) = 1.0]$$

解:将反应设计成如下电池

$$Ag(s) | Ag^+ [a(Ag^+) = 1.0] \| I^- [a(I^-) = 1.0] | AgI(s) | Ag(s)$$

正极 $AgI(s) + e^- \rightarrow Ag(s) + I^- [a(I^-)]$

负极 $Ag(s) \rightarrow Ag^+ [a(Ag^+)] + e^-$

电池反应 $AgI(s) \rightarrow Ag^+ [a(Ag^+)] + I^- [a(I^-)]$

因为所有物质都处于标准态,查表得 $\varphi^{\ominus}(Ag^+ | Ag) = 0.799\ 6$ V,$\varphi^{\ominus}(I^- | AgI | Ag) = -0.152$ V,因此

$$E = E^{\ominus} = \varphi^{\ominus}(I^- | AgI | Ag) - \varphi^{\ominus}(Ag^+ | Ag) = -0.152\ V - 0.799\ 6\ V = -0.951\ 6\ V$$

$E < 0$,说明该反应不能进行。

例7-6 298.15 K 时,将 Ni 放入含 $Pb^{2+} [a(Pb^{2+}) = 0.1]$ 和 $Ni^{2+} [a(Ni^{2+}) = 0.001]$ 的混合液中,试判断 Ni 能否从混合液中将 Pb 置换出来。

解:Ni 置换 Pb^{2+} 的反应为

$$Ni(s) + Pb^{2+} [a(Pb^{2+}) = 0.1] \rightarrow Pb(s) + Ni^{2+} [a(Ni^{2+}) = 0.001]$$

将上述反应设计成如下电池

$$Ni(s) | Ni^{2+} [a(Ni^{2+}) = 0.001] \| Pb^{2+} [a(Pb^{2+}) = 0.1] | Pb(s)$$

查表得 $\varphi^{\ominus}(Ni^{2+} | Ni) = -0.257$ V,$\varphi^{\ominus}(Pb^{2+} | Pb) = -0.126$ V,因此

$$\varphi(Ni^{2+} | Ni) = \varphi^{\ominus}(Ni^{2+} | Ni) - \frac{RT}{2F} \ln \frac{1}{a(Ni^{2+})}$$

$$= -0.257 - \frac{8.314 \times 298.15}{2 \times 96\ 485} \ln \frac{1}{0.001} = -0.346\ V$$

$$\varphi(Pb^{2+} | Pb) = \varphi^{\ominus}(Pb^{2+} | Pb) - \frac{RT}{2F} \ln \frac{1}{a(Pb^{2+})}$$

$$= -0.126 - \frac{8.314 \times 298.15}{2 \times 96\ 485} \ln \frac{1}{0.1} = -0.156\ V$$

$$E = \varphi(Pb^{2+} | Pb) - \varphi(Ni^{2+} | Ni) = -0.156 - (-0.346) = 0.190\ V$$

$E > 0$,说明 Ni 能从混合液中将 Pb 置换出来。

7.5.2 计算难溶盐的溶度积

由于溶度积 K_{sp} 也是一种平衡常数,因此,将难溶盐溶解反应设计成电池后,可以用标准电极电势计算 K_{sp}。

例 7-7 计算 298.15 K 时，$AgCl(s)$ 的溶度积 K_{sp}。

解：$AgCl(s)$ 的溶解平衡为

$$AgCl(s) \rightarrow Ag^+[a(Ag^+)] + Cl^-[a(Cl^-)]$$

首先设计一个电池，使电池反应为 $AgCl(s)$ 的溶解反应。该溶解反应可设计电池如下

$$Ag(s) \mid Ag^+[a(Ag^+)] \parallel Cl^-[a(Cl^-)] \mid AgCl(s) \mid Ag(s)$$

正极 $\qquad AgCl(s) + e^- \rightarrow Ag(s) + Cl^-[a(Cl^-)]$

负极 $\qquad Ag(s) \rightarrow Ag^+[a(Ag^+)] + e^-$

电池反应 $\qquad AgCl(s) \rightarrow Ag^+[a(Ag^+)] + Cl^-[a(Cl^-)]$

由于 $\Delta_r G_m^{\ominus} = -zFE^{\ominus} = -RT\ln K^{\ominus}$

因此，$E^{\ominus} = \dfrac{RT}{zF}\ln K(sp) = \dfrac{RT}{F}\ln a(Ag^+) \cdot a(Cl^-)$

$$\varphi^{\ominus}(Cl^- \mid AgCl \mid Ag) - \varphi^{\ominus}(Ag^+ \mid Ag) = \frac{RT}{F}\ln K_{sp}$$

$$0.222 - 0.799\,6 = 0.059\,16\lg K_{sp}$$

$$K_{sp} = 1.72 \times 10^{-10}$$

7.5.3 离子平均活度因子 $\gamma_{\pm}$ 的测定

离子平均活度因子 $\gamma_{\pm}$ 可以通过实验测定，测定的方法有溶解度法、依数性法及电动势法等，其中以电动势法最为简便。用电动势法测定电解质离子的 $\gamma_{\pm}$ 时，常利用该电解质溶液设计出一个电池。

例 7-8 测定 $0.1\ mol \cdot kg^{-1}$ HCl 溶液的离子平均活度因子 $\gamma_{\pm}$。

解：可设计如下电池

$$Pt \mid H_2(p^{\ominus}) \mid HCl(0.1\ mol \cdot kg^{-1}) \mid AgCl(s) \mid Ag(s)$$

电极反应和电池反应为

正极 $\qquad 2AgCl(s) + 2e^- \rightarrow 2Ag(s) + 2Cl^-[a(Cl^-)]$

负极 $\qquad H_2(p^{\ominus}) \rightarrow 2H^+[a(H^+)] + 2e^-$

电池反应 $\quad 2AgCl(s) + H_2(p^{\ominus}) \rightarrow 2Ag(s) + 2H^+[a(H^+)] + 2Cl^-[a(Cl^-)]$

根据电池反应的 Nernst 公式

$$E = E^{\ominus} - \frac{RT}{2F}\ln\frac{a^2(H^+)a^2(Cl^-)}{a(H_2)} = E^{\ominus} - \frac{RT}{2F}\ln\frac{a_{\pm}^4}{a(H_2)}$$

其中，$a(H_2) = \dfrac{p}{p^{\ominus}} = 1$；查表得 $\varphi^{\ominus}(H^+ \mid H_2) = 0$，$\varphi^{\ominus}(Cl^- \mid AgCl \mid Ag) = 0.222\ V$；298.15 K 时，通过实验测得该电池电动势为 0.35 V。则

$$E^{\ominus} = \varphi^{\ominus}(Cl^- \mid AgCl \mid Ag) - \varphi^{\ominus}(H^+ \mid H_2) = 0.222\ V$$

$$0.35 = 0.222 - \frac{8.314 \times 298.15}{2 \times 96\,485}\ln a_{\pm}^4$$

$$a_{\pm} = 0.082\,8$$

对于 1-1 型电解质 $b_{\pm} = b_+ = b_- = b = 0.1\ mol \cdot kg^{-1}$

$$a_{\pm} = \gamma_{\pm}\frac{b_{\pm}}{b^{\ominus}}$$

$$\gamma_{\pm} = a_{\pm}\frac{b^{\ominus}}{b_{\pm}} = 0.082\,8\ \frac{1}{0.1} = 0.828$$

7.5.4　pH 的测定

用电动势法测定溶液 pH 需要一个参比电极（常用甘汞电极）和一个对 H^+ 可逆的指示电极与待测溶液组成电池。测定溶液 pH 的指示电极有三种，包括氢电极、醌氢醌电极和玻璃电极。氢电极对 pH 在 0～14 范围内的溶液均适用，但由于制备困难，使用不方便，因此，常用的指示电极是醌氢醌电极和玻璃电极。

1. 醌氢醌电极

醌氢醌是醌（Q）与氢醌（H_2Q，即对苯二酚）所形成的等分子的紫色结晶化合物，简写为 $Q \cdot H_2Q$，它微溶于水。将少量的 $Q \cdot H_2Q$ 加入含有 H^+ 的待测溶液中，形成饱和溶液，再浸入惰性金属 Pt 使构成电极，其电极反应和电极电势分别为

电极反应　　　　$Q + 2H^+[a(H^+)] + 2e^- \rightarrow H_2Q$

电极电势　　　$\varphi(Q \mid H_2Q) = \varphi^{\ominus}(Q \mid H_2Q) - \dfrac{RT}{2F}\ln\dfrac{a(H_2Q)}{a_Q \cdot a^2(H^+)}$　　　(7-24)

由于 $Q \cdot H_2Q$ 在水中的溶解度很小，其活度可近似用浓度代替，并且此两种物质的浓度相等，故式(7-24)可简化为

$$\varphi(Q \mid H_2Q) = \varphi^{\ominus}(Q \mid H_2Q) - \frac{2.303RT}{F}pH$$

在测定溶液 pH 时，可与甘汞电极（KCl 浓度为 1.0 mol·dm^{-3}，φ(甘汞) = 0.280 1 V）组成电池

甘汞电极 ∥ $Q \cdot H_2Q$ 饱和的待测溶液[$a(H^+)$] | Pt

则该电池电动势为

$$E = \varphi(\text{Q} \mid \text{H}_2\text{Q}) - \varphi(\text{甘汞}) = \varphi^{\ominus}(\text{Q} \mid \text{H}_2\text{Q}) - \frac{2.303RT}{F}\text{pH} - \varphi(\text{甘汞})$$

故

$$\text{pH} = \frac{F}{2.303RT}(\varphi^{\ominus}[\text{Q} \mid \text{H}_2\text{Q}] - \varphi(\text{甘汞}) - E] \tag{7-25}$$

测定了 E，就可以计算溶液的 pH。

醌氢醌电极(quinhydrone electrode)的制备和使用都极为简便，但是醌氢醌电极只适用于酸性溶液，而不能用于碱性溶液(pH＞8.5)和含强氧化剂的溶液。如果溶液的 pH＞8.5 时，H_2Q 会发生氧化，又可能进行解离，使 $a(\text{Q}) \neq a(\text{H}_2\text{Q})$，计算 pH 的式(7-25)不再成立。

2. 玻璃电极

玻璃电极(glass electrode)是一种氢离子选择性电极，其构造如图 7-8 所示。玻璃电极的主要部分是一个由特殊材料制作的玻璃球，球下端是极薄的玻璃膜。膜内盛 0.1 mol·kg^{-1} 的 HCl 溶液或已知 pH 的缓冲溶液，溶液中插入 Ag-AgCl 电极作为内参比电极。玻璃电极与甘汞电极组成电池

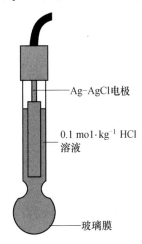

$$\text{Ag(s)} \mid \text{AgCl(s)} \mid \text{HCl}(0.1 \text{ mol} \cdot \text{kg}^{-1}) \mid \text{玻璃薄膜} \mid$$
$$\text{待测溶液}(a_{\text{H}^+}) \mid \text{饱和甘汞电极}$$

图 7-8　玻璃电极的构造示意图

在使用前电极必须在蒸馏水中浸泡 24 小时，使用时极薄的玻璃膜允许溶液中的 H^+ 透过，而不允许其他离子透过。将玻璃电极浸入待测溶液中，在玻璃膜两侧形成 H^+ 的平衡，这时玻璃膜与待测溶液间产生电势差

$$E = \varphi(\text{甘汞}) - \varphi(\text{玻璃}) = \varphi(\text{甘汞}) - \left[\varphi^{\ominus}(\text{玻璃}) - \frac{RT}{F}\ln\frac{1}{a(\text{H}^+)}\right]$$

$$= 0.2412 - \varphi^{\ominus}(\text{玻璃}) + 0.05916\,\text{pH}$$

$$\text{pH} = \frac{E - 0.2412 + \varphi^{\ominus}(\text{玻璃})}{0.05916} \tag{7-26}$$

玻璃电极稳定性好，不受溶液中氧化剂、还原剂及各种杂质的影响；另外，它所需待测液体积少，操作简便。借助玻璃电极专门用来测定溶液的 pH 的仪器称为 pH 计或酸度计，它已成为现代分析化学中常用仪器之一。

不同玻璃电极的 $\varphi^{\ominus}(\text{玻璃})$ 值不同。对于一个给定的玻璃电极，$\varphi^{\ominus}(\text{玻璃})$ 是常数。在实际使用时，将玻璃电极和甘汞电极浸入已知 pH 的缓冲溶液中，调整 pH 计旋钮，使其显示该缓冲溶液的 pH；然后将玻璃电极和甘汞电极浸入待测溶液中，在 pH 计上显示的读数就是待测溶液的 pH。这样就不需要求出 $\varphi^{\ominus}(\text{玻璃})$ 了。

实际上，目前已将玻璃电极和甘汞电极两支电极制成一支复合电极，更便于使用。

7.5.5　电池电动势测定在生物系统中的应用

在生物化学中，许多生化反应涉及 H^+。例如，对于氧系统

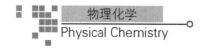
$$O_2 + 4H^+ + 4e^- \rightarrow 2H_2O$$

有 H$^+$ 参加的电极反应中,电极电势不仅与还原态、氧化态物质的活度有关,而且还与 H$^+$ 活度有关。

由于物理化学中,我们规定在标准态时 $a_{H^+} = 1$,而生物体内的反应大都在接近 pH=7 即 $a_{H^+} = 10^{-7}$ 的条件下进行。于是,生物化学规定 H$^+$ 的标准态为 $a_{H^+} = 10^{-7}$,其他物质的标准态与物理化学中规定的相同。所以,在生物化学中,凡是有 H$^+$ 参加的电极反应,按生化标准态规定其标准电极电势 $\varphi^{\oplus}$ 与按物理化学标准态规定的标准电极电势 $\varphi^{\ominus}$ 之间有如下关系

$$\varphi^{\oplus} = \varphi^{\ominus} + \frac{RT}{F}\ln 10^{-7}$$

例如,在 298.15 K,$p^{\ominus}$ 下

$$\varphi^{\oplus}(\text{H}^+ \mid \text{H}_2) = \varphi^{\ominus}(\text{H}^+ \mid \text{H}_2) + \frac{RT}{F}\ln 10^{-7} = 0 + 0.059\ 16\ \lg 10^{-7} = -0.414\ \text{V}$$

$$\varphi^{\oplus}(\text{O}_2 \mid \text{H}^+) = \varphi^{\ominus}(\text{O}_2 \mid \text{H}^+) + \frac{RT}{F}\ln 10^{-7} = 1.229 + 0.059\ 16\ \lg 10^{-7} = 0.815\ \text{V}$$

7.6 分解电压

7.6.1 基本概念

将直流电通过电解质溶液,在电极上发生氧化还原反应而引起物质分解的过程称为电解(electrolysis)。

借助电流引起化学变化,将电能转变为化学能的装置(图 7-9)称为电解池(electrolytic cell)。例如反应 $\text{Cu}^{2+} + 2\text{Cl}^- \rightarrow \text{Cu} + \text{Cl}_2 \uparrow$ 的 $\Delta_r G^{\ominus} > 0$,反应不能进行,但通电后,即可发生反应,将电能转换为化学能。

电解池中与外电源负极相接的极叫作阴极,和外电源正极相接的极叫作阳极。电子从电源负极流出,进入电解池的阴极,经电解质溶液,由电解池的阳极流回电源的正极。电解时,电解质中正离子向阴极移动,负离子向阳极移动;阴极上发生还原反应,阳极上发生氧化反应。

电解时能使电流连续稳定地通过电解质,并使之开始电解所必需的最小外加电压称为分解电压(decomposition voltage,$E_{\text{分解}}$)。电解质溶液电解时施加的电压,主要用来克服电解池中产生的反电动势。例如用铂电极电解 0.1 mol·dm^{-3}CuSO$_4$(图 7-10),改变外加电压,电解开始时,在阴极(−)上析出铜,在阳极(+)上则产生 O$_2$ 气泡。

电极反应为:

阴极 $2\text{Cu}^{2+} + 4e^- \rightarrow 2\text{Cu}$

阳极 $2\text{H}_2\text{O} \rightarrow 4\text{H}^+ + \text{O}_2 \uparrow + 4e^-$

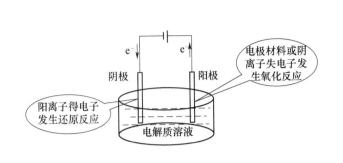

图 7-9　电解池示意图

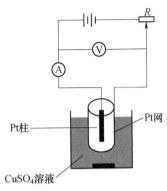

图 7-10　分解电压的测定

电解池中原来的两个铂电极变成了铜电极(铂镀铜)和氧电极(铂上吸附氧),这两个电极在电解质溶液中构成原电池,产生一个跟外加电压方向相反的电动势——反电动势(back electromotive force, E_b)。因此要使电解顺利进行,外加电压必须大于反电动势,这就是分解电压产生的原因。理论上,分解电压应等于电解池两极的反电动势,故又称理论分解电压 $E_{理分}$。

实际上,要使电解池顺利地进行连续反应,除了克服作为原电池时的可逆电动势($E_{理分}$)外,还要克服由于极化在阴、阳极上产生的超电势($\Delta E_{不可逆}$),以及克服电池内阻(R)所产生的电势降(IR),这三者的加和称为实际分解电压($E_{实分}$),所以 $E_{实分}$ 的数值会随着 I 的增加而增加

$$E_{实分} = E_{理分} + \Delta E_{不可逆} + IR$$

7.6.2　分解电压的测定

利用图 7-10 实验装置电解 $0.1\ mol \cdot dm^{-3}$ NaOH 溶液时,逐渐增加外加电压,由安培计 A 和伏特计 V 分别测定线路中的电流强度 I 和电压 E,画出 I-E 曲线如图 7-11 所示。

外加电压很小时,有一个逐渐增加的微小电流通过电解池,这个微小电流称为残余电流(residual current),此时,阴、阳极上无 H_2 和 O_2 放出。随着 E 的增大,电极表面产生少量 H_2 和 O_2,但压力低于大气压,无法逸出,所产生的 H_2 和 O_2 构成了原电池,外加电压必须克服这反电动势。继续增加电压,I 稍微增加,如图 7-11 中 1～2 段。当外压增至 2～3 段,氢气和氧气的压力等于大气压力,呈气泡逸出,反电动势达极大值 $E_{b, max}$。

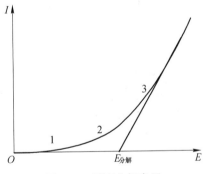

图 7-11　测定分解电压
时的电流-电压曲线

再增加电压,I 迅速增加,将直线外延至 $I=0$ 处,即得分解电压 $E_{分解}$。很多强酸、强碱和强酸强碱盐水溶液有十分接近的 $E_{分解}$(约 1.7 V),因为这些溶液电解时两极上发生的反应相同,均为阳极上析出氧气,阴极上析出氢气。

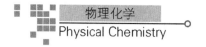

7.6.3 理论分解电压的计算

在上述测定分解电压的过程中，阳极上析出 O_2，阴极上析出 H_2。O_2 和 H_2 组成原电池

$$Pt \mid H_2(p^{\ominus}) \mid NaOH(0.1 \text{ mol} \cdot dm^{-3}) \mid O_2(p^{\ominus}) \mid Pt$$

正极 $2H_2O + O_2(p^{\ominus}) + 4e^- \rightarrow 4OH^-$

负极 $2H_2(p^{\ominus}) + 4OH^- \rightarrow 4H_2O + 4e^-$

电池反应 $2H_2(p^{\ominus}) + O_2(p^{\ominus}) \rightarrow 2H_2O$

$$\varphi_+ = \varphi(O_2 \mid OH^-) = \varphi^{\ominus}(O_2 \mid OH^-) - \frac{RT}{4F} \ln a^4(OH^-) = 0.401 - 0.059\,16 \lg 0.1 = 0.460 \text{ V}$$

$$\varphi_- = \varphi(OH^- \mid H_2) = \varphi^{\ominus}(OH^- \mid H_2) - \frac{RT}{4F} \ln a^4(OH^-) = -0.822\,7 - 0.059\,16 \lg 0.1 = -0.764 \text{ V}$$

$$E_{理分} = \varphi_+ - \varphi_- = 0.460 - (-0.764) = 1.224 \text{ V}$$

实际测定的分解电压为 1.70 V 左右，差值的存在主要是由于极化现象（参见 7.7 章节）引起的。

7.7 极化与超电势

7.7.1 极化

在电极上单位面积内通过的电流称为电流密度，用 j 表示，其单位是 $A \cdot m^{-2}$。

当电极上无电流通过时，电极处于平衡状态，这时的电极电势称为可逆电极电势。在有电流通过时，电极处于非平衡状态（不可逆），实际电极电势偏离平衡值，随着电极上电流密度的增加，实际电极电势对平衡值的偏离也越来越大，这种对平衡值的偏离现象称为电极的极化（polarization）。

在某一电流密度下，实际发生电解的电极电势 φ_{IR} 与可逆电极电势 φ_R 之间差值的绝对值称为超电势（overpotential，η）。阳极上由于超电势使电极电势向正方向移动，阴极上由于超电势使电极电势向负方向移动。为了使超电势都是正值，把阴极超电势（η_c）和阳极超电势（η_a）分别表示为：

$$\eta_a = \varphi_{IR} - \varphi_R$$

$$\eta_c = \varphi_R - \varphi_{IR}$$

超电势与电流密度、电极材料以及表面状态、温度、电解质的性质等因素有关。通常在电极上发生的反应有气体（如 H_2，O_2，Cl_2）参加时，超电势比较高。

根据极化产生的原因不同，通常把极化分为两类：浓差极化（concentration polarization）和电化学极化（electrochemical polarization）。

1. 浓差极化

电解过程中，电极附近某离子浓度由于电极反应而发生变化，本体溶液中该离子扩散的速度小于这个变化,导致电极附近溶液的浓度与本体溶液间有一个浓度梯度,这种浓度差别引起的电极电势的改变称为浓差极化。用增大电极面积、减小电流密度、加速搅拌和提高溶液温度的方法可以减少浓差极化。可以利用滴汞电极上的浓差极化进行极谱分析。

如电解时,阴极发生 $M^{n+} + ne^- \rightarrow M$ 的反应,阴极表面附近离子的浓度迅速降低,离子的扩散速率又有限,得不到很快的补充,这时阴极电势比可逆电极电势要负,且电流密度越大,电势负移就越显著。同理,阳极发生氧化反应,例如,金属的溶解将使电极表面附近的金属离子浓度增大,在离子不能很快地离开的情况下,电极表面附近的金属离子浓度比本体溶液中大,阳极电势变得更正。

2. 电化学极化

电极反应总是分步进行,若其中一步反应速率较慢,则需要较高的活化能才能进行。为了使电极反应顺利进行所额外施加的电压(阴极电势更负,阳极电势更正)称为电化学超电势(亦称活化超电势),这种极化现象称为电化学极化。

例如,对于阴极析出氢气:$H^+ | H_2(g) | Pt$,由于 H^+ 变成 H_2 的速率不够快,电极上有电流通过时到达阴极的电子不能被及时消耗掉,致使电极比可逆时带更多的负电,从而使电极电势变得比 φ_R 低。

影响极化程度的因素很多,主要有电极材料、电极的大小和形状、电解质溶液的组成、温度、搅拌情况和电流密度等。

7.7.2 极化曲线

超电势或电极电势与电流密度(j)之间的关系曲线称为极化曲线(polarization curve)。极化曲线的形状和变化规律(图 7-12)反映化学过程的动力学特征。

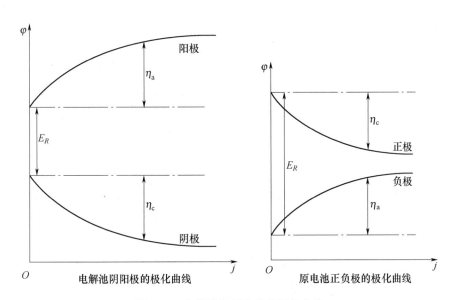

图 7-12 电解池和原电池的极化曲线

1. 电解池中两电极的极化曲线

随着电流密度的增大,两电极上的超电势也增大,阳极电极电势变大,阴极电极电势变小,使外加的电压增加,额外消耗了电能。

2. 原电池中两电极的极化曲线

原电池中,负极是阳极,正极是阴极。随着电流密度的增加,阳极电极电势变大,阴极电极电势变小。由于极化,原电池的做功能力下降。但是,也可以利用这种极化降低金属的电化学腐蚀速度。

7.7.3　超电势的测定

超电势的测定装置如图 7-13 所示。测定超电势就是测定在有电流通过时的电极电势。

要测定工作电极(WE)的极化曲线,可借助辅助电极(CE),将 CE 与 WE 构成一个电解池,调节外电路中的电阻 R,改变通过两个电极的电流;参比电极(RE)与 WE 构成一个原电池,将两个电极和电位差计连接,就可测出在通过一定电流时 WE 的电极电势,不断地改变通过 WE 的电流,就可测出在不同电流密度时 WE 的电极电势,从而得到极化曲线。实验表明,电流密度不同,WE 电极电势不同,因而超电势也不同。

无论是原电池还是电解池,极化作用对能量利用是不利的。为了使电极的极化减小,必须外加某种在电极上容易反应的物质,可使电极的极化减小

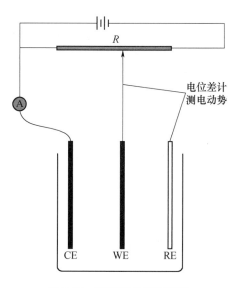

图 7-13　超电势的测定装置

或限制在一定的范围内,这种作用称为去极化作用(depolarization effect),外加的物质称为去极化剂(depolarizing agent)。如在 HCl 的电解中,加入 $FeCl_3$ 作为去极化剂,防止 H_2 的析出。

7.7.4　氢超电势

电解质溶液通常用水作溶剂,电解过程中,在阴极氢离子会与金属离子竞争还原。利用氢在电极上的超电势,可以使比氢活泼的金属先在阴极析出,这在电镀工业上是很重要的。例如,只有控制溶液的 pH,利用氢气的析出有超电势,才使得镀 Zn、Sn、Ni、Cr 等工艺得以实现。

除第八族元素 Fe、Co、Ni 外,金属在电极上析出时超电势很小,通常可忽略不计。而气体,特别是氢气和氧气,超电势值较大。氢气在几种电极上的超电势见表 7-2。在石墨和汞等材料上,超电势很大,而在金属 Pt,特别是铂黑电极上,超电势很小,所以标准氢电极中的铂电极要镀上铂黑。

表 7-2　298.15 K 时氢的超电势(η_c/V)[*]

j/(mA·cm^{-2})	Cd	Cu	Pt黑	Pt	石墨	Ag	Fe	Zn	Ni	Pb	j/(mA·cm^{-2})	Hg
0	0.466		0		0.0022		0.2026				0	0.2805
0.1	0.651	0.351	0.0034		0.3166	0.2981	0.2183				0.0769	0.5562
1	0.981	0.479	0.0154	0.024	0.5995	0.4751	0.4036	0.716	0.563	0.52	0.769	0.8488
2			0.0208	0.034	0.652	0.5787	0.4474	0.726	0.633		1.54	0.9295
5	1.086	0.548	0.0272	0.051	0.725	0.6922	0.5024	0.726	0.705	1.06	3.87	1.006
10	1.134	0.548	0.03	0.068	0.7788	0.7618	0.5571	0.746	0.747	1.09	7.69	1.0361
100	1.216	0.801	0.0405	0.288	0.9774	0.8749	0.8184	1.064	1.048	1.179	76.9	1.0665
1 000	1.254	1.254	0.0483	0.676	1.22	1.089	1.2915	1.229	1.241	1.262	769	1.108

[*] 引自 Creighton H. J. Principle and Application of Electrochemistry. John Wiley & Sons. 1997,p248. 表中 $j=0$ 的数据是按外推的分解电压得出,理论上 $\eta_c=0$。

7.7.5　Tafel 公式

1905 年,Tafel(塔菲尔)提出一个经验公式,表示氢超电势与电流密度之间的定量关系

$$\eta=a+b\ln(j/[j])$$

式中:j 为电流密度,a,b 为常数。a 为电流密度为 1 A·cm^{-2} 时的超电势,与电极材料、表面状态、溶液组成和温度等因素有关,是超电势的决定因素;b 的数值对大多数金属差不多相等,常温下,$b=0.05$ V。

以 η 对 $\ln j/[j]$ 作图,可得到一条直线,一般情况下是符合事实的。但根据 Tafel 公式,当 $j\to 0$ 时,$\eta\to -\infty$,显然是不对的,实际上,当 $j\to 0$ 时,$\eta=R_e j$(式中 R_e 为一具有电阻量纲的常数,与金属性质有关)。

7.7.6　氢超电势的理论解释

对氢超电势提出了不同的理论如迟缓放电理论、复合理论。在不同的理论中都提出了 H^+ 的放电可以分为以下几个步骤:

(1)H_3O^+ 从本体溶液扩散到电极的附近。

(2)H_3O^+ 从电极附近溶液中移动到电极上。

(3)H_3O^+ 在电极上可以按照如下的任何一种方式进行反应生成 H_2:

$$Me+H_3O^++e^-\to Me\text{-}H+H_2O \qquad A_1$$
$$Me\text{-}H+H_3O^++e^-\to Me+H_2+H_2O \qquad A_2\ \text{电化学脱附}$$

或

$$Me+H_3O^++e^-\to Me\text{-}H+H_2O \qquad B_1$$
$$Me\text{-}H+Me\text{-}H\to 2Me+H_2 \qquad B_2\ \text{复合脱附}$$

其中:Me 表示金属电极。

(4)H_2 从电极上扩散到溶液中或形成气泡溢出。

各个步骤中究竟哪一步是速控步,看法不一。迟缓放电理论认为,A_2 最慢,而复合理论认为 B_2 最慢,也有人认为,各步的反应速率相近,反应属于联合控制。实际上各种理论并非互相矛盾,而是互相补充,它们各适用于某些特定条件。一般来说,对氢超电势比较高的金属如 Hg、Zn、Pb 等,迟缓放电理论可以概括全部的实验事实;对氢超电势比较低的金属如 Pt、Pd 等,复合理论可以解释实验事实;对氢超电势适中的金属如 Fe、Co、Cu 等,情况要复杂一些,但无论采用何种机理,最后都可以得到 Tafel 公式。

7.8 电解时电极上的反应

7.8.1 析出电势与金属离子的分离

析出电势(deposition potential)指物质在阴极上还原析出时所需的电极电势,或阳极氧化析出时所需的电极电势。对于可逆电极反应,某物质的析出电势就等于电极的平衡电势。

电解时,在阴极上首先析出何种物质,应把可能发生还原反应物质(如金属离子、氢离子)的析出电势计算出来,同时考虑它的超电势,析出电势越正(易得电子)的首先在阴极析出;阳极上首先发生什么反应,应把可能发生氧化反应物质(如阴离子、阳极本身)的电极电势计算出来,同时要考虑它的超电势,析出电势越负(易失电子)的首先在阳极氧化。确定了阳极、阴极析出的物质后,用阳极析出电势减去阴极析出电势,就得到了实际分解电压。

电解时,不仅要考虑电极反应,而且还要注意电极反应对溶液浓度、组成的影响。如电解水溶液时,由于 H_2 或 O_2 的析出,会改变溶液中 H^+ 或 OH^- 的浓度,计算析出电势时必须考虑这个因素。一般对金属离子的析出,可以不考虑超电势,但当电极上有气体析出时,由于气体析出的超电势比较大,必须考虑超电势。

例 7-9 在 pH$=7$ 的溶液中用 Ag 电极电解 $AgNO_3$ 溶液,假定 Ag^+ 的活度为 1,电流密度为 0.1 mA·cm^{-2},求 Ag^+,H^+ 的析出电势。

解:Ag 的析出

$$Ag^+ (a=1) + e^- \rightarrow Ag$$

$$\varphi(Ag^+ | Ag) = \varphi^{\ominus}(Ag^+ | Ag) - \frac{RT}{F}\ln a^{-1}(Ag^+) = 0.799\,6 + 0 = 0.799\,6 \text{ V}$$

H_2 的析出

$$H^+ (a=10^{-7}) + e^- \rightarrow \frac{1}{2}H_2$$

$$\varphi(H^+ | H_2) = \varphi^{\ominus}(H^+ | H_2) - \frac{RT}{F}\ln \frac{a^{1/2}(H_2)}{a(H^+)} - \eta(H_2) =$$
$$-0.059\,16\,\lg 10^7 - 0.298\,1 = -0.712\,2 \text{ V}$$

其中,$a(H_2)=1$。由于 Ag 的析出电势比 H_2 高,所以阴极上首先析出的是银。

在金属析出的过程中,要注意因溶液浓度、组成的改变,使电势发生改变,从而引起 H_2 析出的可能性。以 Pt 为电极电解 1 mol·dm^{-3} $CuSO_4$ 溶液,发生的电极反应为

阴极 $\qquad Cu^{2+} + 2e^- \rightarrow Cu(s)$

阳极 $\qquad H_2O \rightarrow 2H^+ + O_2(g) + 2e^-$

电解过程中铜电极和氧电极构成的原电池为

$$Cu(s) \mid CuSO_4(1 \text{ mol·}dm^{-3}) \mid O_2(p^{\ominus}) \mid Pt(s)$$

如该电池中各物质的活度系数为 1,对于 pH=7 的溶液,氧在铂电极上的析出电势为 1.70 V,则电解时的分解电压为

$$E_{实分} = \varphi_a - \varphi_c = 1.70 - 0.34 = 1.36 \text{ V}$$

随电解的进行,Cu^{2+} 活度逐渐变小,阴极电势将降低,分解电压增大,外加电压达 2.0 V 时,则有

$$1.70 - \left[0.34 - \frac{RT}{2F}\ln\frac{1}{a(Cu^{2+})}\right] = 2.0$$

$$a(Cu^{2+}) = 2.29 \times 10^{-22}$$

若求在 H_2 析出时,Cu^{2+} 的浓度为多少?由于先析出铜,其析出电势不断下降,同时由于产生 H^+,其析出电势上升,当两者析出电势相等时,同时析出,此时要考虑 H_2 在铜电极上的超电势(设 $\eta = 0.351$)

$$\varphi(Cu^{2+} \mid Cu) = \varphi(H^+ \mid H_2)$$

设 H_2 在铜上析出时,溶液中 Cu^{2+} 的浓度为 $a(Cu^{2+})$

$$\varphi^{\ominus}(Cu^{2+} \mid Cu) + \frac{RT}{2F}\ln a(Cu^{2+}) = \varphi^{\ominus}(H^+ \mid H_2) + \frac{RT}{2F}\ln\frac{a^2(H^+)}{a(H_2)} - \eta(H_2)$$

$$0.34 + \frac{RT}{2F}\ln a(Cu^{2+}) = \frac{RT}{F}\ln\{10^{-7} + 2 \times [1 - a(Cu^{2+})]\} - \eta_{H_2} \approx \frac{RT}{F}\ln 2 - \eta_{H_2}$$

$$a(Cu^{2+}) = 1.74 \times 10^{-23}$$

其中,$a(H_2) = 1$。

如果溶液中含有多个析出电势不同的金属离子,可以控制外加电压的大小,使金属离子分步析出而达到分离目的。为了使分离效果较好,后一种离子析出时,前一种离子的活度应减少到 10^{-7} 以下,这就要求两种离子的析出电势相差一定的数值。两种同价金属离子电解分离,两者的析出电势需相差 ΔE:

$$\Delta E = \frac{RT}{zF}\ln 10^{-7} \qquad \begin{array}{ll} 当 z=1 & \Delta E > 0.41 \text{ V} \\ z=2 & \Delta E > 0.21 \text{ V} \\ z=3 & \Delta E > 0.14 \text{ V} \end{array}$$

要使两种析出电势不同的金属同时析出(析出合金),可以调节其浓度比或加入络合剂

使它们的析出电势相同。

7.8.2 电解的应用

电解的应用范围很广,如电镀、金属电冶炼、防护、铝合金的氧化和着色等。

1.电镀

电镀(plating)是应用电解的原理将一种金属镀到另一种金属表面的过程。电镀时,阴极为被镀件,阳极为欲镀金属,电解液为含有欲镀金属的盐溶液(一般不选用简单离子的盐溶液,因会使镀层粗糙,厚薄不匀)。

以镀锌为例,电镀液为:$ZnO+NaOH+$添加剂

$$ZnO+2NaOH+H_2O \rightarrow Na_2[Zn(OH)_4]$$
$$[Zn(OH)_4]^{2-} \rightarrow Zn^{2+}+4OH^-$$

配离子的形成,降低了 Zn^{2+} 的浓度,使金属锌在镀件上析出的过程中有了一个适宜的速率,可得到紧密光滑的镀层。

两极的主要反应为

阴极　　　$Zn^{2+}+2e^- \rightarrow Zn$

阳极　　　$Zn \rightarrow Zn^{2+}+2e^-$

2.电抛光

电抛光(electropolishing)是金属表面精加工的方法之一。在电解过程中,利用金属表面上凸出部分的溶解速率大于金属表面凹入部分的溶解速率,从而使金属表面平滑光亮。电抛光时,阴极为铅板,阳极为欲抛光工件(钢铁),电解液为磷酸+硫酸+铬酐(CrO_3)。

电抛光时铁因氧化而发生溶解,阳极:$Fe \rightarrow Fe^{2+}+2e^-$,产生的 Fe^{2+} 与溶液中的 $Cr_2O_7^{2-}$ 发生氧化还原反应:$6Fe^{2+}+Cr_2O_7^{2-}+14H^+ \rightarrow 6Fe^{3+}+2Cr^{3+}+7H_2O$,$Fe^{3+}$ 又进一步与溶液中的 HPO_4^{2-},SO_4^{2-} 形成 $Fe_2(HPO_4)_3$ 和 $Fe_2(SO_4)_3$,由于阳极附近盐浓度不断增加,在金属表面形成一种黏性薄膜,且分布不均匀。凸起部分薄膜较薄,凹入部分薄膜较厚,因而阳极表面各处的电阻有所不同,凸起部分电阻较小,电流密度较大,这样就使凸起部分比凹入部分溶解得快,于是粗糙的平面逐渐得以平整。

阴极主要反应:$Cr_2O_7^{2-}+14H^++6e^- \rightarrow 2Cr^{3+}+7H_2O$,　　$2H^++2e^- \rightarrow H_2$

3.电解精炼

高纯金属纯度要求达到 99.999% 以上,在半导体、功能镀膜靶材、宇航工业等领域具有重要应用价值。常见的高纯金属有高纯铝、钛、镓、铟等。使用普通冶炼方法得到的金属杂质含量较高,会对其金属特性产生影响。

电解精炼铝就是电解熔融态的氧化铝。熔融(约 960 ℃)状态的冰晶石(Na_3AlF_6)能够溶解氧化铝,氧化铝电离为铝离子和氧离子。以碳作为阳极,铝液作为阴极,通入直流电后,在电解槽内的两极上进行电化学反应:

阴极反应:$Al^{3+}+3e=Al$

阳极反应:$2O^{2-}-4e=O_2$

金属钛具有优异的物理、化学及机械性能,在航空航天、石油化工、冶金及医疗等领域应

用广泛。其熔盐电解制备是将 $TiCl_4$ 溶解在碱金属或碱土金属的氯化物熔盐（约 800 ℃）中形成离子，离子在电场的作用下定向迁移至阴阳极，其中钛离子在阴极得到电子生成金属钛，而氯离子则在阳极失去电子生成氯气：

阴极反应：$Ti^{4+} + 4e = Ti$

阳极反应：$4Cl^- - 4e = 2Cl_2$

熔盐电解一般需在惰性气氛下进行，实际电解温度也高于熔盐熔点，电解效率通常低于水溶液中的电解。工业生产中要优化工艺流程，降低生产成本。

7.8.3　金属的电化学腐蚀和防腐

1. 金属腐蚀分类

（1）化学腐蚀。金属表面与介质（如气体或非电解质液体等）因发生化学作用而引起的腐蚀，称为化学腐蚀（chemical corrosion）。如汽轮机叶片、内燃机气门等和高温气体或其他气体接触发生表面化学反应引起的腐蚀；金属铝和 CCl_4，$CHCl_3$，乙醇等非水溶剂接触发生的腐蚀。化学腐蚀作用进行时无电流产生，影响化学腐蚀的因素有：温度、压力等。

（2）电化学腐蚀。工业上使用的金属经常存在一些杂质，金属表面和电解质溶液接触时，金属的电势和杂质的电势不同，构成了以金属和杂质为电极的许许多多原电池，通常称为微电池。如铁杂质在锌中形成的微电池，氢离子在铁阴极上放电，锌作为阳极不断氧化而受到腐蚀，在腐蚀的过程中有电子的传导和电流的产生，这种由于电化学作用引起的腐蚀称为电化学腐蚀（electrochemical corrosion）。金属腐蚀中，以电化学腐蚀最为严重，所以研究金属的电化学腐蚀过程及其防护具有非常重要的经济和理论意义。

2. 腐蚀时阴极上的反应

（1）析氢腐蚀。在酸性介质中，腐蚀过程中有 H_2 析出。钢铁的析氢腐蚀电化学反应为

阴极（杂质）　　$2H^+ + 2e^- \rightarrow H_2$

阳极（Fe）　　$Fe \rightarrow Fe^{2+} + 2e^-$，　$Fe^{2+} + 2H_2O \rightarrow Fe(OH)_2 + 2H^+$

总反应　　　　$Fe + 2H_2O \rightarrow Fe(OH)_2 + H_2$

酸性介质中，H^+ 在阴极上还原成氢气析出：

设 $a(H_2) = 1$，$a(H^+) = 10^{-7}$，则

$$\varphi(H^+ \mid H_2) = -\frac{RT}{2F}\ln\frac{a(H_2)}{a^2(H^+)} = -\frac{80\,314 \times 298.15}{2 \times 96\,485}\ln\frac{1}{(10^{-7})^2} = -0.414 \text{ V}$$

铁阳极氧化，当 $a(Fe^{2+}) = 10^{-6}$ 时，认为已经发生腐蚀：

$$\varphi(Fe^{2+} \mid Fe) = \varphi^{\ominus}(Fe^{2+} \mid Fe) - \frac{RT}{2F}\ln\frac{1}{10^{-6}} = -0.447 - 0.177 = -0.624 \text{ V}$$

这时组成原电池的电动势为 0.210 V，电池反应能进行。

（2）吸氧腐蚀。在中性及弱酸性介质中，由于溶解氧的作用而引起的腐蚀称为吸氧腐蚀。钢铁的吸氧腐蚀电化学反应为

阴极（杂质）　　$O_2 + 2H_2O + 4e^- \rightarrow 4OH^-$

阳极（Fe）　　　$2Fe \rightarrow 2Fe^{2+} + 4e^-$

总反应 $\qquad$ $2Fe+O_2+2H_2O \rightarrow 2Fe(OH)_2$

在阴极上发生消耗氧的还原反应,其析出电势为

$$\varphi(O_2 \mid OH^-) = \varphi^{\ominus}(O_2 \mid OH^-) - \frac{RT}{4F}\ln\frac{a^4(OH^-)}{a(O_2)}$$

$\varphi^{\ominus}(O_2 \mid OH^-) = 0.401\ V$,设 $a(O_2)=1, a(OH^-)=10^{-7}$,则 $\varphi(O_2 \mid OH^-)=0.815\ V$

这时与 $Fe^{2+}/Fe(\varphi=-0.624\ V)$ 阳极组成原电池的电动势为 1.439 V,显然吸氧腐蚀比析氢腐蚀速度快。

(3)氧浓差腐蚀。指在不同部位由于 O_2 浓度差而引起的腐蚀。当金属插入水或泥沙中时,由于与含 O_2 量不同的液体接触,各部分的 φ 电极不一样,O_2 电极的 φ 电极与 O_2 的分压有关。

电极反应方程式:$O_2+2H_2O+4e^- \rightarrow 4OH^-$

在溶液中,O_2 浓度小的地方,电极电势小,成为阳极,金属发生氧化而溶解腐蚀;O_2 浓度大的地方,电极电势大,成为阴极,却不会被腐蚀。

3. 腐蚀速率

金属材料的腐蚀快慢常用腐蚀速率(corrosion rate)来衡量,简称腐蚀率,通常有质量指标、深度指标或电流指标。如评价土壤腐蚀性是在要评价的土壤中埋设金属材料试样,经过一定时间后,测出试样的质量变化、深度变化或电流变化。

质量指标就是把金属因腐蚀而发生的质量变化,换算成相当于单位金属面积与单位时间内的质量变化的数值,常用单位是克/(米²·小时)($g \cdot m^{-2} \cdot h^{-1}$)。深度指标是指金属的深度因腐蚀而减少的量,常用单位是毫米/年($mm \cdot a^{-1}$)。电流指标是指以金属电化学腐蚀过程的阳极电流密度的大小来衡量金属的电化学腐蚀程度,常用单位是微安/厘米²($\mu A \cdot cm^{-2}$),可由法拉第定律把电流指标和质量指标联系起来。

4. 金属的防腐

(1)非金属防腐。在金属表面涂上油漆、搪瓷、塑料、沥青等将金属与腐蚀介质隔开。

(2)金属保护层。在需保护的金属表面用电镀或化学镀的方法镀上 Au、Ag、Ni、Zn 或 Sn 等金属,保护内层不被腐蚀。

(3)电化学保护。

①牺牲阳极保护:将被保护的金属(如铁)作阴极,较活泼的金属(如 Zn)作牺牲性阳极,阳极腐蚀后定期更换。

②阴极保护:外加电源组成一个电解池,将被保护金属作阴极,废金属作阳极。

③阳极保护:用外电源将被保护金属接阳极,在一定的介质和外电压作用下,使阳极钝化。

(4)加缓蚀剂。在可能组成原电池的系统中加缓蚀剂,改变介质的性质,降低腐蚀速度。

(5)制成耐蚀合金。在炼制金属时加入其他组分,提高耐蚀能力。如在炼钢时加入 Mn、Cr 等元素制成不锈钢。

★7.9 生物电化学

生命现象最基本的过程是电荷运动,生物电流源于细胞膜内外两侧的电势差(生物膜电势),生物体的代谢以及各种生理现象都伴随电流和电势的产生及变化。运用电化学的理论和技术来研究生命现象则构成了一门独立的交叉学科——生物电化学(bioelectrochemistry)。生物电化学研究领域包括:生物膜与生物界面模拟研究、生命科学的电化学技术、电化学生物传感器及生物电化学在生物医学中的应用等。生物电化学研究内容很丰富,近30年来发展非常迅速,已成为21世纪的前沿学科。

7.9.1 生物膜模拟

1. 自组装单分子层模拟生物膜

自组装单分子层(self-assembled monolayer,SAM)模拟生物膜是基于长链有机分子与基底材料表面强烈化学结合和有机分子链间相互作用自发吸附在固-液、气-固界面形成的热力学稳定、能量最低的有序膜。单层的结构和性质可以通过分子的端基及链的类型和长度来控制。因此,SAM成为研究界面各种复杂现象如:膜的渗透性、界面电荷分布以及电子转移的理想模拟系统。

硫醇类化合物在金电极表面形成的SAM是最典型的研究系统,因为它类似于天然的生物双层膜。基于胱氨酸或半胱氨酸的SAM,通过缩合反应键合上媒介体(如二茂铁、醌类等)和酶可构成测定葡萄糖、胆红素的生物传感器。

2. 液-液界面模拟生物膜

液-液(L-L)界面是指在两种互不相溶的电解质溶液之间形成的界面。生物膜是一种极性基分别朝向细胞内和细胞外水溶液的磷脂自组装结构,磷脂的亲脂链形成像油一样的膜内层。L-L界面可以看作半个生物膜,因此,吸附着磷脂单分子层的L-L界面非常接近于生物膜-水溶液界面。有关L-L界面离子转移的研究工作涉及面很广,特别是药物在L-L界面的行为的研究可提供药物作用机理。电荷和磷脂单分子层表面张力之间的偶联作用被认为是细胞中类脂质运动的基本驱动力。

7.9.2 电化学控释药物

药物控释技术是指在一定时间内控制药物的释放速度、释放地点,以获得最佳药效,同时缓慢释放有利于降低药物毒性。电化学药物控释是一种新的释放药物的方法,是把药物分子或离子结合到聚合物载体上,使聚合物载体固定在电极表面,构成化学修饰电极,再通过控制电极的氧化还原过程使药物分子或离子释放到溶液中。

药物在载体聚合物上的负载方式分为共价键合型和离子键合型负载两类。共价键合负载是通过化学合成将药物分子以共价键方式键合到聚合物骨架上,然后利用涂层法将聚合物固定在固体电极表面形成聚合物膜修饰电极,在氧化、还原过程中药物分子与聚合物之间的共价键断裂,使得药物分子从膜中释放出来。离子键合负载是利用电活性导电聚合物如聚吡咯、聚苯胺等在氧化或还原过程中伴随作为平衡离子的对离子的嵌入将药物离子负载到聚合物膜中,再通过还原、氧化使药物离子从膜中释放出来。

7.9.3 在体电化学

在体研究是生理学研究的重要方法,可从整体水平上认识细胞、组织、器官的作用机制及其生理活动规律。由于一些神经活性物质(神经递质)具有电化学活性,因此电化学方法首先被用于脑神经系统的在体研究。将微电极插入动物脑内进行活体伏安法测定报道后,经过不断地改善,该技术被公认为是正常生理状态下跟踪监测动物大脑神经活动最有效的方法。通常可检测的神经递质有多巴胺、去甲肾上腺素、5-羟色胺及其代谢产物。在体研究一般采用快速循环伏安法和快速计时安培法。用快速循环伏安法研究单个神经细胞神经递质释放称为细胞电化学。

7.9.4 电化学生物传感器

传感器通常由敏感元件、转换器件、检测电路组成。生物传感器是指以固定化的生物体成分(酶、抗原、抗体等)或生物体本身(细胞、组织等)作为敏感元件的传感器。电化学生物传感器(electrochemical biosensor)则是指由生物材料作为敏感元件、电极作为转换元件,以电势、电流等为检测信号的传感器。根据敏感元件所用生物材料的不同,电化学生物传感器分为酶电极传感器、微生物电极传感器、电化学免疫传感器、组织电极与细胞器电极传感器、电化学 DNA 传感器等。

1. 酶电极传感器

以葡萄糖氧化酶(glucose oxidase,GOD)电极为例简述其工作原理。在 GOD 的催化下,葡萄糖($C_6H_{12}O_6$)被氧氧化生成葡萄糖酸($C_6H_{12}O_7$)和过氧化氢

$$葡萄糖 + O_2 + H_2O \xrightarrow{\text{葡萄糖氧化酶}} 葡萄糖酸 + H_2O_2$$

可通过氧电极(测氧的消耗)、过氧化氢电极(测 H_2O_2 的产生)和 pH 电极(测酸度变化)来间接测定葡萄糖的含量。因此只要将 GOD 固定在上述电极表面即可构成测葡萄糖的 GOD 传感器。目前的商品酶电极传感器包括:GOD 电极传感器、L-乳酸氧化酶电极传感器、尿酸氧化酶电极传感器等。

2. 微生物电极传感器

将微生物(细菌、酵母菌等)作为敏感材料固定在电极表面构成的电化学生物传感器称为微生物电极传感器。可分为三种类型:第一,利用微生物体内含有的酶(单一酶或复合酶)系来识别分子;第二,利用微生物对有机物的同化作用,通过氧电极测量系统中氧的减少间接测定有机物的浓度;第三,通过测定电极敏感的代谢产物间接测定一些能被厌氧微生物所同化的有机物。

微生物电极传感器在发酵工业、食品检验、医疗卫生等领域都有应用,如在食品发酵过程中测定葡萄糖的佛鲁奥森假单胞菌电极。微生物电极传感器由于价廉、使用寿命长而具有很好的应用前景,然而其选择性和长期稳定性等还有待进一步提高。

3. 免疫电极传感器

电化学免疫传感器就是将抗体或抗原和电极组合而成的检测装置。根据其结构可分为直接型和间接型两类。直接型是将免疫反应的信息直接转变成电信号;间接型是将抗原和抗体结合的信息转变成另一种中间信息,然后再把这个中间信息转变成电信号。已报道的电化学免疫传感器如诊断早期妊娠的人绒毛膜促性腺激素免疫传感器、测定人血清白蛋白免疫传感器及免疫球蛋白免疫传感器等。

4.组织电极传感器

直接采用动、植物组织薄片(利用组织中的酶)作为敏感元件的电化学传感器称组织电极传感器。优点是酶活性及其稳定性均比离析酶高,材料易于获取,使用寿命长,但选择性、灵敏度、响应时间等方面还需提高。常用动物组织有肾、肝、肌肉等;植物组织如植物的根、茎、叶等。

5.DNA 电极传感器

电化学 DNA 传感器是利用单链 DNA 或基因探针作为敏感元件固定在固体电极表面,由电活性指示剂识别杂交信息的检测特定基因的装置。其用途是检测基因及一些能与 DNA 发生特殊相互作用的物质,检测灵敏度高达 $10^{-13}\,\mathrm{g\cdot mL^{-1}}$。电化学 DNA 传感器的稳定性、重现性、灵敏度等都还有待于提高。

7.10　化学电源

7.10.1　概述

化学电源(chemical power)又称电池(battery),是一种能将化学能直接转变成电能的装置,具有能量转换效率高、能量密度高、无噪声污染、可任意组合及随机移动等特点。电池中化学反应的两个过程必须分隔在两个区进行及反应时电子必须经过外电路是构成电池的必要条件。

1.电池发展

从 1799 年伏特(Volta)发明的伏特电堆至今,化学电源已有二百多年发展史。1836 年丹尼尔(Daniell)制造出世界上第一个有实用价值的锌-铜电池,又称"丹尼尔电池"。1859 年普兰特(Plante)发明铅酸蓄电池。1888 年加斯纳(Gassner)制造了锌-二氧化锰干电池。1901 年爱迪生(Edison)创制了铁-镍蓄电池。1902 年琼格(Junger)制造了镉-镍蓄电池。第二次世界大战之后,化学电源的发展更加迅速。燃料电池、钠-硫电池、锂-硫化铁电池、氢-镍电池及锂离子电池技术更加成熟。科学技术的迅速发展及社会需求对化学电源的要求也日益提高,如小型化、高能量密度、贮存性能好等。目前,化学电源已广泛应用于航空航天飞行器、机动车、大型发电站、邮电通信及便携式电子产品等领域,高性能电池工业是 21 世纪最有前景的产业,电池的发展必须满足电器用具的需求。

2.电池基本组成

电池都由电极、电解质、隔膜及外壳 4 个基本部分组成。

电极由活性物质、导电材料及添加剂等组成,其主要作用是参与电极反应、导电,决定电池的电性能。正极常选用金属氧化物,如二氧化锰、二氧化铅、氧化镍及氧化银等;负极常选用较活泼金属,如锌、铅、镉及铁等。原则上正极与负极的电势相差越大越好,参加反应的物质的电化当量越小越好(用很少的活性物质可得到较多的电量)。活性物质一般要具备电化学活性高、比容量大、化学稳定性高、在电解液中自溶解度小、高电子导电性、资源丰富及无污染等特点。

电解质在电池内部担负着在正负极之间传递电荷的作用,所以通常选用具有高离子导电性的物质。有的电解质也参与电极反应而被消耗。电解质通常是水溶液,也有用有机溶剂、熔融盐或固体作电解质的。电解质要具有高导电率、化学稳定性好、不易挥发及易于长期贮存等性能。

隔膜主要防止正极、负极活性物质的直接接触,避免发生电池内部短路。隔膜的好坏对电池的性能和寿命影响很大。要求具有较高离子传输能力,对电子绝缘,化学稳定性高和一定的机械强度,内阻小,能阻挡脱落的活性物质透过,能耐电解质溶液的腐蚀及电极活性物质的氧化或还原,来源丰富。常用的隔膜材料有棉纸、微孔橡胶、微孔塑料、玻璃纤维、接枝膜、尼龙、水化纤维素、石棉、聚丙烯及聚氯乙烯等。

外壳是电池的容器。应具有良好的机械强度,耐震动、冲击,环境适应性强,耐电解液腐蚀。

3. 电池主要性能指标

(1)电池的电动势及开路电压。电池在开路时(没有电流通过),正、负极的平衡电势之差,就是该电池的电动势。它的大小取决于电极的本性、电解质的性质与温度等,而与电池的几何结构及尺寸大小无关。

(2)电池的工作电压及放电曲线。工作电压指当电池有电流通过时两端的电势差,又称放电电压,总是低于电动势。电池的工作电压随时间变化的曲线叫作放电曲线。电压下降到不宜继续放电的最低工作电压称为终止电压。放电方法主要有恒流放电和恒阻放电两种,可连续放电和间歇放电。根据电池的放电曲线,可以确定电池的放电性能和电池的容量。电池的放电曲线越平坦、稳定,电池的性能就越好。

(3)电池的内阻。指电流通过电池内部时受到的阻力,也叫全内阻。包括电池的欧姆内阻 R_Ω 和电极的极化内阻 R_f。前者由电解质、电极材料、隔膜的电阻及各部分零件的接触电阻组成,欧姆电阻遵守欧姆定律;后者由极化引起,包括电化学极化和浓差极化所引起的电阻。极化内阻与活性物质的本性、电极的结构、电池的制造工艺有关,尤其是与电池的工作条件密切相关,放电电流和温度对其影响很大。为了减少极化,可提高电极的活性及增大电极的面积,如采用多孔电极。

(4)电池的容量。指电池放电时所能给出的电量(A·h),通常分为理论容量、实际容量、额定容量。理论容量指假设活性物质全部参加电池的成流反应所能提供的电量,可依据活性物质的质量按照法拉第定律计算求得。实际容量指在一定的放电条件下电池实际放出的电量,等于放电电流与放电时间的乘积。额定容量也称保证容量,是指设计和制造电池时,按国家或有关部门颁布的标准,保证电池在一定的放电条件下应该放出的最低限度的电量。比容量(specific capacity)分为两种,一种是质量比容量,即单位质量的电池或活性物质所能放出的电量;另一种是体积比容量,即单位体积的电池或活性物质所能放出的电量。影响容量的因素主要有活性物质的量及其利用率。

(5)电池的能量。指电池在一定的放电制度下所能给出的能量,通常用瓦·时(W·h)表示。分为理论能量及实际能量。从热力学上看,电池的理论能量等于可逆过程电池在恒温恒压下所能做的最大有用功。

(6)电池的功率。在一定的放电制度下,单位时间内电池所能给出的能量,称为电池的功率(W,kW)。理论上电池的功率可表示为 $p=IE$。

（7）电池的贮存性能和自放电。贮存性能主要针对一次电池，是指电池贮存期间容量的下降率。自放电指电池贮存一段时间后，容量发生自动降低的现象。对于蓄电池，又叫充电保持能力。从热力学上看，产生自放电的根本原因是由于电极活性物质在电解液中不稳定引起的。

（8）蓄电池的循环寿命（使用周期）。蓄电池经历一次充电和放电，称为一次循环。在一定的放电制度下，当电池的容量降到某一定值之前，电池所能承受多少次充放电，称为蓄电池的循环寿命。周期越长，表示电池的性能越好，不同的电池使用周期是不同的。

4. 电池分类

化学电源按工作性质可分为干电池（一次电池）、蓄电池（二次电池）、贮备电池、燃料电池（连续电池）、太阳能电池等。按电池中电解质种类分为：碱性电池、酸性电池、中性电池、有机电解质、非水无机电解质和固体电解质等。

5. 电池标识

为确保不同厂家的电池产品在电气上与物理上的可互换性以及确定质量标准，国际电工委员会（IEC）制定了原电池的 IEC 标准。单个电池的名称是用一个大写字母后跟一个数字来表示。字母 R、F、S 分别表示为圆形、扁平、方形电池，叠层电池也用 F 来表示，字母后跟的数字表示电池的大小。数字后的字母表示电池的性能，S-普通型，P-高功率型，C-高容量型。如 R20P、R6P 表示圆形高功率电池，分别相当于中国传统 1、5 号电池。通常各国都有自己的标准符号。

7.10.2 常见电池

1. 一次电池

干电池中的反应物质进行一次电化学反应放电之后，就不能再次利用。常用的有锌-锰干电池、锌-汞电池、镁-锰干电池等。这种电池造成严重的材料浪费和环境污染。锌-锰干电池用锌皮制成的锌筒作负极兼作容器，碳棒作正极。在碳棒周围填满二氧化锰和炭黑的混合物，并用离子可以通过的长纤维纸包裹作隔膜，隔膜外是用氯化锌、氯化铵和淀粉等调成糊状作电解质，淀粉糊的作用是提高阴、阳离子在两个电极的迁移速率。

正极反应 $2NH_4^+ + 2e^- \rightarrow 2NH_3 + H_2$ $H_2 + 2MnO_2 + 2e^- \rightarrow 2MnO(OH)$

负极反应 $Zn \rightarrow Zn^{2+} + 2e^-$

电池反应 $Zn + 2MnO_2 + 2NH_4^+ \rightarrow 2MnO(OH) + 2NH_3 + Zn^{2+}$

电池符号 $Zn \mid ZnCl_2, NH_4Cl(aq) \mid MnO_2 \mid C$

电压 1.5 V，在使用中锌皮不断腐蚀，电压逐渐下降，不能重新充电复原。这种电池容量小，在放电过程中容易发生气胀或漏液。而今体积小、性能好的碱性锌-锰干电池其电解液由原来的中性变为离子导电性能更好的碱性（如 KOH），负极也由锌片改为锌粉，反应面积成倍增加，使放电电流大幅度提高，容量和放电时间比普通干电池增加几倍。

2. 二次电池

蓄电池放电后可以充电，使活性物质基本复原，可以重复、多次利用，也称为二次电池。如常见的铅酸蓄电池和其他可充电电池等。以下电池只给出放电时的电极反应和电池反

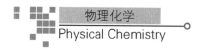

应,而充电时的电极反应和电池反应是这些反应的逆反应。

(1)铅酸蓄电池。在正极格板上附着一层 PbO_2,负极格板上附着海绵状金属铅,两极均浸在 $27\% \sim 37\%$ 硫酸溶液(密度为 $1.25 \sim 1.28\ g \cdot mL^{-1}$)中,且两极间用微孔橡胶或微孔塑料隔开。

正极反应　　$PbO_2 + 4H^+ + SO_4^{2-} + 2e^- \rightarrow PbSO_4 + 2H_2O$

负极反应　　$Pb + SO_4^{2-} \rightarrow PbSO_4 + 2e^-$

电池反应　　$PbO_2 + Pb + 2H_2SO_4 \rightarrow 2PbSO_4 + 2H_2O$

电池符号　　$Pb \mid PbSO_4 \mid H_2SO_4(aq) \mid PbSO_4 \mid PbO_2 \mid Pb$

正常情况下电压保持 2.0 V(与温度及硫酸浓度有关),随着放电,硫酸减少、水分增多,溶液密度达 $1.18\ g \cdot mL^{-1}$ 时,电压下降到 1.85 V 即停止放电,而需要进行充电。铅酸蓄电池具有充放电可逆性好、放电电流大、稳定可靠、使用温度及使用电流范围宽、能充放电数百个循环、贮存性能好、价格便宜等优点,缺点是笨重。常用作汽车和柴油机车的启动电源,坑道、矿山和潜艇的动力电源以及变电站的备用电源等。铅酸蓄电池在放电及充电的过程中,两极都会产生氢气和氧气,消耗水分,故常要补充水分以维持电池的正常工作。

(2)碱性蓄电池。日常生活中用的充电电池就属于这类,反应是在碱性条件下进行的,所以叫碱性蓄电池。它的体积、电压都和干电池差不多,携带方便,使用寿命比铅酸蓄电池长得多,使用适当可以反复充放电上千次,但价格比较贵。商品电池如镉-镍电池和金属氢化物-镍(亦称镍-氢电池,MH-Ni)电池。其中 MH-Ni 电池以贮氢材料作负极,贮氢材料可分为稀土系、钛系、镁系、锆系四大类。

正极反应　　$NiOOH + H_2O + e^- \rightarrow Ni(OH)_2 + OH^-$

负极反应　　$MH + OH^- \rightarrow M + H_2O + e^-$

电池反应　　$NiOOH + MH \rightarrow Ni(OH)_2 + M$

电池符号　　$MH \mid KOH(aq) \mid NiOOH$

MH-Ni 电池具有以下特点:比能量高,是 Cd-Ni 电池的 1.5～2 倍;工作电压为 1.2～1.3 V;可快速充放电,耐过充、过放性能优良,无记忆效应;不产生镉污染,被誉为"绿色电池"。

(3)锂离子电池。锂离子电池(lithium ion battery,LIB)目前有液态锂离子电池和聚合物锂离子电池两类。液态锂离子电池正极采用锂离子化合物 $LiCoO_2$、$LiNiO_2$ 或 $LiMn_2O_4$,负极采用碳(石墨或活性炭),电解液为导电锂盐 $LiPF_6$、$LiAsF_6$ 溶解在以碳酸乙烯酯(EC)为基础的二元或三元的混合溶剂,这些溶剂一般是有机碳酸酯系列,包括:二甲基碳酸酯(DMC)、二乙基碳酸酯(DEC)、碳酸丙烯酯(PC)等。聚合物锂离子电池的正极和负极与液态锂离子电池相同,只是原来的液态电解质改为含有锂盐的凝胶聚合物电解质,而目前主要开发的就是这种。

充电时,电池的正极上有锂离子生成,生成的锂离子经过电解液运动到呈层状结构的碳负极,嵌入到碳层的微孔中,嵌入的锂离子越多,充电容量越高。放电时则相反,嵌在负极碳层中的锂离子脱出,经电解质又运动回到正极。回到正极的锂离子越多,放电容量越高。通常所说的电池容量指的就是放电容量。在锂离子电池的充放电过程中,锂离子在正、负极之间往复运动。

正极反应 $Li_{1-x}CoO_2+xLi^++xe^-\rightarrow LiCoO_2$

负极反应 $Li_xC_6\rightarrow 6C+xLi^++xe^-$

电池反应 $Li_{1-x}CoO_2+Li_xC_6\rightarrow LiCoO_2+6C$

电池符号 $C|LiPF_6(1\ mol\cdot dm^{-3})+EC+DEC|LiCoO_2$

LIB 的主要特点是具有较高的重量能量密度,平稳的放电电压为 3.6 V,锂离子电池的工作温度范围为:$-10\sim45\ ℃$(充电),$-30\sim55\ ℃$(放电),无记忆效应,自放电率低。

(4)银-锌电池。以锌作负极活性物质、Ag_2O 作正极活性物质的电池称为银-锌电池。银-锌电池亦分为一次银-锌电池和银-锌蓄电池两类。银-锌一次电池广泛用于电子手表、液晶显示的计算器或微型电子仪器等小型电子器具,它们所用的电池体积很小,有"纽扣"电池之称。

正极反应 $Ag_2O+H_2O+2e^-\rightarrow 2Ag+2OH^-$

负极反应 $Zn+2OH^-\rightarrow Zn(OH)_2+2e^-$

电池反应 $Zn+Ag_2O+H_2O\rightarrow Zn(OH)_2+2Ag$

电池符号 $Zn|KOH(aq)|Ag_2O|Ag$

银-锌电池也可以制作成蓄电池,它具有质量轻、体积小等优点。银锌蓄电池已广泛用于军事、国防、尖端科技领域等方面。

3. 燃料电池

燃料电池(fuel cell)将活性物质连续注入电池,一般以天然燃料或其他可燃物质如氢气、甲醇、天然气、煤气等作为负极的反应物质,以氧气或空气作为正极反应物质组成燃料电池。与其他电池不同,它不是把还原剂、氧化剂物质全部贮存在电池内,而是在工作时,不断地从外界输入,同时把电极反应产物不断排出电池。燃料电池的正极和负极都用多孔炭和多孔镍、铂、铁等制成,电解液可以用碱(如 KOH 或 NaOH 等)或酸。燃料电池具有节约燃料、污染小的特点。能量转化率高,可达 80% 以上,而一般火电站热机效率仅在 30%~40% 之间。当前广泛应用于空间技术的一种典型燃料电池就是氢-氧燃料电池。

工作原理是当向负极供给氢气时,氢气被吸附并与催化剂作用,放出电子而生成 H^+,而电子经过外电路流向正极,电子在正极使氧还原为 OH^-,H^+ 和 OH^- 在电解质溶液中结合成 H_2O,电动势 1.229 V。

正极反应 $O_2+2H_2O+4e^-\rightarrow 4OH^-$

负极反应 $2H_2+4OH^-\rightarrow 4H_2O+4e^-$

电池反应 $2H_2+O_2\rightarrow 2H_2O$

电池符号 $(C)Ni|H_2|KOH(40\%,aq)|O_2|Ag(C)$

目前,燃料电池包括碱性燃料电池(AFC)、磷酸燃料电池(PAFC)、质子交换膜燃料电池(PEMFC)、熔融碳酸盐燃料电池(MCFC)、固态氧化物燃料电池(SOFC)及直接甲醇燃料电池(DMFC)等,而利用甲醇氧化反应作为电池反应的燃料电池技术被业界所看好而积极发展。

4. 海水电池

海水电池(seawater battery)是以铝-空气-海水为能源的新型电池,又称海洋电池。以铝合金为电池负极,金属(Pt,Fe)网为正极,用取之不尽的海水为电解质,靠海水中的溶解氧与铝反应产生电能。海水中只含有 0.5% 的溶解氧,通过增大正极表面积吸收海水中的微量溶解氧。这些氧在海水电解液作用下与铝反应,源源不断地产生电能。只要把灯放入海水中数分钟,就会发出耀眼的白光,其能量比干电池高 20～50 倍。电极反应

正极反应 $6H_2O + 3O_2 + 12e^- \rightarrow 12OH^-$

负极反应 $4Al \rightarrow 4Al^{3+} + 12e^-$

电池反应 $4Al + 3O_2 + 6H_2O \rightarrow 4Al(OH)_3$

海水电池本身不含电解质溶液和正极活性物质,不放入海洋时,铝负极就不会在空气中被氧化,可以长期贮存。电池设计使用周期可长达一年以上,避免经常更换电池的麻烦。即使更换,也只是换一块铝板,铝板的大小,可根据实际需要而定。海洋电池在海洋下任何深度都可以正常运作,无污染,是海洋用电设施的能源新秀。

随着电子通信技术的高度发展及环境保护意识的增强,迫切需求小型、高效能、新型清洁电池。无汞碱性锌-锰电池、金属氢化物-镍电池、锂离子电池、燃料电池等是 21 世纪绿色环保化学电源的关注重点。现在很多电化学科学家,研究兴趣集中在为电动汽车提供动力的化学电池领域。

5. 太阳能电池

太阳能电池,又称光伏电池,是一种通过光伏效应将光能直接转化为电能的装置。当暴露在光线下时,其电特性如电流、电压或电阻会发生变化。太阳能电池的工作原理是半导体P-N 结的光生伏特效应,包含三个基本过程:光的吸收,产生电子-空穴对;相反,类型电荷载流子的分离;将这些载流子单独提取到外部电路中。

光伏电池可分为硅(单晶硅、多晶硅、非晶硅)、薄膜(砷化镓、碲化镉、铜铟镓硒)、叠层(非晶硅叠层、染料敏化叠层)太阳能电池等。光伏电池大量使用的是以硅为基底的硅太阳能电池,单晶硅太阳能电池可产生约 0.6 V 的最大开路电压。太阳能电池经过一定的组合,达到一定的额定输出功率和输出电压的一组光伏电池,叫光伏组件。根据光伏电站大小和规模,由光伏组件可组成各种大小不同的阵列。为实现"双碳"目标,光伏电池作为清洁能源,将发挥重要作用。光伏产业需大力布局分布式光伏,并且发展分布式光伏商业模式。

本章小结

1. 可逆电池的必要条件是化学反应可逆和充、放电时能量可逆。了解三类电极,能正确写出给定电池的电极反应和电池反应。

2. 明确电池的电动势 E 与电池反应 $\Delta_r G_m$ 的关系,掌握由电动势 E 及温度系数 $\left(\frac{\partial E}{\partial T}\right)_p$ 计算电池反应的 $\Delta_r G_m$、$\Delta_r H_m$、$\Delta_r S_m$、Q_R 及 $K^\ominus$ 等热力学量的方法。

3. 了解电极电势和标准电极电势等概念。能熟练地应用 Nernst 方程式计算电极电势

和电池的电动势。

4. 可以由标准电池电动势 $E^{\ominus}$ 求标准平衡常数 $K^{\ominus}$、溶度积 K_{sp}，以及用电动势法测定平均离子活度因子 $\gamma_{\pm}$。

5. 分解电压是使电解持续不断地进行所必需的最小外加电压。理论分解电压 $E_{理分}$ 等于电解池的反电动势。实际上，要使电解池顺利地进行连续反应，除了克服 $E_{理分}$ 外，还要克服由于极化产生的超电势（ΔE_{IR}），以及克服电池内阻（R）所产生的电势降（IR），这三者的加和称为实际分解电压（$E_{实分}$）：$E_{实分}=E_R+\Delta E_{IR}+IR$。

6. 在有电流通过时，电极处于非平衡状态，电极电势偏离平衡值，这种对平衡电势的偏离现象称为电极的极化。根据极化产生的原因不同，分为浓差极化和电化学极化。

7. 电解时的实际电极电势 φ_{IR} 与平衡电极电势 φ_R 之间差值的绝对值称为超电势（η）。电解时，析出电势最大（易得电子）的首先在阴极析出；析出电势最小（易失电子）的首先在阳极氧化。

8. 由于电化学作用引起的腐蚀称为电化学腐蚀。腐蚀时阴极上的反应有析氢腐蚀和吸氧腐蚀。

9. 化学电源又称电池，按使用性质可分为干电池、蓄电池、贮备电池、燃料电池等。

阅读材料

全球首款量产太阳能汽车

太阳能汽车是一种靠太阳能来驱动的汽车。相比传统热机驱动的汽车，太阳能汽车是真正的零排放。正因为其环保的特点，太阳能汽车被诸多国家所提倡，太阳能汽车产业的发展也日益蓬勃。

荷兰公司 Lightyear 设计的全球首款量产太阳能汽车"光年 0 号"，售价 25 万欧元（约合176 万人民币），预计 2022 年 11 月交付，计划生产 946 台。如果每天行驶不超过 35 km，在天气足够好的情况下，这款车能行驶 7 个月无需额外充电。这辆车严格讲是混合动力车型，车顶安置了 5 m² 的双曲面太阳能电池板，有太阳就可以充电。其中，太阳能可续航约70 km，EV（Electric Vehicle，纯电动汽车）续航里程是 625 km。也就是说，Lightyear 0 并不是一台完全由太阳能供电的汽车，太阳能只是辅助供电。即便是连续阴天，还可以切换为传统 EV 车辆。该公司还计划在 2025 年推出 3 万欧元（约合人民币 21 万元）的车型，以满足大众市场需求。

2022年7月5日,国产的第一辆纯太阳能汽车"天津号"在天津市西青区大数据中心亮相。这辆车的太阳能电池板与"神舟十二号"载人飞船完全相同,采用砷化镓太阳能电池技术。与硅太阳能电池相比,砷化镓太阳能电池具有更高的光电转换效率。太阳能组件的面积约为 $8.1 \ m^2$,续航里程 74.8 km,自动驾驶等级 L4 级以上。

1954年,美国贝尔实验室研制出世界上第一块太阳能电池。在20世纪70年代以前,由于太阳能电池效率低下、造价昂贵,一般只应用于太空技术。70年代以后,随着世界范围内对太阳能电池的深入研究,在提高效率和降低成本方面取得了较大进展,其应用规模逐渐扩大。但与常规发电相比,成本仍然偏高。从90年代开始,太阳能电池技术不断走向成熟,并逐渐向商用化、民用化领域渗透。

转换效率是太阳能电池一个非常重要的指标,它表示太阳能电池将光辐射转化为电能的效率和能力。根据材料不同,太阳能电池可分为:①硅太阳能电池;②以无机盐如砷化镓、硫化镉、铜铟硒等多元化合物为材料的太阳能电池;③功能高分子材料制备的太阳能电池;④纳米晶太阳能电池等。目前,硅太阳能电池以其转换效率、环境友好性、稳定性等优越性能,成为最理想的太阳能电池。

太阳能汽车在行驶时,太阳能转换的电能被直接送到发动机控制系统。当提供的能量大于发动机需求的电力时,多余的能量就会被蓄电池贮存以备后用;当太阳光不能提供足够的能量来驱动发动机时,蓄电池内贮存的备用能量将会自动补充。当然,当太阳能汽车不行驶时,所有能量都将通过太阳能光伏阵列贮存在蓄电池内。

1978年,世界上第一辆太阳能汽车便在英国研制成功,时速达到13 km。世界太阳能汽车挑战赛是至今为止影响较大的太阳能汽车赛事之一,它始于1987年,目前每2年举办一次。美国太阳能车挑战赛始于1990年,每2年举行一次,比赛路线每年都不同。日本的太阳能车赛事层出不穷,如:1989年的"朝日太阳能车拉力赛",1991年的"北海道太阳能车赛",1992年的"铃鹿太阳能车赛"和"能登太阳能车拉力赛"等,都在世界范围内产生了一定的影响。

太阳能汽车尽管具有零污染,能源取之不尽、用之不竭,即使在高速行驶时噪声也很小等优势,但因其造价昂贵,动力受太阳照射时间限制及承载能力差等特点,目前太阳能汽车尚无法实现普及。短期内太阳能源不会成为汽车的主要动力来源,大概率会担任辅助供电的角色,就像普锐斯、奥迪A8、辉腾和比亚迪等那样,采用车顶太阳能电池板,驱动风扇散热或者车内照明等。例如,丰田在首款纯电动 SUV——BZ4X 的配置中设置了可选装太阳能充电穹顶,通过太阳能直接为电池充电,1年内为车辆提供额外的 1 750 km 的续航里程。

拓展材料

1. https://baijiahao. baidu. com/s? id = 1738110214209890239&wfr = spider&for = pc. 荷兰推出全球首个量产型太阳能汽车.

2. http://news. tust. edu. cn/kdxw/98181e2129a342a78dc1360528992146. htm.《物理化学》:探求自然规律,培育哲学思维,激发爱国情怀.

3. 孙艳辉,南俊民,马国正,等. 物理化学课程思政教学设计与实践. 大学化学,2021,36 (3):2010015.

4. 沈伊凡,刘耀虎,张建齐,等. 大面积有机太阳能电池的研究进展. 中国科学:化学, 2022,6,doi: 10.1360/SSC-2022-0098.

5. https://doi. org/10. 1016/j. rser. 2022. 112109. Impact of climatic conditions on prospects for integrated photovoltaics in electric vehicles (气候条件对电动汽车集成光伏前景的影响).

思考题

1. 可逆电极有哪些主要类型? 每种类型试举一例,并写出该电极的电极反应. 对于气体电极和氧化还原电极在书写电极表达式时应注意什么问题?

2. 什么是电池电动势? 用电压表测得的电池的端电压与电池的电动势是否相同? 为什么在测电动势时要用对消法?

3. 什么是盐桥? 为什么它能消除液接电势? 能否完全消除?

4. 电极电势是否就是电极表面与电解质溶液之间的电势差? 单个电极的电极电势能否测量?

5. 标准氢电极的电极电势绝对值为零吗?

6. 在公式 $\Delta_r G_m^\ominus = -zFE^\ominus$ 中,$\Delta_r G_m^\ominus$ 是否表示该电池各物质都处于标准态时,电池反应的 Gibbs 自由能变化值?

7. 怎么判断浓差电池的正负极?

8. 常用甘汞电极有三种,即饱和甘汞电极、1 mol·dm^{-3} 甘汞电极和 0.1 mol·dm^{-3} 甘汞电极,它们的电极电势相等吗?

9. 什么叫电解池的理论分解电压? 与实际测量所得的分解电压有何不同?

10. 什么叫极化作用? 极化作用主要有哪几种? 什么叫超电势? 阴阳极上由于超电势的存在其不可逆电极电势的变化有何规律?

11. 在铅蓄电池充电时,阳极发生的反应是什么?

12. 一定温度下,用相同的铂电极电解 0.1 mol·dm^{-3} 的 NaOH 水溶液和 0.1 mol·dm^{-3} H$_2$SO$_4$ 水溶液的理论分解电压分别为 E_1 和 E_2,两者相等吗?

13. Tafel 公式 $\eta = a + b \lg j/[j]$ 的适用范围是什么?

14. 用铜电极电解 CuCl$_2$ 水溶液,在阳极上会发生什么反应?

15. 在电解过程中,阴阳离子在阴阳极析出的先后顺序有何规律?

16. 酸性介质的氢-氧燃料电池,其正极、负极反应是什么?

17. 在某铁桶内盛 pH=3.0 的溶液,讨论铁桶被腐蚀的情况。

18. 为防止污染环境,某工厂对生产排出含 $Cr_2O_7^{2-}$ 的酸性废水,采用下列过程进行处理:含 $Cr_2O_7^{2-}$ 的酸性废水加入适量食盐,通电、用铁电极电解,静置、滤出沉淀物,达到排放标准。在处理过程中,$Cr_2O_7^{2-}$ 被还原为 Cr^{3+},溶液的 pH 逐渐升高,最后滤出的沉淀物有 $Cr(OH)_3$,$Fe(OH)_3$。

试回答:

(1)电解时的阳、阴极电极反应。

(2)写出 $Cr_2O_7^{2-}$ 转变为 Cr^{3+} 的离子方程式。

(3)溶液 pH 逐渐增大的原因。

(4)电解过程中 $Cr(OH)_3$,$Fe(OH)_3$ 是怎样产生的?

(5)能否将铁电极改用石墨电极? 为什么?

□ 习 题

1. 写出下列各电池的电极反应和电池反应。

(1)$Cu(s)|CuSO_4(a_1)\parallel Cl^-(a_2)|Cl_2(p)|Pt$

(2)$Zn(s)|Zn^{2+}(a_1)\parallel Sn^{4+}(a_2),Sn^{2+}(a_3)|Pt$

(3)$Pt|H_2(p^{\ominus})|OH^-(a)|Ag_2O(s)|Ag(s)$

(4)$Hg(l)|Hg_2Cl_2(s)|Cl^-(a_1)\parallel Fe^{3+}(a_2),Fe^{2+}(a_3)|Pt$

2. 将下述化学反应设计成电池。

(1)$2Ag^+(a_1)+Zn(s)\rightarrow 2Ag(s)+Zn^{2+}(a_2)$

(2)$2H_2(p_1)+O_2(p_2)\rightarrow 2H_2O$

(3)$Cl_2(p)+2I^-(a_2)\rightarrow 2Cl^-(a_1)+I_2(s)$

(4)$H_2O\rightarrow H^+(a_1)+OH^-(a_2)$

3. 已知在 25 ℃时下列电极反应的标准电极电势:

电极反应(1)　　$Cu^++e^-\rightarrow Cu(s)$　　$\varphi^{\ominus}(Cu^+|Cu)=0.521\ V$

电极反应(2)　　$Cu^{2+}+e^-\rightarrow Cu^+$　　$\varphi^{\ominus}(Cu^{2+}|Cu^+)=0.16\ V$

求 25 ℃时下列电极反应(3)的标准电极电势为多少?

电极反应(3)　　$Cu^{2+}+2e^-\rightarrow Cu(s)$

4. 在 25 ℃时,已知 $\varphi^{\ominus}(AgBr|Ag)=0.071\ 3\ V$,$\varphi^{\ominus}(Br_2|Br^-)=1.066\ V$。

(1)将 $AgBr(s)$ 的生成反应:$Ag(s)+1/2Br_2(l)=AgBr(s)$,设计成原电池。

(2)求出上述电池的标准电动势和 $AgBr(s)$ 的标准摩尔生成 Gibbs 自由能 $\Delta_f G_m^{\ominus}$。

(3)若上述电池电动势的温度系数 $(\partial E/\partial T)_p=1\times 10^{-4}\ V\cdot K^{-1}$,计算该电池反应的 $\Delta_r S_m^{\ominus}$,$\Delta_r H_m^{\ominus}$ 及 Q_R。

5. 写出下列各电池的电池反应,判断各电池能否进行。

(1) $Pt \mid H_2(p^{\ominus}) \mid HCl(a=1) \mid AgCl(s) \mid Ag(s)$

(2) $Pt \mid H_2(2p^{\ominus}) \mid H^+(a_1=0.01) \parallel Zn^{2+}(a_2=0.5) \mid Zn(s)$

6. 根据标准电池电动势计算下列反应在 25 ℃时的标准平衡常数 $K^{\ominus}$。

$$Fe^{2+}(a_1=1.0)+Ag^+(a_2=1.0) \rightarrow Fe^{3+}(a_3=1.0)+Ag(s)$$

7. 已知电池 $Zn(s) \mid ZnCl_2(0.010\ 21\ mol \cdot kg^{-1}) \mid AgCl(s) \mid Ag(s)$,在 25 ℃时的电池电动势为 1.156 6 V,计算 $ZnCl_2$ 在该溶液中的平均活度和离子平均活度因子。

8. 下列电池

$$Cu(s) \mid Cu^{2+}(a_+) \parallel I^-(a_-) \mid I_2(s)$$

可以进行如下两个电池反应

$$I_2(s)+Cu(s) \rightarrow 2I^-(a_-=1)+Cu^{2+}(a_+=1)$$

$$1/2I_2(s)+1/2Cu(s) \rightarrow I^-(a_-=1)+1/2Cu^{2+}(a_+=1)$$

计算 25 ℃时,两个电池反应的 $E^{\ominus}$,$\Delta_r G_m^{\ominus}$ 和标准平衡常数 $K^{\ominus}$。

9. 25 ℃时,电池 $Pb(s) \mid PbCl_2(s) \mid HCl(0.005\ mol \cdot kg^{-1}) \mid H_2(p^{\ominus}) \mid Pt$ 的电动势 $E = 0.144$ V(要求考虑活度,Debye-Hückel 极限公式中常数 $A=0.511\ 5$)。

(1) 写出电池的电池反应。

(2) 求出电池的标准电动势 $E^{\ominus}$。

(3) 求 $\Delta_r G_m^{\ominus}$。

10. 已知 25 ℃时 $\varphi^{\ominus}(Hg_2^{2+}/Hg)=0.797$ V,Hg_2SO_4 的溶度积为 8.2×10^{-7}。试求电极 $Hg(l) \mid Hg_2SO_4(s) \mid SO_4^{2-}(a)$ 的标准电极电势 $\varphi^{\ominus}(SO_4^{2+} \mid Hg_2SO_4 \mid Hg)$。

11. 电解 pH=12 的 NaOH 溶液时,氧的析出电势是多少?〔已知:O_2 的 $\varphi^{\ominus}(O_2 \mid OH^-)=0.41$ V,$\eta(O_2)=0.40$ V,设活度因子均为 1〕

12. 铅酸蓄电池负极在放电过程中的反应是:$Pb(s)+SO_4^{2-}(a) \rightarrow PbSO_4(s)+2e^-$,若放电时负极表面硫酸浓度比起始浓度降低 50%,求负极浓差超电势的数值。(设活度因子均为 1)

13. 以 Pt 为电极,电解含有 $Ag^+(0.01\ mol \cdot dm^{-3})$ 和 $Cu^{2+}(1\ mol \cdot dm^{-3})$ 的硫酸盐。假定 H^+ 离子的浓度为 1 $mol \cdot dm^{-3}$。已知氢在铂电极上的超电势为 0.4 V,氧在铂电极上的超电势为 0.5 V,求在阴极析出物质的先后顺序及开始析出物质时对应的分解电压。(设活度因子均为 1)

习题 7-13 解答视频

14. 25 ℃时,某溶液中含氢离子和锌离子(设两者活度系数均等于 1),现用 $Zn(s)$ 阴极进行电解,要让锌离子的浓度降到 10^{-7} $mol \cdot kg^{-1}$ 时才允许氢气析出,问需控制溶液的 pH 为多少? 设 $\varphi^{\ominus}(Zn^{2+} \mid Zn)=-0.763$ V,氢气在锌上的超电势为 0.7 V。(设活度因子均为 1)

15. 在 25 ℃时,有一含 Zn^{2+},Cd^{2+} 的浓度均为 0.1 $mol \cdot kg^{-1}$ 的溶液,用电解沉积的方法把它们分离,试问:(1)哪一种金属首先在阴极析出? 用未镀铂黑的铂作阴极,氢气在铂上的超电势为 0.6 V、在镉上的超电势为 0.8 V。(2)第二种金属开始析出时,前一种金属剩下的浓度为多少?(设活度因子均为 1)

16. 用铂作为两电极,电解 $ZnCl_2$ 和 HCl 的水溶液,该溶液中 $ZnCl_2$ 的浓度为 0.01 mol·dm^{-3},HCl 的浓度为 0.1 mol·dm^{-3},试问:(1)通电时,在两电极上可能发生哪些反应? (2)若电解能达到可逆的程度,则根据计算判断什么样的反应能优先在两电极上进行? (3)若考虑超电势的影响,则根据计算,又是哪些反应优先进行? 设活度因子均为 1。已知 $\eta(Cl_2)\approx 0$,$\eta(H_2)=0.3$ V,$\eta(O_2)=0.5$ V。

化学动力学基础
Chemical Kinetics

学习目标

1. 理解化学反应速率、速率常数 k、反应级数、半衰期、活化能 E_a 等概念。

2. 掌握简单级数反应的动力学特征;掌握 Arrhenius 公式有关 k 及 E_a 的计算。

3. 掌握对峙反应、平行反应、连串反应的动力学特征和链反应的特点,以及复合反应近似处理方法。

4. 了解简单碰撞理论和过渡态理论的基本思想;了解溶液中的反应、催化反应和光化学反应的特点;了解快反应现代化学动力学研究技术。

化学热力学研究化学反应从给定的始态到给定的终态的可能性,即主要解决化学反应的方向和限度问题,以及外界条件对平衡的影响,而没有考虑到状态变化的具体途径、速率、条件等,从而不能完整地解决一个化学反应的问题。例如,298 K 的标准状态下:

①$H_2(g) + 1/2O_2(g) = H_2O(l)$ $\Delta_r G_m^\ominus = -237.2 \text{ kJ} \cdot \text{mol}^{-1}$

②$NO(g) + 1/2O_2(g) = NO_2(g)$ $\Delta_r G_m^\ominus = -35.02 \text{ kJ} \cdot \text{mol}^{-1}$

根据化学热力学的知识,该条件下反应①要比反应②进行的趋势大得多。但实际上,反应②在常温常压下瞬间即可完成,而在常温常压下把氢气和氧气混合后,几乎观察不到有明显的反应发生。若升温到 1 073 K 时,反应①可以爆炸的方式瞬时完成;如果选择合适的催化剂(如钯),该反应在常温下也可以较快的速率发生。类似的例子还有很多,例如合成氨的反应,在 3×10^7 Pa 和 773 K 时,按热力学分析,其最大转化率是 26% 左右,但如果不加催化剂,这个反应的速率会非常慢,根本不能应用于工业生产。因此,除了要从热力学的角度研究化学反应的可能性之外,还必须从动力学的角度研究反应的现实性。

化学动力学的基本任务之一是研究化学反应进行的速率以及外界条件(如浓度、压力、温度、催化剂、光照、溶剂的性质等)对反应速率的影响;另一个任务是在理论上能够阐明化

物理化学
Physical Chemistry

学反应的机理,使我们了解反应进行的具体过程和途径。在实际应用上可以根据反应速率估计反应进行到某种程度所需要的时间,也可根据影响反应速率的因素对反应进行控制。

本章主要介绍化学反应的速率、速率常数和活化能等概念,以及温度、催化剂等对反应速率的影响,简单级数反应的动力学特征以及动力学近似处理方法、反应速率理论和快反应现代化学动力学研究技术。

8.1 化学反应的速率及速率方程

8.1.1 化学反应速率的定义

对一般的化学反应

$$a\mathrm{A} + d\mathrm{D} \longrightarrow g\mathrm{G} + h\mathrm{H} \qquad 0 = \sum_{\mathrm{B}} \nu_{\mathrm{B}} \mathrm{B} \qquad (8\text{-}1)$$

反应物 A、D 的消耗速率：
$$r_{\mathrm{A}} = -\frac{1}{V} \cdot \frac{\mathrm{d}n_{\mathrm{A}}}{\mathrm{d}t} \qquad r_{\mathrm{D}} = -\frac{1}{V} \cdot \frac{\mathrm{d}n_{\mathrm{D}}}{\mathrm{d}t} \qquad (8\text{-}2)$$

产物 G、H 的生成速率：
$$r_{\mathrm{G}} = \frac{1}{V} \cdot \frac{\mathrm{d}n_{\mathrm{G}}}{\mathrm{d}t} \qquad r_{\mathrm{H}} = \frac{1}{V} \cdot \frac{\mathrm{d}n_{\mathrm{H}}}{\mathrm{d}t} \qquad (8\text{-}3)$$

对于体积不变的均相化学反应,上两式可写成：

反应物 A、D 的消耗速率：
$$r_{\mathrm{A}} = -\frac{\mathrm{d}c_{\mathrm{A}}}{\mathrm{d}t} \qquad r_{\mathrm{D}} = -\frac{\mathrm{d}c_{\mathrm{D}}}{\mathrm{d}t} \qquad (8\text{-}4)$$

产物 G、H 的生成速率：
$$r_{\mathrm{G}} = \frac{\mathrm{d}c_{\mathrm{G}}}{\mathrm{d}t} \qquad r_{\mathrm{H}} = \frac{\mathrm{d}c_{\mathrm{H}}}{\mathrm{d}t} \qquad (8\text{-}5)$$

式中：t 为反应时间,c_{B} 为反应体系的某物质的物质的量浓度,反应物速率表达式中的"—"号,目的是使反应速率保持为正值,速率的量纲是浓度·时间$^{-1}$。

在反应开始后的不同时刻 $t_1, t_2, \cdots$,分别测定出反应系统中某物质 B 的浓度 c_1,$c_2, \cdots$,以浓度对时间作图即得到 $c_{\mathrm{B}}\text{-}t$ 曲线,如图 8-1 所示。图中曲线上某一点切线的斜率即是 $\mathrm{d}c_{\mathrm{B}}/\mathrm{d}t$,由此斜率值即可求得相应时刻的速率 r_{B}。

由图 8-1 可知,对于一个指定的化学反应,由于在反应式中反应物和产物的化学计量系数不尽一致,所以在反应的某一时刻,几种反应物的消耗速率不一定相同,几种产物的生成速率也不一定相同,反应物的消耗速率与产物的生成速率也不一定相同,因此在表示一个化学反应的速率时必须指明选定哪种物质。

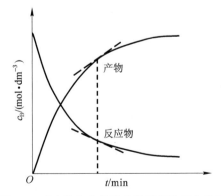

图 8-1 反应物和产物浓度随时间的变化关系

208

化学反应速率(rate of reaction)r 定义为单位体积、单位时间内的反应进度(或单位体积内反应进度随时间的变化率),即

$$r = \frac{1}{V} \cdot \frac{\mathrm{d}\xi}{\mathrm{d}t} = \frac{1}{V} \cdot \frac{\mathrm{d}n_B}{\nu_B \mathrm{d}t} \tag{8-6}$$

对于体积不变的均相化学反应:

$$r = \frac{1}{\nu_B} \cdot \frac{\mathrm{d}c_B}{\mathrm{d}t} = -\frac{1}{a}\frac{\mathrm{d}c_A}{\mathrm{d}t} = -\frac{1}{d}\frac{\mathrm{d}c_D}{\mathrm{d}t} = \frac{1}{g}\frac{\mathrm{d}c_G}{\mathrm{d}t} = \frac{1}{h}\frac{\mathrm{d}c_H}{\mathrm{d}t} \tag{8-7}$$

其量纲为浓度·时间$^{-1}$,SI 单位为 mol·m^{-3}·s^{-1},常用 mol·dm^{-3}·s^{-1}。由定义式可见,化学反应速率的数值与反应方程式的书写方式有关,故应用定义式时必须指明化学反应计量式。

8.1.2 基元反应和非基元反应

我们通常所写的化学方程式是反应的化学计量式(stoichiometric equation),并不是反应的真正历程,如反应:

$$H_2O_2 + 2I^- + 2H^+ = I_2 + 2H_2O \tag{8-8}$$

总反应方程式仅代表了初始反应物与最终产物间的总结果,不能告诉人们反应进行的途径及具体步骤。经过动力学研究表明,上述反应并不是按照化学计量总方程式那样简单的由反应物直接转变为产物,而是经过以下三个步骤完成:

$$H_2O_2 + I^- \rightarrow IO^- + H_2O \qquad (慢) \tag{8-9}$$

$$IO^- + H^+ \rightarrow HIO \qquad (快) \tag{8-10}$$

$$HIO + I^- + H^+ \rightarrow I_2 + H_2O \qquad (快) \tag{8-11}$$

我们把反应物微粒(分子、原子、离子、自由基、自由原子等)经过碰撞一步转变为产物分子的化学反应称为基元反应(elementary reaction)。如式(8-9)、式(8-10)和式(8-11)三个反应均是基元反应,都有总反应式(8-8)中没有出现的中间产物参与了反应。

总反应只包含一个基元反应的称为简单反应(simple reaction);总反应由两个或两个以上基元反应构成的称为复合反应(complex reaction),又称非基元反应或复杂反应。复合反应包含的若干个基元反应代表了反应所经过的途径,在动力学上就称其为反应机理(reaction mechanism)或反应历程。

需要指出的是,一个化学反应是否是基元反应,只能通过实验判断其是否有中间产物来确定。而对于复合反应,反应机理中各基元反应的代数和是否等于总的计量方程式,是判断一个机理是否正确的先决条件。

表示反应速率与反应体系内物质浓度关系的方程称为速率方程(rate equation)。

经验证明:温度一定时,基元反应的反应速率与各反应物浓度幂的乘积成正比,每种反应物浓度的幂为基元反应中各反应物的计量系数。例如,对于基元反应 $aA + dD \rightarrow gG + hH$,其速率方程为:

$$r = kc_A^a c_D^d \qquad (8\text{-}12)$$

基元反应的这个规律即为质量作用定律(mass action law),是 19 世纪由挪威化学家 Guldberg(古德贝格)和 Waage(瓦格)提出来的。但是,对于复合反应的速率方程就不能由质量作用定律写出,虽然其可能具有一般形式 $r = kc_A^a c_D^\beta$,但式中 α、β 的值需要经过实验确定或根据化学动力学的有关理论进行处理后得到。另外,对于某些复合反应,通过实验确定的速率方程在形式上也恰好符合质量作用定律。例如,H_2 和 I_2 的反应:

$$H_2 + I_2 = 2HI$$

实验得到其速率方程为 $r = kc(H_2)c(I_2)$,其形式虽与质量作用定律相符合,但事实上该反应是由多个基元反应组成的复合反应,故不能从速率方程的形式判断反应是否为基元反应。

8.1.3　反应级数和反应分子数

对于速率方程式具有一般形式 $r = kc_A^a c_D^\beta \cdots \cdots$ 的反应,$n = \alpha + \beta + \cdots$ 称为该反应的反应级数(order of reaction),α 称为 A 的分级数,β 称为 D 的分级数。级数越大,则反应速率受浓度的影响越大。

简单反应的级数一般为正整数,复合反应的级数则比较复杂,可能是分数、零,甚至在某些特殊情况下是负数,有的甚至无级数可言。如通过实验测定氢气和卤素单质反应,$H_2 + Cl_2 = 2HCl$ 的速率方程式为:

$$r = kc(H_2)c^{1/2}(Cl_2)$$

该反应级数为 1.5。$H_2 + I_2 = 2HI$ 的速率方程式为:

$$r = kc(H_2)c(I_2)$$

该反应级数为 2。$H_2 + Br_2 = 2HBr$ 的速率方程式为:

$$r = \frac{kc(H_2)c^{1/2}(Br_2)}{1 + k' \dfrac{c(HBr)}{c(Br_2)}}$$

由于该反应的速率方程式不具有一般的形式,所以无反应级数。

参加一个基元反应的反应物微观粒子数称为该基元反应的反应分子数(molecularity of reaction)。微观粒子可以是分子、原子、离子、自由基等。根据反应分子数可将基元反应分为单分子反应(unimolecular reaction)、双分子反应(bimolecular reaction)和三分子反应(trimolecular reaction)三种类型,式(8-9)、式(8-10)、式(8-11)三个基元反应的反应分子数分别是 2、2、3,所以反应分子数一般是正整数。

对于基元反应,一般情况下反应分子数和反应级数相等,但由于反应的条件不同,反应级数也会发生改变。例如基元反应式(8-9)的反应分子数为 2,其速率方程式为 $r = k_1 c(H_2O_2)c(I^-)$,反应级数也等于 2。但是,若在反应系统中加入 $Na_2S_2O_3$ 保持 $c(I^-)$ 不变,该基元反应的速率方程式就可写成 $r = k_1 c(H_2O_2)c(I^-) = k'c(H_2O_2)$,反应级数就等于1。反应分子数只对基元反应有意义,对于复合反应,则无反应分子数可言。

8.1.4　反应速率常数

速率方程 $r = kc_A^{\alpha} c_D^{\beta} \cdots\cdots$ 中的系数 k 为反应的速率常数(rate constant)。其物理意义是各反应物均为单位浓度时的反应速率,其大小取决于反应温度、催化剂和溶剂等,而与反应体系中各物质的浓度无关。

速率常数 k 有量纲,不同级数的反应,速率常数的量纲不一样。从速率方程可以看出 k 的量纲为浓度$^{1-n}$·时间$^{-1}$,如:

零级反应:$r = k$,k 的量纲为浓度·时间$^{-1}$,如:$mol \cdot dm^{-3} \cdot s^{-1}$

一级反应:$r = kc$,k 的量纲为时间$^{-1}$,如:s^{-1}、min^{-1}

二级反应:$r = kc^2$,k 的量纲为浓度$^{-1}$·时间$^{-1}$,如:$(mol \cdot dm^{-3})^{-1} \cdot s^{-1}$

三级反应:$r = kc^3$,k 的量纲为浓度$^{-2}$·时间$^{-1}$,如:$(mol \cdot dm^{-3})^{-2} \cdot s^{-1}$

反之,可以根据速率常数的单位来判断反应的级数。例如,若某反应的 $k = 3.0\ s^{-1}$,则该反应为一级反应。

速率常数 k 是一个重要的动力学参数,其大小直接反映化学反应进行的快慢,动力学研究的一个重要内容就是测定速率常数 k。

8.1.5　反应速率的测定

根据反应速率的定义,测定化学反应速率的关键是测定不同时刻反应物和产物的浓度,然后绘制图 8-1,从曲线上某时刻的斜率值即可求得相应时刻的速率。测定反应物(或产物)的浓度一般有化学法和物理法两大类。

化学法是定期地从反应系统中取出部分样品来测定反应物或产物的浓度。在分析测定浓度时,采取骤冷、稀释、去催化剂或加入阻化剂等方法使反应停止或减慢。此法的特点是能直接得出不同时刻的浓度,但实际操作比较麻烦。

物理法是测定反应系统某些与浓度有关的物理量,如压力、体积、吸光度、旋光度、折光率、电导率、介电常数、电动势等,从这些物理量随时间的变化关系来衡量反应速率。如在KI 催化下进行的 H_2O_2 分解反应,可测定反应在不同时刻收集到的氧气体积,从而间接求算 H_2O_2 的浓度;手性化合物参与的反应,可测量系统的旋光度,如蔗糖在酸催化作用下转化为葡萄糖和果糖,由于蔗糖及其转化物都具有旋光性,且三者的旋光性能不同,因此可测定体系在反应过程中旋光度的变化来度量反应的进程。物理法的特点是可以不停止化学反应而进行连续测定和记录,因此在动力学研究中被广泛应用。

现代动力学研究中各种现代分析方法和仪器也被广泛应用,如气相和液相色谱法、质谱法、光谱法(包括微波光谱、红外光谱、拉曼光谱、可见及紫外光谱等)、核磁共振谱、和电子自旋共振谱。这些方法不仅可实时监测反应体系组分浓度随时间的变化,而且能够精确地监测反应体系中微量的中间体,因而在反应机理的研究中也起到关键性的作用。

8.2　简单级数反应动力学方程

反应级数为正整数或零的反应称为简单级数反应,这样的反应可能是基元反应,也可能是复合反应。本节主要介绍零级、一级、二级和三级反应的速率方程微分式、积分式和半衰期等动力学特征。

8.2.1 零级反应

反应速率与反应物浓度的零次方成正比(即与反应物浓度无关)的反应称为零级反应(zero order reaction)。某些表面催化反应、酶催化反应和光化学反应等具有零级反应的特征。

若反应 A→P 为零级反应,反应物 A 的起始浓度为 $c_{A,0}$,t 时刻的浓度为 $c_{A,t}$。则该反应的速率方程微分式为:

$$r = -\frac{dc_A}{dt} = kc_A^0 = k \tag{8-13}$$

将该式进行积分:

$$\int_{c_{A,0}}^{c_{A,t}} dc_A = -k \int_0^t dt \tag{8-14}$$

得:

$$c_{A,0} - c_{A,t} = kt \tag{8-15}$$

式(8-15)是零级反应动力学方程式的定积分形式。

反应物反应完一半所需要的时间称为半衰期 $t_{1/2}$(half−life time),将 $c_{A,t} = \frac{1}{2}c_{A,0}$ 代入式(8-15)中,得到零级反应的半衰期为:

$$t_{1/2} = \frac{c_{A,0}}{2k} \tag{8-16}$$

零级反应的动力学特征为:

(1)k 的量纲为浓度·时间$^{-1}$,常用单位是 mol·m^{-3}·s^{-1} 或 mol·dm^{-3}·s^{-1}。

(2)由式(8-15)可知,$c_{A,t}$ 对 t 作图可得一直线,直线斜率为 $-k$,截距为 $c_{A,0}$。如图 8-2 所示。

(3)零级反应的半衰期为 $t_{1/2} = \frac{c_{A,0}}{2k}$,半衰期与反应物的起始浓度成正比。

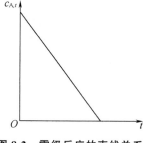

图 8-2 零级反应的直线关系

8.2.2 一级反应

反应速率与反应物浓度一次方成正比的反应称为一级反应(first order reaction)。属于一级反应的有放射性元素的蜕变、某些分子内重排反应、异构化反应、某些化合物的分解反应等。一级反应的方程式可以用通式表示为 $nA→P$,该反应的速率方程微分式为:

$$r = -\frac{dc_A}{ndt} = k'c_A \tag{8-17}$$

将该式整理为：

$$-\frac{dc_A}{c_A} = nk'\,dt = k\,dt \tag{8-18}$$

另：$k = nk'$ 为一级反应的速率常数，将上式进行积分：

$$\int_{c_{A,0}}^{c_{A,t}} \frac{dc_A}{c_A} = -k\int_0^t dt \tag{8-19}$$

得：

$$\ln\frac{c_{A,0}}{c_{A,t}} = kt \tag{8-20}$$

或

$$\ln c_{A,0} - \ln c_{A,t} = kt \tag{8-21}$$

式(8-20)和式(8-21)是一级反应动力学方程式的定积分形式。

将 $c_{A,t} = \frac{1}{2}c_{A,0}$ 代入式(8-20)中，得到一级反应的半衰期为：

$$t_{1/2} = \frac{\ln 2}{k} \tag{8-22}$$

一级反应的动力学特征为：

(1)k 的量纲为时间$^{-1}$，常用的单位是 s^{-1} 或 min^{-1}。

(2)由式(8-21)可以看出，$\ln c_{A,t}$ 对 t 作图可得一直线，直线斜率为 $-k$，截距为 $\ln c_{A,0}$，如图8-3所示。

(3)一级反应的半衰期为 $t_{1/2} = \frac{\ln 2}{k}$，半衰期与反应物的初始浓度无关。一级反应中，反应物消耗任何百分数所需的时间均与起始浓度无关：$t_{3/4} = 2t_{1/2}$，$t_{7/8} = 3t_{1/2}$，…

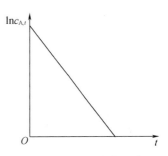

图 8-3 一级反应的直线关系

例 8-1 某考古专家组于1974年在挖掘一古墓时得到一具女尸，测量其身上亚麻片的 $^{14}C/^{12}C$ 为正常值的 67%。试估算该女尸是何时埋葬的？已知 ^{14}C 蜕变的半衰期为 5 720 年。

解：^{14}C 的蜕变为一级反应。由于 $t_{1/2} = 5\ 720$ 年，所以 ^{14}C 蜕变反应的速率常数为

$$k = \frac{\ln 2}{t_{1/2}} = \frac{0.693\ 1}{5\ 720} = 1.212 \times 10^{-4}\ (年^{-1})$$

由于 $^{14}C/^{12}C$ 为正常值的 67%，即 ^{14}C 已经蜕变了 33%。代入一级反应动力学方程可得

$$t = \frac{1}{k}\ln\frac{c_{A,0}}{c_{A,t}} = \frac{1}{1.212 \times 10^{-4}}\ln\frac{1}{0.67} = 3\ 304\ (年)$$

所以，该女尸是 3 304 年前(即公元前 1330 年)埋葬的。

8.2.3 二级反应

反应速率与反应物浓度的二次方成正比的反应称为二级反应(second order reaction),例如乙酸乙酯的皂化,乙烯、丙烯和异丁烯的二聚作用,碘化氢、甲醛的热分解以及溶液中大多数有机反应都是二级反应。

简单二级反应有两种类型:

1.反应物只有一种,即 $nA \rightarrow P$

假设反应物 A 的起始浓度为 $c_{A,0}$,t 时刻的浓度为 $c_{A,t}$,则该反应的速率方程微分式为:

$$r = -\frac{dc_A}{n\,dt} = k' c_A^2 \tag{8-23}$$

将该式整理为

$$r = -\frac{dc_A}{dt} = nk' c_A^2 = k c_A^2 \tag{8-24}$$

另:$k = nk'$ 为二级反应的速率常数,将上式进行积分

$$\int_{c_{A,0}}^{c_{A,t}} \frac{dc_A}{c_A^2} = -k \int_0^t dt \tag{8-25}$$

得

$$\frac{1}{c_{A,t}} - \frac{1}{c_{A,0}} = kt \tag{8-26}$$

式(8-26)是只有一种反应物的二级反应的动力学方程式的定积分形式。将 $c_{A,t} = \frac{1}{2} c_{A,0}$ 代入式(8-26)中,得到该二级反应的半衰期为:

$$t_{1/2} = \frac{1}{k c_{A,0}} \tag{8-27}$$

该类型二级反应的动力学特征为:

(1)k 的量纲为浓度$^{-1}$·时间$^{-1}$,常用的单位是 $mol^{-1} \cdot m^3 \cdot s^{-1}$ 或 $mol^{-1} \cdot dm^3 \cdot s^{-1}$。

(2)由式(8-26)可以看出,$1/c_{A,t}$ 对 t 作图可得一直线,直线斜率为 k,截距为 $1/c_{A,0}$,如图 8-4 所示。

(3)该类型二级反应的半衰期为 $t_{1/2} = \frac{1}{k c_{A,0}}$,与反应物 A 的初始浓度成反比。

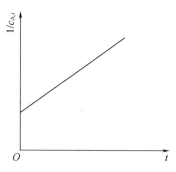

图 8-4 二级反应的直线关系

例 8-2 气体 1,3-丁二烯在较高温度下能进行二聚反应:

$$2C_4H_6(g) = C_8H_{12}(g)$$

若在 318 K 下实验开始时,1,3-丁二烯在容器中的压力是 84.25 kPa,测得反应 33 min 时,

系统的总压 p 为 70.39 kPa,试求该二级反应的速率常数 k 和半衰期 $t_{1/2}$。

解:所给数据为系统的总压,需要求出 1,3-丁二烯的分压 $p_{A,t}$:

$$2C_4H_6(g) = C_8H_{12}(g)$$

$t=0$	$p_{A,0}$	0	
$t=t$	$p_{A,t}$	$1/2(p_{A,0}-p_{A,t})$	$p=1/2(p_{A,0}+p_{A,t})$

所以,反应 33 min 时,1,3-丁二烯的分压 $p_{A,t}$ 为 56.53 kPa,将其带入二级反应速率方程:

$$\frac{1}{p_{A,t}} - \frac{1}{p_{A,0}} = kt$$

可得 $k=1.764\times10^{-4}$ kPa^{-1}·min^{-1} 带入半衰期公式 $t_{1/2}=\dfrac{1}{kp_{A,0}}$,可得 $t_{1/2}=67.3$ min

---

2.反应物有两种,即 A+D→P

对于反应物有两种,且速率方程式具有 $r=kc_Ac_D$ 形式的二级反应,根据反应物初始浓度的情况,又分为以下两种类型:

(1)反应物初始浓度相同,即 $c_{A,0}=c_{D,0}$ 则该反应的速率方程微分式

$$r = -\frac{dc_A}{dt} = kc_Ac_D \tag{8-28}$$

可整理为

$$r = -\frac{dc_A}{dt} = kc_A^2 \tag{8-29}$$

积分结果和式(8-26)相同。反应物 A 和 D 的半衰期计算公式与式(8-27)相同,且 $t_{1/2,A}=t_{1/2,D}$。

(2)反应物初始浓度不相同,即 $c_{A,0} \neq c_{D,0}$ 假设 A 和 D 的起始浓度分别为 $c_{A,0}=a$ 和 $c_{D,0}=d$,t 时刻时分别为 $c_{A,t}=a-x$ 和 $c_{D,t}=d-x$(其中 x 为 t 时刻已消耗掉的 A 或 D 的浓度)。则该反应的速率方程微分式为:

$$r = -\frac{dc_A}{dt} = \frac{dx}{dt} = k(a-x)(d-x) \tag{8-30}$$

将上式进行积分:

$$\int_0^x \frac{dx}{(a-x)(d-x)} = k\int_0^t dt \tag{8-31}$$

可得

$$\frac{1}{a-d}\ln\frac{d(a-x)}{a(d-x)} = kt \tag{8-32}$$

即 $\ln \dfrac{(a-x)}{(d-x)}$ 与 t 有线性关系。由于 A 和 D 的起始浓度不同,可知:$t_{1/2,A} \neq t_{1/2,D}$。

8.2.4 三级反应

反应速率与反应物浓度的三次方成正比的反应称为三级反应(third order reaction),三级反应较为复杂,多出现在液相体系中。

三级反应有多种形式,现只讨论最简单的情况,即反应物只有一种:

$$n\mathrm{A} \longrightarrow \mathrm{P}$$

假设反应物 A 的起始浓度为 $c_{A,0}$,t 时刻的浓度为 $c_{A,t}$,则该反应的速率方程微分式为:

$$r = -\frac{\mathrm{d}c_A}{n\,\mathrm{d}t} = k' c_A^3 \tag{8-33}$$

将该式整理为

$$r = -\frac{\mathrm{d}c_A}{\mathrm{d}t} = nk' c_A^3 = k c_A^3 \tag{8-34}$$

另:$k = nk'$ 为三级反应的速率常数,将上式进行积分

$$\int_{c_{A,0}}^{c_{A,t}} \frac{\mathrm{d}c_A}{c_A^3} = -k \int_0^t \mathrm{d}t \tag{8-35}$$

得

$$\frac{1}{2}\left(\frac{1}{c_{A,t}^2} - \frac{1}{c_{A,0}^2}\right) = kt \tag{8-36}$$

式(8-36)是只有一种反应物的三级反应的动力学方程式的定积分形式。

将 $c_{A,t} = \dfrac{1}{2}c_{A,0}$ 代入式(8-36)中,得到该三级反应的半衰期为:

$$t_{1/2} = \frac{3}{2kc_{A,0}^2} \tag{8-37}$$

该类型三级反应的动力学特征为:

(1)k 的量纲为浓度$^{-2}$·时间$^{-1}$,常用的单位是 $\mathrm{mol}^{-2} \cdot \mathrm{m}^6 \cdot \mathrm{s}^{-1}$ 或 $\mathrm{mol}^{-2} \cdot \mathrm{dm}^6 \cdot \mathrm{s}^{-1}$。

(2)由式(8-36)可以看出,$\dfrac{1}{c_{A,t}^2}$ 对 t 作图可得一直线,直线斜率为 $2k$,截距为 $\dfrac{1}{c_{A,0}^2}$。

(3)该类型三级反应的半衰期为 $t_{1/2} = \dfrac{3}{2kc_{A,0}^2}$,与反应物 A 的初始浓度的平方成反比。

对于有三种反应物,且反应物分级数都是 1 的三级反应,当三种反应物初始浓度都一样时,同样可以得到和上述结果一样的动力学特征。

表 8-1 给出了简单级数反应的动力学特征。

表 8-1　简单级数反应的动力学特征

级数	类型	速率方程积分式	$t_{1/2}$	直线关系	k 的量纲
0	A→P	$c_{A,0}-c_{A,t}=kt$	$t_{1/2}=\dfrac{c_{A,0}}{2k}$	$c_{A,t}\text{-}t$	$c\cdot t^{-1}$
1	nA→P	$\ln c_{A,0}-\ln c_{A,t}=kt$	$t_{1/2}=\dfrac{\ln 2}{k}$	$\ln c_{A,t}\text{-}t$	t^{-1}
2	nA→P	$\dfrac{1}{c_{A,t}}-\dfrac{1}{c_{A,0}}=kt$	$t_{1/2}=\dfrac{1}{kc_{A,0}}$	$\dfrac{1}{c_{A,t}}\text{-}t$	$c^{-1}\cdot t^{-1}$
2	A+D→P $c_{A,0}=c_{D,0}$	$\dfrac{1}{c_{A,t}}-\dfrac{1}{c_{A,0}}=kt$	$t_{1/2,A}=t_{1/2,D}=\dfrac{1}{kc_{A,0}}$	$\dfrac{1}{c_{A,t}}\text{-}t$	$c^{-1}\cdot t^{-1}$
2	A+D→P $c_{A,0}\neq c_{D,0}$	$\dfrac{1}{a-d}\ln\dfrac{(a-x)d}{(d-x)a}=kt$	$t_{1/2,A}\neq t_{1/2,D}$	$\ln\dfrac{(a-x)}{(d-x)}\text{-}t$	$c^{-1}\cdot t^{-1}$
3	nA→P	$\dfrac{1}{2}\left(\dfrac{1}{c_{A,t}^{2}}-\dfrac{1}{c_{A,0}^{2}}\right)=kt$	$t_{1/2}=\dfrac{3}{2kc_{A,0}^{2}}$	$\dfrac{1}{c_{A,t}^{2}}\text{-}t$	$c^{-2}\cdot t^{-1}$
3	A+B+D→P $c_{A,0}=c_{B,0}=c_{D,0}$	$\dfrac{1}{2}\left(\dfrac{1}{c_{A,t}^{2}}-\dfrac{1}{c_{A,0}^{2}}\right)=kt$	$t_{1/2,A}=t_{1/2,B}=t_{1/2,D}=\dfrac{3}{2kc_{A,0}^{2}}$	$\dfrac{1}{c_{A,t}^{2}}\text{-}t$	$c^{-2}\cdot t^{-1}$

8.2.5　反应级数的测定法

反应级数是一个重要的动力学参数,可以说明系统中某组分浓度对反应速率的影响,也可以为确定反应机理提供依据,本节讨论速率方程为一般形式 $r=kc_A^{\alpha}c_D^{\beta}\cdots$ 的情况。确定反应级数的常用方法有:尝试法、初速率法和孤立法。

1. 尝试法

尝试法(method of trial)就是尝试看某一反应的浓度与时间之间的关系适合哪一级的速率方程积分式,从而确定该反应的级数。①计算法:将不同时刻的浓度分别代入不同级数的速率方程的公式中,看哪个公式计算出来的速率常数 k 近似相等,就可确定反应级数。②作图法:将不同时刻的浓度进行适当处理后,以 c_A 或 $\ln c_A$ 或 $1/c_A$ 对时间 t 作图,若得到一条直线的话,该反应的反应级数就等于 0、1 或 2。

例 8-3　反应 $2N_2O_5(g)=4NO_2(g)+O_2(g)$,在 318 K 下测得不同时刻 $N_2O_5(g)$ 的浓度(已换算为标准状态)如下表:

t/min	0	20	40	60	80	100	120	140	160
$c/(\text{mol}\cdot\text{m}^{-3})$	17.60	9.73	5.46	2.95	1.67	0.94	0.50	0.28	0.16

(1)确定该反应的级数。

(2)计算反应的速率常数和半衰期。

解:计算法:先假设该反应为一级反应,代入其速率常数 $k_A = \dfrac{1}{t}\ln\dfrac{c_{A,0}}{c_{A,t}}$ 的计算公式中,得到 k 的计算值,如下表:

t/min	0	20	40	60	80	100	120	140	160
$c/(\text{mol} \cdot \text{m}^{-3})$	17.60	9.73	5.46	2.95	1.67	0.94	0.50	0.28	0.16
$\ln c$	2.87	2.28	1.70	1.08	0.51	−0.06	−0.69	−1.27	−1.83
k/min^{-1}		0.029 5	0.029 3	0.029 8	0.029 5	0.029 3	0.029 7	0.029 6	0.029 4

(1)由于根据一级反应速率常数计算公式所得的不同时刻 k 值比较接近,所以该反应的反应级数等于 1。

(2)所得不同时刻 k 的平均值为 0.029 5 min^{-1},所以 $k = 0.029\ 5\ \text{min}^{-1}$,半衰期为

$$t_{1/2} = \frac{\ln 2}{k} = 23.50\ \text{min}$$

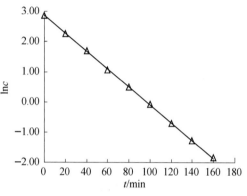

图 8-5　$\ln c\text{-}t$ 图

作图法:假设该反应为一级反应,以 $\ln c$ 对 t 作图,可得一条直线(图 8-5),故可判断该反应为一级反应。所得直线斜率为 −0.029 5,所以 $k = 0.029\ 5\ \text{min}^{-1}$。半衰期的计算同上。

---

2. 初速率法

在化学反应的初始阶段,产物的量可以忽略不计,从而排除产物的生成对反应速率的影响。只要反应速率不是特别快,对于只有一种反应物浓度影响反应速率的化学反应,可以利用初速率法(method of initial rate)得到反应级数。假设反应 $a\text{A} \rightarrow \text{P}$,反应物 A 的初始浓度为 $c_{A,0}$,反应的初始速率为 r_0,则 $r_0 = kc_{A,0}^n$,取对数得

$$\ln r_0 = \ln k + n\ln c_{A,0} \tag{8-38}$$

在不同的起始浓度下,测定初始速率,即在不同起始浓度的 $c\text{-}t$ 图上求各曲线在 $t = 0$ 时的切线斜率即为 r_0。再以 $\ln r_0$ 对 $\ln c_{A,0}$ 作图,所得直线的斜率就是该反应的级数 n(图 8-6)。

3. 孤立法

假设反应 $a\text{A} + d\text{D} \rightarrow g\text{G} + h\text{H}$,其速率方程式为 $r = kc_A^\alpha c_D^\beta$,可用孤立法(method of isolation)确定其反应级数 $n = \alpha + \beta$。若可以保持 D 的浓度在反应过程中不变(例如,若 D 在反应系统中过量很多,可近似认为其浓度不发生变化),则反应速率只随 A 的浓度改变。这样可通过初速率法确定 A 的分级数 α。同样的方法可确定 D 的分级数 β,从而得到反应级数 n。

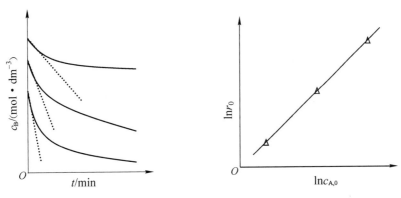

图 8-6 初速率法确定反应级数

8.3 温度对反应速率的影响

温度是影响反应速率的重要因素。大多数化学反应,温度越高,反应进行得越快,这不仅是化学实验中常见的现象,也是人们生活中的常识,如图 8-7(1)所示的第一类型反应。第二类型是有爆炸极限的反应,当温度升高到一定值时,反应速率急剧增大,发生爆炸,如图 8-7(2)所示。第三类型是酶催化反应,温度太低或太高都不利于生物酶的活性,某些受吸附速率控制的多相催化反应也有类似的情况,如图 8-7(3)所示。第四类型是随温度的升高副反应发生,如碳的氧化,导致反应速率变化有起伏,如图 8-7(4)所示。第五类型是随温度升高,反应速率逐渐减小,如图 8-7(5)所示。这种类型的反应比较少见,例如,$2NO+O_2 \rightarrow 2NO_2$。

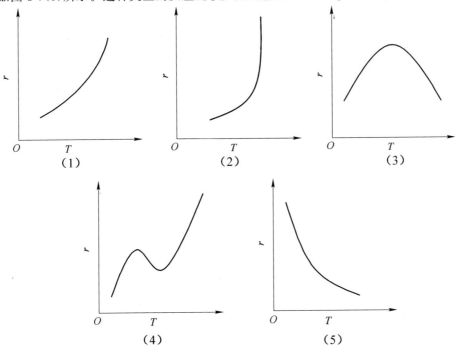

图 8-7 温度对反应速率的影响

第一类型的反应最多,本书主要讨论温度对这一类型反应速率影响的规律。大多数化学反应的速率方程式具有 $r = kc_A^\alpha c_D^\beta$ 的形式。根据该式可以看出,影响化学反应速率的因素可以分为两方面:一是反应物浓度的影响;二是影响速率常数的因素,如温度、催化剂、溶剂的性质等。在影响速率常数的这些因素中,温度的影响是很重要的,具有普遍性。

Van't Hoff(范特霍夫)根据大量的实验结果归纳出一条近似规律:温度每升高 10 ℃,化学反应的速率常数一般增加 2~4 倍,即

$$\frac{k_{t+10}}{k_t} = 2 \sim 4 \tag{8-39}$$

这个规律称为 Van't Hoff 规则。利用该规则,可粗略估计温度对反应速率的影响。

8.3.1 Arrhenius 公式

Arrhenius(阿伦尼乌斯)根据大量的实验事实,于 1889 年提出定量表示反应速率常数 k 与温度 T 的关系式,Arrhenius 公式:

$$k = A \exp\left(-\frac{E_a}{RT}\right) \tag{8-40}$$

式(8-40)是 Arrhenius 公式的指数式。式中 E_a 为活化能(activation energy),单位为 $J \cdot mol^{-1}$;A 为指前因子(pre-exponential factor),其单位与 k 相同,由于 A 的大小与碰撞频率有关,所以又称为频率因子。对于指前因子相同的反应,在同样温度下活化能小的反应速率常数大。

Arrhenius 公式的微分形式是:

微分式
$$\frac{d\ln k}{dT} = \frac{E_a}{RT^2} \tag{8-41}$$

对于给定的化学反应,当溶剂、催化剂等一定且温度变化范围不是很大时,E_a 和 A 均可看作常数,将式(8-41)积分后,可得到

不定积分式
$$\ln k = -\frac{E_a}{R} \cdot \frac{1}{T} + \ln A \tag{8-42}$$

定积分式
$$\ln \frac{k_2}{k_1} = \frac{E_a}{R}\left(\frac{1}{T_1} - \frac{1}{T_2}\right) \tag{8-43}$$

式 8-42 表明 $\ln k$ 与 $1/T$ 为直线关系,对一系列实验数据作图($\ln k \sim 1/T$),通过直线的斜率和截距即可求得活化能 E_a 及指前因子 A。

Arrhenius 公式的定积分式(8-43)的主要用途有:(1)计算速率常数;(2)计算活化能;(3)计算化学反应的温度。

例 8-4 已知溴乙烷分解反应的活化能 $E_a = 229.3$ kJ · mol^{-1},650 K 时速率常数 $k = 2.14 \times 10^{-4}$ s^{-1},要使该反应在 10 min 内完成 90%,反应温度应控制在多少?

解:根据 k 的单位可知该反应为一级反应。根据一级反应动力学方程式的定积分式 (8-20) 可得,要使该反应在 10 min 内完成 90%,反应的速率常数应该为

$$k = \frac{1}{t}\ln\frac{c_{A,0}}{c_{A,t}} = \frac{1}{10\times60}\times\ln\frac{1}{1-0.9} = 3.84\times10^{-3}\ \text{s}^{-1}$$

将 $E_a = 229.3\ \text{kJ}\cdot\text{mol}^{-1}$,650 K 时 $k = 2.14\times10^{-4}\ \text{s}^{-1}$,代入式 (8-43) 中

$$\ln\frac{3.84\times10^{-3}}{2.14\times10^{-4}} = \frac{229.3\times10^3}{8.314}\times\left(\frac{1}{650}-\frac{1}{T_2}\right) = \frac{229.3\times10^3\times(T_2-650)}{8.314\times650\times T_2}$$

解得
$$T_2 = 697.5\ \text{K}$$

即该反应温度控制在 697.5 K 进行,可以在 10 min 内完成 90%。

8.3.2 基元反应的活化能

活化能 E_a 是一个重要的动力学参数。由式 (8-40) 可以看出,由于 E_a 出现在指数上,所以,它的数值对反应速率的影响很大。活化能越大,速率常数越小,可以用活化能来粗略地表达反应的快慢,一般反应的活化能为 $40\sim400\ \text{kJ}\cdot\text{mol}^{-1}$,多数为 $60\sim250\ \text{kJ}\cdot\text{mol}^{-1}$,若 $E_a<40\ \text{kJ}\cdot\text{mol}^{-1}$,反应速度会快至不易测定。

化学反应发生的先决条件是反应物分子之间的相互碰撞。实际上,并不是每一次碰撞都能有效地引起化学反应,如基元反应 $2HI\rightarrow H_2+2I\cdot$,两个 HI 分子要发生反应,它们首先要发生碰撞。但是,由于 H-I 键的引力,H 和 I 难以分离;同时 H-I 键使得 H 带部分正电荷,造成两个 HI 分子中 H 和 H 之间的排斥力,而难以形成新的 H-H 键。只有少数能量较高的 HI 分子的碰撞才能克服新键形成前的斥力和旧键断开前的引力,而反应生成产物。

反应系统中这些少数能量较高的分子称为活化分子 (activated molecule)。一般的分子具有平均能量,只有通过分子间的碰撞(热活化)、光活化或电活化等获取一定能量后才能成为活化分子。

Tolman (托尔曼) 用统计热力学进行了证明,活化能 E_a 是指 1 mol 活化分子的平均能量与反应物分子平均能量的差值。因此对于基元反应,活化能是反应物分子在起反应时必须克服的一个能峰,如图 8-8 所示,反应物分子必须较平均能量高出 E_a 的能量,才能达到活化分子的状态,越过能峰发生反应变为产物分子。此图表明,尽管反应物的能量比产物高,但要使反应顺利进行,反应物首先要吸收能量越过活化能这个能峰。能峰越高,化学反应的阻力越大,反应越难进行。同样,反应逆

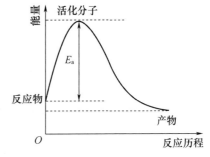

图 8-8 活化能示意图

向进行时,同样需要活化能,所以无论是正向反应还是逆向反应,每摩尔活化分子的能量即高于相应每摩尔反应物分子的能量,也高于相应每摩尔产物分子的能量。

例 8-5 已知 A 反应的 $E_{a,A}=60\ kJ\cdot mol^{-1}$，B 反应的 $E_{a,B}=150\ kJ\cdot mol^{-1}$，若两个反应温度均由 373 K 升高至 473 K，则两个反应的 k 值各提高多少倍？

解：根据式(8-40)可得

$$\frac{k_2(A)}{k_1(A)}=\exp\left[\frac{E_{a,A}}{R}\left(\frac{1}{T_1}-\frac{1}{T_2}\right)\right]$$

$$=\exp\left[\frac{60\times10^3}{8.314}\left(\frac{1}{373}-\frac{1}{473}\right)\right]$$

$$=60$$

$$\frac{k_2(B)}{k_1(B)}=\exp\left[\frac{E_{a,B}}{R}\left(\frac{1}{T_1}-\frac{1}{T_2}\right)\right]$$

$$=\exp\left[\frac{150\times10^3}{8.314}\left(\frac{1}{373}-\frac{1}{473}\right)\right]$$

$$=2.8\times10^4$$

计算结果表明，对于活化能高的反应，随温度的升高反应速率增加的越快，即活化能越高，反应速率对温度越敏感，生产上往往利用高温有利于活化能较大的反应，低温有利于活化能较低的反应这一原理来选择适宜温度加速主反应，抑制副反应。

8.3.3　复合反应的活化能——表观活化能

Arrhenius 公式不仅适用于基元反应，也适用于有明确反应级数的复合反应。但是对于复合反应，活化能就没有明确的意义了。

例如，复合反应：

$$H_2+I_2\rightarrow2HI$$

其 Arrhenius 方程为

$$k=Ae^{-\frac{E_a}{RT}}$$

其反应历程为

$$\begin{cases} I_2 \underset{k_{-1}}{\overset{k_1}{\rightleftharpoons}} 2I\cdot & (1)\\ H_2+2I\cdot \xrightarrow{k_2} 2HI & (2)\end{cases}$$

对于反应(1)，其正、逆反应的 Arrhenius 方程分别为

$$k_1=A_1e^{\frac{E_{a,1}}{RT}}\qquad\qquad k_{-1}=A_{-1}e^{\frac{E_{a,-1}}{RT}}$$

对于反应(2)，其 Arrhenius 方程为

$$k_2=A_2e^{\frac{E_{a,2}}{RT}}$$

用平衡态近似法(见 8.5.2 章节)处理时，可得：

$$k = k_2 \frac{k_1}{k_{-1}} = A_2 \mathrm{e}^{-\frac{E_{a,2}}{RT}} \cdot \frac{A_1 \mathrm{e}^{-\frac{E_{a,1}}{RT}}}{A_{-1} \mathrm{e}^{-\frac{E_{a,-1}}{RT}}}$$

$$= A_2 \frac{A_1}{A_{-1}} \exp\left(-\frac{E_{a,2} + E_{a,1} - E_{a,-1}}{RT}\right)$$

其中：$A = A_2 \dfrac{A_1}{A_{-1}}$ $\qquad E_a = E_{a,2} + E_{a,1} - E_{a,-1}$

即复合反应活化能 E_a 是各基元反应活化能一定形式的组合,称为表观活化能(apparent activation energy),也称经验活化能,可以通过实验测定。

8.4 典型的复合反应

基元反应或具有简单级数的复合反应,还可以进一步组成更为复杂的反应,本节主要讨论几种典型的复合反应:对峙反应、平行反应、连串反应和链反应的动力学特征。

8.4.1 对峙反应

正、逆两个方向可以同时进行且正反应速率与逆反应速率相差不是很大的化学反应称为对峙反应(opposing reaction),也称可逆反应。从热力学角度讲,任何化学反应都是对峙反应,但当正、逆反应速率相差很大,远远偏离平衡状态时,则在动力学中不作为对峙反应处理。

根据正、逆向反应的级数,对峙反应可分为 1-1 级、2-2 级、1-2 级、2-1 级等多种类型。本节只讨论最简单的 1-1 级对峙反应,如 α-D-葡萄糖 $\rightarrow$ β-D-葡萄糖,对于 1-1 级对峙反应,随着反应的不断进行,产物的浓度不断增加,逆反应速率随之增加,总反应速率减小,当接近平衡时,总反应速率趋近于零,此时反应物和产物的浓度都保持不变,如图 8-9 所示。

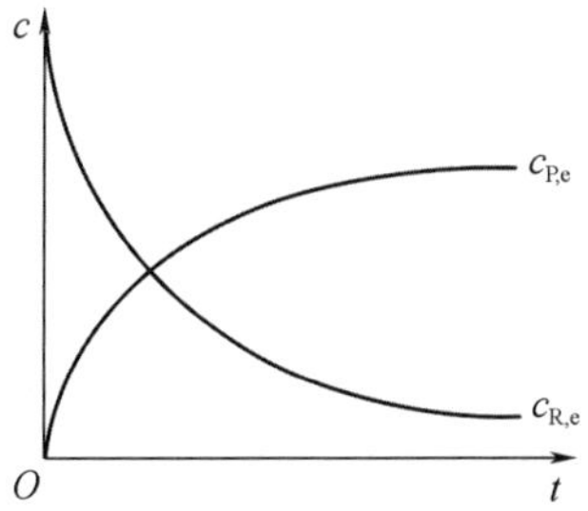

图 8-9 1-1 级对峙反应 c-t 图

下面推导该类型对峙反应的速率方程:

$$R \underset{k_-}{\overset{k_+}{\rightleftharpoons}} P$$

$t = 0$	$c_{R,0} = a$	0
$t = t$	$c_R = a - x$	x
$t = \infty$	$c_{R,e} = a - x_e$	x_e

k_+ 和 k_- 分别表示正向反应和逆向反应的速率常数。

反应 t 时刻,正反应速率:$r_+ = k_+(a - x)$,逆反应速率:$r_- = k_- x$

总反应速率为同时进行的正向和逆向反应速率的代数和,即:

$$r = -\frac{\mathrm{d}(a-x)}{\mathrm{d}t} = \frac{\mathrm{d}x}{\mathrm{d}t} = r_+ - r_- = k_+(a - x) - k_- x = k_+ a - (k_+ + k_-)x \qquad (8\text{-}44)$$

$t = \infty$，反应达平衡时，$r_+ = r_-$，即

$$k_+ (a - x_e) = k_- x_e \tag{8-45}$$

整理后得 $$k_+ a = (k_+ + k_-) x_e$$

代入式(8-44)得 $$\frac{\mathrm{d}x}{\mathrm{d}t} = (k_+ + k_-)(x_e - x) \tag{8-46}$$

式(8-46)即为 1-1 级对峙反应的速率方程微分式，定积分得

$$\ln \frac{x_e}{x_e - x} = (k_+ + k_-)t \tag{8-47}$$

式(8-47)即为 1-1 级对峙反应的动力学积分式。

由式(8-45)可得

$$\frac{k_+}{k_-} = \frac{x_e}{a - x_e} = K^{\ominus} \tag{8-48}$$

通过测定 t 时刻的 x 和平衡时的 x_e，由式(8-47)和式(8-48)即可计算得到 1-1 级对峙反应的速率常数 k_+、k_- 和平衡常数 $K^{\ominus}$。

8.4.2 平行反应

同一反应物，同时进行两个或两个以上不同的反应，生成不同的产物，则称为平行反应(parallel reaction)。平行反应的例子很多，如乙醇脱氢生成乙醛、脱水生成乙烯的两个反应；氯苯氯化生成邻、间、对三种二氯苯的三个反应；苯酚硝化时，分别得到邻位硝基苯酚(相对量 59.2%)、对位硝基苯酚(相对量 37.5%)和间位硝基苯酚(相对量 3.3%)的三个反应。其中，反应速率最快、产物最多的反应称为平行反应中的主反应，其他反应称为副反应。这种称谓是相对的，各个反应的速率也会随条件的改变而变化。

这里以最简单的两个均为一级反应的平行反应为例，推导其动力学方程，该平行反应可表示为：

$$
A \underset{k_2 \;\to\; P_2 \quad (2)}{\overset{k_1 \;\to\; P_1 \quad (1)}{\rule{0pt}{0pt}}}
$$

反应 t 时刻，反应(1)的速率 $r_1 = \dfrac{\mathrm{d}c_{P_1}}{\mathrm{d}t} = k_1 c_A$，反应(2)的速率 $r_2 = \dfrac{\mathrm{d}c_{P_2}}{\mathrm{d}t} = k_2 c_A$。图 8-10 可知，由于两个反应同时进行，因此 t 时刻反应物 A 消耗的总速率等于两个反应消耗速率之和，即

$$r = -\frac{\mathrm{d}c_A}{\mathrm{d}t} = r_1 + r_2 = \frac{\mathrm{d}c_{P_1}}{\mathrm{d}t} + \frac{\mathrm{d}c_{P_2}}{\mathrm{d}t} = (k_1 + k_2)c_A \tag{8-49}$$

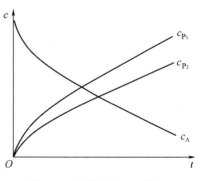

图 8-10 平行反应 $c\text{-}t$ 图

对该速率方程式进行定积分,可得

$$\ln \frac{c_{A,0}}{c_{A,t}} = (k_1 + k_2)t \tag{8-50}$$

同时

$$\frac{r_1}{r_2} = \frac{k_1}{k_2} = \frac{c_{P_1}}{c_{P_2}} = 常数 \tag{8-51}$$

即在任意时刻,两产物浓度之比都等于两反应速率常数之比。上述结论,对于级数相同的平行反应均成立,这是这类平行反应的一个特征。

由式(8-50)和式(8-51)可知,只要知道反应物起始浓度,并测得平行反应系统中 t 时刻反应物和各产物浓度就可以求得各反应的速率常数。

8.4.3 连串反应

一个化学反应的产物是下一步反应的反应物,如此连续进行的反应系列称为连串反应(successive reaction)。如甲烷氯化,生成的一氯甲烷还可以继续反应,生成二氯甲烷、三氯甲烷和四氯化碳。最简单的连串反应是由两个一级反应构成,可表示为

$$R \xrightarrow{k_1} M \xrightarrow{k_2} P$$

$t=0$	$c_{R,0}$	0	0
$t=t$	c_R	c_M	c_P

则反应 t 时刻

R 的消耗速率

$$-\frac{dc_R}{dt} = k_1 c_R$$

M 的生成速率

$$\frac{dc_M}{dt} = k_1 c_R - k_2 c_M$$

P 的生成速率

$$\frac{dc_P}{dt} = k_2 c_M$$

以上三个式子是连串反应的速率方程式。解这三个微分方程,可得

$$c_R = c_{R,0} e^{-k_1 t} \tag{8-52}$$

$$c_M = \frac{k_1 c_{R,0}}{k_2 - k_1} \left[e^{-k_1 t} - e^{-k_2 t} \right] \tag{8-53}$$

$$c_P = c_{R,0} \left[1 - \frac{1}{k_2 - k_1} (k_2 e^{-k_1 t} - k_1 e^{-k_2 t}) \right] \tag{8-54}$$

将 R、M、P 的浓度对时间 t 作图,可以得到图 8-11。从图中可以看出,反应物 R 的浓度逐渐降低,最终产物 P 的浓度逐渐增大,而中间产物 M 的浓度先增大,到某一时刻达到最大值后降低。中间产物的浓度在反应过程中出现极大值,是连串反应突出的特征。

当中间产物 M 是期望的产品时,必须控制反应时间,在 M 浓度达到最大值时终止反应,以期获得最高的产率。将式 (8-53)对 t 求导数,令 $dc_M/dt=0$,即可求得 M 浓度达到最大值的时间 t_{max} 和最大浓度 $c_{M,max}$。

$$t_{max}=\frac{\ln k_1 - \ln k_2}{k_1 - k_2} \tag{8-55}$$

$$c_{M,max}=c_{R,0}\left(\frac{k_1}{k_2}\right)^{\frac{k_2}{k_2-k_1}} \tag{8-56}$$

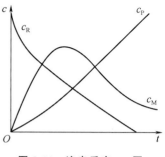

图 8-11 连串反应 c-t 图

8.4.4 链反应

链反应(chain reaction)又称连锁反应,是指用热、光、辐射或引发剂等使反应引发后,通过活性组分相继反生一系列的连续反应,像链条一样使反应自动进行下去。如高分子化合物的自由基聚合反应、石油热裂解、燃烧和爆炸反应等。

参加链反应的活性组分(自由基或自由原子)具有很高的化学活泼性,很不稳定,很容易重新结合成普通分子,而且一个自由基与一个分子起反应,经常会在产物中重新产生一个或几个自由基,因此可引起一般稳定分子所不能进行的反应。链反应一般包括三个阶段:链引发、链传递和链终止。例如,反应 $H_2+Cl_2 \rightarrow 2HCl$。

(1)链引发

$$Cl_2 \xrightarrow{k_1} 2Cl\cdot$$

通过加热、光照或加入引发剂生成活性组分的反应,即为链引发(chain initiation)过程。在这个反应过程中需要起始分子的化学键断裂而生成自由基或自由原子,因此反应所需的活化能与所断裂化学键所需的能量是同一数量级,一般比较大。

(2)链传递

$$Cl\cdot + H_2 \xrightarrow{k_2} HCl + H\cdot$$

$$H\cdot + Cl_2 \xrightarrow{k_3} HCl + Cl\cdot$$

自由基或自由原子等活性组分参与反应,产生一个或几个新的活性组分,新的活性组分又参与反应,如此不断进行下去,直至反应物被耗尽为止,即为链传递(chain propagation)过程。由于自由原子或自由基有较强的反应能力,故所需活化能一般小于 40 kJ·mol^{-1}。

(3)链终止

$$2Cl\cdot + M \xrightarrow{k_4} Cl_2 + M$$

自由基或自由原子等活性组分的消亡而不再生,从而导致链传播终止的过程称为链终止(chain termination)。常见的链终止有两种方式,一种是活性组分两两结合形成分子,另一种是与惰性物质或器壁碰撞而消除。

根据链传递过程中活性组分数目变化的不同,将链反应分为直链反应和支链反应两种类型。在链传递过程中,若反应掉一个活性组分后只产生一个新的活性组分,如上述 H_2 和 Cl_2 的反应,则为直链反应,如图 8-12(a)所示。若一个活性组分消失的同时产生两个或两个以上新的活性组分,则为支链反应,如图 8-12(b)所示。若支链反应在一个体积恒定的小容器内发生,活性组分数目由 1 个变 2 个,2 个变 4 个,4 个变 8 个,……,如此进行下去,反应速率急剧增大,一瞬间就可达到爆炸的程度,如爆鸣气爆炸,原子弹爆炸等。

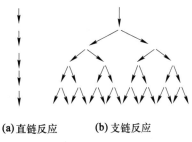

(a)直链反应　　(b)支链反应

图 8-12　链反应示意图

8.5　复合反应的近似处理

化学动力学的主要任务之一是确定反应机理。确定反应机理是一项艰巨复杂的工作,特别是对于复合反应,要完全弄清楚反应机理很困难。运用某些近似的处理方法解决复合反应的动力学问题,在很多情况下很方便。本节主要介绍复合反应动力学的三种近似处理方法:控速步骤法、平衡态近似法和稳态近似法。

8.5.1　控速步骤法

一个总反应可能是由几个基元反应组成的,若其中有一步反应的速率最慢,它就控制了总反应的速率,使总反应的速率基本等于最慢步的速率。这最慢的一步称为速率控制步骤(rate controlling step)。例如,连串反应:

$$R \xrightarrow{k_1} M \xrightarrow{k_2} P$$

根据式(8-54)

$$c_P = c_{R,0} \left[1 - \frac{1}{k_2 - k_1} (k_2 e^{-k_1 t} - k_1 e^{-k_2 t}) \right]$$

若第一步是该连串反应的控制步骤,即 $k_1 \ll k_2$,则上式可近似为

$$c_P = c_{R,0}(1 - e^{-k_1 t}) \tag{8-57}$$

若利用控速步骤法,则总反应速率等于第一步反应的速率,即

$$\frac{dc_P}{dt} = -\frac{dc_R}{dt} = k_1 c_R = k_1 c_{R,0} e^{-k_1 t} \tag{8-58}$$

对该式进行整理并进行定积分

$$\int_0^{c_P} dc_P = c_{R,0} \int_0^t k_1 e^{-k_1 t} dt \tag{8-59}$$

可得

$$c_P = c_{R,0}(1 - e^{-k_1 t}) \tag{8-60}$$

其结果和式(8-57)一致,使反应速率的求解过程大大简化,尽管存在一定误差,但当控速步骤与其他步骤的速率相差越多,此方法精确度也越高。

8.5.2　平衡态近似法

若某一复合反应中存在对峙反应,且对峙反应后面的基元反应是整个反应的控速步骤,则可利用对峙反应能快速达到平衡的假设处理复合反应速率方程,该方法称为平衡态近似法(equilibrium state approximation method)。

例如,复合反应:

$$A+B \rightarrow P$$

其反应机理是

$$(1) \qquad A+B \underset{k_{-1}}{\overset{k_1}{\rightleftharpoons}} M \qquad (快)$$

$$(2) \qquad M \xrightarrow{k_2} P \qquad (慢)$$

M 为中间产物,因为反应(2)速率很慢,它为控速步骤,故上述总反应速率可近似为

$$r = \frac{\mathrm{d}c_P}{\mathrm{d}t} \approx r_2 = k_2 c_M \tag{8-61}$$

同时,因为反应(1)是一快速平衡反应,可以近似认为在反应过程中始终处于化学平衡,即 $r_1 = r_{-1}$,又因为

$$r_1 = k_1 c_A c_B, \qquad r_{-1} = k_{-1} c_M \tag{8-62}$$

可得

$$k_1 c_A c_B = k_{-1} c_M$$

$$c_M = \frac{k_1}{k_{-1}} c_A c_B \tag{8-63}$$

将式(8-63)代入式(8-61),总反应的速率为

$$r = k_2 c_M = k_2 \frac{k_1}{k_{-1}} c_A c_B = k c_A c_B \tag{8-64}$$

其中,$k = k_2 \dfrac{k_1}{k_{-1}}$。

8.5.3　稳态近似法

对于有自由基、自由原子等活泼组分参与的复合反应,由于活泼组分反应活性强,一旦产生,就立即经第二步反应掉,所以可近似地认为其生成速率与消耗速率相等以致其浓度不随时间而变化,即 $\dfrac{\mathrm{d}c_{中间产物}}{\mathrm{d}t} = 0$,这种利用反应达到稳定态的假设对复合反应速率方程做近似处理的方法称为稳态近似法(steady state approximation method)。

例如,连串反应:

$$R \xrightarrow{k_1} M \xrightarrow{k_2} P$$

根据式(8-53)

$$c_M = \frac{k_1 c_{R,0}}{k_2 - k_1} \left[e^{-k_1 t} - e^{-k_2 t} \right]$$

当 $k_1 \ll k_2$,上式可近似为

$$c_M = \frac{k_1}{k_2} c_{R,0} e^{-k_1 t}$$

$$= \frac{k_1}{k_2} c_R \tag{8-65}$$

若用稳态近似法,M 为中间产物,浓度很小,且不随时间变化,则

$$\frac{dc_M}{dt} = k_1 c_R - k_2 c_M = 0 \tag{8-66}$$

即

$$c_M = \frac{k_1}{k_2} c_R$$

其结果与用解微分方程后化简的结果式(8-65)一致,避免了解微分方程的烦琐。

例 8-6 通过大量实验验证,在光照射下,$H_2 + Cl_2 = 2HCl$ 的反应机理如下:

(1)$Cl_2 \xrightarrow{k_1} 2Cl \cdot$ $E_{a,1} = 243.0 \text{ kJ} \cdot \text{mol}^{-1}$

(2)$Cl \cdot + H_2 \xrightarrow{k_2} HCl + H \cdot$ $E_{a,2} = 25.0 \text{ kJ} \cdot \text{mol}^{-1}$

(3)$H \cdot + Cl_2 \xrightarrow{k_3} HCl + Cl \cdot$ $E_{a,3} = 12.6 \text{ kJ} \cdot \text{mol}^{-1}$

(4)$2Cl \cdot \xrightarrow{k_4} Cl_2$ $E_{a,4} = 0.0 \text{ kJ} \cdot \text{mol}^{-1}$

利用稳态近似法推导得出 HCl 的生成速率方程式和速率常数表达式,并计算表观活化能。

解:复合反应中 HCl 的生成速率为

$$\frac{dc(HCl)}{dt} = r_2 + r_3 = k_2 c(Cl \cdot) c(H_2) + k_3 c(H \cdot) c(Cl_2) \tag{8-67}$$

由于 H·和 Cl·是中间产物,分别采用稳态近似法处理

$$\frac{dc(Cl \cdot)}{dt} = 2r_1 - r_2 + r_3 - 2r_4$$

$$= 2k_1 c(Cl_2) - k_2 c(Cl \cdot) c(H_2) + k_3 c(H \cdot) c(Cl_2) - 2k_4 c^2(Cl \cdot) = 0$$

$$\tag{8-68}$$

$$\frac{dc(H\cdot)}{dt} = r_2 - r_3$$

$$= k_2 c(Cl\cdot)c(H_2) - k_3 c(H\cdot)c(Cl_2) = 0 \tag{8-69}$$

由式(8-69)得 $k_2 c(Cl\cdot)c(H_2) = k_3 c(H\cdot)c(Cl_2)$

代入式(8-68)中得

$$\frac{dc(Cl\cdot)}{dt} = 2k_1 c(Cl_2) - 2k_4 c^2(Cl\cdot) = 0$$

$$\Rightarrow c(Cl\cdot) = \left(\frac{k_1}{k_4}\right)^{1/2} c^{1/2}(Cl_2)$$

将结果代入式(8-67)中得

$$\frac{dc(HCl)}{dt} = 2k_2 c(Cl\cdot)c(H_2) = 2k_2 \left(\frac{k_1}{k_4}\right)^{1/2} c^{1/2}(Cl_2)c(H_2) = kc^{1/2}(Cl_2)c(H_2) \tag{8-70}$$

式(8-70)即为总反应的速率方程式,该式中 $k = 2k_2 \left(\dfrac{k_1}{k_4}\right)^{1/2}$,即产物 HCl 的速率常数。将 Arrhenius 公式代入此式中得

$$Ae^{-\frac{E_a}{RT}} = 2A_2 e^{-\frac{E_{a,2}}{RT}} \times \left(\frac{A_1 e^{-\frac{E_{a,1}}{RT}}}{A_4 e^{-\frac{E_{a,4}}{RT}}}\right)^{1/2}$$

$$= 2A_2 \left(\frac{A_1}{A_4}\right)^{1/2} \exp\left[-\frac{E_{a,2} + \frac{1}{2}(E_{a,1} - E_{a,4})}{RT}\right]$$

$$= A \exp\left[-\frac{E_{a,2} + \frac{1}{2}(E_{a,1} - E_{a,4})}{RT}\right] \tag{8-71}$$

根据式(8-71)可得总反应的表观活化能

$$E_a = E_{a,2} + \frac{1}{2}(E_{a,1} - E_{a,4}) = 25.0 \text{ kJ} \cdot \text{mol}^{-1} + \frac{1}{2}(243.0 \text{ kJ} \cdot \text{mol}^{-1} - 0) = 146.5 \text{ kJ} \cdot \text{mol}^{-1}$$

8.6 化学反应速率理论

Arrhenius 公式可以解决大部分化学反应速率与温度的关系。但是,该公式中两个重要的动力学参数 E_a 和 A 的微观实质是什么,怎样从理论上计算 E_a 和 A 以及速率常数 k,这些都是化学反应速率理论需要解决的问题。本节主要介绍在反应速率理论发展过程中先后建立的碰撞理论和过渡态理论。

8.6.1 碰撞理论

碰撞理论(collision theory)是接受了 Arrhenius 关于活化分子和活化能概念的基础上,

于 1918 年由 Lewis(路易斯)建立和发展起来的反应速率基本理论,也称为简单碰撞理论。其理论假设为

(1)气体分子是刚性球体。

(2)碰撞是分子间起反应的必要条件。

(3)并非反应物分子之间的每一次碰撞都能引起反应。只有少数能量较高,相对平动能超过某一临界值 E 的反应物分子之间的碰撞,即有效碰撞(successful collision),才能引起化学反应。

根据 Maxwell-Boltzmann(麦克斯韦-玻尔兹曼)能量分布规律,系统中分子总数为 n 时,能量高于 E 值的分子数为 n_E,n_E 在 n 中所占的分数 q 为

$$q = n_E/n = \exp(-E/RT) \tag{8-72}$$

对于双分子反应系统 $A+B \rightarrow P$,根据气体动理学理论,在一定温度下,单位时间单位体积内 A 与 B 的碰撞次数

$$Z_{AB} = \pi (r_A + r_B)^2 \sqrt{\frac{8k_B T(M_A + M_B)}{\pi M_A M_B}} \left(\frac{N_A}{V}\right)\left(\frac{N_B}{V}\right) = \sigma \sqrt{\frac{8k_B T}{\pi \mu}} L^2 c_A c_B \tag{8-73}$$

式中:r_A 和 r_B 分别为反应物分子 A 和 B 的半径,M_A 和 M_B 分别为 A 和 B 的摩尔质量,N_A/V 和 N_B/V 分别为单位体积中 A 和 B 的分子数目,c_A 和 c_B 分别为 A 和 B 的浓度,k_B 为 Boltzmann 常数,T 为热力学温度,σ 为碰撞截面积 $\pi (r_A + r_B)^2$,L 为 Avogadro 常数,μ 为折合质量 $M_A M_B/(M_A + M_B)$。

可以发生反应的有效碰撞次数

$$Z_{AB}^* = qZ_{AB} = Z_{AB} \exp\left(-\frac{E}{RT}\right) \tag{8-74}$$

所以,反应速率为

$$r = -\frac{dc_A}{dt} = -\frac{1}{LV} \cdot \frac{dN_A}{dt} = \frac{Z_{AB}^*}{L}$$

$$= \sigma L \sqrt{\frac{8k_B T}{\pi \mu}} \cdot \exp\left(-\frac{E}{RT}\right) \cdot c_A c_B \tag{8-75}$$

式(8-75)是碰撞理论推导出的双分子基元反应速率的计算公式。由质量作用定律,该双分子基元反应的速率 $r = -dc_A/dt = kc_A c_B$,将此式与式(8-75)比较,可得

$$k = \sigma L \sqrt{\frac{8k_B T}{\pi \mu}} \exp\left(-\frac{E}{RT}\right) \tag{8-76}$$

式(8-76)是碰撞理论推导出的双分子气相反应速率常数的表达式。此式与 Arrhenius 公式在形式上完全相似,但一个是临界能 E,另一个是活化能 E_a。$E_a = E + \frac{1}{2}RT$,当 $E \gg \frac{1}{2}RT$ 时,$E_a \approx E$。可以用 Arrhenius 公式中的活化能代替临界能。此时,与 Arrhenius 公式相对比,可得指前因子

$$A = \sigma L \sqrt{\frac{8 k_B T}{\pi \mu}} \tag{8-77}$$

因此，根据式(8-76)和式(8-77)可以计算得到双分子气相反应的速率常数和指前因子。

对于一些组成和结构比较简单的分子之间所发生的反应，从碰撞理论计算出来的 k 值与实验值比较一致。而对于复杂分子参加的反应，k 的计算值要比实验值大得多。为了纠正这一偏差，在计算中又引入了一个校正因子 P，将式(8-76)写成

$$k = P\sigma L \sqrt{\frac{8 k_B T}{\pi \mu}} \exp\left(-\frac{E}{RT}\right) = PA \exp\left(-\frac{E}{RT}\right) \tag{8-78}$$

P 称为方位因子(steric factor)，其大小只能通过实验测得，数值在 $1 \sim 10^{-9}$。P 包含了那些使有效碰撞降低的各种因素，如相互碰撞的分子之间发生反应时空间取向的限制，反应部位附近较大原子团的屏蔽作用以及碰撞时能量传递需要一定的时间等。

碰撞理论对于基元反应的具体反应历程的描述，更加直观易懂，并且突出了反应过程须经分子碰撞和需要足够能量以克服能垒才有可能进行的主要特点，因而能初步地阐明 Arrhenius 公式中 A 与 E_a 的物理意义。但是由于没有考虑分子的内部结构和内部运动，而且临界能 E 还必须由实验活化能 E_a 求得，所以碰撞理论仍然是一个半经验性的理论，有一定的局限性。

8.6.2 过渡态理论

过渡态理论(transition state theory)是 1935 年由 Eyring(埃林)和 Polanyi(波兰尼)等在统计热力学和量子力学的基础上提出来的。过渡态理论的要点是

(1)反应物分子在变成产物以前，要经过一个中间过渡态，形成一个活化络合物。

(2)活化络合物很不稳定，一方面能与反应物很快建立热力学平衡；另一方面能进一步分解为产物。

(3)假设活化络合物分解为产物的一步进行得很慢，为整个反应的速率控制步骤。

根据上述假设，反应 A+BC→AB+C 的进行过程可以表示为

$$\text{A+BC} \underset{}{\overset{\text{快}}{\rightleftharpoons}} [\text{A}\cdots\text{B}\cdots\text{C}]^{\neq} \overset{\text{慢}}{\longrightarrow} \text{AB+C}$$

不稳定的 $[\text{A}\cdots\text{B}\cdots\text{C}]^{\neq}$，称为过渡态(transition state)，又称为活化络合物(activated complex)。此时，旧键尚未完全断裂，新键还未完全形成。

为了简单起见，假设 A、B、C 三个原子的原子核在一条直线上。A 沿此直线向 BC 靠近，A 与 B 间的距离 l_{AB} 逐渐减小，作用力逐渐增强，同时 B 与 C 之间的化学键不断减弱，系统的势能逐渐升高。当 l_{AB} 与 B、C 间的距离 l_{BC} 相等时，也就是形成过渡态 $[\text{A}\cdots\text{B}\cdots\text{C}]^{\neq}$ 时，系统的势能达到最高点 S。越过最高点，l_{BC} 越来越大，直到完全分解为 AB 和 C。反应过程中系统势能变化如图 8-13 所示。图中的曲线是等势能线(类似于地图上的等高线)，图形是反应系统的势能面。编号 1,2,3,… 分别表示势能水平，数字越大，势能越高。反应物 R 沿虚线经 S 到产物 P 是需要活化能最少的途径，若沿其他途径完成反应，所需的能量都高得多。沿虚线途径，系统的势能 E 与反应进程之间的关系如图 8-14 所示。反应物 A+BC 和

产物 AB+C 均是能量低的稳定状态。过渡态是能量高的不稳定状态。在反应物和产物之间有一道能量高的势垒,过渡态是反应历程中能量最高的点。

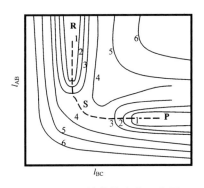

图 8-13 系统势能变化示意图

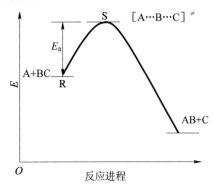

图 8-14 反应进程与势能的关系图

根据过渡态理论的第三个假设,活化络合物分解为产物是整个反应的速率控制步骤,所以,总反应的速率常数

$$k = \nu K^{\neq} \tag{8-79}$$

式中:ν 为导致过渡态分解为产物的不对称伸缩振动频率,$K^{\neq}$ 为反应物生成过渡态的平衡常数。

根据量子力学理论,振动频率

$$\nu = \frac{k_B T}{h} = \frac{RT}{Lh} \tag{8-80}$$

式中:k_B、h 和 R 分别为 Boltzmann 常数、Planck 常数和摩尔气体常数,L 为 Avogadro 常数,T 为热力学温度。

根据统计热力学可得反应物生成过渡态的平衡常数 $K^{\neq}$

$$K^{\neq} = \exp\left(-\frac{\Delta G^{\neq}}{RT}\right) \tag{8-81}$$

而 $\Delta G^{\neq} = \Delta H^{\neq} - T\Delta S^{\neq}$

$\Delta G^{\neq}$、$\Delta H^{\neq}$ 和 $\Delta S^{\neq}$ 分别为反应物生成过渡态的 Gibbs 自由能、焓和熵的改变量,分别称为活化 Gibbs 自由能、活化焓和活化熵。联合这两个式子可得

$$K^{\neq} = \exp\left(\frac{\Delta S^{\neq}}{R} - \frac{\Delta H^{\neq}}{RT}\right) \tag{8-82}$$

将式(8-80)和式(8-82)代入式(8-79)中得

$$k = \frac{RT}{Lh} \exp\left(\frac{\Delta S^{\neq}}{R} - \frac{\Delta H^{\neq}}{RT}\right) \tag{8-83}$$

对于液体和固体反应系统,上式中的 $\Delta H^{\neq}$ 可近似用 E_a 代替(对于气体反应系统需要做相应的校正),所以

$$k = \frac{RT}{Lh} \exp\left(\frac{\Delta S^{\neq}}{R} - \frac{E_a}{RT}\right) \tag{8-84}$$

将该式与式(8-78)比较可得

$$PA = \frac{RT}{Lh} \exp\left(\frac{\Delta S^{\neq}}{R}\right) \tag{8-85}$$

由此式可以看出,PA 项中包括系统熵的变化。当形成过渡态时,系统混乱度降低,熵减小,PA 值也相应减小,这样就降低了反应速率。因此过渡态理论对方位因子做出了较合理的解释。

从原则上讲,只要知道过渡态的结构,就可以根据式(8-83),利用光谱学数据以及统计热力学和量子力学的方法计算出化学反应的速率常数。但是,对于复杂的反应系统,过渡态的结构难以确定,计算 $\Delta H^{\neq}$ 和 $\Delta S^{\neq}$ 的数值准确性很差,而量子力学对多质点系统的计算也是尚未解决的难题。这些因素造成了过渡态理论在实际反应系统中应用的困难。

8.7 特殊反应的动力学分析

8.7.1 溶液中的反应

大多数反应发生在液相,因此溶液的性质及溶剂在反应中所起的作用对于溶液中化学反应的动力学研究至关重要。由于溶剂分子的存在,溶液中的反应与气相反应相比要复杂得多,下面按照反应组分与溶剂间有无明显的相互作用,分别进行讨论。

1.反应组分与溶剂间无明显的相互作用

在溶液反应中,溶剂是大量的,溶剂分子环绕在反应物分子周围,好像一个笼把反应物分子围在中间,使其不能像气体分子那样自由运动,只能在笼中不断地与周围分子挤撞。如果某个反应物分子冲破溶剂笼扩散出去,它就会立刻又陷入另一个笼中。分子由于这种笼中运动所产生的效应,称为笼蔽效应(cage effect)或笼效应。据估计分子在一个笼中停留的时间是 $10^{-12} \sim 10^{-8}$ s,这期间发生 $10^2 \sim 10^4$ 次碰撞。

若两个溶质分子扩散到同一个笼中相互接触,则称为遭遇(encounter)。如果反应的活化能很小,反应速率很快,则为扩散控制;反之,若反应活化能大,反应速率慢,则为活化控制。

(1)扩散控制的反应　对于自由基复合反应、水溶液的离子反应等活化能很小的反应,一次碰撞就有可能发生反应,则笼效应会使这种反应速率变慢,反应速率取决于分子的扩散速度,这类反应称为扩散控制的溶液反应。根据菲克扩散第一定律

$$\frac{dn_B}{dt} = -D A_s \frac{dc_B}{dx} \tag{8-86}$$

式中 c_B 为物质 B 的浓度,dc_B/dx 为浓度梯度,A_s 为单位时间扩散的截面积,D 为扩算系数,单位为 $m^2 \cdot s^{-1}$。对于球形颗粒,D 可按下式计算

$$D = \frac{RT}{6L\pi\eta r} \tag{8-87}$$

其中:L 为 Avogadro 常数,η 为黏度,r 为球形粒子的半径。若两种半径分别为 r_A 和 r_B,扩算系数分别为 D_A 和 D_B 的球形分子发生扩散控制的溶液中反应,在 $r_{AB} = r_A + r_B$ 处,可以根据扩散定律推导出该二级反应的速率常数 k 为

$$k = 4\pi L(D_A + D_B)r_{AB}f \tag{8-88}$$

其中 f 为静电因子,量纲为 1。若反应分子 A 与 B 半径相同,且无静电影响($f = 1$),由式(8-87)和式(8-88)可得扩散控制的二级反应速率常数

$$k = \frac{8RT}{3\eta} \tag{8-89}$$

25 ℃水的黏度 $\eta = 8.90 \times 10^{-4}$ Pa·s^{-1},可求得水溶液中扩散控制的二级反应的速率常数 $k = 7.43 \times 10^9$ dm^3·mol^{-1}·s^{-1}

(2)活化控制的反应　在溶剂中反应物分子要发生反应必须通过扩散进入同一笼中,所需要的活化能一般不会超过 20 kJ·mol^{-1},而分子碰撞进行反应的活化能一般在 40~400 kJ·mol^{-1}。因为扩散作用的活化能小得多,所以扩散作用一般不会影响反应的速率,这类反应常称为活化控制的溶液反应。溶液中活化控制的反应速率与气相中反应速率相似,这是因为溶液中笼效应的存在虽然限制了反应物分子作远距离的移动,减少了与远距离分子的碰撞机会,却增加了同一笼中反应物分子之间的重复碰撞,总的碰撞频率并未降低。虽然不同于气体中反应分子的连续式碰撞,但一次遭遇相当于一批碰撞,它包含着多次的碰撞。因此就单位时间内的总碰撞次数而论,大致相同,不会有数量级上的变化,所以溶剂的存在不会使活化分子减少。溶液中的一些二级反应的速率,与按气体碰撞理论的计算值相当接近;溶液中的某些一级反应,如 N_2O_5、CH_2I_2 的分解和蒎烯的异构化反应的速率,也与气相反应速率很接近。

2.反应组分与溶剂间产生明显作用的情况

在许多情况下,溶剂对反应物会有明显的作用,因而对反应速率产生显著的影响,一般来说有:

(1)溶剂的介电常数对有离子参加反应的影响。因为溶剂的介电常数越大,离子间引力越弱,所以介电常数大的溶剂常不利于离子间的反应。

(2)溶剂的极性对反应速率的影响。如果产物的极性比反应物大,极性溶剂能加快反应速率;反之,如果反应物的极性比产物大,极性溶剂将减慢反应速率。例如反应

$$C_2H_5I + (C_2H_5)_3N \longrightarrow (C_2H_5)_4NI$$

在各种不同的溶剂中进行,由于产物$(C_2H_5)_4NI$ 是一种盐,其极性比反应物大,所以随着溶剂极性的增加,反应速率也变快。

(3)溶剂化的影响。若反应物分子与溶剂分子形成的化合物较稳定,将会降低反应速率;若溶剂能使活化络合物的能量降低,从而降低活化能,则将加快反应速率。

(4)离子强度的影响。离子强度会影响离子之间的反应速率,会使速率变大或变小,这

就是原盐效应(primary salt effect)。下面作详细介绍。

20 世纪 20 年代,Bjerram(布耶伦)在研究溶液中的离子反应时,假设反应物离子 A^{z_A} 和 B^{z_B} 在转化为产物之前,经过了一个活化络合物的中间状态:

$$A^{z_A} + B^{z_B} = [A \cdots B]_{\neq}^{z_A + z_B} \xrightarrow{k} P$$

式中:z_A 和 z_B 分别为离子 A 和 B 的电价。根据过渡态理论的处理方法并考虑到非理想溶液,用活度表示平衡常数,可得到

$$k = k_0 \frac{\gamma_A \gamma_B}{\gamma_{\neq}} \tag{8-90}$$

式中:k_0 是与温度(T)及标准态选择有关的常数,一般可由实验测定。由式(8-90)看出,速率常数 k 与活度因子 γ 有关,即 k 除了与温度(T)、标准态选择有关外,还与溶液的离子强度有关。

将式(8-90)取对数,并根据 Debye-Hückel 极限公式,可得

$$\lg \frac{k}{k_0} = 2z_A z_B A \sqrt{I} \tag{8-91}$$

以 $\lg k$ 或 $\lg(k/k_0)$ 对 $\sqrt{I}$ 作图应为直线,直线的斜率与 z_A 和 z_B 有关。

由式(8-91)可以看出:

(1)若 $z_A z_B > 0$,即同电性离子之间反应,速率常数 k 随着溶液中离子强度的增大而增大,产生正原盐效应。例如

$$CH_2BrCOO^- + S_2O_3^{2-} \rightarrow CH_2(S_2O_3)COO^{2-} + Br^-$$

属于这一类型。

(2)若 $z_A z_B < 0$,即异电性离子之间反应,速率常数 k 随着溶液中离子强度的增大而减小,产生负原盐效应。例如

$$[Co(NH_3)_5Br]^{2+} + OH^- \rightarrow [Co(NH_3)_5OH]^{2+} + Br^-$$

属于这一类型。

(3)若 $z_A z_B = 0$,即非电解质之间的反应以及非电解质与电解质之间的反应,反应速率与溶液中离子强度无关,原盐效应等于零。例如

$$CH_2ICOOH + SCN^- \rightarrow CH_2(SCN)COOH + I^-$$

属于这一类型。

8.7.2 催化反应

加入反应体系中能显著改变反应速率,而本身的化学性质和数量在反应前后保持不变的物质,称作催化剂(catalyst,工业上常称触媒)。例如,在 298 K 的标准状态下:

$$SO_2(g) + 1/2O_2(g) = SO_3(g) \qquad \Delta_r G_m = -70.87 \text{ kJ} \cdot \text{mol}^{-1}$$

从热力学角度讲反应进行的趋势较大,但反应速率却较小。若在反应的体系中加入催化剂,反应速率将明显提高,反应按照以下方式完成

①$NO(g)+1/2O_2(g)=NO_2(g)$

②$SO_2(g)+NO_2(g)=SO_3(g)+NO(g)$

式中:$NO(g)$是催化剂,参与了反应,而且改变了反应机理;$NO_2(g)$是中间产物。

当催化剂的作用是加快反应速率时,称为正催化剂(positive catalyst);当催化剂的作用是减慢反应速率时,称为负催化剂(negative catalyst)或阻化剂。例如,为防止钢铁锈蚀加入的缓蚀剂六次甲基四胺,为防止塑料制品老化而加入的防老剂,防止食品腐坏而加入的防腐剂等统称为阻化剂。一般情况下,我们所说的催化剂均指正催化剂,以下主要讨论正催化剂的催化特点。

催化剂之所以能显著改变反应速率,是由于改变了反应途径,降低了反应的活化能,从而增大了化学反应的速率。表 8-2 列出了一些非催化反应和催化反应的活化能。

表 8-2 一些非催化反应和催化反应的活化能

化学反应	$E_a/(\text{kJ} \cdot \text{mol}^{-1})$		催化剂
	非催化反应	催化反应	
$2HI=H_2+I_2$	184	105	Au
$2N_2O=2N_2+O_2$	245	58	Pt
$2SO_2+O_2=2SO_3$	251	63	转化酶
$2NH_3=N_2+3H_2$	350	162	Pt
$2N_2+3H_2=2NH_3$	335	167	$Fe-Al_2O_3-K_2O$

由表 8-2 中数据可以看出,在催化剂存在的情况下,反应系统的活化能明显下降了,所以反应速率显著增大。例如,催化剂 K 能加速反应 A + B → AB,设其机理为

$$A+K \underset{k_{-1}}{\overset{k_1}{\rightleftharpoons}} AK \qquad (1)$$

$$AK+B \overset{k_2}{\rightleftharpoons} AB+K \qquad (2)$$

非催化反应要克服一个活化能为 E_0 的较高的能峰,而在催化剂存在的情况下,反应途径发生了改变,只需要克服两个较小的能峰(E_1 和 E_2),所以反应速率明显提高了,能峰的示意图如图 8-15 所示。

根据催化反应的机理可以看出,催化剂具有以下特征:

(1)催化剂不能改变化学平衡,只能缩短达到平衡的时间。虽然催化剂的加入,改变了反应历程,但并没有改变反应的初始和最终状态,反应系统的 $\Delta_r G_m^{\ominus}$ 没有发生改变,由 $\Delta_r G_m^{\ominus} = -RT\ln K^{\ominus}$ 可知,反应的平衡常数不会发生改变,所以不可能借助加入催化剂来增加产物的比例,而且对于热力学上不可能的反应,任何催化剂都不能使之发生。

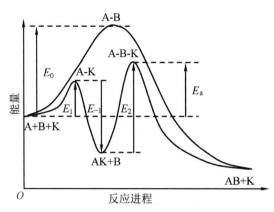

图 8-15　催化反应的活化能与反应途径

（2）催化剂对正逆向反应产生相同的影响。对于正逆向均可进行的对峙反应来说，由于 $K^{\ominus}=k_{正}/k_{逆}$，所以，正催化剂在加快正向反应速率的同时，也以相同倍数加快逆向反应的速率，从而缩短达到平衡所需要的时间。例如，用 CO 和 H_2 为原料合成 CH_3OH 是一个很有经济价值的反应，在常压下寻找甲醇分解反应的催化剂就可作为高压下合成 CH_3OH 的催化剂。而直接研究高压反应，实验条件要麻烦得多。

（3）催化剂具有一定的选择性。催化剂具有一定的选择性主要表现在两方面：一是某一类反应只能用某些催化剂来进行催化。例如，环己烷的脱氢只能用 Pt、Pd、Cu、Co、Ni 等来催化。二是某一物质只在某一固定类型的反应中，才可以作为催化剂。例如，新鲜沉淀的氧化铝，对一般有机化合物的脱水都具有催化作用。还有的催化剂选择性较强，如酶，有的达到专一的程度。

（4）催化剂对某些杂质很敏感。在催化体系中加入少量杂质可以强烈地影响催化剂的作用，能增强催化剂功能的称为助催化剂，减弱催化剂功能的则称为抑制剂。有的杂质甚至可以使催化剂完全失去催化功能，这种杂质称为毒物。如合成氨反应中所用的催化剂铁，可因体系中存在 CO、CO_2、H_2O 和 H_2S 而中毒。

催化作用可以分为均相催化作用、多相催化作用以及酶催化作用三种类型。均相催化作用的催化剂和反应物质处于同一相中，有气相催化和液相催化两种。多相催化作用的催化剂和反应物质不处于同一相中，反应在两相界面上进行，由多个步骤组成，包括传质过程和扩散过程、吸附和解吸、表面反应等。工业上许多重要的催化反应大多是多相催化反应，且以催化剂为固态，反应物是气态或液态者居多。酶催化作用是介于均相催化作用和多相催化作用之间的一种特殊的催化作用。

下面具体介绍一下酶催化反应。

酶（enzyme）在生物体的新陈代谢活动中有重要作用，是具有特殊催化功能的生物催化剂，如脲酶、胃蛋白酶、脱氢酶、过氧化氢酶等。据统计人体内有 3 万多种不同的酶，每种酶都是某种特定反应的有效催化剂。有酶参与的化学反应即为酶催化反应（enzymatic reaction）。这些反应包括食物消化、蛋白质、脂肪等的合成以及释放人体活动所需的能量。Michaelis（米恰利）和 Menten（门顿）认为酶催化反应的机理如下：

$$E + S \underset{k_-}{\overset{k_+}{\rightleftharpoons}} ES \overset{k_2}{\longrightarrow} P + E$$

酶(E)与底物(S)先形成中间体——酶底复合物 ES,这是一步快反应,然后酶底复合物再分解得到产物(P),并重新释放出酶(E),这是一步慢反应,整个反应的速控步是第二步。

对 ES 用稳态近似法处理可得

$$\frac{dc_{ES}}{dt} = k_+ c_E c_S - k_- c_{ES} - k_2 c_{ES} = 0$$

所以

$$c_{ES} = \frac{k_+ c_E c_S}{k_- + k_2} \tag{8-92}$$

若 $c_{E,0}$ 为酶的起始总浓度,则 $c_E = c_{E,0} - c_{ES}$。代入式(8-92)可得

$$c_{ES} = \frac{c_{E,0} c_S}{c_S + (k_- + k_2)/k_+} = \frac{c_{E,0} c_S}{c_S + K_m} \tag{8-93}$$

式中:$K_m = (k_- + k_2)/k_+$,称为 Michaelis 常数(米氏常数)。所以,反应速率

$$r = \frac{dc_P}{dt} = k_2 c_{ES} = \frac{k_2 c_{E,0} c_S}{c_S + K_m} \tag{8-94}$$

式(8-94)就是酶催化反应的速率方程式。

若底物浓度很大,即 $c_S \gg K_m$,$r = k_2 c_{E,0}$。此时,酶催化反应的速率与酶的总浓度成正比,与底物浓度无关,反应速率最大

$$r_{max} = k_2 c_{E,0} \tag{8-95}$$

当底物浓度很小时,即 $c_S \ll K_m$,此时 $c_S + K_m \approx K_m$,代入式(8-94)可得

$$r \approx \frac{k_2 c_{E,0} c_S}{K_m} = k' c_{E,0} c_S \tag{8-96}$$

即反应速率与底物浓度成正比。

酶催化反应具有以下特点:

(1)酶的选择性很高。酶的选择性超过了任何人造催化剂,例如脲酶只能将尿素迅速转化成氨和二氧化碳,而对其他反应没有任何活性。

(2)酶的催化效率非常高。它比人造催化剂的效率高出 $10^9 \sim 10^{15}$ 倍。例如一个过氧化氢分解酶分子,1 s 内可以分解 10 万个过氧化氢分子;1 mol 乙醇脱氢酶在室温下,1 s 可使 720 mol 乙醇转化为乙醛,而工业中用 Cu 作催化剂,200 ℃下 1 mol Cu 只能使 $0.1 \sim 1$ mol 的乙醇转化。

(3)酶催化反应所需条件温和。一般在常温、常压下即可进行。例如,合成氨工业需高温(约 770 K)高压(约 3×10^6 Pa),且需要特殊的设备。而某些植物茎中的固氮生物酶,非但能在常温常压下固定空气中的氮,而且能将其还原为氨。

(4)酶催化反应的历程复杂,酶催化反应受 pH、温度的影响较大。酶催化反应一般只能在较小的温度范围(273~323 K)内发生,随着温度上升,酶催化反应速率一般先增大后降

低,表现为有一最适宜温度,这和酶的变性作用加快,活性降低有关。酶也只能在很窄的 pH 范围内有催化作用,明显的最适 pH 通常接近 7,在最适 pH 两边,酶的催化活性下降,这可能与蛋白质的部分变性有关。

8.7.3 光化学反应

自然界中有很多化学反应发生时需要有光的照射。例如,植物的光合作用使二氧化碳和水转化为碳水化合物和氧气、塑料制品的光降解以及古代植物转变为石油和煤等矿物燃料等。这些有光参与的化学反应称为光化学反应(photochemical reaction)。光化学反应与一般的化学反应(热化学反应)相比较有三个显著的特点:①热化学反应所需活化能靠分子碰撞提供,光化学反应的活化能来自所吸收光量子的能量;②进行热化学反应时系统的 Gibbs 自由能降低,而许多光化学反应进行时系统的 Gibbs 自由能增加;③热化学反应的速率一般随温度升高而增大,但光化学反应的速率受温度的影响很小,而受入射光波长与强度的影响大。

1.光化学第一定律

当光照射到反应系统时,可能透过、反射、散射或被吸收。Grotthuss（格罗特斯）和 Draper（德拉波）指出:只有被反应物分子吸收的光才能有效地引起光化学反应。这就是光化学第一定律(the first law of photochemistry),也称为 Grotthuss-Draper 定律。强调被吸收的光是引起光化学反应的必要条件,但并非吸收了光的反应物分子一定能发生反应。因此,光化学反应可分为两个过程:反应物分子吸收光的过程,称为初级过程;反应物分子吸收光后继续进行的过程,称为次级过程。

2.光化学第二定律

20 世纪初,Einstein（爱因斯坦）提出:在光化学反应的初级过程中,一个反应物分子吸收一个光子能量由基态变为激发态而被活化。即在光化学反应的初级过程中,被活化的反应物分子数等于被吸收的光子数。这就是光化学第二定律(the second law of photo-chemistry),也称为 Einstein 光化当量定律。据此定律,在光化学初级过程中,活化 1 mol 的反应物分子,需要吸收 1 mol 光子的能量。1 mol 光子的能量称为一个 Einstein,用 u 表示。即

$$1\ u = Lh\nu = \frac{Lhc}{\lambda} = \frac{6.02\times10^{23}\ mol^{-1}\times6.63\times10^{-34}\ J\cdot s\times3.0\times10^{8}\ m\cdot s^{-1}}{\lambda}$$

$$= \frac{0.119\ 7}{\lambda}\ J\cdot m\cdot mol^{-1} \tag{8-97}$$

式中:L 为 Avogadro 常数,h 为 Planck 常数,ν 为光的频率,λ 为光的波长,c 为光速。对于波长 200～700 nm 的紫外、可见光,1 u 相当于 598～159 kJ·mol^{-1}。反应物吸收光子,电子跃迁到激发态的时间约为 10^{-15} s,激发态分子极不稳定,寿命约为 10^{-8} s。

应该注意的是,光化学第二定律只适用于初级过程,即一个光子能使一个反应物分子活化,而没有说能使一个分子发生反应。一方面当初级过程一个分子被活化后,在随后的次级过程中可能引起一连串的分子反生反应,如光引发的链反应。另一方面吸收光子后被活化的分子,如果在反应前又失去能量返回基态,就不会发生化学反应。也就是说,光化当量定

律只能严格地适用于初级过程。

光化学反应中,消耗的反应物分子数与系统吸收的光子数的比值,称为量子效率(quantum yield),用 ϕ 表示,即

$$\phi = \frac{反应中消耗的反应物微粒数}{体系吸收的光量子数} \qquad (8\text{-}98)$$

例如,HI 的光分解反应 $2HI + h\nu \rightarrow H_2 + I_2$

初级过程 $HI + h\nu \rightarrow H\cdot + I\cdot$

次级过程 $HI + H\cdot \rightarrow H_2 + I\cdot$

$I\cdot + I\cdot \rightarrow I_2$

反应的总结果是系统吸收一个光子的能量,引起 2 个 HI 分子发生反应,所以该光分解反应的量子效率为 2。

若吸收光子能量后的活化反应物分子来不及发生次级反应过程,就与其他非活化分子碰撞失去部分能量而失活,或者发生光物理过程辐射出能量较低的光而失活,该光化学反应的量子效率就要小于 1。

3. 光化学反应动力学

由于光化学反应的初级过程与辐射光的频率和强度有关,光化学反应的速率方程式比一般热化学反应更复杂一些。以最简单的光化学反应 $A_2 \xrightarrow{h\nu} 2A$ 为例,假设其历程为

初级过程(活化) $A_2 + h\nu \xrightarrow{k_1} A_2^*$

次级过程(解离) $A_2^* \xrightarrow{k_2} 2A$

次级过程(失活) $A_2^* + A_2 \xrightarrow{k_3} 2A_2$

产物 A 的生成速率只与解离有关,即

$$\frac{dc_A}{dt} = 2k_2 c_{A_2^*} \qquad (8\text{-}99)$$

根据光化学第二定律,在初级过程中生成 A_2^* 的速率取决于吸收光子的速率,正比于入射光的强度 I_a,而与反应物浓度无关,对 A_2^* 进行稳态近似处理,得

$$\frac{dc_{A_2^*}}{dt} = k_1 I_a - k_2 c_{A_2^*} - k_3 c_{A_2^*} c_{A_2} = 0$$

即

$$c_{A_2^*} = \frac{k_1 I_a}{k_2 + k_3 c_{A_2}}$$

代入式(8-99),得

$$\frac{dc_A}{dt} = \frac{2k_1 k_2 I_a}{k_2 + k_3 c_{A_2}}$$

吸收光的强度 I_a 表示单位时间、单位体积内吸收光子的物质的量,根据该光化学反应

的历程,每生成 2 个 A 要消耗 1 个 A_2,故此反应的量子效率为

$$\phi = \frac{1}{I_a}\frac{c_{A_2}}{dt} = \frac{1}{2I_a}\frac{dc_A}{dt} = \frac{k_1 k_2}{k_2 + k_3 c_{A_2}} \tag{8-100}$$

★8.8　现代化学动力学研究技术

许多化学反应可以在极短的时间内完成,例如很多离子反应、质子转移反应、自由基反应等,反应物的半衰期都小于 1 s,这些反应称为快速反应(fast reaction),简称快反应。而常规的化学动力学技术一般只能研究半衰期在秒级以上的化学反应,研究快速反应需要采用比传统方法更为快速的测定技术。本节简要介绍几种快速反应的研究方法和技术。

8.8.1　化学弛豫法

对于一个已经达到平衡的反应系统,在受到外界的扰动后偏离平衡状态,再趋向新的平衡态的过程称为弛豫过程(relaxation process)。化学弛豫法(method of chemical relaxation)就是应用某种手段对一个已经达到平衡的系统进行快速扰动,使原平衡受到破坏,通过快速物理分析方法(电导法、分光光度法等)追踪反应系统的变化,直到新的平衡状态,然后测量系统在新条件下从原平衡趋向于新平衡的速度。对平衡系统施加扰动信号的方式可以是脉冲式、阶跃式或周期式。扰动的方法有温度扰动、压力扰动、稀释扰动以及声波吸收、电场脉冲等多种扰动方法。

化学弛豫法是快反应动力学研究中一种常用的方法,可测定反应物半衰期在 $10^{-10} \sim 1$ s 的反应的速率常数。如,土壤化学研究中,运用压力扰动技术,测定体系电导率的变化,以研究土壤矿物组分上吸附-解吸反应。

以 1-1 级对峙反应为例

$$R \underset{k_{-1}}{\overset{k_1}{\rightleftharpoons}} P$$

规定弛豫速率常数 $k = k_1 + k_{-1}$,其倒数为弛豫时间(relaxation time)$\tau = \dfrac{1}{k_1 + k_{-1}}$。若原平衡条件下 P 的平衡浓度为 $x_{e,0}$,新平衡条件下达平衡时,P 的浓度为 x_e,则快速扰动后的 0 时刻,即 $t = 0$ 时,偏离新平衡的浓度为 $(\Delta x)_0 = x_{e,0} - x_e$;快速扰动后任一时刻 t 时,P 的浓度 x,偏离新平衡的浓度为 $\Delta x = x - x_e$,则根据对峙反应的动力学方程式可证得

$$\ln\frac{(\Delta x)_0}{\Delta x} = (k_1 + k_{-1})t \tag{8-101}$$

将 $\dfrac{1}{k_1 + k_{-1}} = \tau$ 代入,得

$$\ln\frac{(\Delta x)_0}{\Delta x} = \frac{t}{\tau}$$

当 $\ln \dfrac{(\Delta x)_0}{\Delta x}=1$，即 $\Delta x=\dfrac{(\Delta x)_0}{e}=0.3697(\Delta x)_0$ 时，

$$t=\tau=\frac{1}{k_1+k_{-1}} \tag{8-102}$$

可见弛豫时间即反应系统从偏离平衡为初始状态的 $1/e$ 处到达平衡所需的时间。具体来说，就是当 Δx（系统的浓度与平衡浓度之差）达到 $(\Delta x)_0$（扰动刚结束时系统的浓度与平衡浓度之差，即起始时的最大偏离平衡值）的 36.97% 时所需要的时间。

通过测定弛豫时间 τ 和对峙反应的平衡常数，就可解方程组 $\tau=\dfrac{1}{k_1+k_{-1}}$ 和 $K^{\ominus}=\dfrac{k_1}{k_{-1}}$，从而得到 k_1 和 k_{-1}。

8.8.2　闪光光解法

以高强度的可见光或紫外光的脉冲闪光照射反应系统时，产生一种极强的扰动，立即引起化学反应，这种研究反应动力学的方法称为闪光光解法（method of flash photolysis）。

反应系统在极短的时间内（$10^{-6} \sim 10^{-4}$ s）吸收很高的能量（$10^2 \sim 10^5$ J），引起电子激发和化学反应，产生相当高浓度的激发态物质，如自由基、自由原子等。用核磁共振、紫外光谱等技术可以监测系统随时间的动态，也可以鉴定寿命极短的自由基。由于所用的闪光强度很高，可以产生很多高浓度的自由基，所以对鉴定寿命极短的自由基特别有用。它与化学弛豫法不同之处在于弛豫法系统仅稍微偏离平衡，不会产生新的反应物种，而闪光光解法可以产生新的反应物种。

闪光光解技术自从 20 世纪 40 年代末问世以来已经发展成为一种测定快速反应的十分有效的手段。对于反应速率常数大到 10^5 s^{-1} 的一级反应和大到 10^{11} mol$^{-1} \cdot$ dm$^3 \cdot$ s^{-1} 的二级反应，用此方法都能测量。现在用超短脉冲激光器代替石英闪光管，可以检测出半衰期为 $10^{-9} \sim 10^{-2}$ s 的自由基。

8.8.3　交叉分子束技术

分子反应动态学（molecular dynamics）的研究起始于 20 世纪 30 年代，由 Eyling（艾林）和 Polanyi（波兰尼）等开始研究，但真正发展是在 20 世纪 60 年代，随着新的实验技术和计算机的发展，才取得了一系列可靠的实验资料。由于分子动态学完全深入到分子水平来研究化学反应的反应速率，这就更易于接触到反应的实质问题。分子反应动态学的实验研究主要采用交叉分子束（crossed molecular beam）技术直接观测态-态反应的过程。

交叉分子束技术就是研究一次碰撞过程中反应速率、反应历程和能量分布等的方法。Herschbach（赫希巴赫）和美籍华裔科学家李远哲在该领域做出了杰出的贡献，因而分享了 1986 年诺贝尔化学奖。交叉分子束技术能产生分子间无碰撞的定向定速分子流。只有在平均自由程大于 1 m，也就是压力小于 10^{-6} kPa 时才能近似地实现分子束中无分子间相互碰撞。实验时使两股分子束在高真空反应室内交叉发生单次碰撞，通过高灵敏度的监测仪器跟踪反应碰撞散射的各种粒子，从而获得反应速率、活性复合物的寿命、产物分子的能态和反应机理等各种信息。这种方法可以测出 10^{-6} s 内的化学变化。

通过交叉分子束实验发现基元反应的历程有两种：一是直接反应碰撞：在交叉分子束反应中，两个分子发生反应碰撞的时间极短，小于转动周期（10^{-12} s），正在碰撞的反应物还来不及发生转动，而进行能量再分配的反应过程早已结束，这种碰撞称为直接反应碰撞。二是形成络合物的碰撞：两种分子碰撞后形成了中间络合物，络合物的寿命是转动周期的几倍，该络合物经过几次转动后失去了原来前进方向的记忆，因而分解成产物时向各个方向等概率散射。例如，金属铯和氯化铷分子的碰撞反应，是典型的形成络合物碰撞的例子。

本章小结

1. 对于体积不变的均相化学反应

$$a\,A + d\,D \longrightarrow g\,G + h\,H \qquad 0 = \sum_{B} \nu_{B}B$$

反应速率 $r = \dfrac{1}{\nu_{B}} \cdot \dfrac{dc_{B}}{dt} = -\dfrac{1}{a}\dfrac{dc_{A}}{dt} = -\dfrac{1}{d}\dfrac{dc_{D}}{dt} = \dfrac{1}{g}\dfrac{dc_{G}}{dt} = \dfrac{1}{h}\dfrac{dc_{H}}{dt}$

2. 反应物一步直接实现的化学反应为基元反应。对于基元反应 $a\,A + d\,D \longrightarrow g\,G + h\,H$，其速率方程为 $r = kc_{A}^{a}c_{D}^{d}$，称为质量作用定律。总反应由两个或两个以上基元反应构成的为复合反应。

3. 对于速率方程式具有一般形式 $r = kc_{A}^{a}c_{D}^{\beta}\cdots$ 的反应，$n = \alpha + \beta + \cdots$ 称为该反应的反应级数，α 称为 A 的分级数，β 称为 D 的分级数。参加一个基元反应的反应物微观粒子数称为该基元反应的反应分子数。

4. 速率常数 k 是一个重要的动力学参数，不同级数的反应，速率常数的量纲不一样，其大小取决于反应温度、催化剂和溶剂等，而与反应体系中各物质的浓度无关。

5. 零级反应的动力学方程式为 $c_{A,0} - c_{A,t} = kt$，c_{A} 对 t 作图可得一直线，直线斜率为 $-k$。k 量纲为浓度·时间$^{-1}$。半衰期 $t_{1/2} = c_{A,0}/2k$，与反应物的初始浓度成正比。

6. 一级反应的动力学方程式为 $\ln c_{A,0} - \ln c_{A,t} = kt$，$\ln c_{A}$ 对 t 作图可得一直线，直线斜率为 $-k$。k 的量纲为时间$^{-1}$。半衰期 $t_{1/2} = \ln 2/k$，与反应物的初始浓度无关。

7. 二级反应的动力学方程式为 $\dfrac{1}{c_{A,t}} - \dfrac{1}{c_{A,0}} = kt$，$1/c_{A}$ 对 t 作图可得一直线，直线斜率为 k。k 的量纲为浓度$^{-1}$·时间$^{-1}$。半衰期 $t_{1/2} = \dfrac{1}{kc_{A,0}}$，与反应物的初始浓度成反比。

8. 三级反应的动力学方程为 $\dfrac{1}{2}\left(\dfrac{1}{c_{A,t}^{2}} - \dfrac{1}{c_{A,0}^{2}}\right) = kt$，$\dfrac{1}{c_{A,t}^{2}}$ 对 t 作图可得一直线，直线斜率为 $2k$。k 的量纲为浓度$^{-2}$·时间$^{-1}$。半衰期 $t_{1/2} = \dfrac{3}{2kc_{A,0}^{2}}$，与反应物的初始浓度的平方成反比。

9. Arrhenius 公式适用于基元反应和有明确反应级数的复合反应，反映了温度对反应速率的影响，其中活化能 E_{a} 对反应速率的影响很大，活化能越大，速率常数越小。基元反应活化能有明确的物理意义，复合反应活化能称为表观活化能。

10.复合反应动力学问题的近似处理方法有控速步骤法、平衡态近似法和稳态近似法。

11.催化剂不能改变化学平衡,是通过改变反应途径,从而改变了反应的活化能和反应的速率。

□ 阅读材料

分子反应动力学研究

分子反应动力学是一门从微观原子、分子以及量子态水平研究各种化学反应动力学本质及规律的重要前沿学科。由于离子-分子反应广泛存在于星际空间、地球大气、燃烧过程、等离子体等各类环境中,是其中物质演化的关键环节,作为基元化学反应过程,开展低能量离子与分子的碰撞动力学研究,可以获得反应速率和电荷转移、能量传递、化学键的断裂和重组等微观机制信息。分子反应动力学的研究不仅揭示了化学反应的本质,而且推动了化学激光的发展,揭示了臭氧层破坏的机理,发现了碳-60分子等,极大地推动了能源科学、大气环境科学以及新兴的纳米科学等领域的发展。

自从Hershbach、李远哲和Polanyi等开展分子反应动力学研究的奠基性工作以来,人们对化学反应的研究已从分子的层次,逐步细致到量子态分辨的水平。交叉分子束技术的发展开启了在原子分子水平研究化学反应动力学的大门;20世纪80年代后所发展的飞秒激光技术使实时观测光解离反应动力学成为可能;90年代高分辨离子成像技术的发展大大地提高了各种产物分子探测的效率与分辨率,使反应体系动力学的研究到达了一个新的水平;随后的里德堡态氢原子飞行时间谱技术的发展极大地提高了氢(氘)原子探测能量分辨率,从而使产物含氢(氘)原子化学反应的动力学研究进入了全量子态分辨时代。1990年以来,有7项诺贝尔化学奖的获奖内容与分子反应动力学密切相关。

中国科学院大连化学物理研究所分子反应动力学国家重点实验室是国内分子反应动力学研究领域的领头单位,在分子反应动力学基础科学研究中做出重要创新成果,为重大科学技术进步提供基础知识支撑,保持反应动力学研究的国际领先地位,占据国际化学反应动力学研究的制高点。实验室的研究内容包括:气相分子反应动力学、分子团簇结构和光谱、生物大分子结构及动力学、表面光化学反应动力学、液相超快动力学、量子动力学理论发展与应用、动力学实验研究新方法和仪器研制等。近几年来,该实验室在化学反应动力学研究领域做出了一系列有意义的工作,如,2002—2003年,研究小组观测到H+D2反应的势垒过渡态之间的干涉现象,观测并解释了H+HD反应中的慢速机理。近几年来,该研究小组先后研制成功了交叉分子束-里德堡氢原子飞渡时间谱装置和交叉分子束-时间切片离子速度成像仪。该交叉分子束-里德堡氢原子飞渡时间谱装置具有的探测灵敏度、飞行时间分辨率以及角度测量范围等各项指标均具世界领先水平。2006年在量子态水平上观测到$F+H_2 \rightarrow HF(v'=2)+H$反应中的前向散射现象并通过理论研究确定了所发现的前向散射是由反应共振态引起的;2007年在$F+D_2$反应中观测到波恩－奥本海默近似失效现象;2008年研究了$Cl+H_2$反应中的非绝热现象,在光谱精度的水平上研究了$F+HD$反应中的共振态,以及$F+H_2 \rightarrow HF(v'=3)+H$反应中的前向散射的形成机理。此外,研究小组发展了基元反应物坐标的态-态量子动力学方法,使 $H+O_2$、$O+O_2$ 等复杂三原子态-态量子动力学研究成为可能。他们还发展了有效的含时态-态波包法以研究四原子态-态反应动力学、非绝热含时波包方法以及一系列三原子反应中的非绝热效应。实验室未来的目标是建设一个在国际上独具特色的基于波长调谐及紫外相干光源的化学反应动力学研究重要基地。在保持微观反应动力学国际领先地位的同时,将发展精确测量和计算化学反应速率的实验技术和理论方法,开展与能源、环境、国防密切相关的燃烧化学、大气化学、雾霾成分及形成机制、化学激光等方面的宏观动力学和微观机制的研究。

由此可见,分子反应动力学是当今化学领域非常活跃的前沿课题之一,也是我国化学科学研究具有优势的学科,我国科学家在这一学科中做出了具有重要创新性的成果。目前动力学研究正在快速发展,我们应抓住这个机遇,进一步提高我们的研究水平,继续保持我国在该研究领域的世界领先地位,为我国化学科学的发展和动力学研究的发展作出新的贡献。

☐ 拓展材料

1. 罗洁,张越纯,欧安琪,等. Ag@AgCl/Bi$_4$Ti$_3$O$_{12}$ 光催化降解亚甲基蓝的反应动力学研究. 应用化工:2022,51(10):2865-2868,2874.

2. 杨斌,张英佳,李玉阳,等. 面向碳中和的燃烧反应动力学研究进展与展望. 工程热物理学报,2022,43(8):1993-2008.

3. 路成刚,唐沂珍,赵慧,等. 污泥焚烧中甲烷与铅、锡、镉的反应机理及反应动力学研究. 济南大学学报(自然科学版),2022,36(2):209-212.

4. 汤元君,李璇,董隽,等. 废弃 PVC 塑料热解过程多尺度反应动力学特性研究. 中国塑料,2022,36(5):89-98.

☐ 思考题

1. 什么是基元反应? 它的特点是什么? 如何建立基元反应的速率方程?

2. 速率常数的物理意义是什么? 其大小取决于什么因素? 温度变化主要是通过改变什么来影响反应速率的?

3. 简单级数反应如零级、一级和二级反应各有哪些特征? 如何根据反应的动力学特征确立反应的速率方程?

4. Arrhenius 公式的适用条件是什么? 它的指数式、定积分式和不定积分式分别用在什么情况下?

5. 基元反应和非基元反应的活化能有什么区别? 若某总反应速率常数 k 与各基元反应速率常数的关系为 $k=k_2\left(\dfrac{k_1}{2k_3}\right)^{\frac{1}{2}}$,则该反应的表观活化能 E_a 和指前因子 A 与各基元反应活化能和指前因子的关系如何?

6. 一级对峙反应、平行反应和连串反应的动力学特征分别是什么? 链反应的特点是什么?

7.简述碰撞理论和过渡态理论的要点。

8.为什么说催化剂能加快反应达到平衡的速率,但不能改变化学反应的平衡状态?

9.光化学反应与一般的热化学反应有什么不同?它遵循哪些规律?

10.常用的测试快速反应的方法有哪些?用弛豫法测定快速反应的速率常数,实验中主要是测定什么数据?

□ 习　题

1.判断下列叙述是否正确:

(1)复合反应是由若干个基元反应组成的,所以复合反应的分子数是各基元反应分子数之和。

(2)质量作用定律适用于反应机理简单的化学反应。

(3)某一反应 A→B 的半衰期为 30 min,则反应进行完全所需的时间为 60 min。

(4)若某一化学反应的速率方程式为 $r = kc_A^{-1}c_D$,则该反应的反应级数等于零。

(5)已知反应 2A→P 为零级反应,A 的半衰期为 30 min,则 A 消耗 3/4 所需的时间为 45 min。

(6)在任意条件下,基元反应的活化能不会小于零,但对于非基元反应,活化能可以是正值,也可以是负值,甚至为零。

(7)对于一般服从 Arrhenius 方程的化学反应,温度越高反应速率越快,因此升高温度有利于生成更多的产物。

(8)反应物分子的能量高于产物分子的能量,则此反应就不需要活化能。

(9)催化剂加速反应到达平衡是由于它提高了正反应的速率,同时降低了逆反应的速率。

(10)对于一个在等温等压、不做非体积功的化学反应来说,ΔG 越小,反应速率越快。

2.一级反应是否就是基元反应?具有简单级数的反应是否一定是基元反应?请根据质量作用定律写出下列基元反应的速率方程。

(1)A+B→2P

(2)2A+B→2P

(3)A+2B→P+2S

(4)2Cl+M→Cl_2+M

3.放射性同位素的蜕变符合一级反应的规律。$^{32}_{15}P$ 蜕变生成 $^{32}_{16}S$ 的反应为 $^{32}_{15}P → ^{32}_{16}S + \beta$。经实验测定 $^{32}_{15}P$ 的活性在 10 天后降低了 38.42%,求 $^{32}_{15}P$ 的蜕变速率常数和半衰期,并计算蜕变掉 90% 所需要的时间。

4.某二级反应 A+B→C,两种反应物的初始浓度皆为 1 mol·dm^{-3},经 10 min 后反应掉 25%,求速率常数 k 和反应物 A、B 的半衰期 $t_{1/2}(A)$ 和 $t_{1/2}(B)$。

5.已知 298 K 时,含有相同物质的量的 A、B 溶液,等体积混合后,发生 A+B→C,反应 1 h 后 A 消耗了 20%;试计算反应时间是 2 h 时,在下列情况下,A 剩余的百分数?

(1)A 的分级数是 1,B 的分级数是零;

(2)A、B 的分级数都是 1;

（3）A、B的分级数都是零。

6.对硝基苯甲酸乙酯与 NaOH 在丙酮水溶液中的反应为 $NO_2C_6H_4COOC_2H_5 + NaOH \rightarrow NO_2C_6H_4COONa + C_2H_5OH$，当两种反应物的初始浓度相等时，测得不同时刻系统中 NaOH 的浓度数据如下：

t/s	0	120	180	240	330	530	600
$c(NaOH)/(mol \cdot m^{-3})$	50.00	33.53	29.13	25.60	20.98	15.50	14.83

（1）分别用尝试法中作图和计算两种方法确定反应级数；

（2）计算速率常数；

（3）计算对硝基苯甲酸乙酯的半衰期。

7.已知反应 $CCl_3COOH \rightarrow CO_2 + CHCl_3$，在 90 ℃和 70 ℃时的速率常数分别是 3.11×10^{-4} s^{-1} 和 1.71×10^{-5} s^{-1}，判断反应级数，求该反应的活化能及 50 ℃时的速率常数。

8.溴乙烷分解反应在 650 K 时的速率常数 $k = 2.14 \times 10^{-4}$ s^{-1}，要使该反应在 10 min 内完成 60%，反应温度应控制在多少度？已知活化能 $E_a = 229.3$ kJ·mol^{-1}，指前因子 $A = 5.73 \times 10^{14}$ s^{-1}。

9.已知某 1-1 级对峙反应

$$R \underset{k_-}{\overset{k_+}{\rightleftharpoons}} P$$

$$\lg k_+ /s^{-1} = -\frac{200}{T/K} + 4.0 \qquad \lg K^\ominus = \frac{T}{K} - 4.0 \qquad (K^\ominus \text{为平衡常数})$$

反应开始时 $c_{R,0} = 0.5$ mol·L^{-1}，$c_{P,0} = 0.05$ mol·L^{-1}。计算

（1）逆反应的活化能；

（2）400 K 反应达到平衡时 R 和 P 的浓度。

10.已知某平行反应 $A \begin{array}{c} \overset{k_1}{\longrightarrow} P_1 \quad (1) \\ \underset{k_2}{\longrightarrow} P_2 \quad (2) \end{array}$

反应（1）和（2）的指前因子分别为 10^5 s^{-1} 和 10^2 s^{-1}，活化能分别为 120 kJ·mol^{-1} 和 80 kJ·mol^{-1}。计算欲使反应（1）的速率大于反应（2）的速率，需控制的最低温度是多少？

11.某连串反应 $R \overset{k_1}{\longrightarrow} M \overset{k_2}{\longrightarrow} P$，其中 $k_1 = 0.1$ min^{-1}，$k_2 = 0.2$ min^{-1}，在 $t = 0$ 时，$c_M = c_P = 0$，$c_R = 1.0$ mol·L^{-1}。计算（1）M 浓度达到最大所需的时间；（2）该时刻 R、M、P 的浓度分别为多少？

12.高温下，反应 $H_2 + I_2 = 2HI$ 的机理为：

（1）$I_2 \underset{k_-}{\overset{k_+}{\rightleftharpoons}} 2I \cdot$ （2）$H_2 + 2I \cdot \overset{k_2}{\longrightarrow} 2HI$

其中反应（1）为快速平衡反应，（2）为慢反应。试用平衡态近似法证明该复合反应的速率方程式为

习题 8-12　解答视频

248

$$\frac{dc(\text{HI})}{dt} = kc(\text{H}_2)c(\text{I}_2)$$

13. 已知气相反应 $\text{H}_2 + \text{Br}_2 \rightarrow 2\text{HBr}$ 的机理为

① $\text{Br}_2 \xrightarrow{k_1} 2\text{Br} \cdot$ 　　　② $\text{Br} \cdot + \text{H}_2 \xrightarrow{k_2} \text{HBr} + \text{H} \cdot$

③ $\text{H} \cdot + \text{Br}_2 \xrightarrow{k_3} \text{HBr} + \text{Br} \cdot$ 　　　④ $\text{H} \cdot + \text{HBr} \xrightarrow{k_{-2}} \text{H}_2 + \text{Br} \cdot$

⑤ $2\text{Br} \cdot \xrightarrow{k_{-1}} \text{Br}_2$

(1) 试由稳态近似法推导总反应的速率方程式为

$$\frac{dc(\text{HBr})}{dt} = \frac{2k_2\left(\dfrac{k_1}{k_5}\right)^{\frac{1}{2}}c(\text{H}_2)c^{\frac{1}{2}}(\text{Br}_2)}{1 + \dfrac{k_4}{k_3} \cdot \dfrac{c(\text{HBr})}{c(\text{Br}_2)}}$$

(2) 已知各基元反应活化能分别为：$E_{a,1} = 189 \text{ kJ} \cdot \text{mol}^{-1}$，$E_{a,2} = 73.6 \text{ kJ} \cdot \text{mol}^{-1}$，$E_{a,3} = 5.0 \text{ kJ} \cdot \text{mol}^{-1}$，$E_{a,-2} = 5.0 \text{ kJ} \cdot \text{mol}^{-1}$，$E_{a,-1} = 0 \text{ kJ} \cdot \text{mol}^{-1}$。计算复合反应的表观活化能。

14. 葡萄糖与 ATP 之间的酶催化反应为：葡萄糖＋ATP $\xrightarrow{\text{酶}}$ 6-磷葡萄糖＋ADP。在一定温度下测得不同葡萄糖浓度时的反应速率如下：

$c_{\text{葡萄糖}}/(10^{-6} \text{ mol} \cdot \text{L}^{-1})$	10	20	40	50	100
$r/(10^{-6} \text{ mol} \cdot \text{L}^{-1} \cdot \text{min}^{-1})$	0.010	0.017	0.027	0.030	0.040

(1) 作 r-c 图；

(2) 计算上述数据的 $1/r$ 与底物葡萄糖浓度的倒数 $1/c_S$，并以 $1/r$ 与 $1/c_S$ 作图；

(3) 确定 Michaelis 常数 K_m 和最大速率 $r_{\max}$。

15. 某光解反应中，需要 $478.6 \text{ kJ} \cdot \text{mol}^{-1}$ 的能量破坏化学键，选用什么波长的光来照射比较合适？

第 9 章
表面物理化学
Surface Physical Chemistry

学习目标

1. 明确表面 Gibbs 自由能、表面张力的概念，了解表面张力与温度的关系和液体表面张力的测定方法。

2. 明确弯曲表面的附加压力产生原因、方向及与曲率半径的关系，掌握 Laplace 公式。

3. 理解弯曲液面上的蒸气压与平面上蒸气压的不同，掌握 Kelvin 公式及其应用。

4. 理解溶液的表面吸附，掌握 Gibbs 吸附等温式。

5. 了解液-液、液-固界面的铺展与润湿情况，了解表面膜及其应用。

6. 了解表面活性剂的分类、性质及其应用。

7. 了解乳状液的类型、制备、转型、破坏及其应用，掌握乳化剂的作用。

8. 理解气-固表面的吸附现象和 Langmuir、Freundlich 及 BET 吸附等温式，了解气固表面的催化作用。

　　界面科学是化学、生物、物理、材料和信息等学科之间相互交叉、渗透的一门重要的边缘科学，是联系生命科学、材料科学和信息科学等前沿领域的桥梁。

　　所谓界面(interface)是指密切接触的两相之间的过渡区域。界面通常很薄，但不是一个纯粹几何面，它有一定的厚度(约几个分子的厚度)，可以是多分子层，也可以是单分子层。界面的结构和性质与它临近的两侧都不同，与其相邻的两个均匀的相叫本体相，简称体相。

　　界面通常按相邻两相聚集状态不同分为五种类型：气-液、气-固、液-液、液-固和固-固界面，没有气-气界面，因为任意两种气体接触都会很快混合成均匀的一相。如果两相中有一相为气相，这种界面通常称为表面(surface)，不过由于表面有时也泛指各种界面，因此两者并无严格区分，常通用。

　　界面上的分子因处于两相交界处，所处的环境与相邻两相内的分子都不同，因而产生许多独特的现象,例如吸附、催化等。通常把发生在两相界面上的各种物理现象和化学现象统称为界面现象(interface phenomena)或表面现象(surface phenomena)。表面物理化学就是研究界面现象的一门学科,它主要是在原子或分子尺度上探讨两相界面上发生的各种物理过程和化学过程,是胶体化学、多相催化和纳米科学的理论基础之一,并且在生物、制药、材料、石油化工、环境工程等领域都有重要的应用。

本章主要讨论有关表面现象的一些基本概念及其应用。

9.1　表面 Gibbs 自由能与表面张力

任何物质的表面层都具有某些特殊性,这些特殊性对于物质其他方面的性质也会有影响,并且随着系统分散程度的增加,其影响更为显著。因此,当研究发生在表面上的现象时,就必须考虑物质的分散程度。

9.1.1　分散度和比表面

物质的表面积与它的分散程度有关,物质被分割得越细,粒子数越多,它所具有的表面积就越大。通常用单位体积或单位质量的物质所具有的总表面积来衡量多相分散体系的分散程度,称为比表面(specific surface),也称分散度。用公式表示为

$$S_0 = \frac{A}{V} \qquad \text{或} \qquad S_0 = \frac{A}{m} \tag{9-1}$$

式中:V 为物质的总体积,m^3;A 为物质的总表面积,m^2;m 为物质的总质量,kg;S_0 为比表面,m^{-1} 或 $m^2 \cdot kg^{-1}$。

例如把边长为 1 cm 的立方体逐渐分割成小立方体时,比表面的增长情况列于表 9-1。

由表 9-1 可知,当立方体边长由 10^{-2} m 分散为 10^{-9} m 时,其比表面 S_0 由 6×10^2 m^{-1} 增至 6×10^9 m^{-1},总表面积由 6×10^{-4} m^2 增加至 6×10^3 m^2,比表面和总表面积都增加为原来的千万倍。由此可见,把相同质量的物质分散得越小,分散程度越高,比表面和总表面积也越大,表面现象也就越显著。达到纳米级的超细微粒正是由于具有巨大的比表面,因而具有许多独特的表面效应,成为新材料和多相催化方面的研究热点。

表 9-1　1 cm³ 的立方体的比表面随粒子数的变化

边长/m	立方体数	总表面积/m²	比表面 S_0/m⁻¹	线性大小与此相近的体系
10^{-2}	1	6×10^{-4}	6×10^2	—
10^{-3}	10^3	6×10^{-3}	6×10^3	—
10^{-4}	10^6	6×10^{-2}	6×10^4	牛奶内的油粒
10^{-5}	10^9	6×10^{-1}	6×10^5	—
10^{-6}	10^{12}	6×10^0	6×10^6	—
10^{-7}	10^{15}	6×10^1	6×10^7	藤黄溶胶
10^{-8}	10^{18}	6×10^2	6×10^8	金溶胶
10^{-9}	10^{21}	6×10^3	6×10^9	细分散的金溶胶

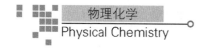

对于规则粒子组成的体系,比表面可以从理论上计算出来,如:

对于球形粒子,若半径为 r,则其表面积为 $4\pi r^2$,体积为 $\dfrac{4}{3}\pi r^3$,比表面为

$$S_0 = \frac{A}{V} = \frac{3}{r} \tag{9-2}$$

如果粒子是立方体形,其边长为 l,则其表面积为 $6l^2$,体积为 l^3,比表面为

$$S_0 = \frac{6}{l} \tag{9-3}$$

对于不规则粒子组成的体系,其比表面只能通过实验测定,目前常用的测定比表面的方法有 BET 法和色谱法。

对于不规则粒子组成的体系,液体通常用单位体积的物质所具有的表面积来表示,而对于多孔性固体,如活性炭、硅胶等,它们不仅有外观的表面,内部还有许多微孔,因此还有内表面,这时外表面相对于内表面常常是微不足道的,在这种情况下,比表面常用单位质量的固体所具有的表面积来表示。

9.1.2 表面 Gibbs 自由能

表面层分子位于两相交界处,与体相内分子所处的环境不同,因此受力情况不同。如图 9-1 所示的是液体及其蒸气组成的界面即气-液界面上分子的受力情况。

处在液相内部的分子,受到四周邻近相同分子的作用力,这些力平均来说是相等的,所以可相互抵消,分子受力是平衡的,分子在液相内部的移动不需要做功;但是处于表面上的分子则不同,它除了受到液相内部分子作用外,还要受到气相内分子的作用,由于液相的密度远大于气相的密度,因此液体表面上的分子受到液相内分子的吸引力比气相内分子的吸引力要强得多,结果液体表面分子受到的总的作用力是指向液体内部,这种力使液体表面分子有向液体内部迁移,缩小表面积的趋势。如果要扩大表面,即把分子从液相内部移到表面上,就必须克服这种作用力而对表面做功,所做的功以能量的形式贮存在表面上,称为表面功,因此处于表面上的分子比体相内的分子具有较多的能量。

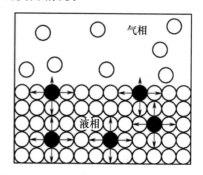

图 9-1　气-液表面与液体内
部分子的受力情况

如果在温度、压力和组成恒定的条件下,可逆地增加体系的表面积,则环境对体系所做的表面功 $\delta W'$ 应与体系表面积的增量 $\mathrm{d}A$ 成正比,即

$$\delta W' = \sigma \mathrm{d}A \tag{9-4}$$

式中 σ 为比例系数,表示温度、压力及组成不变时,可逆地增加单位表面积时环境对体系做的表面功。

根据热力学知识:当 T,p 及组成不变时,环境对体系所做的可逆非膨胀功等于体系 Gibbs 自由能的增加值,即 $\delta W' = \mathrm{d}G$,因此式(9-4)可表示为

$$\mathrm{d}G = \sigma \mathrm{d}A \qquad 或 \qquad \sigma = \left(\frac{\partial G}{\partial A}\right)_{T,p,n} \tag{9-5}$$

从式(9-5)可知 σ 的物理意义是:在温度、压力和组成不变的条件下,可逆地增加单位表面积时,体系 Gibbs 自由能的增加值。σ 就称为比表面 Gibbs 自由能或比表面自由能(surface free energy),简称比表面能,单位是 $J \cdot m^{-2}$。

表面 Gibbs 自由能是由于形成新表面时,环境对体系所做的表面功转化而来,因此表面层分子比体相内分子具有更高的能量,这个能量也称为表面过剩自由能。

9.1.3　表面张力

表面上的分子处于两相交界处,分子受力是不平衡的,因此表面有自动收缩的能力,通常把表面收缩作用在单位长度上的力称为表面张力(surface tension)或界面张力。

表面张力的大小和方向可以用实验测定,例如把金属丝弯成 U 形框架,框上再放置一根可滑动的金属丝,然后将 U 形框和金属丝一起浸入肥皂液中,小心水平取出,在框中就形成一层肥皂膜,如图9-2 所示,如果不在可移动的金属丝上向右边施加一定的外力,液膜就会自动收缩,直至破裂或金属丝移动到最左边为止,这就是表面张力的作用,说明表面张力的方向是垂直于表面边界线,并指向表面中心。如果在金属丝右边施加一定的外力,当其与表面上的收缩力平衡时,金属丝就停止移动,据此可以测出表面张力的大小。

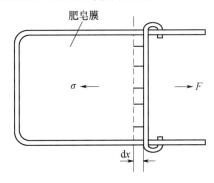

图 9-2　肥皂膜上的表面张力

如果用力 F,使长为 l 的金属丝可逆地移动 $\mathrm{d}x$ 距离,则外力对体系所做的功 $\delta W' = F\mathrm{d}x$,此功用于增加体系的表面 Gibbs 自由能,由于此过程中表面积增加 $\mathrm{d}A = 2l \cdot \mathrm{d}x$(因液膜为双面),体系自由能增加值为 $\mathrm{d}G = \sigma \mathrm{d}A$,因此 $F\mathrm{d}x = \sigma \mathrm{d}A = \sigma \cdot 2l \cdot \mathrm{d}x$,整理得

$$\sigma = \frac{F}{2l} \tag{9-6}$$

式中:σ 为比表面自由能,$\dfrac{F}{2l}$ 为作用在单位长度边界上的表面收缩力即表面张力,单位为 $N \cdot m^{-1}$。

由此可知,表面张力数值上等于比表面自由能,因此通常也用 σ 表示。

比表面自由能和表面张力是从不同角度描述表面状态的物理量,它们在数值上是相等的,并有相同的量纲($N \cdot m^{-1} = J \cdot m^{-2}$),但两者的物理意义不同。因表面张力更直观,较为常用。

表面张力是物质的特性,与体系所处的温度、压力、组成以及共同存在的另一相的性质都有关系。严格来说,某液体的表面张力是指这种液体与它的蒸气接触时的数值,不过通常我们所说的某液体的表面张力是指这种液体与空气接触时的数值。表 9-2 中列出了一些物质的表面张力与液-液界面张力数据。

表 9-2　一些液体物质的表(界)面张力值

液体	T/K	$\sigma/(N \cdot m^{-1})$	液体	T/K	$\sigma/(N \cdot m^{-1})$
水	293	0.072 88	Hg	293	0.486 5
	298	0.072 14		298	0.485 5
	303	0.071 40		303	0.484 5
H_2	20	0.002 01	Ag	1 373	0.878 5
N_2	75	0.009 41	水/Hg	293	0.375
O_2	77	0.016 48	水/正丁醇	293	0.001 8
甲烷	110	0.013 71	水/乙酸乙酯	293	0.006 8
乙烷	180.6	0.016 63	水/乙醚	293	0.010 7
甲醇	293	0.022 50	水/正庚烷	293	0.050 2
乙醇	293	0.022 39	水/苯	293	0.035 0
乙酸乙酯	293	0.025 09	汞/乙醇	293	0.389
氯仿	298	0.026 67	汞/苯	293	0.357
四氯化碳	298	0.026 43	汞/乙醚	293	0.379
苯	293	0.028 88	汞/正庚烷	293	0.378
甲苯	293	0.028 52	苯/氟化碳	298	0.078

从表 9-2 中所列数据可见,在一定温度、压力下,纯物质的表面张力与分子的性质有很大关系。通常组成物质的原子或分子间的相互作用力越大,表面张力也越大,一般规律为:具有金属键的物质表面张力最大,其次是离子键、极性共价键,具有非极性共价键的物质表面张力最小。水因为有氢键,所以表面张力也比较大。

两种液体之间的界面张力,则与两种液体的表面张力有关。Antonoff(安托诺夫)发现,两种液体之间的界面张力是两种液体互相饱和时,两种液体的表面张力之差,即

$$\sigma_{12} = \sigma_1 - \sigma_2$$

其中 σ_1、σ_2 分别是两种液体的表面张力。这个经验规律称为 Antonoff 规则。

表面张力除了与物质的组成有关外,与温度、压力都有关。

表面张力一般随着温度升高而下降,主要有两个原因:一是随着温度升高,分子间的作用力有所下降;二是温度升高,气相与液相的密度差减小,所以表面张力下降。

表面张力与压力也有关,一般随压力增加而下降。因为压力增加,气相密度增加,表面分子受到的合力减小,故表面张力下降;另外,如果气相中有其他的物质,则压力增加,促使表面吸附增加,气体溶解度增加,也使表面张力下降。一般来说,压力变化不大时,压力对表面张力的影响不大。

液体的表面张力比较容易用实验测定,常用的方法有毛细管上升法、最大泡压法、滴重法、吊环法(也称 De Nouy 法)和静液法等,其中以毛细管上升法为公认最准确的方法。固体的表面张力测定比较困难,目前主要采取间接的方法估算或理论计算。由于固体的密度一般比液体的密度大得多,所以固体的表面张力也比液体的表面张力要高得多。

9.2　弯曲液面上的附加压力和蒸气压

一般情况下,静止液体的表面是一个平面,但在某些特殊情况下例如在毛细管中,则可以形成弯曲表面,例如水在玻璃毛细管内形成凹面,汞在玻璃毛细管内形成凸面。因为液体表面上处处存在着表面张力,而表面张力是一个有方向的矢量,所以弯曲液面与水平液面上的表面张力的作用不同,弯曲液面有许多不同于水平液面的特性。

9.2.1　弯曲液面上的附加压力

1. 附加压力的产生和方向

通常情况下,液体表面有三种形状:平面、凸面和凹面(图 9-3)。设在液面上取一小面积 AB,则沿 AB 的四周,AB 以外的表面对 AB 面有表面张力的作用,力的方向总是与边界垂直,并且沿边界处与表面相切。如果液面是水平的[图 9-3(a)],则作用于边界的表面张力 σ 也是水平的,当平衡时,沿边界的表面张力互相抵消,此时液体表面内外的压力相等,都等于表面上的外压 p_0。

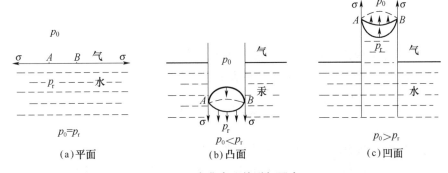

图 9-3　弯曲表面的附加压力

如果液面是弯曲的,则沿 AB 边界上的表面张力 σ 不是水平的,其方向如图 9-3(b)、(c)所示,平衡时,作用于边界的表面张力将无法抵消,而是有一合力,当液面是凸形时,合力指向液体内部,当液面为凹形时,合力指向液体外部,这个合力就称为附加压力。

如果平衡时液体内部受到的压力为 p_r,外部的压力为 p_0,则

对于凸面,如图 9-3(b)所示,表面张力的合力指向液体内部,平衡时液体内部的压力 p_r 大于外部压力 p_0,附加压力 $\Delta p = p_r - p_0 > 0$。

对于凹面,如图 9-3(c)所示,表面张力的合力指向液体外部,平衡时液体内部的压力 p_r 小于外部压力 p_0,附加压力 $\Delta p = p_r - p_0 < 0$。

由上可知,弯曲液面上的附加压力是源于表面张力的作用,附加压力的方向总是指向曲面的圆心,曲面圆心这一边体相的压力总是比另一边体相的压力大。

2. 附加压力的大小——Laplace 公式

附加压力既然是表面张力作用于弯曲表面而产生的,因此其大小必然与表面张力和曲

面的曲率半径有关。

下面以凸形液滴为例,如图 9-4 所示,在一定的温度和压力下,活塞下端毛细管内充满液体,管端有一半径为 r 的球形液滴与之平衡,若外压为 p_0,液滴球面所产生的附加压力为 Δp,则液滴所受的总压为 $p_r = p_0 + \Delta p$。若对活塞稍加压力,使液滴半径增大 dr,相应地,其体积增加 dV,表面积增加 dA,则此时环境需克服附加压力 Δp 而对体系做功 $\delta W' = \Delta p \, dV$,这个功应等于液滴增加的表面积的 Gibbs 自由能 $dG = \sigma dA$,即

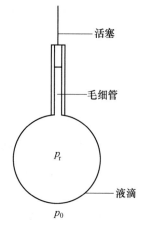

$$\Delta p \, dV = \sigma dA \tag{9-7}$$

因为

$$A = 4\pi r^2 \qquad 所以 \qquad dA = 8\pi r \, dr$$

$$V = \frac{4}{3}\pi r^3 \qquad 所以 \qquad dV = 4\pi r^2 \, dr$$

图 9-4 附加压力与曲率半径的关系

代入式(9-7),可得

$$\Delta p = \frac{2\sigma}{r} \tag{9-8}$$

式(9-8)说明对于球形液面,附加压力与表面张力成正比,而与曲面半径成反比。

如果弯曲液面不是球面,则附加压力与表面张力及曲率半径之间的关系为

$$\Delta p = \sigma \left(\frac{1}{r_1} + \frac{1}{r_2} \right) \tag{9-9}$$

式中:r_1 和 r_2 分别是曲面的两个相互垂直的曲率半径。

式(9-8)、式(9-9)均称为 Laplace(拉普拉斯)公式。实际中的曲面多为球面,因此式(9-8)应用更为广泛。

由式(9-8)可知:

(1)曲面半径 r 越小,所受到的附加压力 Δp 越大。

(2)如液面为凸面,则附加压力指向曲面圆心,与外压方向一致,因此凸液面下的液体所受到的压力比平面下要大,等于 $p_0 + \Delta p$;如液面为凹面,则附加压力指向曲面圆心,与外压方向相反,因此凹液面下的液体所受到的压力比平面下要小,等于 $p_0 - \Delta p$。对于同种液体,形成不同的曲面时,液体内部所受的压力大小顺序应为凸面>平面>凹面。

(3)对于平面液体,曲率半径 $r \to \infty$,$\Delta p = 0$,即不受附加压力。

3. Laplace 公式的应用

应用 Laplace 公式可以解释一些常见的自然现象。例如

(1)在无外力场影响时,自由的液滴或气泡都呈球形 因为如果液滴具有不规则形状(图 9-5),则在表面上的不同部位曲面的弯曲方向和曲率半径不同,相应的各部位的附加压力的大小和方向也不同(如图 9-5 中箭头方向表示力的方向,箭头长短代表力的大小),这种不平衡的力必将迫使液滴变形,直到液滴受力平衡为止。显然只有球面上各点的曲率半径

相等,方向对称,附加压力可以互相抵消,因此稳定的液滴呈现
球形。自由液滴如此,分散在水中的油滴或气泡也常是如此。

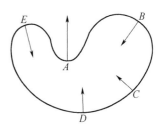

(2)毛细管现象 当把玻璃毛细管插入水中时,水在管内会
上升一定高度,平衡时管内液面高于管外。这是由于水能润湿
玻璃表面,所以管中水柱表面呈凹面,而凹面上液体所受到的压
力小于平面上液体所受的压力,致使管外液体(接近平面)被压
入管内[图 9-6(a)],直到在 AB 平面处水柱的静压力与凹面上
的附加压力相等后才会平衡。当把玻璃毛细管插入汞中时,管
内汞面会下降一定高度,这个现象可以根据管内汞面呈凸形,用

图 9-5 不规则形状
液滴上的附加压力

上述同样的原理来解释。通常把由于附加压力而引起的液体在毛细管中上升或下降的现象
称为毛细管现象。

毛细管法测定液体表面张力就是依据这个原理而进行的。毛细管内液柱上升(或下降)
的高度 h 可近似用如下方法计算。

如果液体能润湿毛细管,则管内液面呈弯曲凹面,假设液体与管壁之间的接触角为 θ(接
触角的概念在本章第5节介绍),凹面的曲率半径为 r,毛细管半径为 R,则由几何关系[图 9-
6(a)]可得 $r=R/\cos\theta$,当液面在毛细管中上升达到平衡时,管内上升液柱的静压力($\Delta\rho gh$)
就等于凹面上的附加压力 Δp,根据式(9-8),得

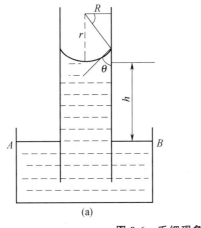

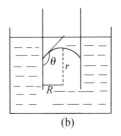

(a)   (b)

图 9-6 毛细现象

$$\Delta p = \frac{2\sigma}{r} = \frac{2\sigma\cos\theta}{R} = \Delta\rho \cdot g \cdot h \tag{9-10}$$

$\Delta\rho$ 是管内液体密度与管外气体密度之差,$\Delta\rho = \rho_1 - \rho_g$,一般 $\rho_1 \gg \rho_g$,因此式(9-10)可近
似表示为

$$h = \frac{2\sigma\cos\theta}{\rho_1 gR} \tag{9-11}$$

如果液体能完全润湿毛细管即液体与管壁之间的接触角 θ 为零,则形成的液面是半球

面，$r = R$，式（9-11）可表示为

$$h = \frac{2\sigma}{\rho_1 g R} \tag{9-12}$$

如果液体不能润湿毛细管即液体与管壁之间的接触角 $\theta > 90°$，则管内液面呈凸面，管内液面将低于管外，液面下降的高度 h 也可由式（9-11）求得。

根据式（9-11）和式（9-12）可知液体在毛细管内上升或下降的高度，与毛细管半径成反比，半径越小，上升越高。如果测出毛细管半径 R 和液体在毛细管内上升的高度 h，就可求出液体的表面张力 σ，这就是毛细管上升法测定液体表面张力的基本原理。

9.2.2 弯曲液面上的蒸气压

液体的饱和蒸气压（简称蒸气压，下同）与液体所受到的压力有关。因为弯曲液面上具有附加压力，所以曲面上液体的蒸气压与同温下平面上液体的蒸气压不同。通常所说的在一定温度下，气液平衡时，液体有一定的蒸气压都是指液面呈平面的情况。

曲面上液体的蒸气压与曲率半径的关系，可用如下方法推得：

设在一定温度 T 时，某平面液体 B 与其饱和蒸气达到平衡，则 B 在两相中的化学势相等，即

$$\mu_1(T, p_0) = \mu_g(T, p_0^*)$$

式中：p_0 为平面液体所受到的压力，p_0^* 为平面液体的饱和蒸气压。

如果液面曲率发生变化，例如将平面液体分散成半径为 r 的小液滴，则液体所受的压力改变，其蒸气压也相应发生变化。若液体所受压力由 p_0 变成 p_r，相应的饱和蒸气压由 p_0^* 变为 p_r^*，并重新建立平衡，则有

$$d\mu_1 = d\mu_g$$

对于纯液体，当温度一定时

$$d\mu_1 = V_{m,1} dp$$

如果假定蒸气为理想气体，则

$$d\mu_g = V_{m,g} dp^* = \frac{RT}{p^*} dp^* = RT d\ln p^*$$

因此

$$V_{m,1} dp = RT d\ln p^*$$

积分上式

$$V_{m,1} \int_{p_0}^{p_r} dp = RT \int_{p_0^*}^{p_r^*} d\ln p^*$$

$$V_{m,1}(p_r - p_0) = RT \ln \frac{p_r^*}{p_0^*}$$

设液体的摩尔质量为 M,密度为 ρ,则 $V_{m,1}=\dfrac{M}{\rho}$,因 $p_r-p_0=\Delta p=\dfrac{2\sigma}{r}$,故上式为

$$\ln\frac{p_r^*}{p_0^*}=\frac{2\sigma M}{\rho rRT} \tag{9-13}$$

如果同一液体形成不同曲率半径的弯曲液面,由式(9-13)可得到

$$\ln\frac{p_{r_2}^*}{p_{r_1}^*}=\frac{2\sigma M}{\rho RT}\left(\frac{1}{r_2}-\frac{1}{r_1}\right) \tag{9-14}$$

式(9-13)和式(9-14)都称为 Kelvin(开尔文)公式。

由 Kelvin(开尔文)公式可知:①当液面为凸面时,$r>0$,$p_r^*>p_0^*$,即凸液面上液体的蒸气压大于平面上液体的蒸气压,因此当把液体分散成液滴时,液滴的饱和蒸气压一定大于平面上液体的饱和蒸气压,并且液滴越细小,其饱和蒸气压越大;②当液面为凹面时,$r<0$,$p_r^*<p_0^*$,即凹面上液体的饱和蒸气压小于平面上液体的饱和蒸气压,并且液面曲率半径越小,饱和蒸气压越小。因此水在毛细管内,管越细,饱和蒸气压越小。

Kelvin 公式也可以被推广用于比较晶体颗粒大小和溶解度之间的关系,即

$$\ln\frac{S_2}{S_1}=\frac{2\sigma_{s-1}M}{\rho_s RT}\left(\frac{1}{r_2}-\frac{1}{r_1}\right) \tag{9-15}$$

式中:S_2、S_1 分别为半径为 r_2、r_1 的晶粒的溶解度;σ_{s-1} 为晶体与溶液的界面张力;ρ_s 为晶体的密度;M 为晶体的摩尔质量。由此可知,晶体粒子越小,相应的溶解度越大。在重量分析中,沉淀的"陈化"操作就以此为依据,通过延长结晶的保温时间,使生成的大小不均的晶体中的小晶体逐渐溶解,大块晶体慢慢长大并趋均一,这样既减少杂质的吸附,又易于过滤,提高产品质量和产量。

利用 Kelvin 公式,可以解释人工降雨、毛细凝聚等常见的表面现象,如:

(1)人工降雨 根据 Kelvin 公式,粒子越小,饱和蒸气压越大,因此如果水蒸气中不存在任何可以作为凝结中心的粒子,则水蒸气可以达到很大的过饱和度而不会凝结,因为此时水蒸气的压力虽然对于平面上的水来说已经是过饱和了,但是对于将要形成的微小水滴来说,还没有饱和,因此小水滴难以形成。如果这时在水蒸气中喷洒一些微小的粒子(例如 AgI 微粒),则水蒸气将以这些微粒为凝结中心,使凝聚水滴的初始半径加大,水蒸气就可以在较低的过饱和度时,在这些微粒表面上凝结出来,这就是人工降雨的原理。人工降雨的实质就是为云层中过饱和的水汽提供凝聚中心使之成雨滴落下。

(2)毛细凝聚现象 根据 Kelvin 公式,当液体在毛细管内形成凹液面时,液面上的饱和蒸气压低于平面上的蒸气压,并且毛细管半径越小,液体在管内凝结所需的蒸气压越低,因此蒸气在毛细管内比平面上更容易凝结成液体,这个现象称为毛细凝聚现象。

毛细凝聚现象在自然界中起着重要的作用,它是土壤能够有效地保持水分,减少蒸发的重要原因。因为土壤粒子间的缝隙可以看作许多不规则的毛细管,水能润湿土壤,因此水在土壤毛细管内呈凹液面,在空气中水分小于同温度下的正常蒸气压时就能凝结成水,因此有利于土壤保持湿润状态,这对植物的生长具有重要意义。

9.2.3　亚稳态

在日常生活和科学研究中,经常会碰到过饱和溶液、过饱和蒸气、过冷液体和过热液体等,所有这些体系都处于热力学不稳定状态,但在一定条件下能存在较长的时间,通常将这些状态称之为亚稳态。亚稳态的存在主要是因为最初生成的新相微粒极为细小,其化学势和表面 Gibbs 自由能很高,所以新相难以产生。

例如过饱和溶液是指在一定温度下,溶质浓度高于正常溶解度而不结晶的溶液。根据式(9-15),晶粒越小,其溶解度越大,因此浓度高于正常溶解度的溶液对于普通的大块晶体来说已经是过饱和了,但对于即将生成的小晶粒来说还没有达到饱和,因此小晶粒难于形成,从而出现过饱和溶液。如果在过饱和溶液中加入一些小晶体作为"晶种",溶质就可以在较低的过饱和度时,在这些晶粒表面上结晶出来。

过热液体是指温度超过沸点而不沸腾的液体。液体沸腾时,气泡内液体的蒸气压等于外压。根据 Kelvin 公式,气泡(凹液面)中的液体饱和蒸气压比平面液体的饱和蒸气压小,且气泡越小,蒸气压越低,而沸腾时形成的气泡需经过从无到有、从小到大的过程,最初形成的气泡其半径极小,气泡内的蒸气压远小于外压,因此小气泡难以形成,必须继续升高温度直至气泡内气体的蒸气压等于外压才能使液体沸腾,这样就使液体不易沸腾而形成过热液体。过热液体是不稳定的,当温度过热到一定程度时,极易由于形成大量小气泡而发生暴沸。为了避免暴沸现象的发生,通常在加热液体时,先在其中放入多孔沸石或毛细管,因多孔沸石或毛细管内孔中贮有气体,加热时能直接从中产生较大气泡而避免生成微小气泡,使液体的过热程度大大地降低。

过冷液体是指液体的温度低于凝固点而不凝固的液体。凝固点时,液体的蒸气压等于固体的蒸气压。根据 Kelvin 公式,微小晶体的饱和蒸气压大于正常条件下晶体的饱和蒸气压,而新生成的晶粒极其微小,其蒸气压远大于液体蒸气压,因此小晶粒难以形成。必须继续降低温度,直至达到微小晶体的凝固点才能使液体凝固,这样就形成了过冷液体。例如高纯的水在自动结冰前可以过冷至 −40 ℃左右。如果在过冷液体中加入一些小晶体作为新相种子,这种亚稳定状态就会被破坏。

9.3　溶液表面的吸附

9.3.1　溶液的表面张力与溶液浓度的关系

物质的表面张力是物质的特性,它决定于物质的温度、压力、组成以及共同存在的另一相的性质。对于纯液体来说,在一定的温度和压力下,其表面张力是一定值,但是当把溶质加入纯液体中形成溶液时,溶液的表面张力会随溶质的种类和溶液的浓度而变化。

对于水溶液来说,表面张力随溶质浓度的变化规律一般有三种类型,如图 9-7 所示。

Ⅰ类:溶液的表面张力大于溶剂,并且随着溶质浓度的增加而略有增加。属于这一类的物质有无机盐、非挥发性的酸或碱以及蔗糖、甘露醇等多羟基有机物。这类物质(其中无机盐、酸、碱等在水中电离为正、负离子)在水中对水分子有很强的吸引力,有把水分子拖入溶液内部的趋势,因此要把体相内的分子、离子移到表面上,即扩大表面积时,必须克服比水分子的引力更大的阻力而做功,所以溶液的表面张力升高。这些能使溶液的表面张力升高的物质称为非表面活性物质,又称表面惰性物质。

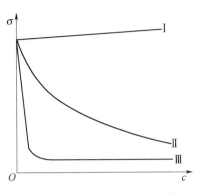

图 9-7 溶液表面张力与浓度的关系

Ⅱ类:溶液的表面张力小于溶剂,并且随着溶质浓度的增加而逐渐降低。属于这一类的物质有短链醇、醛、酮、酸和胺等有机物。这类物质的分子是由较小的非极性基团与极性基团或离子所组成,它们和水的作用较弱,很容易吸附到表面上去,因此使溶液表面张力下降。

Ⅲ类:溶液的表面张力也是小于溶剂,并且随着溶质浓度的增加而降低,但和第二类不同。在溶液浓度很稀时,溶液的表面张力随浓度的增加而急剧下降,到一定浓度后,表面张力不再有明显改变。属于这一类的物质一般是碳原子数为八个以上的直链有机酸的碱金属盐、磺酸盐、硫酸盐和苯磺酸盐等。这些物质的分子在结构上有共同的特点,即分子都是长链结构,长链的两端是两个性质不同的基团:一端是极性基团,和水分子的作用较强,称为亲水基,另一端是非极性基团,和"油"容易接近,称为亲油基,又称为憎水基或疏水基,它与水分子不容易接近,这种分子通常称为两亲分子。例如硬脂酸钠 $C_{17}H_{35}COONa$,其 $C_{17}H_{35}$—为亲油基团,—COO—为亲水基团。当我们把两亲分子溶于水中时,分子中亲水基团与水亲和,有进入水中的趋势,而亲油基团则相反,它阻止分子在水中溶解,有逃出水面的趋势,因此这种分子就有集中到表面上的趋势。

由于憎水基团企图离开水而移向表面,使表面上不饱和的力场得到某种程度的缓和,抵消了一部分表面收缩的趋势,所以扩展单位表面积所需表面功远小于纯水,溶液的表面张力明显降低,例如 25 ℃、0.008 mol·dm^{-3} $C_{12}H_{25}OSO_3Na$ 水溶液的表面张力为 39.0 mN·m^{-1},同温度时纯水的表面张力为 72.1 mN·m^{-1}。通常把这些在很低的浓度时就能显著降低水的表面张力的物质称为表面活性物质,或表面活性剂。

9.3.2 溶液的表面吸附——Gibbs 吸附等温式

溶液看起来非常均匀,实际上并非如此,无论用什么方法使溶液混匀,表面上一薄层的浓度总是与内部不同,这种现象是源于表面张力随溶液浓度而变化。

溶液的表面 Gibbs 自由能取决于溶液的表面张力和表面积的大小,为使体系更为稳定,亦即使体系的 Gibbs 自由能降低,通常有两种方式:降低表面张力和表面积。在一定温度下,纯液体的表面张力为定值,因此对于纯液体来说,降低体系 Gibbs 自由能的唯一途径是尽可能缩小液体的表面积。对于溶液来说,溶液的表面张力和表面层组成有关,因此除了收缩表面以外,还可以通过调节溶液在体相和表面层的组成使体系的 Gibbs 自由能降低。

当加入的溶质能降低溶液的表面张力时,表面层溶质浓度越大,体系的表面 Gibbs 自由能越小,因此溶质趋向于聚集在表面层;反之,当溶质的加入使溶液的表面张力升高时,则溶质趋于进入体相。但是,由于浓度差而引起的扩散作用又趋向于使溶液中各部分浓度均匀,当这两种相反过程达到平衡时,溶液表面层的组成与体相内的组成不同,这种现象就称为在表面层发生了吸附。不同体系吸附的程度不同,通常把在单位面积的表面层中所含溶质的物质的量与具有相同数量溶剂的本体溶液中所含溶质的物质的量之差值称为表面吸附量,又称为溶质的表面超量。如果平衡后溶质在表面层中所占的比例大于它在体相中所占的比例,则称为正吸附,反之,如果表面层的浓度小于体相内浓度,则称为负吸附。对于表面活性物质来说,因为它能降低溶液的表面张力,因此在水溶液中呈正吸附;而非表面活性物质则发生负吸附。

表面吸附量与溶液的浓度和表面张力有关。1878 年,Gibbs 用热力学方法导出了一定温度下,吸附平衡时,溶液的表面吸附量和表面张力、溶液的内部浓度之间的定量关系式,称为 Gibbs 吸附等温式:

$$\Gamma = -\frac{a}{RT}\left(\frac{\partial\sigma}{\partial a}\right)_T \tag{9-16}$$

式中:a 为溶液中溶质的活度,σ 为溶液的表面张力,Γ 即为溶质的吸附量。如果溶液浓度不大,活度 a 可近似地用浓度 c 代替,因此 Gibbs 吸附等温式也可表示为

$$\Gamma = -\frac{c}{RT}\left(\frac{\partial\sigma}{\partial c}\right)_T \tag{9-17}$$

根据 Gibbs 吸附等温式可知:

(1)若 $\left(\frac{\partial\sigma}{\partial c}\right)_T < 0$,即溶液的表面张力随着溶质浓度的增加而降低,则 $\Gamma > 0$,溶质在表面上发生正吸附,平衡时溶质在表面层的浓度高于体相的浓度,表面活性物质属于这种情况。

(2)若 $\left(\frac{\partial\sigma}{\partial c}\right)_T > 0$,即溶液的表面张力随着溶质浓度的增加而升高,则 $\Gamma < 0$,溶质在表面上发生负吸附,平衡时表面层中溶质的浓度低于体相的浓度,非表面活性物质属于这种情况。

Gibbs 吸附等温式的推导过程中,除了假设溶剂的表面超量为零之外,未附加任何限制条件,故原则上适用于任何两相体系。Gibbs 吸附等温式的正确性已由实验证实,实验精确测定的表面吸附量与用 Gibbs 吸附等温式计算得出的结果非常吻合。

利用 Gibbs 吸附等温式可求出溶液在不同浓度时的吸附量,方法是先测定不同浓度时溶液的表面张力,绘制 $\sigma\text{-}c$ 曲线,在各选定浓度处作曲线的切线,切线的斜率即为该浓度的 $\left(\frac{\partial\sigma}{\partial c}\right)_T$ 值,再根据 Gibbs 吸附等温式即可得到不同浓度 c 时的表面吸附量 Γ,由此可作出 $\Gamma\text{-}c$ 曲线。在一定温度下,溶液的表面吸附量与浓度之间的关系曲线即 $\Gamma\text{-}c$ 曲线称为溶液的表面吸附等温线。图 9-8 是表面活性剂溶液的吸附等温线。

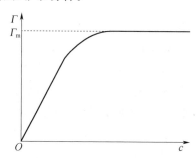

图 9-8　表面活性剂溶液的吸附等温线

　　由图9-8可知,表面活性物质的浓度很小时,Γ 与 c 的关系近似直线,吸附量随溶质浓度的增加而增大;当浓度足够大时,表面吸附量趋于一极限值 Γ_m,此时再增加浓度,表面吸附量也不再改变,这种状态称为饱和吸附。对一定的体系,在一定温度下,Γ_m 是一定值,与浓度无关,称为饱和吸附量。

　　从表面活性剂的 Γ-c 曲线图,就可以了解其分子在表面上的定向排列情况。

9.3.3　表面活性剂分子在溶液表面的定向排列

　　对水的表面活性剂,它们大都是两亲性分子,分子的一端是亲水的极性基团,另一端是亲油的非极性基团[图9-9(a)],当这类物质溶入水中时,亲水基团与水亲和,有进入水中的趋势,亲油基团则相反,有逃出水面的趋势,因此这种分子就有很大的趋势存在于两相的界面上,不同基团各选择所亲的相而定向。

　　当开始向水中加入少量表面活性剂时,表面活性剂分子大都吸附在表面上,溶液的表面张力迅速下降,不过由于这时溶质浓度较低,表面上的表面活性剂分子数很少,每个分子在表面上的活动空间很大,并且由于分子具有热运动,因此分子是稀稀拉拉躺在液面上的[图9-9(b)]。

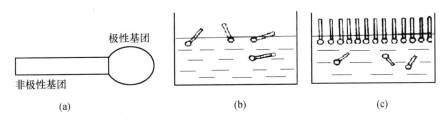

极性基团

非极性基团

(a)　　　　　　　　　(b)　　　　　　　　　(c)

图9-9　表面活性剂分子在溶液表面的定向排列

　　随着溶质浓度的增大,吸附量增多,表面上的表面活性剂分子数增多,每个分子的活动空间变小,分子互相挤压,使分子的亲油基要竖立起来。当浓度增大到一定值时,分子将完全竖直起来,排成栅栏状,如图9-9(c)所示,此时溶液的全部表面均为表面活性剂分子占据,形成一个单分子层(也称单分子膜),再增加浓度,表面上容纳不下更多的分子,因此这时吸附达到极限,即饱和吸附,溶液的表面张力降低也达到了极限。

　　表面活性剂分子在溶液表面上的这种定向排列可以从实验得到证实。

　　实验发现当浓度达到某一定的数值以后,脂肪酸同系物在表面层的吸附量为一定值,与本体浓度 c 无关,并且和脂肪酸的碳氢链长度也无关。可以想象,这是表面吸附已达饱和的情况,而且此时合理的排列一定是脂肪酸分子中的羧基向水,碳氢链朝向空气。因为只有这样安排,单位表面上吸附的分子数才会与碳氢链的长短无关。

　　当表面吸附达到饱和时,表面活性剂分子在表面层的浓度远大于体相的浓度,因此饱和吸附量 $\Gamma_m (mol \cdot m^{-2})$ 可以近似看成是单位表面上溶质的总量,根据这种紧密排列的形式,可以计算出紧密排列时每个分子所占的面积,此值即近似为溶质分子的截面积 A:

$$A = \frac{1}{L\Gamma_m}$$

(9-18)

式中:L 为 Avogadro 常数。

根据实验用上述方法求出脂肪酸同系物的截面积均接近 0.3 nm²,醇类同系物的截面积接近 0.28 nm²,这就进一步证明,表面活性物质在表面形成单分子膜的概念是正确的,因为同系物分子的亲水基是相同的,截面积相近,只有垂直于液面的定向排列即栅栏状的排列,它们在表面层占据的面积才可能非常接近。

许多其他方面的证据(包括对难溶的高级脂肪酸、醇、胺在溶液表面所成单分子膜的研究),也都证实了分子定向排列的结论。当然由于热运动,分子并不是绝对整齐地排列的,特别是在温度比较高的情况下。此外,在饱和吸附层中也不会全是表面活性剂分子而没有溶剂分子的存在。

★9.4 表面膜

9.4.1 单分子层表面膜——不溶性表面膜

两亲分子具有表面活性,溶解于水中的两亲分子可以通过吸附自动相对集中于表面上,当浓度达到一定值时,分子在液体表面上形成一层定向的单分子层,称为可溶性单分子膜,因由吸附而形成,也称为单分子吸附膜。

如果两亲分子的疏水性较大,它在水中的溶解度就较小,它在溶液表面和内部的分布就更倾向于分布在表面上。当两亲分子的疏水性大到一定程度时,在水中的溶解度小得可以忽略不计,这时,两亲分子的表面定向层不可能通过溶液的表面吸附的途径产生,但可以用直接在液面上滴加铺展溶液的方法形成表面膜,这种膜称为铺展膜(spread film),它和吸附膜一样,也是定向的单分子膜,因为是由不溶于水的物质形成,因此也称为不溶性单分子层表面膜。早在 1765 年 Franklin 就观察到,将油滴到水中,会在水面铺展成很薄的油层。后来,Rayleigh 对不溶性膜做了定量研究,Pockels 设计了第一个研究不溶性膜的装置,都证实了形成的膜只有一个分子厚度。

制备单分子表面膜的方法,通常是先把成膜材料溶于某种溶剂中制成铺展溶液,再将铺展溶液均匀地滴加在底液上使之铺展,然后经挥发,除去溶剂,在底液表面上就形成单分子表面膜。

在制备铺展溶液时需要选择适当的溶剂,这些溶剂要具备一些特殊的性质,如对成膜材料有足够的溶解能力,在底液上有很好的铺展能力,其密度要低于底液,易于挥发等。此外,制备铺展溶液还需要选择适当的浓度,同时液面要十分洁净,防止在操作过程中外来物的污染。

单分子表面膜根据分子聚集状态通常可分为三种类型:①气态膜,这类膜内的分子相距较远,彼此间作用较小,各自都能在表面上独立移动,具有良好的可压缩性,其行为类似于三维空间的气体。如果构成膜的分子大小可以忽略不计,且分子之间没有横向的黏附力则称为理想气态膜(类似于三维空间的理想气体)。实际上并不存在这样的理想状态,但是许多不溶性膜在表面压比较低时可近似看成是理想气态膜。②液态膜,这类膜中成膜分子已相当靠近,有明显的侧向相互作用,膜的可压缩性较小,呈凝聚态,类似于三维空间的液态。

③固态膜,这类膜中成膜分子的憎水链如直链脂肪酸、脂肪醇的碳氢链,排列得很紧密,而且是定向垂直地指向液体表面,膜面积很难压缩,类似于三维空间的固态。若对固态膜压缩则会导致膜的破裂,并坍塌成双分子膜或多分子层膜。单分子表面膜除了上述这三种状态以外,还有气态扩张膜、液态扩张膜和转变膜等状态。

单分子表面膜到底处于何种物态,主要决定于三个方面的因素:①成膜分子的结构和大小,如非极性基团链越长越易形成固态;②温度,如温度越高,越易形成气态;③表面压,如表面压越大,越易形成固态。另外,还与成膜物质的表面浓度、底液的成分等因素有关。选择适当的成膜物质、改变温度等条件,可以得到上述各种类型的膜。

9.4.2 表面压及其测定

在不溶性单分子膜中,每个分子可以自由活动的区间很大,即分子可以在足够大的水面上自由移动,类似二维空间的气体,膜中的分子由于不停地运动,不断地撞击着周围的障碍物,由此撞击而产生的压力就称为表面压。表面压的存在可以由实验证实。例如,将一根细线圈放在干净的水面上,此时线圈呈不规则形状,如果将少量铺展溶液滴于线圈内,待溶剂挥发后形成单分子膜,则原来不规则的线圈迅即绷紧成为圆形,这表明有不溶膜的区域对无膜区产生了一种压力。又如在纯水表面上放一很薄的小浮片,在浮片的一边滴一滴铺展溶液,当溶剂挥发形成单分子膜后,会立即将小浮片推向另外一侧,显然膜对浮片产生了压力。

假设浮片的长度为 l,膜对单位长度浮片的推动力为 π,浮片移动距离为 $\mathrm{d}x$,则膜对浮片所做的功为 $\pi l \mathrm{d}x$。浮片移动 $\mathrm{d}x$ 后,表面膜增加的面积(也是水面减少的面积)为 $l\mathrm{d}x$,如果纯水的表面张力为 σ_0,不溶性表面膜的表面张力为 σ,则系统的 Gibbs 自由能变化值为 $(\sigma-\sigma_0)l\mathrm{d}x$,因此

$$-\pi l \mathrm{d}x = (\sigma-\sigma_0)l\mathrm{d}x$$

即

$$\pi = \sigma_0 - \sigma \tag{9-19}$$

式中:π 为膜对单位长度浮片的推动力,称为表面压(surface pressure),其数值等于纯水的表面张力与膜的表面张力之差,单位为 $\mathrm{N \cdot m^{-1}}$。因为 $\sigma_0 > \sigma$,所以浮片被推向纯水一边。

表面压是研究表面膜性质的重要参数,其数值可以通过实验直接测定。1917 年 Langmuir 设计了直接测定表面压的仪器,称为膜天平(film balance),见图 9-10。

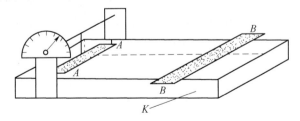

图 9-10 Langmuir 膜天平示意图

图中 K 为盛满水的浅盘,AA 是狭长的云母片,悬挂在一根与扭力天平刻度盘相连的钢

丝上,并浮在水面上,AA 的两端用极薄的铂箔连在浅盘两边。BB 是可移动的滑尺,用来清扫水面,或围住表面膜使它具有一定的表面积。测量时,先将浅盘装满水,用滑尺清扫水面直至水面干净,然后将一定量的溶解在挥发性溶剂中的难溶于水的物质滴在水面上,待溶剂挥发后,难溶物在水面上形成一层单分子膜,膜对浮片产生的推力可从扭力天平的指针旋转的度数测得。Langmuir 膜天平测定表面压的准确度可达 1×10^{-5} N·m^{-1}。移动滑尺位置可以改变表面膜的面积,测量相应面积的表面压,就可得到表面压和膜面积之间的关系。

9.4.3　表面膜的应用

表面膜的研究在许多领域有实际应用。如可以提供分子在表面上定向排列的有力证据、减少水分蒸发、测定蛋白质及聚合物的摩尔质量以及辅助确定复杂分子的结构等。

1.测定蛋白质及聚合物的摩尔质量

蛋白质(或其他聚合物)可以在水面上形成单分子膜,当浓度很低时,形成的膜是躺在水面上的气态膜,膜中分子的行为类似二维理想气体,表面压和膜面积之间的关系类似于三维理想气体的状态方程,即

$$\Pi A = nRT = \frac{m}{M} RT \tag{9-20}$$

式中:A 为膜面积,n 为蛋白质的物质的量,m、M 分别为蛋白质的质量和摩尔质量。只要测出不同表面积 A 时的表面压 Π,即可根据待测物的质量 m 求出其摩尔质量 M。

用表面压力法测定蛋白质或聚合物的摩尔质量,其优点是快速而简单,样品用量少(大约 20 μg 即可),测得结果的精确度与渗透压法、黏度法或超离心法相当。缺点是测定物的摩尔质量大于 25 000 g·mol^{-1} 时,就不够准确,这很可能是被测分子发生缔合之故。

2.推定分子的结构

不同结构的物质,其 Π-A 等温线的形状和分子的横截面积是不同的。通过测定表面膜的 Π-A 数据,作 Π-A 等温线,计算出每个分子的横截面积,然后与相应物质分子的数据进行比较,可以推测物质的分子结构。例如,硬脂酸与异硬脂酸的 Π-A 等温线有区别,且分子的横截面积不同,硬脂酸为 0.20 nm^2,而异硬脂酸为 0.32 nm^2。表面膜测试技术可以作为测定分子结构的辅助方法。

3.减少水分蒸发

减少水分蒸发是不溶性表面膜的一个重要的实际应用。在干燥、炎热地区,水池和水库中的水蒸发速度很快,如果在水面上铺上一层不溶性单分子膜,就能大幅度降低水的蒸发速度,减少水分蒸发。例如将十六醇溶于石油醚中制成铺展溶液,所产生的单分子膜可降低水蒸发量达到 90%,这对于干旱地区的水资源具有非常重要的现实意义。另外,单分子膜还能提高水温,这对作物的生长也是有益的。

此外,研究膜的化学反应可以进行化学动力学的研究,测定膜电势可以推测分子在膜上的排列状态以及分布是否均匀等。

9.5 液-固界面现象——润湿作用

9.5.1 润湿现象

润湿现象广义上讲是指固体或液体表面上的一种流体被另一种流体所取代的过程,不过通常讲的润湿则是指液体与固体接触时,液体能在固体表面上铺开,即原来的气-固界面被液－固界面代替的过程。由于液体和固体自身表面性质不同以及液-固界面性质不同,液体对固体润湿情况不同,如水在玻璃表面能铺展成薄层,而在荷叶表面则聚成球状。

润湿是最常见的表面现象之一,它无处不在,没有润湿,动植物将无法吸收养料,无法生存。许多工业生产和日常生活过程也都与润湿有关,如机械润滑、印染、焊接、防雨布、防水涂料等。

润湿过程通常可分为三种情况:沾湿(adhesion 或黏附)、浸湿(immersion)和铺展(spreading),如图 9-11 所示。

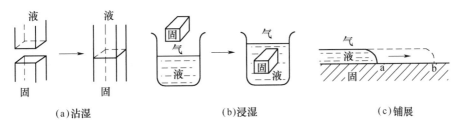

(a)沾湿   (b)浸湿   (c)铺展

图 9-11　润湿的三种情况

1. 沾湿过程

沾湿是指在一定温度和压力下,将气-液与气-固界面转变为液-固界面[图 9-11(a)]。如果假设各个界面均为单位面积,则沾湿过程的 Gibbs 自由能变化值为

$$\Delta G = \sigma_{l\text{-}s} - \sigma_{g\text{-}s} - \sigma_{g\text{-}l} \qquad (9\text{-}21)$$

式中:$\sigma_{l\text{-}s}$、$\sigma_{g\text{-}s}$、$\sigma_{g\text{-}l}$ 分别表示液-固、气-固、气-液界面的界面张力。

在此过程中,体系对外所做的最大功为

$$W_a = \Delta G = \sigma_{l\text{-}s} - \sigma_{g\text{-}s} - \sigma_{g\text{-}l} \qquad (9\text{-}22)$$

式中:W_a 称为黏附功(work of adhesion),它表示液-固沾湿过程中,体系对外所做的最大功。如果等温等压下沾湿过程能自发进行(称为液体能沾湿该固体表面),则体系的 Gibbs 自由能变量 $\Delta G < 0$,因此等温等压下,$W_a < 0$ 是液体沾湿固体的条件,W_a 的绝对值越大,液体越容易沾湿固体,液-固界面结合越牢固。

对于两个同样的液面转变为一个液柱的过程,则 Gibbs 自由能变化为

$$\Delta G = 0 - 2\sigma_{g\text{-}l} = -2\sigma_{g\text{-}l} \qquad (9\text{-}23)$$

在等温等压条件下,单位面积的两个相同液面转变为一个液柱时,体系对外所做的最大

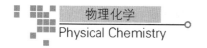

功称为内聚功(work of cohesion),用 W_c 表示,则

$$W_c = \Delta G = -2\sigma_{g\text{-}l} \tag{9-24}$$

内聚功是液体本身结合牢固程度的一种量度,W_c 的绝对值越大,液体本身结合得越牢。

2. 浸湿过程

浸湿过程是指在一定温度和压力下,将固体浸入液体中,气-固界面转变为液-固界面的过程[图 9-11(b)],浸湿过程中液体的界面没有变化。如果固体具有单位表面积,则该过程体系的 Gibbs 自由能的变化值为

$$\Delta G = \sigma_{l\text{-}s} - \sigma_{g\text{-}s} \tag{9-25}$$

浸湿过程体系所做的最大功为

$$W_i = \Delta G = \sigma_{l\text{-}s} - \sigma_{g\text{-}s} \tag{9-26}$$

W_i 称为浸湿功(work of immersion),表示液体在固体表面上取代气体的能力,即液体浸湿固体的能力。显然,等温等压下,$W_i < 0$ 是液体浸湿固体的条件,W_i 的绝对值越大,则液体对固体的浸湿能力越大。

3. 铺展过程

铺展过程是指在一定温度和压力下,液体在固体表面上展开的过程[图 9-11(c)]。铺展过程中液-固界面取代气-固界面的同时,气-液界面也扩大了同样的面积。在等温等压下可逆铺展单位面积时,体系的 Gibbs 自由能的变化值为

$$\Delta G = \sigma_{g\text{-}l} + \sigma_{l\text{-}s} - \sigma_{g\text{-}s} \tag{9-27}$$

铺展过程体系所做的最大功为

$$S = \Delta G = \sigma_{g\text{-}l} + \sigma_{l\text{-}s} - \sigma_{g\text{-}s} \tag{9-28}$$

S 称为铺展系数,表示液体在固体表面的铺展能力。在等温等压下,$S < 0$ 是液体可以在固体表面上自动铺展的条件。

综合上述三种情况,可以看出三种润湿的共同点是:固体表面上的气体被液体所取代。

对于互不相溶的液体之间相互接触情况,也可以用上述方法来讨论。

比较式(9-22)、式(9-26)和式(9-28)可以看出,对于同一体系,$W_a < W_i < S$。如果 $S < 0$,则 $W_a < 0$,$W_i < 0$,因此如果液体能在固体表面上铺展时,它一定能沾湿和浸湿固体,所以铺展是润湿的最高条件,原则上可用铺展系数的大小来衡量液体对固体的润湿能力。但是,由于实验技术的限制,目前只有 $\sigma_{g\text{-}l}$ 能通过实验直接测定,而 $\sigma_{g\text{-}s}$ 和 $\sigma_{l\text{-}s}$ 还无法直接测定,因此上面的公式都只是理论上的分析,在实际工作中不可能作为判断的依据。

后来,人们发现润湿现象还与接触角有关,而接触角可以通过实验测定,因此根据上面的理论分析,结合实验所测的 $\sigma_{g\text{-}l}$ 和接触角数据,可以作为解释各种润湿现象的依据。

9.5.2 接触角与润湿方程

把液体滴在不同的固体平面上,形成的液滴可以是扁平状,也可以是圆球状(图 9-12),其差别在于当系统达到平衡时,气-液界面与固-液界面的夹角不同,这个夹角就反映了液体

对固体的润湿程度,称为接触角或润湿角。在图 9-12 中,A 点是平衡时气、液、固三相交界点,AN 是液-固界面,过 A 点作液滴表面切线 AM,AM 与 AN 之间的夹角 θ 即为接触角,显然它是液体表面张力 $\sigma_{g\text{-}l}$ 和液-固界面张力 $\sigma_{l\text{-}s}$ 的夹角。接触角可以通过实验测定(例如用斜板法、吊片法等,可参阅有关专著)。

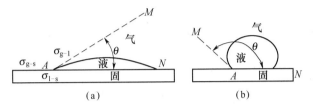

图 9-12　接触角

接触角的大小是由气、液、固三相交界处,三种界面张力的相对大小所决定的。如图 9-12 中,A 点受到三种界面张力的作用:气-固界面张力 $\sigma_{g\text{-}s}$ 力图使液滴沿固体表面 NA 铺开,气-液界面张力 $\sigma_{g\text{-}l}$ 和液-固界面张力 $\sigma_{l\text{-}s}$ 则力图使液滴收缩。当达到平衡时,A 点所受合力为零,则有下列关系:

$$\sigma_{g\text{-}s} = \sigma_{l\text{-}s} + \sigma_{g\text{-}l}\cos\theta$$

或写作
$$\cos\theta = \frac{\sigma_{g\text{-}s} - \sigma_{l\text{-}s}}{\sigma_{g\text{-}l}} \tag{9-29}$$

式(9-29)最早是由 T. Young 提出来的,因此称为 Young(杨氏)方程,它是描述润湿过程的基本方程。从式(9-29)可以看出:

(1)如果 $\sigma_{g\text{-}s} - \sigma_{l\text{-}s} = \sigma_{g\text{-}l}$,则 $\cos\theta = 1$,$\theta = 0°$,这是完全润湿的情况。在毛细管中上升的液面呈凹形半球状就属于这一类。当然,如果 $\sigma_{g\text{-}s} - \sigma_{l\text{-}s} > \sigma_{g\text{-}l}$,则直到 $\theta = 0°$ 仍然没有达到平衡,因此 Young(杨氏)方程就不适用,但此时液体仍然能在固体表面上铺展开,形成一层薄膜,这时只能用铺展系数 S 来表示,例如水在洁净的玻璃表面上就属于此种情况。

(2)如果 $\sigma_{g\text{-}s} - \sigma_{l\text{-}s} < \sigma_{g\text{-}l}$,则 $0 < \cos\theta < 1$,$\theta < 90°$,这时固体能被液体所润湿,如图 9-12(a)所示。

(3)如果 $\sigma_{g\text{-}s} < \sigma_{l\text{-}s}$,则 $\cos\theta < 0$,$\theta > 90°$,这时固体不能被液体所润湿,如图 9-12 (b)所示,如汞滴在玻璃上就属于这种情况。

如果把 Young(杨氏)方程分别代入式(9-22)、式(9-26)和式(9-28),则可得到黏附功 W_a、浸湿功 W_i 和铺展系数 S 用接触角 θ 与液体表面张力 $\sigma_{g\text{-}l}$ 表示的公式:

$$W_a = -\sigma_{g\text{-}l}(1 + \cos\theta) \tag{9-30}$$

$$W_i = -\sigma_{g\text{-}l}\cos\theta \tag{9-31}$$

$$S = \sigma_{g\text{-}l}(1 - \cos\theta) \tag{9-32}$$

由于接触角 θ 与液体表面张力 $\sigma_{g\text{-}l}$ 可以通过实验测出,因此利用上式可计算出黏附功 W_a、浸湿功 W_i 和铺展系数 S,从而可判断润湿情况。

例 9-1 293 K 时,水和苯的表面张力分别为 0.072 8 N·m^{-1} 和 0.028 9 N·m^{-1},水和苯的界面张力为 0.035 0 N·m^{-1},试通过计算说明(1)水能否在苯的表面上铺展开?(2)苯能否在水的表面上铺展开?

解:方法一:通过计算铺展系数来判断铺展情况。

(1)$S = \sigma(g-H_2O) + \sigma(H_2O-C_6H_6) - \sigma(g-C_6H_6)$

　　　$= 0.072 8 + 0.035 0 - 0.028 9 = 0.078 9$ J·m^{-2} > 0

说明水不能在苯的表面上铺展开。

(2)$S = \sigma(g-C_6H_6) + \sigma(H_2O-C_6H_6) - \sigma(g-H_2O)$

　　　$= 0.028 9 + 0.035 0 - 0.072 8 = -0.008 9$ J·m^{-2} < 0

说明苯能在水的表面上铺展开。

方法二:通过计算接触角来判断铺展情况。

(1)$\cos\theta = \dfrac{\sigma(g-C_6H_6) - \sigma(H_2O-C_6H_6)}{\sigma(g-H_2O)} = \dfrac{0.028 9 - 0.035 0}{0.072 8} < 0$　　所以 $\theta > 90°$

说明水不能在苯的表面上铺展开。

(2)$\cos\theta = \dfrac{\sigma(g-H_2O) - \sigma(H_2O-C_6H_6)}{\sigma(g-C_6H_6)} = \dfrac{0.072 8 - 0.035 0}{0.028 9} > 0$　　所以 $\theta < 90°$

说明苯能在水的表面上铺展开。

能被液体润湿的固体,称为亲液性固体,不能被液体所润湿的固体,则称为憎液性固体。固体表面的润湿性能与其结构有关。常见的液体是水,所以通常极性固体都是亲水性固体,如硫酸盐、硅酸盐、石英等,非极性固体大多是憎水性固体,如石蜡、石墨、植物叶面等。

9.6　表面活性剂及其作用

表面活性剂(surfactant)是一类结构特殊、应用广泛的物质,当它们以低浓度存在于某体系中时,就会因吸附在体系的界面上而改变体系的界面组成与结构,极大地降低体系的界面张力,是改变界面性质以适应各种要求的重要手段,在食品、医药、农药、民用洗涤剂、纺织、石油、采矿等领域中广泛用作乳化剂、起泡剂、润湿剂、分散剂、铺展剂、增溶剂等。由于实际中应用较多的是改变水的表面张力,因此通常所说的表面活性剂是指在很低浓度时就能显著降低水的表面张力的一类物质。

9.6.1　表面活性剂的结构特点与分类

表面活性剂分子在结构上的特点是具有不对称性,分子都可分为两部分,一部分是具有亲水性的极性基团,如羧基、硫酸基、磺酸基等,称为亲水基(hydrophilic group),另一部分是具有憎水性的非极性基团,如各种长链的碳氢基团、碳氟基团等,称为疏水基(hydrophobic group)或亲油基(lipophilic group),因此表面活性剂分子具有双重亲液性,都是两亲(amphiphilic)分子。

需要注意的是,并不是所有具有两亲结构的分子都是表面活性剂,如甲酸、乙酸等都具有两亲结构,但并不是表面活性剂,只有分子中疏水基足够大的两亲分子才显示表面活性剂的特性。

表面活性剂的种类繁多,分类方法也很多,如根据表面活性剂的应用功能可分为乳化剂、洗涤剂、起泡剂、润湿剂、分散剂、增溶剂等,根据溶解特性可分为水溶性和油溶性表面活性剂,现在最常用的分类方法是根据表面活性剂的化学结构,即根据表面活性剂溶于水时亲水基是否电离,将表面活性剂分为离子型表面活性剂和非离子型表面活性剂,离子型表面活性剂又按活性基团所带电荷的性质分为阳离子型、阴离子型及两性离子型,具体分为如下四类:

(1)阳离子型表面活性剂:分子溶于水后发生电离,亲水基是带正电荷的极性基团。属于这一类的表面活性剂主要有伯胺盐($RNH_3^+ A^-$)、仲胺盐($R_2NH_2^+ A^-$)、叔胺盐($R_3NH^+ A^-$)、季铵盐($R'NR_3^+ A^-$)等。

(2)阴离子型表面活性剂:分子溶于水后发生电离,亲水基是带负电荷的极性基团,主要有羧酸盐($RCOO^- M^+$)、硫酸盐($ROSO_3^- M^+$)、磺酸盐($RSO_3^- M^+$)、磷酸盐($ROPO_3^- M^+$)等。

(3)两性离子型表面活性剂:分子溶于水后发生电离,离子中带有两个亲水基,一个带正电,一个带负电,主要有氨基酸型($RN^+ H_2CH_2CH_2COO^-$)和甜菜碱型[$RN^+(CH_3)_2—CH_2COO^-$]。

(4)非离子型表面活性剂:分子溶于水后不电离,亲水基是不带电的极性基团,主要有聚氧乙烯类化合物[$RO(C_2H_4O)_nH$]、多元醇类化合物[$R—COOCH_2C(CH_2OH)_3$]等。

9.6.2 表面活性剂的主要性能参数

表面活性剂种类繁多,性质差异较大,对于一定系统究竟采用哪种表面活性剂比较合适、效率较高,目前还没有完善的理论指导。为方便实际应用,常用以下几种参数来衡量表面活性剂的性质。

1.表面活性剂的有效值和效率

表面活性剂的有效值是指表面活性剂能够把水的表面张力降低到的最小值,而表面活性剂的效率则是指使水的表面张力降低一定值所需要的表面活性剂的浓度。两者都决定于表面活性剂的分子结构及其与水分子之间的相互作用,在选择表面活性剂时非常有用。

2.表面活性剂的 HLB 值

表面活性剂分子都具有双重亲液性,影响其性质的主要因素是亲水基的亲水性和亲油基的亲油性,但是亲水基和亲油基是两类性质不同的基团,很难用相同的单位来衡量。Griffin 根据实验发现,表面活性剂分子中的亲水基对亲油基具有一定的平衡作用,即亲水基的强亲水性可以抵消部分亲油基的亲油性,由此他提出一个衡量表面活性剂亲水性的参数,称为亲水亲油平衡值(hydrophile-lipophile balance,HLB)。

HLB 值是一个相对值,其值越大,表示物质的亲水性越强。不过 HLB 值的测定或计算目前还都是经验性的,并且对于不同种类的表面活性剂,测定和计算方法不同,例如对于非离子型表面活性剂,其计算公式为:

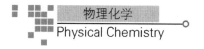

$$\text{非离子型表面活性剂的 HLB 值} = \frac{\text{亲水基部分的摩尔质量}}{\text{表面活性剂的摩尔质量}} \times 20$$

例如石蜡完全没有亲水基,所以 HLB＝0,而聚乙二醇完全是亲水基,所以 HLB＝20,因此非离子型表面活性剂的 HLB 值介于 0～20。常用表面活性剂的 HLB 值如下:

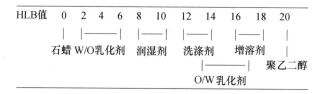

此外,Davies 通过把表面活性剂结构分解为一些基团,每个基团对 HLB 值都有一定的贡献,这样 HLB 值可作为结构因子的总和来处理,表 9-3 是一些基团的 HLB 值。

表 9-3　一些基团的 HLB 值

亲 水 基 团	HLB 值	憎 水 基 团	HLB 值
—SO_4Na	38.7	—CH	−0.475
—COOK	21.1	—CH_2—	−0.475
—COONa	19.1	—CH_3	−0.475
—N(叔胺)	9.4	＝CH—	−0.475
酯(失水山梨醇环)	6.8	衍生的基团:	
酯(自由的)	2.4	—(CH_2—CH_2—O)—	0.33
—COOH	2.1	—(CH_2—CH_2—CH_2—O)—	0.15
—OH(自由的)	1.9		
—O—	1.3		
—OH(失水山梨醇环)	0.5		

利用基团的 HLB 值计算表面活性剂的 HLB 值的方法如下:

$$\text{HLB} = 7 + \text{各个基团的 HLB 值}$$

例如 $C_{16}H_{33}OH$(十六醇)的 HLB 值＝7＋1.9＋16×(−0.475)＝1.3

需要注意的是,对于聚氧乙烯失水山梨醇酸酯、失水山梨醇酸酯和甘油单硬脂酸酯类的表面活性剂,用这种方法计算结果与文献值很符合,但对其他类型的表面活性剂并不一定好。

总之,确定 HLB 值的方法还很粗糙,对于不同种类的表面活性剂,还没有统一的测定方法和计算公式,因此在选择表面活性剂时,HLB 值只能作为参考,不能作为唯一的依据。

3.表面活性剂的 CMC 值

表面活性剂分子具有两亲结构,其亲水基有进入水中的趋势,而亲油基则有逃离水面的趋势,因此当少量的表面活性剂加入溶液中时,表面活性剂分子主要是以单个分子的形式存在于溶液的表面上,少量分布在溶液中,溶液的表面张力显著降低;如果增大表面活性剂浓度,则表面上的分子数增多,表面吸附量增大,表面张力继续下降;当浓度增大到一定值时,溶液表面被一层表面活性剂分子所覆盖而形成单分子层,此时吸附量达到最大,表面张力降到最低,此后如果继续增加浓度,表面上已不能再容纳更多的分子,这时增加的分子只能进入溶液内部。但是表面活性剂的亲油基与水分子之间有很强的排斥作用,为降低体系的能量,处于溶液内的分子就会以亲油基相互靠拢,聚集在一起,形成亲油基向内、亲水基向外指向水相的聚集体,这是一种和胶体大小相当的粒子,称为胶束(micelle)。胶束的形状很多,可以是球状、棒状或层状,主要取决于表面活性剂的结构和形成胶束时的浓度。胶束不具有表面活性,因此形成胶束后,溶液的表面张力不再下降,在表面张力与表面活性剂浓度的关系曲线上表现为水平线段,这时的溶液称为胶束溶液。

胶束只有在浓度达到一定值后才会形成,通常把表面活性剂在溶液内部开始形成胶束的最低浓度称为临界胶束浓度(critical micelle concentration,CMC),超过 CMC 后,如果继续增加表面活性剂的量,则由于表面已经占满,只能增加溶液中胶束的数量和体积。CMC 的存在,已经被 X 射线衍射图谱所证实。形成胶束后,憎水基团完全包在胶束内部,几乎和水隔离,只剩下亲水基团方向朝外,与水几乎没有相斥作用,使表面活性剂稳定地溶于水中。当达到临界胶束浓度后,胶束会争夺溶液表面上的表面活性剂分子,因而影响表面活性剂的效率。

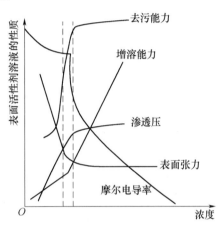

图 9-13　十二烷基硫酸钠的性质与浓度的关系

CMC 值是表面活性剂的一个重要性能参数,在该浓度范围前后,表面活性剂溶液的很多物理、化学性质有明显的突变现象,如表面张力、渗透压、去污作用等(图 9-13)。

CMC 值可以用多种方法测定,原则上说,一切随胶束形成而发生突变的溶液性质都可被用来测定溶液的临界胶束浓度,不过由于各种性质随浓度的变化率不同,测定方法有简繁难易之分,因此各种方法的实用性不同,常用的有表面张力法、电导法、光谱法和光散射法等。采用的方法不同,测得的 CMC 值也有些差别,因此一般所给的 CMC 值是一个不大的浓度区域(如图 9-13 中的虚线之间)。

CMC 值主要取决于表面活性剂的分子结构。一般情况下,对于不同类型的表面活性剂,在亲油基相同时,离子型表面活性剂的 CMC 值比非离子型的大,大约相差两个数量级。对于表面活性剂同系物,通常碳链越长,其 CMC 值越小。另外,CMC 值还受到外界环境的影响,如温度、外加电解质、极性有机物等。温度变化对离子型和非离子型表面活性剂的CMC 值影响不同,通常离子型表面活性剂的 CMC 值受温度影响较小,非离子型表面活性剂的 CMC 值随温度变化较大,温度升高,CMC 值下降。

4. 表面活性剂在水中的溶解度

不同的表面活性剂在水中的溶解度不同,一般情况下,表面活性剂的亲水性越强,其在水中的溶解度越大,而亲油性越强则越易溶于"油",因此表面活性剂的亲水亲油性也可以用

溶解度或与溶解度有关的性质来衡量。

不同的表面活性剂在水中的溶解度随温度的变化规律也不同。通常离子型表面活性剂在低温时溶解度较小,随着温度升高,其溶解度缓慢增加,而当温度升至一定值后,其溶解度会突然迅速增加,这个转变温度称为 Kraff 点。不同的表面活性剂 Kraff 点不同,一般同系物的碳氢链越长,其 Kraff 点越高,因此 Kraff 点是衡量离子型表面活性剂亲水、亲油性的一个重要参数。

与离子型表面活性剂恰好相反,非离子型表面活性剂在低温时溶解度较大,随温度升高溶解度缓慢降低,当温度升高至一定值时,溶解度会陡然下降,若把一均匀的非离子型表面活性剂溶液加热至一定温度时,会突然出现浑浊,静置一段时间(或离心)后可得到两个透明的液相,一个为表面活性剂相(约占总体积的 5%,内含少量水),另一个为水相(其中表面活性剂浓度近似等于临界胶束浓度 CMC),这种因温度变化引发相分离而突然出现的浑浊现象称为浊点现象,此时的温度称为浊点(cloud point)。当温度降低到浊点以下,两相便消失,再次成为均匀的溶液。在亲油基相同的同系物中,亲水性越强,浊点就越高,反之,亲油性越强,浊点就越低。因此,可利用浊点来衡量非离子型表面活性剂的亲水、亲油性。

图 9-14(a)为非离子型表面活性剂胶束溶液的相图,温度-浓度曲线把图分为两部分,上部为双相区(2L),下部为单相区(L),曲线的最低点对应的浓度与温度分别为表面活性剂的 CMC(临界胶束浓度)和 CMT(临界胶束温度)。图 9-14(b)为两性离子表面活性剂胶束溶液的相图,温度-浓度曲线同样把相图分为两个区域,不同的是上部为 L 下部为 2L,这就意味着温度升高两相消失。

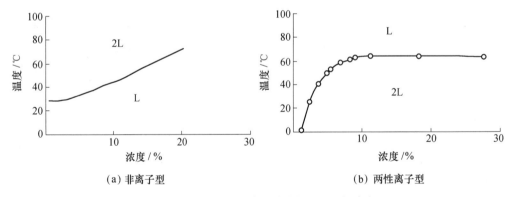

(a) 非离子型   (b) 两性离子型

图 9-14 表面活性剂胶束溶液的相图(温度-浓度)

9.6.3 表面活性剂的一些重要作用及应用

表面活性剂的应用非常广泛,在实际中可以起多种作用,如润湿、起泡、乳化、去污、增溶等,下面具体介绍几种重要的作用。

1. 润湿作用

在生产实际中经常需要控制液-固之间的润湿程度,即人为地改变液体在固体表面上的铺展程度。润湿程度取决于液体、固体的表面张力和液-固之间的界面张力,而表面活性剂能够显著改变液体的表面张力和液-固之间的界面张力,因此在实际中广泛使用表面活性剂来改变液-固之间的润湿程度,实现不同的目的。通常把表面活性剂所起的改变液-固之间润湿性能的作用称为润湿作用,具有润湿作用的表面活性剂称为润湿剂。

在实际中既有需要增加润湿性能,也有需要降低润湿性能。例如,喷洒农药消灭虫害时,由于植物叶面上常有一层蜡质,水在其上不能很好铺展,就需要增加润湿性能。若在农药中加入少量润湿剂,增加农药对植物叶面的润湿性能,这样药液在叶面上能够充分自然铺展,水分挥发后在叶子表面留下均匀的一薄层药剂,如果润湿性能不好,叶面上药剂仍聚成滴状,这样不仅容易滚落造成浪费,而且水分挥发后,在叶子上留下药剂斑点,对植物叶子造成药害。相反,在制造防水布时,则希望纺织物具有抗湿性能,这时可以把纺织物用表面活性剂处理,增加其表面与水之间的界面张力,使水不能在其表面上铺展。总之,润湿作用的研究具有很大的实用价值。

2.起泡作用

"泡"是由液体薄膜包围着气体形成的,泡沫则是很多气泡的聚集物。实际中很多情况下需要起泡,如泡沫浮选、泡沫灭火、去污作用等。泡沫具有很大的表面积和表面能,因此泡沫是热力学上不稳定的体系,要使泡沫稳定,必须加入稳定剂,这种能够稳定泡沫的物质称为起泡剂,起泡剂所起的稳定泡沫的作用就称为起泡作用。最常用的起泡剂就是表面活性剂。起泡剂所起的作用随体系而不同,主要有以下几种:

(1)降低表面张力 泡沫的热力学不稳定性主要源于体系的界面很大,界面自由能很高,起泡剂分子能吸附在气-液界面上,降低界面张力,因而可以降低体系的界面自由能,降低气泡之间自发合并的趋势,因此能增加泡沫的稳定性。

(2)增加泡沫膜的机械强度和弹性 表面活性剂吸附在泡沫膜的表面上,增加了膜的机械强度和弹性,使泡沫膜牢固,不易破裂,因而使泡沫稳定。为增加膜的机械强度和弹性,起泡剂分子中亲水基和亲油基的比例要大致相当。此外,明胶、蛋白质这一类物质,虽然降低界面张力不多,但形成的膜很牢固,所以也是很好的起泡剂。

(3)形成具有适当表面黏度的泡沫膜 泡沫膜内包含的液体受到重力作用和曲面压力,会自动从膜间排走,使膜变薄然后导致破裂,如果液膜具有适当的黏度,膜内的液体就不易流走,从而增加了泡沫的稳定性。表面活性剂能够使形成的膜具有适当的表面黏度,因而对泡沫具有稳定作用。

此外,对于离子型表面活性剂作起泡剂,形成的液膜常常带有电荷,因此双电层的排斥作用能阻碍气泡之间的合并,增加泡沫的稳定性。

在实际中,除了需要起泡外,有时泡沫的存在又会妨碍生产操作,如精制食糖、污水处理等,这时就需要对泡沫进行破坏或防止其产生,即进行消泡。消泡方法除了搅拌、交替加热与降温、加压或减压等物理方法外,常用的是加入少量物质来破坏泡沫或防止其生成,这类物质称为消泡剂,消泡剂大多数也是表面活性剂,消泡作用主要是通过消泡剂吸附到膜的表面但又不能形成牢固的保护膜,从而破坏膜的稳定性来实现的。

3.增溶作用

表面活性剂在水溶液中能使不溶或微溶于水的有机物在水中的溶解度显著增加,这种现象称为增溶作用(solubilization),能起增溶作用的表面活性剂称为增溶剂。例如,乙基苯在水中的溶解度很小,但是在 $0.3\ mol \cdot dm^{-3}$ 的棕榈酸钾水溶液中,溶解度可达 $30\ g \cdot dm^{-3}$。

增溶作用具有以下三个特点:①增溶过程是一个自发过程,它可以使被溶物的化学势大大降低,使体系更加稳定。②增溶过程是一个可逆的平衡过程,可以用不同方式达到。例如在油酸钠溶液中增溶苯的饱和溶液,既可以由饱和溶液得到,也可以由逐渐溶解而达到饱和,实验证明所得结果完全相同。③增溶作用不同于乳化作用,增溶后溶液是透明的,不存在两相。增溶作用也不同于真正的溶解作用,溶解作用是溶质以分子或离子状态分散在溶剂中,溶解后溶液的依数性质有很大的改变,但是增溶后,整个溶液的依数性变化不大,经 X 射线衍射证实,增溶后胶束的数量变化不大,但各种胶束体积都有不同程度的增大,这说明增溶过程中有机物不是拆开成分子或离子均匀分散在水中,而是聚集成团分散在表面活性剂所形成的胶束中,所以质点数没有增多。

实验发现,在表面活性剂的 CMC 之前几乎观察不到增溶作用,只有在 CMC 以上、胶束大量生成后,才有明显的增溶现象发生,并且表面活性剂浓度越大,形成胶束的数量越多,增溶效果越显著,这也说明增溶过程是溶质分散在胶束中而不是真正的溶解。在实际中使用增溶剂时必须超过 CMC 才能达到目的。

关于增溶作用的机理,一般观点认为是由于胶束的特殊结构,从它的内核到水相提供了从非极性到极性环境的全过渡,因此各类极性和非极性的有机物在胶束溶液中都可以找到适合的溶解环境而溶于其中。表面活性剂的增溶作用与有机物溶于混合溶剂有着本质的区别。例如苯在水中的溶解度可因加入乙醇而大大增加,这主要是由于乙醇改变了溶剂水的性质的结果。

增溶作用的应用非常广泛。例如去除油脂污垢的洗涤作用中,增加油脂在表面活性剂中的溶解度是其中的重要一步;在环境分析中,利用增溶作用用表面活性剂胶束溶液将废水中的有机污染物萃取到胶束中,达到浓缩、分离的目的;在工业上合成有机聚合物时,常利用增溶作用将原料溶于表面活性剂溶液中再进行聚合反应,此外增溶作用还用于农药、医药、印染等多个领域。

4.乳化作用

一种或几种液体以大于 100 nm 直径的液滴分散在另一种互不相溶的液体中形成的粗分散体系称为乳状液。乳状液由于具有巨大的界面和界面自由能,是热力学不稳定体系,因此要形成稳定的乳状液必须加入稳定剂,这种能够稳定乳状液的物质就称为乳化剂,乳化剂所起的稳定乳状液的作用就称为乳化作用。乳化剂通常都是表面活性剂,关于乳化剂的作用机理,将在下节"乳状液"中详细讨论。

5.洗涤作用

去除油脂污垢的洗涤作用是一个非常复杂的过程,它综合了以上所讲的润湿、起泡、增溶和乳化等各种作用,因此洗涤剂中通常要加入多种成分,这些成分多数都是表面活性剂。关于去污过程,通常认为包括以下步骤:首先洗涤剂中的润湿剂吸附在污垢表面上,减弱了污垢在固体表面的附着力,然后在搓洗的机械作用下,污垢逐步脱离固体表面,离开固体表面的污垢被乳化剂和增溶剂分散并悬浮在水中或吸附在泡沫的表面,同时表面活性剂分子也在洁净的固体表面形成吸附膜防止污垢再回到固体表面上,最后随着水的脱除达到洗涤的目的。

由上可知,在合成洗涤剂的过程中,必须考虑以下几个因素:①洗涤剂必须具有良好的润湿性能,含有洗涤剂的水溶液必须能润湿被清洁的固体表面;②能有效地吸附在污垢表面,降低污垢与固体的附着力;③有一定的起泡、乳化和增溶作用,能及时把离开固体表面的污垢分散;④能在洁净的固体表面形成保护膜而防止污垢重新沉积。

9.7 乳状液

9.7.1 乳状液的类型及其鉴别

乳状液(emulsion)是指一种或几种液体以小液滴的形式分散于另一种与其不相溶的液体中所形成的多相分散体系。通常把以小液滴形式存在的那个相称为内相(或分散相),另一种液体则称为外相(或分散介质),内相与外相的区别在于内相是不连续的,而外相是连续的。乳状液中液滴的直径一般大于 10^{-6} m,在普通显微镜下可以清楚地观察到,因此属于粗分散体系。由于液滴对可见光的反射,大部分乳状液在外观上为不透明或半透明的乳白色。

乳状液作为一种多相分散体系,通常总有一个相是水或水溶液,称为水相,用符号 W 表示;另一相则是与水不相溶的有机液体,一般统称为"油"相,用符号 O 表示。

根据分散相与分散介质性质的不同,乳状液通常可分为两种类型,如果外相为水,内相为油,即油分散在水中,这种乳状液称为水包油型乳状液,用符号"油/水"或"O/W"表示,如牛奶、豆浆等;如果外相为油,内相为水,即水分散在油中,则称为油包水型乳状液,用符号"水/油"或"W/O"表示,如天然原油、人造黄油等。

两种类型的乳状液在外观上并无明显的区别,要鉴别其类型只能通过实验,常用的方法有下列几种:

(1)稀释法 由于内相是不连续的,而外相是连续的,因此乳状液能被外相液体所稀释。如乳状液能被水稀释,则为 O/W 型;如不能,则为 W/O 型乳状液。例如,牛奶能被水稀释,所以牛奶是 O/W 型乳状液。

(2)染色法 染色法的依据也是内相不连续,外相连续。如果将少量水溶性染料如亚甲基蓝加到乳状液中,整个乳状液都呈蓝色,则说明水是外相,乳状液是 O/W 型;如果只是星星点点的液滴带色,则说明水是内相,乳状液是 W/O 型。若采用油溶性染料如苏丹红进行判断,则结果恰好相反。

(3)电导法 电导法的依据是水溶液导电能力较好,而油导电能力较差。如果乳状液的电导率比较大,则常是 O/W 型乳状液,但是有例外,用离子型乳化剂稳定的 W/O 型乳状液,有时也会有较大的导电能力。

(4)滤纸润湿法 水能在滤纸上铺展,因此若将 O/W 型乳状液滴在滤纸上,会立即铺展开来,而在中心留下一油滴;如果不能立即铺展开来,则为 W/O 型。此法也有例外,对于易在滤纸上铺展的苯、环己烷等有机溶剂,则不宜采用此法来鉴别它们的类型。

乳状液的类型主要由制备乳状液时所添加的乳化剂的性质决定,通常与两种液体的相对数量无关,例如现在已经可以制成分散相体积占 90% 的乳状液。

9.7.2 乳状液的稳定性和乳化作用

乳状液是两种或两种以上液体所构成的多相分散体系,由于液滴很小,体系有巨大的界面积和界面自由能,液滴有自发聚结的趋势,因此是热力学上不稳定的体系,要得到稳定的乳状液,必须加入稳定剂。通常把为了形成稳定的乳状液而加入的稳定剂称为乳化剂,乳化剂所起的稳定乳状液的作用称为乳化作用。

乳化剂的种类很多,通常是表面活性剂,但有些天然产物如蛋白质、明胶、皂素、磷脂,以及某些固体如石墨、炭黑、黏土的粉末等,也可以作为乳化剂。

乳化剂的乳化作用视具体体系不同,主要有以下几种:

(1)降低油-水的界面张力   乳状液在热力学上的不稳定性主要是由于体系具有巨大的界面积和界面自由能,当加入表面活性剂作为乳化剂时,表面活性剂的亲水基团进入水中,亲油基团伸向油相,在油水界面上形成定向的界面膜,降低了油-水体系的界面张力,因而使乳状液变得较为稳定。由于乳状液是一个多相分散体系,界面能总是存在的,因此降低界面张力只是减小其不稳定的程度,不是稳定乳状液的主要因素。

(2)在分散相液滴的周围形成牢固的保护膜   这是决定乳状液稳定性的主要因素。由于乳化剂分子吸附在油-水界面上,形成一层具有一定机械强度的界面膜,使分散相液滴相互隔开,防止其在碰撞过程中聚结变大,因而使乳状液保持稳定。明胶、蛋白质这一类物质,虽然降低界面张力不多,但形成的膜很牢固,所以也是很好的乳化剂。界面膜的机械强度越大,乳状液越稳定。界面膜的强度决定于乳化剂分子的结构,为了提高界面膜的机械强度,有时使用混合乳化剂,利用不同乳化剂分子间的相互作用,增加界面膜的机械强度,从而使乳状液更稳定。

(3)液滴双电层的排斥作用   当用离子型表面活性剂作为乳化剂时,由于表面活性剂离子吸附在液滴的表面使液滴带有电荷,在液滴周围形成双电层,双电层之间的静电斥力,阻碍了液滴之间的相互聚结,因而增加了乳状液的稳定性。

乳化剂对乳状液除了起稳定作用外,也决定着乳状液的类型,一般来说,亲水性强的乳化剂或极性基团截面积较大的乳化剂有利于形成 O/W 型乳状液,相反,亲油性强或非极性基团截面积较大的乳化剂有利于形成 W/O 型乳状液。

关于乳化剂与乳状液类型之间的关系,目前有多种理论解释,常用的有两种:

(1)定向楔形理论   此理论认为乳化剂分子由于亲水基和亲油基的横截面积不同,可以看作两头大小不等的楔子,当乳化剂分子在油水界面上紧密定向排列时,总是楔子的小头插入内相,大头朝向外相,由于彼此紧靠在一起的大头包裹着内相,起到了保护作用,因而体系稳定,如果相反即楔子的大头插入内相,小头朝向外相,则由于小头不能包裹整个内相,不能阻止内相间的聚集,因而体系不稳定,所以乳状液的类型取决于乳化剂的亲水基和亲油基的截面积,最终形成的是小头插入内相的稳定乳状液。显然,如果小头是亲油基,大头是亲水基,则形成稳定的 O/W 型乳状液,相反,如果小头是亲水基,大头是亲油基,则易形成 W/O型。例如用钠皂作乳化剂时,由于极性羧基比非极性烷基的横截面积大,因此形成界面膜时极性的羧基朝向水,从而形成 O/W 型乳状液,如果改为钙皂,由于其极性基团的横截面积小于非极性基团,因而形成 W/O 型。这个理论在实际中常遇到例外,如银皂用作乳化剂时,似乎应形成 O/W 型,但实际上得到的却是 W/O 型。

(2)双重界面张力理论   该理论认为乳化剂分子在油水界面上紧密定向排列形成界面膜时,原来的油-水界面消失,同时产生了两个新的界面,即油-乳化剂膜界面和水-乳化剂膜界面,由于两个新界面的界面张力不同,界面总是向界面张力大的一面弯曲,以减少这个面的面积,降低体系的总界面能,因此高张力一边的液体就成了内相。对于亲水性强的乳化剂,其水-乳化剂膜的界面张力往往小于油-乳化剂膜的界面张力,因此形成 O/W 型乳状液,相反对于亲油性强的乳化剂,则油-乳化剂膜的界面张力往往小于水-乳化剂膜的界面张力,因此形成 W/O 型乳状液。

应该说明,上述两个理论只停留在定性解释的阶段,并且还有例外,目前尚无公认的对各种情况都适用的理论。

乳化剂种类繁多,用途广泛,如何选择合适的乳化剂是实际中经常遇到的问题。关于乳化剂的选择,目前还没有完善的理论指导,只有一些经验的规律,实际中大多还是依靠实验来筛选。

在实验选择乳化剂时,考虑以下几个因素可减少盲目性:

(1)乳化剂的 HLB 值   HLB 值可以作为选择乳化剂时的一种参考,如 HLB 值在 3~8 可作为 W/O 型乳化剂,而 HLB 值在 8~18 可作为 O/W 型乳化剂。不过,由于 HLB 值的测定和计算都是经验性的,因此只能作为参考。

(2)乳化剂的结构   乳化剂是通过表面吸附,在油-水界面上形成稳定的界面膜来稳定乳状液的,因此对于 O/W 型乳化剂,乳化剂的亲油基与分散相的结构越相似,两者的亲和力越强,分散效果越好,乳化剂的用量也少。

(3)使用混合乳化剂   有些特殊体系只能使用规定的几种乳化剂,但这些乳化剂的 HLB 值与分散相所要求的 HLB 值差别很大,乳化效果不好,这时可考虑使用混合乳化剂,将 HLB 值小的乳化剂与 HLB 值大的乳化剂混合使用,并使混合乳化剂的 HLB 值接近分散相所要求的 HLB 值,这样通常可以取得满意的效果。

(4)体系对乳化剂的特殊要求   食品乳化剂应无毒、无特殊气味,化妆品用乳化剂应不损伤皮肤,药用乳化剂要考虑其药理性能,农药乳化剂则要求对农作物和人畜无害等。

(5)乳化剂的使用成本   工业上大量使用的乳化剂应考虑其成本,制造工艺不宜过分复杂,原料来源应丰富,使用要方便。

以上几个因素在选择乳化剂时具有重要的参考价值,虽然不是非常理想,但可以避免盲目性,缩小选择范围。

9.7.3 乳状液的制备

制备乳状液就是在有乳化剂存在的条件下,使一种液体分散到另一种与其不相混溶的液体中,形成相对稳定的分散体系。乳状液的制备方法很多,常用的有以下几种:

(1)自然乳化分散法   先将乳化剂加入分散相中制成溶液,然后在搅拌的情况下,将分散相溶液倒入分散介质中。这是最常用的方法,农药乳状液常常是用此法制得的。

(2)交替添加乳化法   将水和油少量多次交替加入乳化剂内形成乳状液,某些食品乳状液就是用此种方法制备。

(3)瞬间成皂法   先在油中加入脂肪酸,水中加入碱,然后在剧烈搅拌的条件下将两相混合,由于混合瞬间脂肪酸和碱发生反应生成脂肪酸钠盐,并吸附在两相的界面上形成保护膜,因此形成稳定的乳状液。用此法制得的乳状液十分稳定,方法也较简单。

(4)混合乳化剂乳化法　先在油相中加入一种易溶于油的乳化剂,在水相中加入一种易溶于水的乳化剂,然后在剧烈搅拌的条件下将两相混合,由于两种乳化剂在界面上相互作用并同时吸附在两相的界面上形成保护膜,因此形成稳定的乳状液。

(5)转相乳化法　采用一定的方法(如外加物质改变原来乳化剂的性质、改变温度等)使一种类型的乳状液转变为另外一种类型的乳状液。

9.7.4　乳状液的转型与破坏

乳状液的转型是指在外界条件影响下,乳状液由一种类型转变为另一种类型的过程,即原来被分散的液滴聚集成连续相,而原来连续的分散介质分散成液滴的过程,转型又称为转相。

乳状液的转型通常有两种方法:

(1)通过外加物质改变乳化剂的性质　这种方法可以是通过外加物质与原来的乳化剂发生反应改变乳化剂的性质,也可以直接加入相反性质的乳化剂。例如,用钠皂作乳化剂形成的 O/W 乳状液中,若加入足量的氯化钙,则会因为生成钙皂而使乳状液转型为 W/O 型;再如用氧化硅粉末作乳化剂形成的 O/W 乳状液中,若加入足够数量的炭黑,则可以使乳状液转型为 W/O 型。需要注意的是,转型时加入物质的数量必须充足,否则转型难以发生,或者乳状液变成不稳定而被破坏。例如 15 cm³ 的煤油与 25 cm³ 的水用 0.8 g 碳粉作乳化剂时,可以得到 W/O 型乳状液,若向其中加入 0.1 g 的二氧化硅,则乳状液被破坏,如加入的二氧化硅超过 0.1 g,则该乳状液可以转化成稳定的 O/W 型。

(2)改变温度　有些乳化剂的性质会随温度发生较大改变,从而使乳状液转型。例如某些非离子型表面活性剂(如聚氧乙烯类)分子的亲水基中常含有较多的氧原子,这些氧原子因与水分子中的氢形成氢键而在水中溶解度较大,因此可作为 O/W 型乳化剂,当温度升高时,氢键断裂,其亲水性降低,亲油性增强,在某一温度时,由非离子型表面活性剂稳定的 O/W 型乳状液将转变为 W/O 型乳状液,这个温度称为转型温度(phase inversion temperature,PIT)。

乳状液的破坏是指乳状液中油、水两相完全分离,通常称为破乳。在工业生产中经常需要破坏乳状液,如石油原油的脱水、从牛奶中提取奶油、污水中除去油沫等都是破乳过程。

破乳方法很多,通常可分为物理方法和化学方法两类。

物理方法主要有:①离心法,即用离心机使液滴聚集变大后沉降,达到水油分离;②高压电场法,即利用高压电场使水滴极化后彼此相互吸引,聚结成大液滴后沉降,实现油、水分离;③加热法,即通过加热使体系温度升高,降低分散介质的黏度,增加液滴间相互碰撞的强度和频率,降低对乳化剂的吸附,从而降低乳状液的稳定性,达到油水分离。

化学方法破乳主要是破坏乳化剂的保护作用,为破乳而加入的物质称为破乳剂。常用的化学破乳方法有以下几种:①破坏保护膜破乳,即用不能生成牢固保护膜的表面活性物质来代替原来的乳化剂,从而破坏保护膜,使乳状液失去稳定性。例如,异戊醇的表面活性大,加入到乳状液中能取代原有的乳化剂吸附在界面上,但因其碳氢链较短,不足以形成牢固的保护膜,从而使乳状液失去稳定性而破坏;②破坏乳化剂,即用试剂与乳化剂作用,使乳化剂破坏,从而破乳。例如,用皂类作乳化剂时,若加入无机酸,皂类就变成脂肪酸而析出,使乳状液失去乳化剂的稳定作用而遭到破坏;③改变乳化剂的类型,即加入适当数量起相反效应的乳化剂,使乳状液在转型过程中因加入乳化剂的量少而使乳状液破坏。

在实际应用中采用何种破乳方法,应根据乳状液的类型和特点加以选择,有时用其中的一种方法,有时则要多种方法联用才能达到满意的效果。

9.7.5 乳状液的应用

乳状液在工农业生产和日常生活中具有广泛的用途。例如,有机农药常配制成乳状液使其在植物叶面上能更好地铺展,食品工业中制造各种乳状食品如冰淇淋、奶油、豆奶饮料等,化妆品工业中生产的各种乳状化妆品如冷霜、面膜、洗发水等,纺织工业中用 O/W 型乳状液处理纤维以减少纤维间的黏附和静电效应,防止纺纱时的断裂,其他还有各种新型涂料、乳化油燃料等都与乳状液有关。

9.7.6 微乳状液

微乳状液是 1928 年美国工程师 Rodawald 在研制皮革上光剂时意外发现的,后来 Schulman 对其深入研究,发现在油、水和乳化剂形成的乳状液中加入第四种物质(通常是醇),当各组分配比适当时就可以形成一种外观透明均匀并能长期稳定的液-液分散体系,这类体系中分散相的液滴非常小,通常在 10 nm 左右,为区别于普通乳状液,Schulman 将其称为微乳状液。为形成稳定的微乳状液而加入的第四种物质通常称为辅助表面活性剂。例如将加有约 10% 的油酸的苯与 KOH 水溶液混合搅拌,可得到浑浊的乳白色乳状液,如果在其中逐滴加入正己醇,并不断搅拌,则当浓度达到一定值后,就得到外观透明均匀的微乳状液。

微乳状液根据结构可以分为三种类型,除了与乳状液相似的 O/W 型(称为正相微乳或微乳,其中水是连续相,油是不连续相)和 W/O 型(称为反相微乳,其中油是连续相,水是不连续相)两种外,还有第三种称为双连续相,又称微乳中相。图 9-15 是微乳状液结构示意图。

O/W   双连续相   W/O

图 9-15 微乳状液结构示意图

在双连续相中,油和水两相都是连续相,任何一部分油在大部分被水包围的同时,又与其他的油相连,同样任何一部分水在大部分被油包围的同时也与其他的水相连,即整个体系是由油、水分别形成的细密的网相互缠绕而成的。双连续相具有 O/W 型和 W/O 型两种结构的综合特点。

微乳状液的类型主要取决于表面活性剂在油-水两相界面上排列的几何形状,如果表面

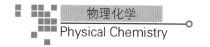

活性剂的极性基占有的界面面积较大,则界面弯向油面,有利于形成 O/W 型;如果极性基占有的界面面积较小,则界面弯向水面,有利于形成 W/O 型;如果极性基和非极性基占有的界面面积相当,则界面弯曲很小,趋向于形成双连续相。

微乳状液不同于普通的乳状液,其主要特点如下:①虽然含有大量的不相混溶的液体,但是由于液滴非常小,显示透明的外观;②虽然分散相粒子很小,界面积很大,但由于界面张力很小,体系的热力学稳定性很高,能自动乳化,长时间存放也不会分层破乳;③低黏度,微乳状液的黏度比普通乳状液的黏度小得多,因而易于变形和具有高渗透能力;④对油和水都有很好的增溶能力;⑤分散相粒子很小,界面积极大,因此微乳状液有非常好的界面功能,包括吸附功能、传热功能、传质功能,应用广泛。

微乳状液也不同于增溶的胶束溶液,主要区别在于:①胶束比微乳状液的液滴更小,通常小于 10 nm;②制备微乳状液时,除需要大量的表面活性剂外,还需加辅助表面活性剂,但是胶束溶液的表面活性剂的量只要超过临界胶束浓度以后,就可以形成胶束,并具有增溶能力。

微乳状液与普通乳状液从外观上就可以区别,但与增溶的胶束溶液则较难区分。有时可以利用分散相的蒸气压来区别,例如当油溶于表面活性剂的胶束之中形成胶束溶液时,与之平衡的油蒸气压比它本身的蒸气压低很多,而形成 O/W 型微乳后,与微乳平衡的油的蒸气压则与油本身的蒸气压相近。

微乳状液在日常生活、工农业生产以及科学研究领域中具有广泛而重要的应用。例如化妆品就是基于微乳状液的产品,现代化妆品中含有多种类型的功能成分,有油溶性的,也有水溶性的,做成微乳剂型,不仅具有外观透明的优点,还有利于各种成分发挥其功能的好处;有些药物也做成微乳剂型,微乳状液对水和油都有很好的增溶能力,因此可以使为同一医疗目的的水溶性药物和油溶性药物集于一剂,同时使用,不仅更加方便还可以提高疗效;其他还有液体上光剂、全能清洁剂、超滤膜成膜剂等都是基于微乳状液的产品。

微乳状液除了可以提供某些优质的产品,还可以用于蛋白质的分离、作为化学反应的介质以及制备纳米粒子等。

9.8 固体表面的吸附作用

固体表面对于气体或液体具有吸附作用早就被人们所发现,并在实际中得到广泛的应用。例如,我国古代人们就知道新烧好的木炭具有吸湿、吸臭功能,并将其用作墓室中的防腐层和吸湿剂,制糖工业中用活性炭吸附糖液中的有色杂质进行脱色的应用也有上百年的历史。现代工业中吸附的应用更是越来越广,而且很多情况下吸附比其他方法更简单省事,产品质量更好。例如,分子筛富氧就是利用某些分子筛(4A、5A、13X 等)优先吸附氮气来提高空气中氧气的浓度,吸附色谱就是利用固体吸附剂对不同组分具有不同的吸附性能来实现混合物的分离,其他的还有利用吸附回收少量的稀有金属、处理污水、净化空气、从天然气中回收汽油成分等,吸附已经成为现代石油化工不可缺少的单元操作之一。在催化领域中,吸附是多相催化的关键步骤之一,因此研究固体表面的吸附具有极其重要的意义。

固体表面具有吸附作用主要源于固体的特殊结构。固体具有固定的形状,其组成单元

(原子、分子或离子)不能自由移动,因此固体表面具有如下特点:①固体表面是不均匀的,即使经过特殊的抛光处理,从宏观上看似乎很光滑,但从原子水平上看依然是凹凸不平的,表面层原子或离子的中心并不位于同一平面上;②固体表面层的组成与体相组成不同,固体表面的各种性质不是内部性质的延续,随着表面处理方式或固体形成条件不同,固体表面层由表向里往往呈现出多层次结构,即使同种晶体,由于制备、加工不同,也会具有不同的表面性质;③固体表面上的原子或分子与液体一样,由于周围原子或分子对它的作用力不对称,所受的力也是不平衡的,而且不像液体表面分子可以移动,它们通常是定位的。

固体表面原子受力不对称,具有剩余力场,而且难以自由移动,因此固体表面只能通过吸附气体或液体分子来饱和表面力场,降低体系的表面自由能。固体表面吸附是一个自发过程,而且由于固体表面结构不均匀,不同部位剩余力场不同,因此吸附和催化的活性也不同。

9.8.1 固体表面对气体的吸附作用

1. 吸附的基本概念

(1)吸附、脱附和吸附平衡 吸附是指气体与固体表面接触时,气体分子在固体表面力场的作用下在固体表面上聚集的过程。通常把具有吸附作用的固体称为吸附剂,被吸附的气体称为吸附质。

脱附是指已经吸附在固体表面上的气体分子,由于热运动而离开吸附剂表面的过程,脱附也称解吸。

在气-固吸附体系中,吸附和解吸是同时存在的两个相反的过程,当这两个过程的速率相等,即吸附速率等于解吸速率时,气体在固体表面上的量不随时间而改变,这种状态称为吸附平衡。吸附平衡也是动态平衡,平衡时吸附和解吸过程都在不断地进行,但吸附量不随时间而变化。

(2)吸附量 吸附量 Γ 是衡量吸附剂吸附气体能力的一个物理量,通常是用一定温度下,吸附平衡时,单位质量的吸附剂所吸附气体的体积 V(一般换算成标准压力、273 K 时的体积)或气体的物质的量 n 来表示,即

$$\Gamma = \frac{V}{m} \qquad \text{或} \qquad \Gamma = \frac{n}{m}$$

式中:m 为吸附剂的质量。

需要注意的是,固体表面对气体的吸附量与溶液表面吸附的吸附量不同,溶液表面吸附的吸附量是指单位表面层与体相内部相同溶剂量中所含溶质的量之差,是一个相对量,可正可负,而固体表面对气体的吸附量是单位质量的吸附剂吸附气体的量,是一个绝对量,并且只有正吸附,没有负吸附。

(3)吸附热 吸附过程中产生的热效应称为吸附热。吸附是自发过程,因此在恒温恒压条件下吸附过程的 Gibbs 自由能减少($\Delta G < 0$);而当气体分子在固体表面上吸附后,气体分子从原来的三维空间自由运动变成限制在表面层上的二维运动,运动的自由度减少了,因而熵也减少($\Delta S < 0$),根据热力学基本公式 $\Delta G = \Delta H - T \Delta S$,可以推知 $\Delta H < 0$,即等温等压条件下,吸附通常都是放热的。

吸附热通常分为积分吸附热和微分吸附热两种。在固体表面上恒温地吸附某一定量的气体时所放出的热量,称为积分吸附热,而在已经吸附了一定量的气体(Γ)以后,表面上再吸附少量的气体 $d\Gamma$,所放出的热量为 δQ,则 $\left(\dfrac{\partial Q}{\partial \Gamma}\right)_T$ 称为吸附量为 Γ 时的微分吸附热。

吸附热可以直接用量热计来测定(即直接测定吸附时所放出的热量,这样所得到的是积分吸附热),也可以通过测量吸附等量线来计算(这样求得的是等量吸附热,与微分吸附热相差不大,通常忽略两者的差别),近年来还有人采用气相色谱技术来测定吸附热。不过,由于实验技术上的困难及其他种种原因,吸附热的测定数据常不易重复。

吸附热也可以根据吸附体系的结构从理论上计算,为此有人提出了各种计算吸附热的公式,但目前既无统一的公式,而且计算结果也不能令人满意。

吸附热受多种因素影响,主要取决于被吸附的气体分子与固体表面分子之间作用力的大小,一般吸附越强,吸附热越大,因此吸附热可以衡量吸附的强弱程度。由于固体表面的不均匀性,同一体系,吸附热也不是一个定值。实验发现,吸附热与吸附剂表面被吸附气体覆盖的分数(称为覆盖度)有关,并且随覆盖度增加而下降,因此根据吸附热随覆盖度的变化情况,可以了解固体表面的不均匀状况,这在选择固体吸附剂和固体催化剂时非常有用。

2. 吸附现象的本质——物理吸附和化学吸附

吸附是气体分子在固体表面上聚集的过程,吸附的本质是气体分子与固体表面分子之间的相互作用。不同的体系,作用力的性质不同,根据此作用力的性质不同,吸附通常分为物理吸附和化学吸附两类。如果导致气体吸附的作用力是分子间的范德华(van der Waals)力,则为物理吸附;如果是由于气体分子与固体表面分子之间形成化学键而产生的吸附,则为化学吸附,化学吸附实质上是一种表面化学反应。这两类吸附的特点见表9-4。

表 9-4　物理吸附与化学吸附的比较

吸附性质	物理吸附	化学吸附
吸附作用力	van der Waals 力	化学键力
选择性	无选择性	有选择性
吸附热	较小,近于液化热	较大,近于化学反应热
吸附层数	单分子层或多分子层	单分子层
吸附稳定性	不稳定,易解吸	比较稳定,不易解吸
吸附速率	较快,不受温度影响,一般不需要活化能	较慢,温度升高速率加快,一般需要活化能
吸附温度	低温,低于吸附质的临界温度	高温,高于吸附质的沸点

物理吸附和化学吸附的存在可以通过实验直接证明。例如,测定吸附后体系的吸收光谱,如果在紫外、可见及红外光谱区出现新的特征吸收带,则是存在化学吸附的标志;如果只是原吸附分子的特征吸收带有某些位移或在强度上有所改变,而不产生新的特征谱带,则是物理吸附。

应当说明的是,物理吸附和化学吸附是互相关联的,在一个吸附体系中,往往同时或相继发生。例如氢在金属 Ni 上的吸附同时有三种情况:①氢分子直接以分子状态被吸附,这是纯粹的物理吸附;②氢分子在被吸附过程中离解并以原子状态被吸附,这是纯粹的化学吸附;③还有一些氢处于物理吸附和化学吸附的过渡状态,即被吸附的氢分子内的共价键松弛、键拉长,同时在氢和镍之间也形成疏松的键。由此可见,物理吸附和化学吸附可以相伴发生,有时很难区分,因此在实际中常需要同时考虑两种吸附在整个过程中的作用。

  3. 吸附等温线

  气体在固体表面上的吸附量受很多因素影响,如气体的性质、固体的性质、固体的表面状态、表面大小以及吸附平衡时体系的温度 T、气体的压力 p 等,对于给定的吸附体系(即指定的吸附剂和吸附质),达到吸附平衡时的吸附量只与温度和压力有关。如果要完整地描述吸附量、温度和压力之间的关系,必须用三维空间的立体图来表示,这在实际应用中很不方便,因此,实际中通常固定一个变量,用平面图形表示其他两个变量之间的关系,如固定温度,则吸附量与压力的关系曲线称为吸附等温线;如固定压力,则吸附量与温度之间的关系曲线称为吸附等压线;如固定吸附量,则体系的压力与温度之间的关系曲线称为吸附等量线。图 9-16、图 9-17 和图 9-18 分别是 NH_3 在炭上的吸附等温线、等压线和等量线。

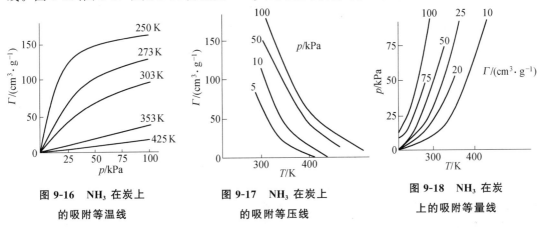

图 9-16　NH_3 在炭上
的吸附等温线

图 9-17　NH_3 在炭上
的吸附等压线

图 9-18　NH_3 在炭
上的吸附等量线

  上述三种吸附曲线是互相关联的,从其中任一组曲线可以推出其他两组曲线,其中最常用的是吸附等温线。

  吸附等温线反映的是一定温度下,吸附量与压力之间的变化关系,其形状是多种多样的,随吸附体系的性质不同而不同。根据实验所测得的各种等温线,人们从中总结出吸附等温线大致可分为五种类型,如图 9-19 所示,图中纵坐标表示吸附量 Γ,横坐标为比压 p/p^*,p 是吸附平衡时气体的压力,p^* 是该温度下被吸附物质的饱和蒸气压。

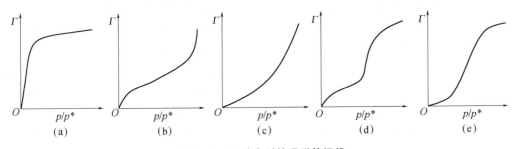

(a)　　　(b)　　　(c)　　　(d)　　　(e)

图 9-19　五种类型的吸附等温线

吸附等温线的形状反映了吸附体系的性质,如吸附剂的表面性质、孔分布以及吸附质和吸附剂的相互作用等,因此根据实验测定的吸附等温线,就可以了解吸附体系的一些性质。

为了从理论上说明吸附过程,解释吸附等温线,人们提出了很多吸附等温式。

4.吸附等温式

吸附等温式是指一定温度下,吸附平衡时,吸附量与气体压力之间的函数关系式,是为了从理论上说明吸附过程而提出的。不过,由于吸附过程的复杂性,目前还没有适用于所有体系的吸附等温式。

现在实际中使用的吸附等温式很多,其中有些是经验的或半经验的,有些有理论上的说明,它们的应用范围和使用对象各不相同。下面介绍其中最常用的三个。

(1)Freundlich(弗伦德利希)等温式 Freundlich 研究了各种气体在不同吸附剂表面上的吸附等温线,归纳实验结果,提出了一个经验公式:

$$\Gamma = k\, p^{\frac{1}{n}} \quad (n>1) \tag{9-33}$$

式中:Γ 为单位质量的固体吸附气体的量,$m^3 \cdot kg^{-1}$;p 是气体的平衡压力;k 为常数,它与温度、吸附剂种类、比表面大小及所用单位有关;n 也是常数,只与温度有关。

常数 k 和 n 可用实验测定,如将式(9-33)取对数,则:

$$\lg\Gamma = \frac{1}{n}\lg p + \lg k \tag{9-34}$$

以 $\lg\Gamma$ 对 $\lg p$ 作图应得一直线,由直线的截距($\lg k$)和斜率$\left(\dfrac{1}{n}\right)$可分别求得 k 和 n。

Freundlich 等温式能较好地适用于图 9-19(a)等温线的中等压力部分,因此在实际中有一定的用途,但是它只是一个经验式,没有提供任何关于吸附机理的知识。

(2)Langmuir(朗缪尔)单分子层吸附理论及吸附等温式 Langmuir 在研究低压下的气体在金属表面上的吸附时,从大量的实验数据中发现了一些规律,在总结这些规律的基础上于 1916 年提出了著名的 Langmuir 单分子层吸附理论,并从理论上推出了 Langmuir 吸附等温式。

Langmuir 单分子层吸附理论的主要观点有:

①固体表面上的吸附是由于固体表面原子的力场没有饱和,有剩余成键能力所引起的,这种力的作用范围很小,只相当于分子直径的大小,气体分子只有碰撞到固体的空白表面上才能被吸附,当固体表面上已盖满一层吸附分子之后,表面力场得到饱和,吸附也即达到饱和,因此吸附是单分子层的。②已吸附在固体表面上的分子,当其热运动的动能足以克服表面力场的作用时,就可以脱离表面而重新回到气相,即发生解吸,并且吸附分子的解吸概率不受周围环境和位置的影响,也就是说,被吸附的气体分子间没有相互作用,并且固体表面是均匀的。③气体在固体表面上的吸附是气体分子在吸附剂表面聚集和逃逸(即吸附和解吸)两种相反过程达到动态平衡的结果,吸附是一个可逆过程。

Langmuir 在上述基本假设的基础上,运用动力学的理论,推导出了吸附平衡时吸附量与气体压力之间的关系式,即 Langmuir 等温式。具体推导如下:

假设 θ 是固体表面被吸附分子覆盖的百分数,则$(1-\theta)$表示表面尚未被覆盖的百分数,即空白表面分数。

　　吸附是气体分子撞击到固体表面并在表面聚集的过程,气体的压力越大,撞击到表面的分子数越多,吸附速率就越快,因此吸附速率与气体的压力 p 成正比;又根据 Langmuir 单分子层吸附理论的基本假设,只有当气体分子碰撞到空白表面时才可能被吸附,空白表面越大,吸附速率越快,因此吸附速率 r_1 与$(1-\theta)$也成正比,由此可得:

$$r_1 = k_1 p(1-\theta)$$

　　解吸是被吸附的气体分子脱离固体表面重新回到气相的过程,表面上的气体分子越多即表面覆盖率 θ 越大,解吸速率越快,因此解吸速率 r_{-1} 与 θ 成正比,即:

$$r_{-1} = k_{-1}\theta$$

　　k_1 和 k_{-1} 都是比例系数,分别称为吸附速率常数和解吸速率常数。等温下,当吸附达到平衡时,吸附速率等于解吸速率,所以

$$k_1 p(1-\theta) = k_{-1}\theta$$

重排得

$$\theta = \frac{k_1 p}{k_{-1} + k_1 p}$$

假设 $b = \dfrac{k_1}{k_{-1}}$　　则

$$\theta = \frac{bp}{1+bp} \tag{9-35}$$

式中:b 称为吸附作用的平衡常数,也叫吸附系数,它的大小反映了固体表面吸附气体能力的强弱程度,式(9-35)就称为 Langmuir 吸附等温式,它定量地表示了恒温下表面覆盖率 θ 与气体平衡压力 p 之间的关系。

　　若用 Γ 表示压力为 p 时的平衡吸附量,Γ_m 表示固体表面吸附满一层分子时的吸附量,即饱和吸附量,则 $\theta = \Gamma/\Gamma_m$,因此式(9-35)可表示为

$$\Gamma = \Gamma_m \theta = \Gamma_m \frac{bp}{1+bp} \tag{9-36}$$

或

$$\frac{p}{\Gamma} = \frac{p}{\Gamma_m} + \frac{1}{\Gamma_m b} \tag{9-37}$$

　　式(9-36)和式(9-37)是 Langmuir 吸附等温式的另外两种形式。其中 Γ_m 和 b 在一定的温度下,对一定的吸附剂和吸附质来说是常数,可以从实验测出,即以 p/Γ 对 p 作图可以得到一条直线,从直线的斜率和截距可求出 Γ_m 和 b。

　　根据式(9-36),当压力足够低或吸附很弱时,$bp \ll 1$,则 $\Gamma \approx \Gamma_m bp$,即 Γ 与 p 成直线关系;当压力足够高或吸附很强时,$bp \gg 1$,则 $\Gamma \approx \Gamma_m$,即吸附量 Γ 与 p 无关,这时吸附达到饱和,固体表面已被吸附物分子占满,形成单分子层,再提高气体压力,吸附量也不能再增加;当压力适中时,Γ 与 p 的关系为曲线。以上结论与图 9-19(a)等温线完全一致,说明 Langmuir 对吸附的假设以及由此导出的吸附等温式,确实能符合一些实验事实。

Langmuir 吸附理论对吸附过程作了理论的说明,由其导出的吸附等温式可以较好地说明表面均匀、吸附分子彼此没有相互作用的单分子层吸附,是一个理想的吸附公式,在实际中有广泛的用途。它在吸附理论中所起的作用类似于气体运动论中的理想气体定律,人们往往以 Langmuir 等温式作为一个基本公式,先考虑理想情况,找出某些规律性,然后针对具体体系对这些规律再予以修正。

Langmuir 单分子层理论的局限性在于它假设固体表面是均匀的,固体表面分子的剩余成键能力所及范围只相当于一个分子直径的距离,只能形成单分子层,这些假设都与实际不符。

实验表明,大多数固体对气体的吸附都不是单分子层吸附,特别是当吸附质的温度接近于正常沸点时,往往发生多分子层吸附。为了解释此类吸附等温线,1938 年,Brunauer、Emmett 和 Teller 在 Langmuir 理论的基础上,提出了多分子层吸附理论,并推导出著名的 BET 吸附等温式。

(3)BET 多分子层吸附理论及吸附等温式　　BET 多分子层吸附理论是在 Langmuir 理论的基础上提出来的,它接受了 Langmuir 理论中关于吸附作用是吸附和解吸两个相反过程达到平衡的概念,以及固体表面是均匀的,吸附分子的解吸不受四周其他分子的影响等观点,它们的改进之处主要有:①吸附是多分子层的,固体表面吸附了第一层气体分子后,已被吸附的气体分子还可以通过 van der waals 力吸附其他的气体分子,所以在第一层之上还可以发生第二层、第三层等,形成多分子层吸附。②第一层吸附与以后各层的吸附有着本质的区别。第一层是气体分子与固体表面分子之间的作用力引起的吸附,而第二层以后则是气体分子间相互作用产生的吸附,因此第一层的吸附热也与以后各层不同,而第二层以后各层的吸附热都相同,接近于气体凝聚热。③第一层吸附和以后各层的吸附是同时进行,气体分子的吸附和解吸只发生于暴露在气相的表面上,即吸附层的顶部,在一定温度下,当吸附达到平衡时,气体的吸附量 Γ 等于各层吸附量的总和。

根据上述观点,经过复杂的数学处理,BET 推出等温下、吸附平衡时,吸附量 Γ 与气体压力之间有如下关系:

$$\Gamma = \frac{\Gamma_m C p}{(p^* - p)[1 + (C-1)p/p^*]} \tag{9-38}$$

式中:Γ 为平衡压力为 p 时的吸附量;Γ_m 为固体表面盖满单分子层时的吸附量;p^* 为实验温度下吸附质的饱和蒸气压;C 为与吸附热有关的常数,它反映固体表面和气体分子间作用力的强弱程度。式(9-38)称为 BET 吸附等温式,因其中包含两个常数 C 和 Γ_m,所以又叫作 BET 二常数公式。

BET 公式能在很宽的压力范围内说明吸附规律,例如用 BET 公式可以很好地说明图 9-19(b)中的吸附等温线:①当比压 p/p^* 较大时,Γ 随 p 增加得越来越快,这是由于气体分子在固体表面上形成第一层吸附后,还可以吸附第二层、第三层等,所以吸附量不断增加而不会趋向于一个极限值;当 $p \to p^*$ 时,由于多层吸附,吸附物在固体表面微孔内形成凹形液面,从而可能发生毛细凝结现象,导致吸附量急剧增加;当 $p = p^*$ 时,气体开始液化,因而吸附量骤增,这些都显示了多分子层吸附的特征。②当压力较低,C 较大时,$C-1 \approx C$,$p^* - p \approx$

p^*,则 BET 式简化为:

$$\Gamma = \frac{\Gamma_{\mathrm{m}} C p / p^*}{1 + C p / p^*}$$

此式与 Langmuir 等温式相似。C 值很大,说明第一层吸附热大于以后各层的凝聚热,第一层吸附特别强,因此以单分子层吸附为主,曲线有一平坦的阶段,继续增加压力,发生多分子层吸附,吸附量又增加;如果 C 很小,则第一层吸附并无特别强的趋势,它与第二层、第三层等吸附同时发生,一开始就是多分子层吸附占优势,所以 Γ 随 p 均匀上升。

BET 等温式是 Langmuir 理论以及毛细凝结理论的结合,可以说明多种类型的吸附等温线,比 Langmuir 理论前进了一大步。实验证明当相对压力 p/p^* 在 $0.05 \sim 0.35$ 范围内,BET 公式的计算结果与实验结果非常吻合,但如压力超出上述范围,则产生较大的偏差,其主要原因是 BET 理论没有考虑固体表面的不均匀性、同一层上吸附分子之间的相互作用力以及在压力较高时,多孔性吸附剂的孔径因吸附多分子层而变细后,可能发生蒸气在毛细管中的凝聚作用等因素。在推导公式时,假定是多层的物理吸附,当比压小于 0.05 时,压力太小,建立不起多层物理吸附平衡,甚至连单分子层物理吸附也远未完全形成,比压过高,容易发生毛细凝聚,使结果偏高。

BET 等温式的主要应用是测定固体的比表面。如将式(9-38)整理,可以得到线性的 BET 公式:

$$\frac{p}{\Gamma(p^* - p)} = \frac{1}{\Gamma_{\mathrm{m}} C} + \frac{C-1}{\Gamma_{\mathrm{m}} C} \cdot \frac{p}{p^*} \tag{9-39}$$

只要通过实验测出不同压力下的吸附量,以 $\dfrac{p}{\Gamma(p^* - p)}$ 对 $\dfrac{p}{p^*}$ 作图得一直线,从直线的截距和斜率可以求出 Γ_{m},即 $\Gamma_{\mathrm{m}} = \dfrac{1}{斜率 + 截距}$。$\Gamma_{\mathrm{m}}$ 是饱和吸附量,即固体表面盖满单分子层时的吸附量,单位为 $\mathrm{mol} \cdot \mathrm{kg}^{-1}$,因此 $\Gamma_{\mathrm{m}} L$ 就是单位质量的固体表面盖满单分子层时所需的气体分子的数目,如果已知每个吸附分子的截面积为 A_s,则固体的比表面为:

$$S_0 = \Gamma_{\mathrm{m}} L A_s$$

测定比表面的方法很多,但 BET 法仍然是经典的重要方法。

例 9-2　在 $80.8 \, \mathrm{K}$ 时,用硅胶吸附 N_2,测得不同平衡分压下,N_2 的吸附量数据如下(已换算成 $273 \, \mathrm{K}$,标准状态):

p/kPa	8.886	13.932	20.625	27.731	33.771	37.277
$\Gamma/(\mathrm{cm}^3 \cdot \mathrm{g}^{-1})$	33.35	36.56	39.80	42.61	44.66	45.92

已知该温度下 N_2 的饱和蒸气压 p^* 为 $150.654 \, \mathrm{kPa}$,N_2 分子的截面积为 $1.62 \times 10^{-19} \, \mathrm{m}^2$,试求此硅胶的比表面。

解: 利用题中所给数据,计算出 $\dfrac{p}{p^*}$ 和 $\dfrac{p}{\Gamma(p^*-p)}$ 的各相应值如下:

$\dfrac{p}{p^*} \times 10^2$	5.898	9.248	13.69	18.41	22.42	24.74
$\dfrac{p}{\Gamma(p^*-p)} \times 10^3 /(\text{cm}^{-3} \cdot \text{g})$	1.880	2.787	3.985	5.294	6.470	7.160

以 $\dfrac{p}{\Gamma(p^*-p)}$ 对 $\dfrac{p}{p^*}$ 作图得一直线,其方程为

$$\frac{p}{\Gamma(p^*-p)} = 1.952 \times 10^{-4} + 0.027\,97 \frac{p}{p^*}$$

$$斜率 = \frac{C-1}{\Gamma_{\mathrm{m}}C} = 2.797 \times 10^{-2} \qquad 截距 = \frac{1}{\Gamma_{\mathrm{m}}C} = 1.952 \times 10^{-4}$$

$$\Gamma_{\mathrm{m}} = \frac{1}{斜率 + 截距} = \frac{1}{2.797 \times 10^{-2} + 1.952 \times 10^{-4}} = 35.57 \ \text{cm}^3 \cdot \text{g}^{-1}$$

因此硅胶的比表面为

$$S_0 = \frac{\Gamma_{\mathrm{m}} L A_{\mathrm{s}}}{22\,400 \ \text{cm}^3 \cdot \text{mol}^{-1}}$$

$$= \frac{35.57 \ \text{cm}^3 \cdot \text{g}^{-1}}{22\,400 \ \text{cm}^3 \cdot \text{mol}^{-1}} \times 6.02 \times 10^{23} \ \text{mol}^{-1} \times 1.62 \times 10^{-19} \ \text{m}^2$$

$$= 154.9 \ \text{m}^2 \cdot \text{g}^{-1}$$

9.8.2 固体在溶液中的吸附

固体在溶液中的吸附比气相中的吸附要复杂得多,因为固体在溶液中既吸附溶质,又吸附溶剂,溶质和溶剂之间还有相互作用,因此固体在溶液中的吸附是溶质和溶剂分子对固体表面竞争的总结果。由于固体在溶液中吸附的复杂性,迄今尚未有完善的理论,但是溶液中的吸附具有重要的实际意义。

1. 固体在溶液中的吸附量的测定

固体在溶液中的吸附量是指单位质量的固体在溶液中吸附溶质的量。吸附量可以通过实验测定,具体方法是:在一定温度下,将一定量的固体吸附剂与一定量已知浓度的溶液相混合,充分振荡使达到吸附平衡后,再测定溶液的浓度,从吸附前后溶液浓度的改变可求出固体对溶质的吸附量 Γ,用公式表示为

$$\Gamma = \frac{x}{m} = \frac{V(c_1 - c_2)}{m} \tag{9-40}$$

式中:m 为吸附剂的质量,g;c_1 和 c_2 分别为吸附前后溶液的浓度,mol·dm^{-3};V 为溶液的体积,dm^3;x 为被 m 克吸附剂所吸附的溶质的物质的量,mol;Γ 为吸附量,mol·g^{-1}。

显然,式(9-40)是以固体只吸附溶质而不吸附溶剂为前提推导出来的,实际上由于固体在溶液中既吸附溶质,又吸附溶剂,在上述测定过程中,固体吸附溶质使溶液浓度降低,固体吸附溶剂又使溶液浓度升高,因此按式(9-40)计算所得到的 Γ 实际上是固体吸附溶质、溶剂的总结果,通常称为表观吸附量或相对吸附量,其数值总是低于溶质的实际吸附量。由于溶液中溶质和溶剂总是同时被吸附,目前还无法精确测定溶质的实际吸附量,但是如果溶液很稀,少量溶剂被吸附对浓度的影响较小,可以忽略,这时就可以近似地把表观吸附量看作固体对溶质的实际吸附量。如果溶液浓度较大,则两者相差较大,必须同时考虑溶质和溶剂的吸附。

按式(9-40)计算出吸附量 Γ 对吸附平衡时溶质的浓度 c 作图,就可得到吸附等温线。

固体对溶质和溶剂均能吸附,因此所得的等温线是复合的,复合吸附等温线有多种形式,最常见的是 S 形,图 9-20 是硅胶和活性炭从乙醇-苯的二元溶液中吸附乙醇的结果。图中横坐标为乙醇质量分数,纵坐标为乙醇的表观吸附量。两条等温线都呈 S 形,但吸附量差别很大。开始时吸附量随浓度的增加而上升,达最高点后又随浓度增加而下降,当浓度达一定值时吸附量降为零,并且随浓度的进一步增加变为负值。这是由于溶质和溶剂都发生吸附的结果。吸附量为零时,并不是不发生吸附,而是由于吸附层的浓度与原来溶液的浓度相同;吸附量为负值,则是由于溶剂吸附过多,导致溶液浓度增加。

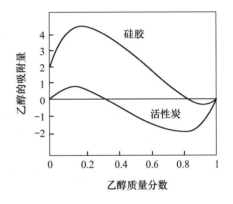

图 9-20 硅胶和活性炭在乙醇-苯溶液
中吸附乙醇的等温线

2. 固体在非电解质稀溶液中对溶质分子的吸附

固体在非电解质稀溶液中对溶质分子的吸附与固体的性质、溶质和溶剂的性质、溶液的浓度、温度等都有关系,影响因素较为复杂,下面讨论的是几个主要的影响因素。

(1)分子极性的影响 固体在溶液中的吸附一般来说遵循"相似相吸"的原则,即极性吸附剂在非极性溶剂中优先吸附极性强的溶质,而非极性的吸附剂在极性溶剂中优先吸附非极性强的溶质。例如,在乙醇-苯的二元体系中,加入非极性吸附剂活性炭,则优先吸附苯,若加入极性吸附剂硅胶,则优先吸附极性较强的乙醇。

(2)溶质溶解度的影响 吸附是吸附质分子离开溶液集中到固体表面上,可以看作溶解的相反过程,因此溶质溶解度越小,表示溶质与溶剂之间的相互作用越弱,溶质就越容易离开溶液吸附到固体表面上。

(3)温度的影响 温度的影响较为复杂,要考虑热效应和溶解度两个方面。从热效应角度看,因吸附是放热的,因此温度升高,吸附量下降;从溶解度角度考虑,如溶解度随温度升高而增大,则吸附量下降,如果溶质的溶解度随温度升高反而下降,则这类物质的吸附量就会随温度升高而增大。温度对吸附的实际影响,取决于溶解度与温度的综合效应。

固体在稀溶液中的吸附尽管很复杂,但是实验发现,固体在非电解质稀溶液中对溶质分子的吸附等温线常常与气体吸附等温线相似,可以使用气-固吸附的等温式,如 Freundlich、

Langmuir 及 BET 等温式,其中用得最广的是 Freundlich 等温式。但应注意,引用这些气-固吸附等温式只是经验性的,公式中的常数项的含义不甚明确。

有些稀溶液中吸附量与平衡浓度的关系可以用 Freundlich 等温式表示:

$$\Gamma = \frac{x}{m} = kc^{\frac{1}{n}} \tag{9-41}$$

式中:Γ 为吸附量,$mol \cdot g^{-1}$;c 为平衡浓度,$mol \cdot dm^{-3}$;k 和 n 是经验常数,在一定温度下,对指定的吸附剂和溶液来说是常数。式(9-41)取对数,得

$$\lg\Gamma = \lg k + \frac{1}{n}\lg c$$

从实验测得不同浓度下的 Γ 值,以 $\lg\Gamma$ 对 $\lg c$ 作直线,从直线斜率和截距可求得 n 和 k。

有些稀溶液体系的吸附等温线符合 Langmuir 等温式,可以看作单分子层吸附,因此

$$\Gamma = \frac{x}{m} = \frac{\Gamma_m bc}{1 + bc} \tag{9-42}$$

式中:Γ_m 可近似地看作单分子层的饱和吸附量,$mol \cdot g^{-1}$;b 是与溶质和溶剂的吸附热有关的常数,$mol^{-1} \cdot dm^3$;c 是吸附平衡时溶液的浓度,$mol \cdot dm^{-3}$。

测出 Γ_m 值并知道溶质分子的截面积 A_s(m^2),则可以估算出吸附剂的比表面 S_0($m^2 \cdot g^{-1}$):

$$S_0 = \Gamma_m L A_s \tag{9-43}$$

这是应用溶液吸附测定比表面的简便方法。

3. 固体在电解质溶液中对离子的吸附

固体在电解质溶液中对离子的吸附通常有两种形式:离子的选择吸附和离子交换吸附。

(1)离子的选择吸附 离子的选择吸附是指固体在电解质溶液中,选择吸附某种离子而使固体本身带有电荷的现象。例如 AgI 晶体在 $AgNO_3$ 溶液中,选择吸附 Ag^+ 而使颗粒带正电荷。

固体在溶液中吸附离子是有选择性的,实验表明,选择吸附的一般规律是:固体选择吸附与吸附剂组成相同的离子,或选择吸附与吸附剂表面生成难溶(或不溶)盐的离子。例如在 $AgNO_3$ 溶液中加 KI 制备 AgI 胶体时,如 $AgNO_3$ 过量,则 AgI 胶粒选择吸附 Ag^+ 而不是 K^+,如 KI 过量,则 AgI 胶粒选择吸附 I^- 而不是 NO_3^-。

(2)离子交换吸附 离子交换吸附是指固体吸附剂在溶液中吸附了某种离子的同时,将另一种相同符号电荷的离子释放到溶液中的过程。

例如:组成为 R—A 的固体吸附剂,与溶液中的 B 离子可发生如下交换:

$$R—A + B \Longleftrightarrow R—B + A$$

其中 R—A 通常称为离子交换剂,R 是交换剂的一个结构单位,大多数是具有网状骨架结构,A 是交换剂中的可交换离子,B 是溶液中的交换离子。

离子交换吸附是一个多步骤的复杂过程,如上述离子交换吸附过程通常可分为以下几

个步骤：

①B 离子从溶液中扩散到吸附剂的外表面；

②B 离子由吸附剂外表面扩散到吸附剂内表面；

③B 离子和吸附剂内表面上的 A 离子进行交换；

④被交换的 A 离子从颗粒内表面扩散到吸附剂外表面；

⑤A 离子由外表面扩散到溶液中。

各种离子交换树脂、黏土、沸石等在电解质溶液中都会产生离子交换吸附，而土壤正是通过离子交换吸附来保持植物生长所需的养分的，在土壤中施氮肥（铵盐）时，土壤表面发生的离子交换过程如图 9-21 所示，当土壤中游离铵离子浓度下降后，又会发生相反的过程释放出铵离子，从而维持植物生长所需的养分。

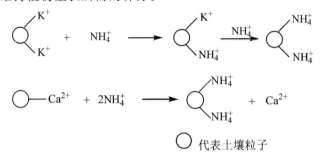

图 9-21　土壤表面的离子交换过程

9.9　气-固表面的催化作用

多相催化因催化剂效率高、工艺流程简单而广泛应用于无机和有机化学工业中。多相催化反应既可发生于气态反应物之间，也可发生于溶液中各物质之间，目前以气态反应物研究最多。

气-固表面的催化反应是在固体催化剂表面上发生的多步骤过程，一般可分为以下五个步骤：①反应物从气体本体扩散到固体催化剂表面；②反应物分子吸附在催化剂表面上；③反应物在催化剂表面上发生化学反应；④产物从催化剂表面上脱附；⑤产物从催化剂表面扩散到气体本体中。

这五个步骤有物理变化也有化学变化，其中①和⑤是物理扩散过程，③是表面化学反应过程，②和④是吸附和脱附过程。每一步都有它们各自的历程和动力学规律，所以气-固多相催化过程既涉及固体表面的反应动力学问题，也涉及吸附和扩散动力学的问题，非常复杂，目前多相催化的理论研究远落后于技术发展。

大量实验事实表明，气-固表面的催化作用多是通过固体表面的吸附作用，使反应分子吸附在催化剂表面的某些活性位上并使之形成活化的表面中间化合物，从而降低反应的活化能，加快反应速率。而单纯的物理吸附不能使分子活化，不足以发生催化反应，因此化学吸附是气-固相催化反应的必经阶段，深入研究化学吸附的机理、特性和规律对于改进催化剂的性能、寻找新的催化剂并提供理论依据具有重要的意义。

对于气-固表面的催化反应来说,固体表面是吸附、反应和脱附的场所,比表面的大小直接影响反应的速率,增加催化剂的比表面总是可以提高反应速率,因此催化剂通常应制成比表面大的海绵状或多孔性固体,或者将活性成分分散在多孔性固体的表面上。

在气-固吸附研究中,人们发现在同一个反应体系中,不同气体分子在固体表面上的吸附强度是不同的,有些分子的吸附较强,能形成活化的反应中间化合物从而进一步发生反应,有些分子的吸附很弱,不能引起反应,由此有人提出固体表面是不均匀的,能吸附反应物分子并使之活化的活性中心只占催化剂表面的一小部分,反应物分子只有吸附到活性中心上才能被活化并引起反应。活性中心存在的证据是很多的,例如:①某些催化剂只需吸附某些微量的杂质,就中毒而失去活性。如乙烯加氢反应的 Cu 催化剂上只要吸附微量的 Hg 蒸气,加氢速率就急剧降低到原来的 0.5%,而此时乙烯和 H_2 在 Cu 上的吸附量只分别降低到原来的 80% 和 5%;②吸附热随表面覆盖率的增加而逐渐降低,说明表面是不均匀的,开始发生的吸附是在活性中心上,因而热效应较大;③催化剂的活性易被加热而破坏,加热催化剂时,在烧结前表面积变化不大,但活性中心受到了破坏;④表面的不同部位可以有不同的催化选择性。所有这些事实都说明催化剂表面活性中心的存在。关于催化剂活性的理论,除了上面的活性中心理论外,还有不同的看法,如多位理论、活性基团理论等,它们是从不同的角度来解释催化活性的。

实验还发现,化学吸附的强度和吸附量与催化剂的催化活性有着密切的关系。

化学吸附的强度可以影响催化活性,但不是吸附越强,活性越高。吸附太强,反应物分子与催化剂表面结合牢固,不容易再与其他反应物发生反应,反而成为催化剂的毒物;吸附太弱,分子活化程度不够,表面上吸附的分子数目也太少,对反应也不利。只有适宜的吸附强度,既能使分子活化,表面上有足够多的分子数,又不会牢固结合在固体表面上,才能使催化剂的活性最大。

吸附量也会影响催化剂的活性,但也不是吸附量越大,催化剂活性越高。事实上,有不少体系吸附量很大但并不进行反应,这涉及吸附物吸附在表面上的位置,还涉及吸附速率的问题。特别是工业生产中的催化过程,由于是流动体系,反应物和催化剂的接触时间很短,体系根本没有达到吸附平衡,这时决定反应速率的主要因素不是吸附量的多少,而是吸附(或脱附)速率的大小。

本章小结

1. 比表面是指单位体积或单位质量的物质所具有的总表面积,可用来衡量多相分散体系的分散程度,是固体材料(吸附剂和固体催化剂)的重要性能参数。

2. 比表面自由能是指在等温、等压及组成恒定时,增加单位表面积所引起的体系 Gibbs 自由能的增量;表面张力是垂直作用于单位长度边界、沿着表面并指向表面方向的收缩力,两者是从不同角度反映体系的表面特征,物理意义不同。但对于同种物质,两者在数值上完全相等,并有相同的量纲。

3. 弯曲液面上的附加压力——Laplace 公式: $\Delta p = \dfrac{2\sigma}{r}$,附加压力的符号与曲率半径一

致,附加压力总是指向曲率中心一边。根据 Laplace 公式,可以计算毛细管中液体上升或下降的高度 $h = \dfrac{2\sigma\cos\theta}{\rho g R}$。

4. 弯曲液面上的蒸气压——Kelvin 公式: $\ln\dfrac{p_r^*}{p_0^*} = \dfrac{2\sigma M}{\rho r R T}$,对于凸面,$r$ 取正值,r 越小,其饱和蒸气压越大;对于凹面,r 取负值,r 越小,其饱和蒸气压越小。

5. Gibbs 吸附方程: $\Gamma = -\dfrac{c}{RT}\left(\dfrac{\partial\sigma}{\partial c}\right)_T$

若 $\left(\dfrac{\partial\sigma}{\partial c}\right)_T < 0$,则 $\Gamma > 0$,为正吸附;若 $\left(\dfrac{\partial\sigma}{\partial c}\right)_T > 0$,则 $\Gamma < 0$,为负吸附。

6. 接触角的计算公式——Young 方程: $\cos\theta = \dfrac{\sigma_{g\text{-}s} - \sigma_{l\text{-}s}}{\sigma_{g\text{-}l}}$。

由接触角 θ 和液体表面张力 $\sigma_{g\text{-}l}$ 可计算沾湿功、浸湿功和铺展系数:

$$W_a = \sigma_{l\text{-}s} - \sigma_{g\text{-}s} - \sigma_{g\text{-}l} = -\sigma_{g\text{-}l}(1+\cos\theta)$$

$$W_i = \sigma_{l\text{-}s} - \sigma_{g\text{-}s} = -\sigma_{g\text{-}l}\cos\theta$$

$$S = \sigma_{g\text{-}l} + \sigma_{l\text{-}s} - \sigma_{g\text{-}s} = \sigma_{g\text{-}l}(1-\cos\theta)$$

7. 表面活性剂是指在很低浓度时就能显著降低水的表面张力的一类物质,其结构上的特点是具有双重亲液性,根据化学结构可分为离子型和非离子型两大类。表面活性剂的性能参数主要包括表面活性剂的有效值和效率、HLB 值以及 CMC 值,在实际中广泛用于润湿、起泡、乳化、去污、增溶等作用。

8. 乳状液是一种多相液-液分散体系,可分为 O/W 和 W/O 两种类型。乳化剂对乳状液除了起稳定作用外,也决定着乳状液的类型。改变条件可以使乳状液转型或破坏。

9. 气体在固体表面上的吸附等温式:

(1)Freundlich 吸附等温式

$$\Gamma = kp^{\frac{1}{n}}$$

(2)Langmuir 吸附等温式

$$\Gamma = \Gamma_m\frac{bp}{1+bp} \quad \text{或} \quad \frac{p}{\Gamma} = \frac{1}{\Gamma_m b} + \frac{p}{\Gamma_m}$$

(3)BET 吸附等温式

$$\Gamma = \frac{\Gamma_m Cp}{(p^*-p)[1+(C-1)p/p^*]} \quad \text{或} \quad \frac{p}{\Gamma(p^*-p)} = \frac{1}{\Gamma_m C} + \frac{C-1}{\Gamma_m C}\cdot\frac{p}{p^*}$$

☐ 阅读材料

土壤重金属污染的修复

近年来,随着工业不断的发展,土壤重金属污染问题日趋严重。到现在为止,中国有超过 2 000 万亩农田受到重金属污染,由此导致每年至少减产 1 000 万 t 粮食,修复污染的土壤非常重要。

修复重金属污染土壤的方法从原理上主要可分为两类:一类是改变重金属在土壤中的存在形态,将土壤中可交换态的重金属转化为固定态,通过降低重金属污染的危害间接解决污染问题;另一类是彻底去除土壤中的重金属,从而直接解决土壤重金属污染。目前工业上通用的土壤重金属修复方法主要包括物理修复、化学修复和生物修复。

1. 物理修复

换土法和动电修复是目前工业上常用的物理修复方法。换土法是指将受重金属污染的土壤部分或全部用未受污染的土壤替换,从而降低土壤中重金属的含量。换土法一般用于事故发生后的紧急处理,其没有从根本上解决土壤污染的问题,受污染的土壤挖出后还需要进行后续处理。动电修复技术是指在被重金属污染的土壤中插入电极,吸附在土壤颗粒表层的重金属在电极形成的低压直流电场作用下发生氧化还原反应,并使其迁移向电极。

2. 化学修复

化学修复主要可以分为化学固定和土壤淋洗。化学固定技术是指在土壤中加入固定化试剂与土壤中重金属发生络合、沉淀、吸附等作用,使土壤中重金属的环境迁移能力与生物可利用性降低,从而达到解决重金属污染的目的。土壤淋洗技术是指使用淋洗剂与土壤中的重金属污染物相结合,并通过淋洗剂的化学作用使土壤颗粒中的重金属转移至淋洗液中。其中化学淋洗技术由于具有处理污染浓度高、工艺简单、周期短等优点在实际中广泛应用。化学淋洗过程中常用的淋洗剂主要包括螯合剂、无机酸、表面活性剂等,其中螯合剂回收困难且对环境破坏性明显,酸碱淋洗剂会影响土壤的性质与结构,而表面活性剂由于其处理效果好、环境相容性高,近年来受到广泛关注。

3. 生物修复

生物修复在土壤重金属污染修复领域中起步较晚,目前以植物修复为主。1983 年 Chaney 首先提出用植物去修复受重金属污染的土壤,而且取得了良好的效果。植物修复从此作为一种修复重金属污染土壤的方法受到人们的广泛关注。植物修复的主要机理是依靠植物其自身特性将污染土壤中的重金属富集到植物体内,并进行正常代谢,从而去除土壤中重金属。

4. 不同修复方法的优缺点比较

受重金属污染的土壤情况复杂,单一修复方法存在缺陷时需要多种修复方法联合使用,以便获得需求的处理效果。具体修复方法的使用需要由污染区域的实际情况确定,表 9-5 总结了近年来常用于土壤重金属污染修复方法的优缺点。

表 9-5　多种土壤重金属污染修复方法的优点和缺点

修复方法	优点	缺点
换土修复	处理迅速	未根本解决土壤污染问题,容易造成二次污染
动电修复	处理时间短,处理浓度高,操作简单	处理彻底,成本较高
化学固定	成本低,操作简单	土壤中重金属可能活化,需要长期追踪
异位化学淋洗	处理彻底	工艺复杂,成本较高,淋洗剂对土壤存在损害
原位化学淋洗	处理彻底,成本低,可用于组合工艺中	淋洗剂对土壤存在损害,原位淋洗可能污染深层土壤和地下水,处理效率受场所限制
植物修复	成本低,操作简单	周期长,积累重金属的植物处理困难

拓展材料

1.刘江红,薛健,魏晓航. 表面活性剂淋洗修复土壤中重金属污染研究进展.土壤通报,2019,50(1):240-245.

2.王浩. 表面活性剂研究进展及其应用现状.石油化工技术与经济,2018,34(4):55-58.

3.姚芙蓉,李军,张莹,等. 生物表面活性剂生产及应用研究进展.微生物学通报,2022,49(5):1889-1901.

4.蒲春生,白云,陈刚. 双子表面活性剂的研究及应用进展.应用化工,2019,48(9):2203-2207.

5.朱步瑶,赵振国.界面化学基础.北京:化学工业出版社,1996.

思考题

1.表面张力与比表面自由能有哪些异同点?

2.用玻璃罩罩上一大水滴和一小水滴,并充入饱和水蒸气,过一段时间后,会出现什么现象?

3.纯液体、溶液和固体是如何降低自身的表面 Gibbs 自由能的?

4.如下图所示,玻璃管中间用旋塞隔开,两端各有一个大小不等的肥皂泡,若将旋塞打开使玻璃管相通,则两个肥皂泡的大小将如何变化?

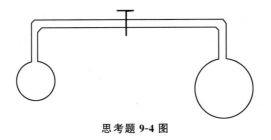

思考题 9-4 图

5.在一杯纯水的表面上平放两根细木棍,在木棍之间滴一滴盐水,两木棍将如何移动?若滴一滴肥皂水呢?

6.解释下列现象或操作方法:

(1)玻璃管口加热后会变得光滑并缩小;

(2)毛细凝聚现象;

(3)有机蒸馏中出现的暴沸现象;

(4)过饱和现象,如溶液过饱和而不结晶,水蒸气过冷而不凝结;

(5)人工降雨;

(6)重量分析中沉淀的"陈化"过程;

(7)农药中通常要加入表面活性剂;

(8)锄地保墒(保墒是指保持土壤水分)。

7.什么是表面活性剂?表面活性剂主要有哪些性能参数?它们分别表示体系的哪些性质?

8.简要说明乳状液的类型、主要影响因素以及鉴别方法。

9.乳化剂稳定乳状液的本质是什么?

10.什么是微乳状液?微乳状液有哪些特点?

11.什么是吸附现象?吸附发生的原因是什么?液体表面的吸附和固体表面的吸附有何异同点?

12.物理吸附和化学吸附有哪些不同?最本质的区别是什么?

13.Langmuir 单分子层吸附理论的基本观点有哪些?如何从理论上推导 Langmuir 吸附等温式?

14.如何应用 BET 吸附等温式测定固体的比表面?

□ 习 题

1.300 K 时水的饱和蒸气压为 3 529 Pa,密度 $\rho=997$ kg·m^{-3},表面张力 $\sigma=0.071\ 8$ N·m^{-1},若水滴为球形,试计算在该温度下比表面为 10^7 和 10^9 m^{-1} 的水滴上的饱和蒸气压。

2.298 K 时,水的表面张力为 0.072 1 N·m^{-1},若在 298 K,标准压力 p 下,可逆地使水的表面积增大 2×10^{-4} m^2 时,体系吸热 9.36×10^{-6} J,试计算(1)体系所做的功(假设体系只做表面功);(2)体系的 $\Delta G,\Delta S,\Delta U,\Delta H,\Delta A$。

3.已知 100℃时水的表面张力为 0.058 85 N·m^{-1}。假设在 100℃时,水中和空气中各有一个气泡,半径都为 10^{-8} m,试求它们所承受的附加压力各为若干?

4.如下图,某温度下密度为 850 kg·m^{-3} 的液体装入一 U 形玻璃管中,液体的表面张力为 75.8×10^{-3} N·m^{-1},假设该液体能完全润湿玻璃,U 形管两边的半径分别为 0.04 cm 和 0.15 cm,试求两边液面的高度差是多少?

习题 9-4 图

习题 9-4 解答视频

5.水蒸气骤冷会发生过饱和现象。在夏天的乌云中,用飞机撒干冰微粒,使气温骤降至 293 K,水气的过饱和度(p_r^* / p_0^*)达 4。已知 293 K 时,水的表面张力为 0.072 88 N·m^{-1},密度为 997 kg·m^{-3},试计算:(1)此时开始形成雨滴的半径;(2)每个雨滴中所含水的分子数。

6.开尔文公式也可用于固态化合物球形粒子分解压力的计算。已知 $CaCO_3(s)$ 在 773 K 时的密度为 3 900 kg·m^{-3},表面张力为 1.210 N·m^{-1},分解压力为 9.42 Pa。若 $CaCO_3(s)$ 研磨成半径为 $3×10^{-8}$ m 的粉末,求其在 773 K 的分解压力。

7.已知 20℃时的水-乙醚、乙醚-汞及水-汞的界面张力分别为 0.010 7、0.379 及 0.375 N·m^{-1}。若在乙醚-汞的界面上滴一滴水,试计算在上述条件下,水对汞面的润湿角,并画出示意图。

8.已知 1 273 K 时,固态 Al_2O_3 的表面张力为 1.0 N·m^{-1},液态银的表面张力为 0.88 N·m^{-1},液态银和固态 Al_2O_3 的界面张力为 1.77 N·m^{-1}。试通过计算说明该温度下氧化铝表面能否镀银。

9. 298 K 时,将少量的某表面活性剂溶解在水中,当溶液的表面吸附达到平衡后,用一很薄的刀片快速刮下该溶液的表面薄层 0.03 m^2,得到 0.002 dm^3 溶液,测得其中含溶质的量为 $4.013×10^{-5}$ mol,而同体积的本体溶液中含溶质的量为 $4.000×10^{-5}$ mol,假设该溶液的表面张力与溶质的活度呈线性关系,即 $\sigma=\sigma_0-Aa$,其中 σ_0 为纯水的表面张力,298 K 时为 0.072 N·m^{-1},a 为溶质的活度,活度因子近似为 1。试计算 298 K 时该溶液的表面张力。

习题 9-9 解答视频

10.19℃时,丁酸水溶液的表面张力 σ 与丁酸浓度 c 的函数关系可表示为 $\sigma=\sigma_0-a\ln(1+bc)$。式中 σ_0 为 19℃时水的表面张力,常数项:$a=13.1×10^{-3}$N·m^{-1};$b=19.62$ dm^3·mol^{-1}。

(1)导出此溶液表面吸附量 Γ 与浓度 c 的关系;

(2)求丁酸溶液浓度为 0.20 mol·dm^{-3} 时的吸附量 Γ;

(3)求丁酸在溶液表面的饱和吸附量 Γ_m;

(4)假定饱和吸附时表面全被丁酸分子占据且呈单分子层吸附,计算每个丁酸分子的横截面积。

11. 298 K 时,将含 1 mg 蛋白质的水溶液铺在质量分数为 0.05 的 $(NH_4)_2SO_4$ 溶液表面,当溶液表面积为 0.1 m^2 时,测得其表面压 $\pi=6.0×10^{-4}$ N·m^{-1}。试计算该蛋白质的摩尔质量。

12. 已知活性炭对 $CHCl_3$ 的吸附符合 Langmuir 等温式。实验测得 273 K 时的饱和吸附量为 93.8 $dm^3 \cdot kg^{-1}$,$CHCl_3$ 的分压为 13.4 kPa 时的平衡吸附量为 82.5 $dm^3 \cdot kg^{-1}$,试计算:(1)Langmuir 等温式中的常数 b;(2)$CHCl_3$ 的分压为 6.67 kPa 时的平衡吸附量。

13. 298 K 时溶液中某种物质在硅胶上的吸附服从 Freundlich 等温式,并且公式 $\Gamma = kc^{\frac{1}{n}}$ 中的常数 $k = 6.8$,$n = 2.0$,Γ 的单位为 $mol \cdot kg^{-1}$,浓度用 $mmol \cdot dm^{-3}$,试问若把 10.0 g 的硅胶加入 100 cm^3、浓度为 0.1 $mol \cdot dm^{-3}$ 的该溶液中,在吸附达平衡后溶液的浓度为多少?

14. 273 K 时丁烷蒸气在镍镁催化剂上的吸附数据如下表所示(体积已换算为 273 K、标准状态下):

p/kPa	7.518	11.93	16.69	20.88	23.90	24.99
Γ/cm^3	17.09	20.62	23.74	26.09	27.77	28.30

已知催化剂 1.876 g,该温度下丁烷饱和蒸气压 $p^* = 103.24$ kPa,丁烷分子的截面积为 4.46×10^{-19} m^2,用 BET 法求该催化剂的比表面。

胶体化学
Colloid Chemistry

学习目标

1. 了解分散系统的分类及胶体的基本特性,会书写胶团的结构。

2. 掌握胶体分散系统的动力学性质、光学性质等。

3. 理解胶体分散系统的带电本质,了解电动现象,会判断胶体带电情况及电泳方向。

4. 掌握胶体粒子的双电层结构,会定量求算电动电势ζ。

5. 理解胶体在稳定性方面的特点,会判断电解质聚沉能力的大小。

6. 了解高分子溶液和凝胶的基本性质,会用Donnan平衡定量求算渗透压。

胶体化学(colloid chemistry)是物理化学的一个重要分支,是研究物质在一定介质中高度分散而成的分散系统和表(界)面现象的科学,所以胶体化学和表面化学之间有着密切的联系。"胶体"这个词首先是由英国科学家Graham(格雷厄姆)于1861年提出的,他在研究物质的扩散和渗透过程时,将物质分为晶体和胶体两类。俄国科学家Вайман(维伊曼)在1905年经过实验证明任何典型晶体物质在降低其溶解度或选用适当分散介质等条件下可以制成溶胶。从而使人们认识到Graham将物质分为晶体和胶体两类的说法是不正确的,胶体只是物质以一定分散程度而存在的一种状态,不是一种特殊类型的物质固有状态。1909年Freundlich(弗伦德利希)的著作《毛细管化学》和1912年Zsigmondy(齐格蒙德)的《胶体化学》的出版,使胶体化学真正形成自己的固有系统。傅鹰是我国胶体化学的奠基人,创建了我国第一个胶体化学教研室并招收研究生,为我国培养了第一代胶体化学工作者,邓小平同志曾亲自批示隆重悼念这位勤勤恳恳、顽强奋斗、为科学和教育事业贡献一生的伟大爱国者。

胶体化学与许多科学领域以及日常生活紧密相关,是农业科学、环境科学、生物科学、材料科学等学科的重要理论基础,并在工农业生产中得到广泛的应用。纳米粒子与胶体化学的研究对象大小相当,使得纳米材料具有很多独特的性质,纳米技术的发展也丰富和充实了

胶体化学。本章将介绍胶体的基本概念、基本原理、性质及其应用。

10.1 分散系统

一种或几种物质分散在另一物质中就构成分散系统(dispersed system)。分散系统中被分散的物质称分散相(dispersed phase),另一种物质称分散介质(dispersed medium)。

按分散相粒子的大小,将分散系统分为分子(或离子)分散系统(溶液)、胶体分散系统(溶胶、高分子溶液)和粗分散系统(悬浊液),见表 10-1。胶体系统的分散相粒子大小在 1～100 nm 范围内,分散程度较高,且为多相,因此它的一系列性质与其他分散系统有所不同。需要注意的是,高分子溶液中的粒子半径也落在 1～100 nm 区间内,但是高分子溶液的分散相以分子形式分散在介质中,使得它既具有胶体分散系统的一些性质,又具有与胶体性质不同的特殊性。胶体分散系统粒子大小 1～100 nm 范围的划分不是绝对的,如乳状液中的液滴大小有时超过 1 000 nm,但仍把它看作胶体系统。

表 10-1　按分散相粒子的大小对分散系统分类

粒子大小	分散系统类型	主要特征
<1 nm	分子(离子)溶液	粒子能通过滤纸与半透膜,扩散速度快 在普通显微镜、超显微镜下均看不见
1～100 nm	胶体分散系统	粒子能通过滤纸,不能通过半透膜,扩散速度慢 在普通显微镜看不见、在超显微镜下可以看见
>1 000 nm	粗分散系统	粒子不能通过滤纸,不能通过半透膜,不扩散 在普通显微镜下可以看见,目测是浑浊的

胶体分散系统可以分为以下三大类:

(1)溶胶　例如金溶胶、氢氧化铁溶胶等,它们具有巨大的表面积和表面能,是热力学不稳定的多相系统,其分散相被分离后再加入分散介质不能自动恢复成原来的分散系统,因此它们是不可逆系统。

(2)高分子溶液　例如蛋白质、橡胶、合成纤维等,分散相和分散介质之间没有界面,无界面能,是热力学稳定系统,其分散相和分散介质被分离后还能自发的溶解成原来的分散系统,因此它们是可逆系统。

(3)缔合胶体　例如肥皂和表面活性剂溶液,高浓度的表面活性物质在溶剂中趋向于缔合成细小的聚集体——胶束。胶束的大小在胶体范围内,具有胶体系统的特征,称为缔合胶体。缔合胶体也是热力学稳定的可逆系统。

基于对胶体溶液稳定性以及胶体粒子与分散介质相互作用的研究,将胶体溶液分为憎液溶胶和亲液溶胶两类:憎液溶胶一般是由难溶物分散在分散介质中形成的系统,分散相和分散介质之间没有亲和力或者只有很弱的亲和力,不能在介质中自发的分散,这种系统具有很大的相界面,容易发生聚沉,且聚沉后往往不能恢复到原来的状态。亲液溶胶的名称现在逐渐被"高分子溶液"一词所代替,高分子在适当的分散介质中能自发分散,与介质的亲和力很强。由于高分子溶液和憎液溶胶在性质上的显著不同,且高分子物质在实用及理论上又具有重要的意义,近年来高分子科学发展迅速,已成为一门独立的学科。

　　胶体分散系统还可以按分散相及分散介质的聚集状态进行分类,见表 10-2 所示,除气-气所构成的系统不属于胶体研究范围,其他各类分散系统都可以成为胶体研究的对象。其中乳状液、泡沫和悬浊液就粒子大小而言,虽然已属于粗分散系统,但是由于它们的许多性质,特别是表面性质和胶体分散系统有着密切的联系,所以通常也归并在胶体化学的内容中来讨论。

表 10-2　胶体分散系统按分散相及分散介质的聚集状态分类

分散相	分散介质	名称	实例
气		泡沫	各种泡沫(如灭火泡沫)
液	液	乳状液	牛奶,天然原油
固		溶胶、悬浊液	碘化银溶胶,泥浆,油漆
气			泡沫塑料,浮石
液	固	固溶胶	珍珠,某些矿石
固			有色玻璃,某些合金
液	气	气溶胶	云,雾
固			烟,尘

　　与胶体有关的现象普遍存在于自然界中,例如江河入海口泥沙的淤积;云、雾的形成等。胶体化学与人类生活和工农业生产实践有着极为密切的联系,例如为了保护水源、净化水质,就要研究胶体的形成和破坏;大气层是由水滴和尘埃等物质分散在空气中形成的气溶胶,对它的研究在环境保护、耕耘、人工降雨等方面具有重要的意义。石油化工中油、气地质的勘探、采油、贮运和炼制,也要用到胶体化学的原理和方法。农药工业中制备稳定的农药乳剂,用水稀释时能自动地或稍加搅拌就分散成良好的喷洒液。食品工业中面包、奶油、奶酪的生产都与胶体系统有关,速溶奶粉、可可粉、汤料等的制作需要特殊的乳化剂和分散剂,控制冰淇淋和其他冷冻食品中冰晶颗粒的大小也涉及胶体的技术问题。其他在煤炭、油漆、印染、造纸、纺织、塑料、制药、化妆品和生物技术等领域也广泛存在着与胶体系统有关的问题。

10.2　溶胶

10.2.1　溶胶的基本特性

　　溶胶是指分散相粒子的大小在 $1 \sim 100$ nm 的分散系统。粒子与介质之间的亲和力较弱,具有明显的相界面,界面积和界面能都很大,粒子有自动聚结变大的趋势,这种现象称为聚结不稳定性。溶胶的基本特性可归结为:特有的分散度、不均匀性和聚结不稳定性。溶胶的许多性质都与这些基本特性有关。溶胶的扩散作用慢、不透过半透膜、渗透压低、粒子在重力场中不易沉降等都与其特有的分散度有关。在研究溶胶的形成、稳定性和聚沉、溶胶的电泳、电渗等性质时,是以其界面特性为依据的,因此在阐明溶胶系统的性质时,必须综合考虑下列因素:①粒子的大小和结构特征(形状和柔性);②界面性质;③粒子之间的相互作用;④粒子与分散介质之间的相互作用。

10.2.2 溶胶的制备

要制备粒子大小在溶胶范围的系统,通常有两种途径:一种是将大块固体粉碎分散成胶体大小粒度的分散法(dispersed method);另一种是由小分子或离子聚集而成胶体大小粒子的凝聚法(condensed method)。制备溶胶一般需要满足以下两个条件:

(1)分散相在分散介质中的溶解度很小,这是形成溶胶的必要条件之一。当分散相在分散介质中的溶解度小到一定程度时,分散相浓度很稀、晶粒很小而又无长大条件时可以得到溶胶。例如,$FeCl_3$ 经水解反应生成的 $Fe(OH)_3$ 溶解度很小,可以用此方法制备溶胶。

(2)需要加入稳定剂。溶胶是分散度很大的多相系统,具有巨大的表面能,是热力学不稳定系统,因此要制备稳定的溶胶,需加入稳定剂。稳定剂可以是电解质、表面活性剂或高分子,它能吸附在分散相粒子表面,使其带电荷或产生其他效应,从而具有动力学稳定性。

1.分散法

分散法在生产上应用很广,如油漆、油墨、选矿、乳化等都需要将大块的物质在有稳定剂存在的情况下分散成胶体粒子的大小。常用的有以下几种方法:

(1)研磨法 即机械研磨,这种方法通常适用于脆而易碎的物质,对于柔韧性的物质必须先硬化(如用液氮处理)再分散。将大块物体在胶体磨中研磨,通过强大的剪切力使大块物体磨细。在研磨过程中,为子防止粒子聚集变大,提高研磨效率,通常加入稳定剂或惰性稀释剂。在工业上常常加入表面活性剂,起稳定或保护作用,例如在油漆工业中,研磨颜料时常加入某些金属皂类。在岩石粉碎工业中,加入极少量表面活性剂,就可以提高研磨效率。在医药上用的硫溶胶,是将硫黄与葡萄糖一起研磨,然后用渗析法从硫溶胶中除去溶解的葡萄糖而制得的。

(2)胶溶法 某些新生成的沉淀物,加入一些胶溶剂,能使沉淀转变成溶胶,这种过程称为胶溶作用。例如,新产生的 $Fe(OH)_3$ 沉淀,洗涤后加入少量稀 $FeCl_3$ 溶液,可以使 $Fe(OH)_3$ 沉淀转变成红棕色的 $Fe(OH)_3$ 溶胶。纤维素在乙醇-乙醚混合液中胶溶成火棉胶,这里的溶剂本身就是胶溶剂。

(3)超声波分散法 多用于制备乳状液。用超声波(频率大于 16 000 Hz)所产生的高频电流通过电极,两电极间的石英片发生相同频率的机械振荡,由此产生的高频波使分散相均匀分散成溶胶或乳状液,如图 10-1 所示。

(4)电弧分散法 用二根金属(如 Au、Ag 等)电极,浸在冷却的水中,调节两电极间的距离以形成电弧,利用电弧的高温使金属蒸发,随即被水冷却而凝聚成胶粒。在水中加入少量 NaOH 作为稳定剂,就可

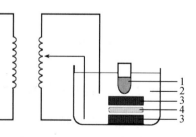

1.试样 2.变压器油 3.电极 4.石英片
图 10-1 超声波分散法

以形成稳定的金属溶胶。此法实际上是分散法的延伸,它包含了分散和凝聚两个过程,即在放电时金属原子因高温而蒸发,随即又被溶液冷却而凝聚。

2.凝聚法

凝聚法制备溶胶涉及到产生新的相。新相的形成包括两个阶段,晶核的形成和晶体的成长。如果晶核的形成速率很快,而晶体成长的速率较慢或近似于停止,则可以得到分散度很高的溶胶。反之,如果晶核的形成速率较慢而晶体成长的速率很快,则只能得到颗粒很粗的溶胶,甚至发生沉淀。

产生新相,系统必须是过饱和的,晶核形成的起始速率取决于当时的过饱和度,其关系为

$$v_1 = k\,\frac{(c-s)}{s} \tag{10-1}$$

式中:v_1 为单位时间内析出固体颗粒数,即晶核形成的速率;k 为比例常数,与物质的性质和温度有关;s 为新相的溶解度;c 为过饱和溶液的浓度;$(c-s)$ 为过饱和度。

晶核的生长速率为

$$v_2 = DA\,\frac{(c-s)}{\delta} \tag{10-2}$$

式中:v_2 为晶核的生长速率;D 为溶质的扩散系数;A 为晶核颗粒的表面积;δ 为溶质扩散层的厚度。

晶核形成速率和生长速率的相对大小,决定新相粒子的大小和数量。一般来讲,晶核形成快,晶体成长慢,可以得到高分散度的溶胶,为此要求系统的$(c-s)/s$ 值很大,以形成大量的晶核。大量晶核的出现,降低了 c,使$(c-s)$迅速减小,因而晶核成长速率降低,有利于形成包含大量小颗粒的溶胶。

过饱和溶液的形成可以通过化学反应产生难溶的物质,也可以通过物理过程形成过饱和状态。

(1)化学反应法　利用化学反应生成难溶的物质,造成过饱和状态而制得溶胶。

例如,把氯化铁溶液滴入沸水中可得到氢氧化铁溶胶

$$FeCl_3 + 3H_2O \xrightarrow{\text{煮沸}} Fe(OH)_3(\text{溶胶}) + 3HCl$$

利用 As_2O_3 与 H_2S 的反应制备硫化砷溶胶

$$As_2O_3 + 3H_2S \longrightarrow As_2S_3(\text{溶胶}) + 3H_2O$$

在碱性溶液中用 HCHO 作为还原剂,$HAuCl_4$ 被还原成单质金,得到带负电荷的金溶胶,具体反应如下

$$HAuCl_4 + 5NaOH \longrightarrow NaAuO_2 + 4NaCl + 3H_2O$$

$$2NaAuO_2 + 3HCHO + NaOH \longrightarrow 2Au(\text{溶胶}) + 3HCOONa + 2H_2O$$

用化学反应制备溶胶时不必外加稳定剂,因为胶粒表面可以吸附溶液中的离子而使其变得稳定。但是溶液中离子的浓度对溶胶的稳定性有直接的影响,如果电解质浓度太大,则反而会引起溶胶的聚沉,因此在用化学反应法制备溶胶时,需要控制反应物溶液的浓度。在

定量分析中为了避免溶胶的形成,可以加入电解质或是加热破坏溶胶的稳定性,使其聚集形成颗粒较大的沉淀。

(2)物理凝聚法　物理凝聚法通常分为更换溶剂法和蒸汽骤冷法。更换溶剂法是利用物质在不同溶剂中溶解度相差悬殊的特性来制备溶胶。例如,将松香的乙醇溶液滴入水中,由于松香在水中的溶解度很低,而乙醇和水两种溶剂之间是完全互溶的,溶剂的改变而造成松香的过饱和状态,从而使松香析出成胶粒,形成松香水溶胶。蒸汽骤冷法是利用适当的物理过程(如蒸气骤冷等)使某些物质凝聚成溶胶。例如,将汞的蒸气通入冷水中可以得到汞溶胶,此过程中高温条件下汞蒸气与水接触时生成的少量氧化物可作为汞溶胶的稳定剂。

在一般的情况下,制得的溶胶中粒子的大小是不均匀的,包含有大小不同粒子的分散系统称为多级分散系统。只有用特殊的方法才能制得粒子大小基本均匀一致的溶胶,称为单级分散溶胶系统,其关键是控制生成的条件,使其在短时间内形成大量晶核,然后在不再有新的晶核出现的条件下,让晶核慢慢长大成溶胶。

10.2.3　溶胶的净化

在制得的溶胶中通常含有电解质或其他杂质,过多电解质的存在会破坏溶胶的稳定性,因而必须将溶胶净化。常用的方法有以下几种:

1.渗析法

渗析法(dialysis method)是将要净化的溶胶放入半透膜(如动物膀胱膜、火棉胶膜等)袋中,再放置到分散介质中。由于溶胶粒子不能透过半透膜,而离子、小分子可以通过半透膜进入分散介质,半透膜内外杂质小分子、离子的浓度有差别,杂质向半透膜外迁移。通过不断地更换新的分散介质,则可以达到净化溶胶的目的,见图10-2。

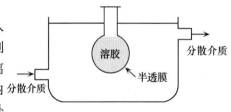

图 10-2　溶胶的渗析

渗析法净化溶胶方法简单,但费时较长,常需要持续好几天。为了提高渗析速度,可适当加热或在高温下渗析,但因为高温会破坏溶胶的稳定性,在实际应用中有一定限制。在外加电场下进行渗析也可以提高离子迁移的速率,这种方法称为电渗析法。电渗析法特别适用于普通渗析法难以除去的少量电解质。

2.超过滤法

超过滤法(ultra-filtration method)利用孔径细小的半透膜代替普通滤纸,在加压吸滤的情况下使胶粒与含有杂质的分散介质迅速分离,所得的胶粒应立即分散在新的分散介质中,以免聚结成块,即得到净化

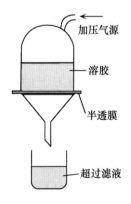

图 10-3　溶胶的超过滤

的溶胶,见图10-3。如果超过滤时在半透膜的两边安放电极,加上一定的电压,则被称为电超过滤。这样不仅可以降低超过滤的压力,还可以较快地除去溶胶中多余的电解质。

渗析和超过滤法不仅可以提纯溶胶及高分子化合物,其应用范围涉及化工、环境、医药、

食品和医学等方面。在生物化学中常用超过滤法测定蛋白质分子、酶分子、细菌分子的大小。渗析和超过滤法可用来去除中草药中的淀粉多聚糖等高分子杂质,从而提取有效成分,制成中草药制剂。在医学上,人们还利用渗析和超过滤原理制成血液透析仪,帮助肾功能出现问题的患者去除血液中的代谢废物(如尿酸或其他有害的小分子)。

10.2.4　胶团的结构

在溶胶中除了分散相和分散介质外,一般还需要第三种物质即稳定剂(通常是少量的电解质)。溶胶粒子的表面上总是带有某种性质的电荷(正电荷或负电荷)。例如,当 $AgNO_3$ 和 KI 溶液反应,生成的 AgI 分子聚集成非常小的不溶性微粒,称为胶核(colloidal nucleus),如图 10-4 所示。胶核一般具有晶体的结构,表面积很大,式中 m 表示胶核中所含 AgI 的分子数,约 1 000。若制备 AgI 时 KI 是过量的,即稳定剂是 KI,AgI 胶核优先吸附 KI 溶液中 n 个 I^-(n 的数值比 m 的数值要小得多),溶液中带电荷符号相反的离子 K^+ 又部分地吸附在其周围,胶核连同吸附在其上面的离子,包括吸附层中带相反电荷的离子,称为胶粒(colloidal particle),此时 AgI 胶粒带负电。$(n-x)$ 为吸附层中的带相反电荷的离子(K^+)数,通常 n 大于 x,所以胶粒相当于一个巨大的离子,在溶胶中它是一个独立运动的单位。x 是扩散层中的反号离子数,即溶液中另一部分带相反电荷的离子(K^+)分布在胶粒周围的介质中,胶粒连同扩散层中离子组成的整体,称为胶团,整个胶团是电中性的。所以,可以将胶团的结构分为三个层次,从内到外依次为胶核、胶粒及胶团。由于离子的溶剂化,溶胶中的胶粒和胶团也是溶剂化的,因此在讨论溶胶特性时,除了注意高度分散外,还应该注意到胶团结构上的复杂性。

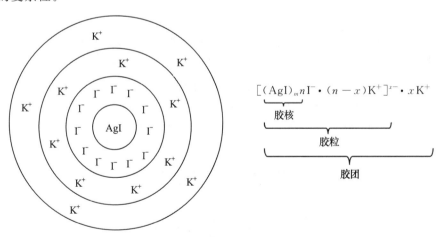

$$\big[(AgI)_m n I^- \cdot (n-x)K^+\big]^{x-} \cdot xK^+$$

图 10-4　碘化银胶团结构示意图(KI 为稳定剂)

但若制备 AgI 时反应物 $AgNO_3$ 溶液过量,则 AgI 胶团结构可表示为如图 10-5 所示,此时,胶粒带正电荷。

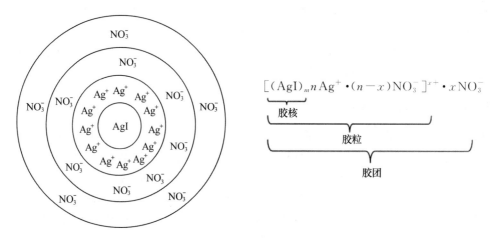

图 10-5 碘化银胶团结构示意图(AgNO₃ 为稳定剂)

10.3 溶胶的光学性质

溶胶的光学性质是其高分散度和不均匀性特征的反映。通过光学性质的研究,不仅可以解释溶胶系统的一些光学现象,而且在观察胶体粒子的运动、研究它们的大小和形状方面也有重要的应用。

10.3.1 Tyndall 效应

1869 年 Tyndall(丁铎尔)发现,将一束强光通过溶胶,在与光束垂直的方向上观察,可以清楚地看到一道光径,这种现象称为 Tyndall 效应,如图 10-6 所示。Tyndall 效应是判别溶胶与真溶液的最简便的方法之一。清晨,在茂密的树林中,常常可以看到从枝叶间透过的一道道光柱,这种自然界的现象也是 Tyndall 效应。

可见光的波长为 400~700 nm。当一束光射到分散系统时,除光的吸收外,还可能发生光的散射和反射。

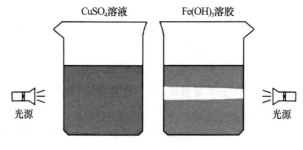

图 10-6 Tyndall 效应

(1)若光束照射到粗分散系统,由于粒子的大小(>1 000 nm)大于入射光的波长,主要发生光的反射,目测系统是浑浊的。

（2）若光束照射到胶体系统，由于胶粒的大小（1～100 nm）小于可见光波长，主要发生光的散射。溶胶是多相不均匀系统，在胶粒上产生的散射光不能完全抵消，因而能观察到乳白色的光柱，即产生 Tyndall 效应。

（3）若光束照射到分子溶液，由于分子或离子的大小也是小于可见光波长，也会发生光的散射。虽然分子或离子更小，但因散射光的强度随散射粒子体积的减小而明显减弱，因此分子（离子）溶液对光的散射作用很微弱。而且由于分子溶液十分均匀，产生的散射光因互相干涉而完全抵消，因而不能观察到 Tyndall 效应。

10.3.2　Rayleigh 光散射公式

光是一种电磁辐射，当光照射到溶胶粒子时，在电磁辐射的振荡电场中，迫使粒子中的电子以同样的频率发生振荡。当胶粒的大小远小于光的波长，则可以认为整个粒子是处于相同的振荡电场之中。而振荡着的电子又成为一个辐射源，向四周各个方向上发射出电磁波，这就是散射光源。如果介质是光学均匀的，则散射光波因相互干涉而抵消，在各个方向上观察不到光散射现象。但若介质中有胶体粒子，或因介质分子的热运动而引起密度或浓度的局部涨落等原因，使介质的折射率也发生局部变化，破坏介质的光学均匀性，散射光波不能抵消，于是就出现光散射现象，这种散射称为 Rayleigh（瑞利）散射。

Rayleigh 提出，对于粒子直径远小于光的波长的系统，其散射光强度可以由下式表示

$$I = \frac{9\pi^2 c V^2}{2\lambda^4 r^2}\left(\frac{n_1^2 - n_0^2}{n_1^2 + 2n_0^2}\right)^2 (1 + \cos^2\theta) I_0 \tag{10-3}$$

式（10-3）是 Rayleigh 光散射公式，式中 I 为散射光的强度；I_0 为入射光的强度；c 为单位体积中的胶粒数；V 为每个粒子的体积；λ 为入射光的波长；r 为观察点到散射中心的距离；n_1 和 n_0 分别为分散相和分散介质的折射率；θ 为散射角，即观察方向与入射光方向间的夹角。从 Rayleigh 光散射公式可以得到以下结论：

（1）散射光强度与入射光波长的四次方成反比。入射光的波长越短，散射光强度越强，故蓝光（$\lambda \approx 450$ nm）比红光（$\lambda \approx 650$ nm）的散射要强得多。如果入射光为白光，则其中的蓝紫色部分的散射作用最强，散射光主要是蓝色，这就解释了 Tyndall 蓝现象。而透射光中则显示红色，这就解释了为什么当用白光照射到某些无色溶胶（如硫溶胶）时，从侧面看到的散射光呈蓝紫色，而透过光呈橙红色，散射光的颜色与透射光的颜色正好为互补色。这样也可以解释天空呈蓝色，而在日落时看到的是红色。因此在实验过程中，若要观察散射光，光源的波长以短者为宜；而观察透射光时，则以较长的波长为宜。例如，在测定多糖、蛋白质之类物质的旋光度时多采用钠光，其原因之一就是黄色光的散射作用较弱。

（2）散射光强度与系统的折射率有关。分散相与分散介质的折射率相差越显著，散射光强度就越强。因此当分散相与分散介质之间有明显的界面时，$(n_1 - n_0)$ 值就较大，散射光就较强，Tyndall 效应显著。反之，如果界面比较模糊，固体表面上亲液性较强，$(n_1 - n_0)$ 值较小，散射光就比较弱，Tyndall 效应不显著。

（3）散射光强度与系统的 cV^2 有关。分散系统的散射光强度又称为浊度（turbidity），浊度计就是根据这一原理设计的。如果粒子的体积 V 相同，则浊度随粒子浓度 c 的增加而增

大,利用浊度计发出光线,穿过一定厚度的样品池,在与入射光呈 90°的方向上测定散射光强度,散射光的强度越大,说明水中颗粒物的浓度也越大。利用浊度计还可以得到粒子大小和形状的信息。因此比较两份相同物质所形成溶胶的散射光强度,就可以得知其粒子的大小或浓度的相对比值。如果其中一份溶胶的粒子大小或浓度为已知,则可以求出另一份溶胶的粒子大小或浓度。浊度法和比色法相似,不同之处在于乳光计中光源是从侧面照射溶胶,因此观察到的是散射光的强度。

10.3.3 超显微镜的基本原理

人们肉眼所能分辨的物体最小直径为 0.2 mm。普通显微镜所能辨别的极限为 200 nm,物体再小显微镜就不能看见了。要观察溶胶粒子就需要用超显微镜,它可以看到半径小到 5～50 nm 的粒子。超显微镜的原理是用显微镜观察溶胶的 Tyndall 现象,装置如图 10-7 所示。将一束光经过会聚后,从侧面照射到暗室内的溶胶上,在入射光的垂直方向上用普通显微镜观察,此时在黑暗背景(称暗视野)上可以看到胶粒的散射光点。

在超显微镜视野中看到的是粒子对光散射后的发光亮点,并非是胶粒本身的真实图像,所以超显微镜只能证实溶胶中存在着粒子并观察其 Brown 运动,即不能确切地看见粒子的大小和形状。因此就其实质来说,超显微镜的分辨率并没有提高,但是用超显微镜可以观察到粒子的行踪,对粒子进行计数,如果引进一些假定后,也可以近似估计出粒子的大小。超显微镜在研究胶体分散系统上是一种有用的工具,应用它可以获得很多有用的信息。

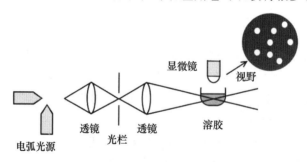

图 10-7 超显微镜示意图

超显微镜虽然只能看见粒子发出的散射光点,但因其设备简单、操作方便,在普通实验室也能进行实验。如果要观察溶胶粒子的全貌,则需要借助于电子显微镜。电子显微镜是利用高速运动的电子束代替普通光源而制成的一种显微镜,分辨力可达 0.5 nm,故大大提高了显微镜的分辨本领。通过复制技术可以用来观察小至约 1 nm 的胶体微粒,是研究胶体粒子和表面层结构的有力工具,用电子显微镜可以看到胶粒本身的真实图像。但是由于电子显微镜内要求高度真空,样品要经过彻底干燥后才能观察,所以样品的预处理有可能使样品"走样",不代表原来的状态。

10.4　溶胶的动力学性质

胶体粒子在分散介质中的热运动宏观上表现为扩散、渗透,两者有密切的联系且与粒子的性质有关。胶体粒子在重力场或离心力场作用下的运动,是粒子在沉降中的推动力。通过对胶体系统动力学性质的研究,可以解释胶粒不会因重力作用而聚沉的原因,还可以知道胶粒大小和形状,并科学地证明分子运动论的正确性。

10.4.1　Brown 运动

1827 年英国植物学家 Brown(布朗)用显微镜观察到悬浮在水中的花粉不断地作不规则运动,后来用超显微镜观察溶胶,发现胶体粒子的散射光点也在介质中不停地作无规则运动,这种现象称为 Brown(布朗)运动,见图 10-8。

Brown 运动是不断热运动的介质分子对微粒撞击的结果。如果粒子很小,那么在某一瞬间,粒子从各个方向受到的撞击不能相互抵消,见图 10-9,因而粒子不停地作无规则运动。如果粒子比较大,在任一瞬间受到的撞击次数较多,各个方向的撞击比较容易相互抵消,而且粒子的质量较大时,某一瞬时所移动的距离是很小的,所以较大粒子的 Brown 运动不显著。胶体分散系统中粒子小,Brown 运动显著。实验结果表明:粒子越小,温度越高,介质的黏度越小,则 Brown 运动越激烈。

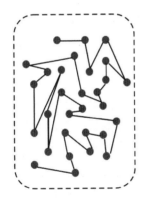

图 10-8　Brown 运动

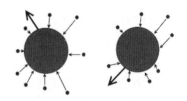

图 10-9　介质分子对胶体粒子的撞击

粒子的真实运动状况比图 10-8 复杂得多,而且因为胶粒的振动周期为 10^{-8} s,而肉眼分辨的振动周期不能小于 0.1 s,所以实际上粒子的真实运动状况也不能被直接观察出来。1905 年,Einstein (爱因斯坦)和 Smoluchowsky(斯莫鲁霍夫斯基)分别提出了 Brown 运动的理论,认为 Brown 运动与分子热运动完全类似,溶胶中每个粒子与介质分子的平均动能一样,都等于 $\frac{3}{2}kT$。尽管 Brown 运动看来复杂而无规则,但在一定条件下,一定时间内粒子所移动的平均位移却具有一定的数值。Einstein 利用分子运动理论的一些概念和公式,假设胶粒为球形,得到 Brown 运动的公式

$$\bar{x} = \left(\frac{RT}{L} \frac{t}{3\pi\eta r}\right)^{\frac{1}{2}} \tag{10-4}$$

式中：$\bar{x}$ 为在观察时间 t 内粒子沿 x 轴方向的平均位移；r 为粒子半径；η 为介质黏度；L 为 Avogadro 常数。此公式也称为 Einstein-Brown 运动公式。利用超显微镜可观测粒子在一定时间内的平均位移，已知介质的黏度、温度以及观察的时间等物理量，就可以计算粒子的半径。

许多实验都证实了式(10-4)的正确性，1988 年，Perrin(珀林)和 Svedberg(斯维德贝格)等用大小不同的粒子、黏度不同的介质、取不同的观察时间间隔测定了平均位移，然后按公式计算，求得 Avogadro 常数。Einstein 用分子运动理论成功地说明了 Brown 运动，使我们了解 Brown 运动的本质就是质点的热运动，因此溶胶和稀溶液相比较，除了溶胶的粒子远大于真溶液中的分子或离子，浓度又远低于常见的稀溶液外，两者的热运动并没有本质上的不同，所以稀溶液中的一些性质在溶胶中也应该有所表现，只是在程度上有所不同而已。Perrin 等工作的重要性还在于他们为分子运动理论提供了有力的实验依据，由于在当时分子的运动还没有人能目睹，因此有人认为分子运动只是一种假说。通过对 Brown 运动的直接观察以及公式计算值与实验值的一致，使分子运动理论得到直接的实验证明。此后分子运动理论就成为被普遍接受的理论，这在科学发展史上具有重大意义。

当用超显微镜观察溶胶粒子的运动时，还可以发现另外一个有趣的现象：在一个较大的体积范围内，溶胶粒子的分布是均匀的，但观察一个有限的小体积单元时，会发现小体积内粒子的数目有时较多，有时较少，这种粒子数的变动现象称为涨落现象(fluctuation)。溶胶的涨落现象是研究溶胶的光散射等现象及大分子溶液的某些物理化学性质的基础。

10.4.2　扩散

既然溶胶和稀溶液一样具有热运动，因此也应该具有扩散作用和渗透压。但是由于溶胶的粒子远比小分子大且不稳定，不能配制成较高的浓度，因此其扩散作用和渗透压表现得很不显著，甚至观察不到，以致 Graham 误认为溶胶不具有这些性质。

Einstein 首先指出扩散作用与 Brown 运动的平均位移 $\bar{x}$ 之间的联系。设一个假想的面 AB，把浓度不同的溶胶分开（$c_1 > c_2$），如图 10-10 所示。由于分子的热运动和胶粒的 Brown 运动，从宏观上可观察到胶粒从高浓度区向低浓度区迁移的现象，这就是扩散作用(diffusion)。假设在垂直于 AB 的方向上，t 时间内粒子的平均位移为 $\bar{x}$。对于每个粒子来说，在有浓度差的条件下，浓度梯度为 $\mathrm{d}c/\mathrm{d}x$，在 t 时间内通过 AB 面的扩散质量为 m，根据 Fick (菲克)第一定律，通过 AB 面的扩散速率 $\mathrm{d}m/\mathrm{d}t$ 与浓度梯度 $\mathrm{d}c/\mathrm{d}x$ 以及 AB 界面的面积 A 成正比。

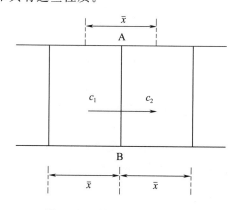

图 10-10　扩散作用和渗透压

$$\frac{dm}{dt} = -DA\frac{dc}{dx} \tag{10-5}$$

式中:D 为扩散系数(diffusion coefficient),是单位浓度梯度下,单位时间内通过单位截面积的物质的质量。在温度、压力一定的情况下,扩散系数 D 与分散相的本性有关,与其浓度 c 无关。A 为扩散垂直截面的面积,负号表示扩散沿浓度降低的方向进行。Fick 第一定律只适用于浓度梯度不变的情况,而实际情况下扩散过程中浓度梯度是变化的,则需要使用 Fick 第二定律。其表达式为

$$\frac{dc}{dt} = \frac{d}{dx}\left(D\frac{dc}{dx}\right) \tag{10-6}$$

Fick 第二定律是扩散的普遍公式,更接近真实的扩散过程。扩散系数 D 与微观下粒子的平均位移 $\bar{x}$ 存在以下的关系式,即 Einstein-Brown 位移方程

$$D = \frac{\bar{x}^2}{2t} \tag{10-7}$$

将式(10-4)代入式(10-7),可得

$$D = \frac{RT}{L} \cdot \frac{1}{6\pi\eta r} \tag{10-8}$$

根据 Brown 运动的实验测定值 $\bar{x}$ 和 t,再通过式(10-7)求出胶粒的扩散系数 D,用式(10-8)可计算出粒子的半径 r。若已知胶粒的密度 ρ,则可求出胶粒的摩尔质量 M。

$$M = \frac{4}{3}\pi r^3 \rho L \tag{10-9}$$

按热力学的观点,扩散是物质从化学势高的区域向化学势低的区域迁移。化学势梯度是扩散的驱动力,与它相似的现象是渗透。溶胶的渗透压可以借用稀溶液的渗透压公式,即

$$\Pi = cRT \tag{10-10}$$

式中:c 为溶胶粒子的物质的量浓度。一般情况下溶胶由于稳定性差,浓度很低,渗透压极小,但是对于高分子溶液或者胶体电解质溶液,可以配制成一定浓度的溶液,因此可以由测定渗透压来求高分子物质的摩尔质量。

例 10-1 290.2 K 时,某溶胶粒子的半径为 2.12×10^{-7} m,分散介质的黏度为 1.10×10^{-3} Pa·s。在超显微镜下观测粒子的布朗运动,实验测出其在 60 s 的时间间隔内,粒子的平均位移为 1.046×10^{-5} m。求阿伏加德罗常数 L 及该溶胶的扩散系数 D 各为若干?

解:由式(10-7)和式(10-8)可得

$$(\bar{x})^2 = \frac{RTt}{3L\pi r\eta}$$

可知阿伏加德罗常数:$L = \dfrac{RTt}{3(\bar{x})^2\pi r\eta}$

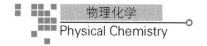

代入数据 $L = \dfrac{8.314 \times 290.2 \times 60}{3 \times (1.046 \times 10^{-5})^2 \times 3.14 \times 2.12 \times 10^{-7} \times 1.10 \times 10^{-3}} = 6.02 \times 10^{23}\ \text{mol}^{-1}$

由式(10-7)可直接计算扩散系数：

$$D = \frac{(\bar{x})^2}{2t} = \frac{(1.046 \times 10^{-5})^2}{2 \times 60} = 9.118 \times 10^{-13}\ \text{m}^2 \cdot \text{s}^{-1}$$

10.4.3 沉降与沉降平衡

1. 沉降

在重力作用下,胶粒在液体介质内向下沉降。对于球形粒子,沉降的驱动力(F_1)为

$$F_1 = \frac{4}{3} \cdot \pi r^3 (\rho - \rho_0) g \tag{10-11}$$

式中:g 为重力加速度;r 为粒子的半径;ρ 和 ρ_0 分别为分散相和分散介质的密度。粒子在液体介质中沉降时,介质对沉降中的粒子产生摩擦阻力 F_2。根据 Stokes(斯托克斯)定律,它与运动速度 v 有关,沉降的阻力为

$$F_2 = fv \tag{10-12}$$

式中:f 为阻力系数,它与粒子的大小、形状以及介质性质等因素有关,球形粒子的 $f = 6\pi r \eta$。即

$$F_2 = 6\pi r \eta v \tag{10-13}$$

当 $F_1 = F_2$ 时,粒子以匀速沉降,则

$$v = \frac{2r^2(\rho - \rho_0)g}{9\eta} \tag{10-14}$$

根据式(10-14),可以从粒子的沉降速率求算粒子的半径,这是沉降分析法的基础。从式(10-14)可以看到,沉降速度 v 与 r^2 成正比,所以粒子的大小对沉降速率的影响很大。如果用 t 时间内沉降的高度 H 代替沉降速率,则式(10-14)可表示为

$$t = \frac{9\eta H}{2(\rho - \rho_0)g r^2} \tag{10-15}$$

从式(10-15)可以求算出各种大小不同粒子下沉或上浮 0.01 m 所需的时间,以金和苯的粒子为例,列于表 10-3 中。由表中可以看出,粒子越小,其沉降速率越慢。胶体分散系统中,分散相的粒子很小,因此在重力场中沉降的速率极为缓慢,以至于实际上无法测定其沉降速率。若已知粒子的大小,则可通过测定一定时间内下降的距离来计算溶液的黏度,落球式黏度计就是根据这个原理而设计的。

表 10-3　悬浮于水中的粒子下沉或上浮 0.01 m 所需时间

粒子半径/nm	金(下沉时间)	苯(上浮时间)
10 000	2.5 s	6.3 min
1 000	4.2 min	10.6 h
100	7 h	44 d
10	29 d	127 a

例 10-2　在 293 K 时,直径分别为 2 μm 和 0.2 μm 的土壤颗粒在水中沉降速率各为多少? 已知:水和土壤颗粒的密度分别为 1×10^3 kg·m^{-3} 和 2.65×10^3 kg·m^{-3},水的黏度为 1.002×10^{-3} Pa·s。

解:根据　　　　　$v = \dfrac{2r^2(\rho - \rho_0)g}{9\eta}$　　　　$r_1 = 1 \times 10^{-6}$ m　　　　$r_2 = 1 \times 10^{-7}$ m

代入数据得

$$v_1 = \frac{2(1 \times 10^{-6})^2 \times (2.65 - 1) \times 10^3 \times 9.8}{9 \times 1.002 \times 10^{-3}} = 3.59 \times 10^{-6} \text{ m·s}^{-1}$$

$$v_2 = \frac{2(1 \times 10^{-7})^2 \times (2.65 - 1) \times 10^3 \times 9.8}{9 \times 1.002 \times 10^{-3}} = 3.59 \times 10^{-8} \text{ m·s}^{-1}$$

所以,直径为 2 μm 土壤颗粒在水中的沉降速率为 3.59×10^{-6} m·s^{-1};直径为 0.2 μm 的土壤颗粒在水中沉降速率为 3.59×10^{-8} m·s^{-1}。

2. 沉降平衡

高度分散系统中的粒子,一方面因重力作用而下沉;另一方面又因 Brown 运动,扩散作用而趋于均匀。重力场中的沉降作用和浓度梯度推动下的扩散作用是两种相反的效应,当这两种相反的效应平衡时,系统达到稳态,系统中粒子的浓度随高度的不同而形成一定的梯度,这种状态称为沉降平衡。

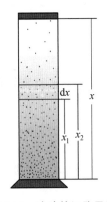

溶胶中的粒子达到沉降平衡时,粒子浓度随高度的分布情况可用高度分配定律来表示,如图 10-11 所示,N_1 和 N_2 分别为在高度 x_1 和 x_2 处单位体积溶胶内的粒子数,粒子的半径为 r,粒子及介质的密度分别为 ρ 和 ρ_0,重力加速度为 g。沉降平衡时,溶胶粒子浓度随高度分布的情况可用下式表示

图 10-11　溶胶的沉降平衡

$$\frac{N_2}{N_1} = \exp\left[-\frac{L}{RT} \cdot \frac{4}{3} \cdot \pi r^3 (\rho - \rho_0) g (x_2 - x_1)\right] \tag{10-16}$$

式(10-16)为粒子的高度分布公式,和气体随高度分布公式完全相同,这也表明气体分子的热运动和胶体粒子的 Brown 运动本质上是相同的。

表 10-4　高度分散定律在某些分散系统中的应用

分散系统	粒子直径/nm	粒子浓度降低一半时的高度/m
氧气	0.27	5 000
高度分散的金溶胶	1.86	2.15
超微金溶胶	8.35	2.5×10^{-2}
粗分散金溶胶	186	2×10^{-7}
藤黄悬浮液	230	3×10^{-5}

表 10-4 给出了一些分散系统中粒子浓度降低一半时的高度数据。当粒子的摩尔质量或密度越大时,其平衡浓度梯度越大。例如,金和藤黄溶胶的粒子分散程度虽然属于同一数量级(186 nm 和 230 nm),但其分布高度相差 150 倍。粒子不太小的系统通常沉降的速度较快,可以较快达到平衡;而对于高分散系统中的粒子则沉降缓慢,往往需要较长时间才能达到平衡。例如,可以估算半径为 10 nm 的金溶胶沉降 0.01 m 的距离大约需要 29 天。而实际上由于溶胶分散相粒子的沉降与扩散速率皆很慢,在通常条件下由于温度变化而引起的对流,或是机械振荡而引起的混合等,都不可避免地会阻碍沉降平衡的建立,所以达到沉降平衡状态往往需要很长时间。尽管如表 10-4 中数据所示,直径为 8.35 nm 的金溶胶,在高度升高 0.025 m 后浓度应该降低一半,但实际上可能在相当长的一段距离中也观察不到浓度的变化。因此在重力场中,许多溶胶甚至可以稳定地维持几年以上而不发生沉降。小颗粒的胶粒能自动扩散并使整个系统均匀分布,这种性质称为动力稳定性。

胶体分散系统由于分散相粒子很小,在重力场中沉降的速率极慢,为了提高胶体粒子或大分子的沉降速度,可以将胶体放入离心力场中。1923 年,Svedberg 成功创制离心机,离心力可以达到地心引力的百万倍,胶体也能够被观测到明显的沉降作用,并用来分析粒子的大小。在离心力场中,当粒子沉降达平衡时,扩散力与离心力相等,即

$$RT \frac{\mathrm{d}N}{L} = N\mathrm{d}x \cdot \frac{4}{3}\pi r^3 (\rho - \rho_0)\omega^2 x \tag{10-17}$$

式中:ω 为离心机旋转角速度,x 为从旋转轴到溶胶中某一平面的距离。积分式(10-17)得

$$RT\ln\frac{N_2}{N_1} = \frac{4}{3}\pi r^3 (\rho - \rho_0)L\omega^2 \cdot \frac{1}{2}(x_2^2 - x_1^2) \tag{10-18}$$

而胶团或高分子物质的摩尔质量 $M = \frac{4}{3}\pi r^3 \rho L$,所以

$$2RT\ln\frac{c_2}{c_1} = M\left(1 - \frac{\rho_0}{\rho}\right)\omega^2(x_2^2 - x_1^2) \tag{10-19}$$

整理后得

$$M = \frac{2RT\ln\dfrac{c_2}{c_1}}{\left(1 - \dfrac{\rho_0}{\rho}\right)\omega^2(x_2^2 - x_1^2)} \tag{10-20}$$

通过离心场中的沉降平衡,对于一定浓度的溶胶或高分子溶液来说,测定界面移动的距离,通过式(10-20)即可求得粒子的摩尔质量。

10.5 溶胶的电学性质

10.5.1 电动现象

1.电动现象

分散系统中带电胶粒和介质分别向带相反电荷的电极移动,就产生了电泳和电渗的电动现象,这是因电而动;胶粒在重力场作用下发生沉降,而产生沉降电势;带电的介质发生流动,则产生流动电势,这是因动而电。这四种现象都称为电动现象。

(1)电泳 在外加电场作用下,胶粒在分散介质中作定向移动的现象称为电泳(electrophoresis)。通过电泳实验,可判断胶粒所带电荷情况。研究电泳的实验方法很多,界面移动电泳仪是最简单的研究装置之一,如图10-12所示,在一支带支管的 U 形玻璃管内装入 $Fe(OH)_3$ 溶胶,溶胶上部注入与溶胶具有相同电导率的电解质溶液,两者之间形成清晰的界面。在两端溶液中放置电极,因 $Fe(OH)_3$ 溶胶带正电,通电后即可观察到界面向负极移动。除了溶胶外,其他分散系统(如乳状液、悬浮液等)也都有类似的电学性质。影响电泳速率的因素很多,如溶液的 pH、离子强度、外加电解质、表面活性剂以及外加电压等。

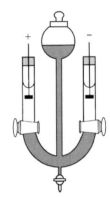

图 10-12　界面移动电泳仪示意图

电泳技术主要用于分离各种有机物(如生物学中的氨基酸、多肽、蛋白质、脂类、核苷酸、核酸等)和无机盐;也可用于分析某种物质的纯度,还可用于分子量的测定。电泳技术与其他分离技术(如层析法)结合,可用于蛋白质结构的分析,"指纹法"就是电泳法与层析法的结合产物。电泳与酶学技术结合发现了同工酶,从而对酶的催化和生物调节功能有了更深入的研究。电泳在一些工业和环境工程中也有广泛的应用:可将油漆稀乳液中油漆质点均匀地沉积到镀件表面(电泳涂漆);可将高岭土中的黏土粒子与杂质分离而获得高纯的黏土,用以制备高质量陶瓷制品;可将烟雾气溶胶中的灰尘等固体粒子除去(静电除尘),净化空气等。

(2)电渗 在外加电场下,可以观察到分散介质通过多孔性物质(如素瓷片或固体粉末压制成的多孔塞)而移动,即分散相不动而分散介质移动,这种现象称为电渗(electroosmosis)。用图10-13的仪器可以直接观察到电渗现象。当胶粒带负电荷时,分散介质则带正电荷,在电场作用下分散介质向负极移动;反之亦然。电渗也可用以判断胶粒所带的电荷。和电泳一样,外加电解质对电渗速度的影响很显著,随电解质浓度的增加,电渗速度降低,甚至会改变液体流动的方向。

(3)流动电势 在毛细管的两侧施加压力差,使带电的分散介质在毛细管中流动而产生的电势差,称为流动电势(streaming potential),它是电渗作用的伴随现象。用泵输送碳氢化合物时,在流动过程中会产生流动电势,高压下易产生火花。对于一些分散系统来说,流动电势可能是不利的并需要去除,故应采取相应的防护措施,如将油管接地或加入油溶性电解质,增加介质的电导,减小流动电势。

(4)沉降电势 在外力作用下(主要是重力),分散相粒子在分散介质中迅速沉降,则在液体介质的表面层与其内层之间会产生电势差,称为沉降电势(sedimentation potential)。它是电泳作用的伴随现象,是通过胶粒的定向移动而产生的衍生电场。贮油罐中的油内含有水滴,水滴的沉降常形成很高的

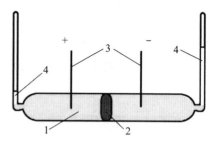

1.盛液管 2.多孔膜 3.电极 4.毛细管
图 10-13 观察电渗的仪器

沉降电势,甚至达到危险的程度。通常的解决办法是加入有机电解质,以增加介质的电导,减小沉降电势。

在四种电动现象中,以电泳和电渗最为重要,流动电势和沉降电势相对来说研究的较少。

2.胶粒表面电荷来源

电动现象证明了胶粒是带电的。溶胶粒子带正电的溶胶称为正电性溶胶;而带负电的溶胶称为负电性溶胶。正电性溶胶有氢氧化铁、氢氧化铝等;而金、银、硫、硫化砷、硫化锑以及硅酸等为负电性溶胶。溶胶粒子电荷的来源有:

(1)吸附 固体表面对电解质正负离子不等量吸附而获得电荷。溶胶粒子在电解质溶液中会选择性吸附某种离子,从而使粒子表面带电。通常把使固体表面带电的离子称为电位离子,而与电位离子电荷符号相反的离子称为反离子。例如用水解反应制备 $Fe(OH)_3$ 溶胶时,由于 $FeCl_3$ 分步水解,除了得到 $Fe(OH)_3$ 颗粒外,还有 FeO^+ 和 Cl^- 的存在,$Fe(OH)_3$ 颗粒表面将选择性吸附 FeO^+ 离子,而使氢氧化铁溶胶带正电。

(2)电离 当分散相固体与液体分散介质接触时,固体表面的基团发生电离,使某种离子进入液相,残留的基团则留在固相,从而使固体表面带电。例如,硅胶是许多 H_2SiO_3 分子的聚集体,它与水接触后,固体表面分子在水中电离生成 H^+ 与 SiO_3^{2-} 或 $HSiO_3^-$,H^+ 进入水中,SiO_3^{2-} 或 $HSiO_3^-$ 则残留在固体表面,使硅胶带负电。这类溶胶粒子的电荷数量和性质是随介质的 pH 变化而异的。例如,土壤中含有水氧化铁、水铝英石以及腐殖质等物质,其表面含有 Fe-OH、Al-OH 和有机物的某些官能团,如—COOH、—OH、—NH$_2$ 等。在与介质接触中都可以接受质子或失去质子,而使土壤胶粒表面带正电或负电。一般来说,在低 pH 条件下,表面接受质子,因而带正电;在高 pH 条件下,表面释放出质子而带负电。这种可以随介质的 pH 而改变的电荷,在土壤科学中称为可变电荷。

(3)同晶置换 黏粒矿物还可以通过同晶置换而获得电荷。晶质黏粒矿物晶格是由铝氧八面体和硅氧四面体堆积而成。当低价离子置换了八面体或四面体中的高价离子,如二价铁、镁置换三价铝,或三价铝置换四价硅,使矿物结构中的电荷不平衡,从而使晶体获得净负电荷。为了维持电中性,带电的黏土表面同样可以吸引正离子作为反离子,而在其周围形成双电层结构。同晶置换是土壤胶体带电的一种特殊情况,在其他溶胶中是很少见的,土壤

由同晶置换获得电荷时,其电荷数量和性质不受介质的 pH、电解质浓度等的影响。因此土壤学中把这种电荷称为永久电荷。

(4)离子溶解量的差异　固体物质溶解时,如果进入溶液中的阴阳离子是等量的,则固体表面将维持电中性不变。但是对于 AgI 等一些难溶固体,Ag^+ 在水中溶解的速率比 I^- 快,从而使 AgI 固体表面带负电荷。

10.5.2　双电层理论和电动电势 ζ

1. 双电层理论

溶胶粒子表面由于选择性吸附某种离子或表面电离释放出离子,而使固、液两相分别带有不同符号的电荷,在固相与液相的界面上形成双电层(electric double layer),即双电层由固相表面的电位离子和液相中的反离子构成。固体粒子表面电位离子使其与液体内部存在一定电位差,称为表面电势,也称为热力学电势,该电势用 φ_0 表示。历史上先后提出过三种双电层模型,即 Helmholtz(赫尔姆霍茨)模型(1879 年)、Gouy-Chapman(古埃-查普曼)模型(1910—1913 年)和 Stern(斯特恩)模型(1924 年)。其中,Stern 模型是在前两个模型的基础上进一步修正得到的,也是目前普遍接受的双电层模型。

1879 年 Helmholtz 提出了平行板双电层模型,认为在固体表面上电位离子是一个电层,液相中排列整齐的反离子是另一个电层,相当于一个平行板电容器,见图 10-14。两电层间的距离为 δ,约为一个分子的厚度。两电层间总的电位差为 φ_0。这个简单模型虽然对电动现象给出了一定的说明,但它未考虑介质中的反离子要受热运动的影响,实际上反离子不可能这样整齐地排列着,与实际情况相差较大。

Gouy 和 Chapman 分别于 1910 年和 1913 年改进了 Helmholtz 平行板双电层模型,提出了扩散双电层模型。他们认为介质中的反离子,一方面受到固体表面电荷的静电吸引;另一方面,又由于离子本身的热运动而要扩散开去。在溶液中反离子只有一部分紧密地排列在固体表面上(距离为 1~2 个分子厚度),另一部分反离子与固体表面的距离则可以从紧密层一直分散到本体溶液之中。因此双电层实际上包括了紧密层和扩散层两部分,见图 10-15。在扩散层中离子的分布可用 Boltzmann 分布公式表示。在电场作用下,固液之间发生电动现象时,移动的切动面(或称为滑动面) AB 面与溶液本体之间产生电势差。

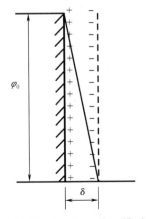

图 10-14　平行板双电层模型

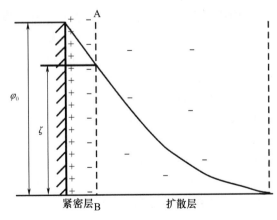

图 10-15　扩散双电层模型

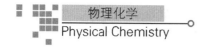
1924 年 Stern 在 Helmholtz、Gouy 和 Chapman 双电层模型的基础上,提出了 Stern 模型。Stern 认为,溶液中的电层分成两部分:一部分吸附在固体表面上,其厚度等于 1~2 个分子层厚,称为紧密层或 Stern 层;另一部分如 Gouy 和 Chapman 双电层模型描述的那样,向溶液本体中扩散,称为扩散层,如图 10-16(a)所示。紧密层中反离子中心构成的面称 Stern 面,Stern 面上的电势称为 Stern 电势,用 φ_δ 表示。Stern 面内的电位分布与 Helmholtz 模型相似,φ_0 直线下降到 Stern 面的 φ_δ。扩散层中的电位分布如 Gouy 和 Chapman 模型,如图 10-16(b)所示。

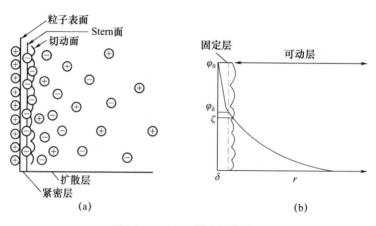

图 10-16 Stern 双电层模型

在外电场作用下,固相与液相作相对运动时,由于离子的溶剂化,紧密层结合一定数量的溶剂分子,即固体表面总是带着一薄层液体一起运动的,在固液两相之间存在一个滑动面即切动面。在切动面内,固相表面的电位离子和 Stern 层吸附的反离子,称为固定层。在切动面以外,不随固相一起运动而随液体介质流动,称为可动层。切动面处与液体本体之间的电势差称为 ζ(zeta)电势,由于该电势与电动现象密切相关,也称为电动电势(electrokinetic potential)。一般情况下,ζ 电势略低于 φ_δ,但是若稀溶液中扩散层电势变化趋势比较缓慢时,两者的值也可视为相等。

2. 电动电势 ζ

从固体表面到溶液本体之间存在三种电势,它们是:固体表面上的电势 φ_0,这是双电层的总电势,也就是热力学电势,φ_0 的值取决于溶液中电位离子的浓度。Stern 面上的电势为 φ_δ,它是紧密层与扩散层分界处的电势,称 Stern 电势。切动面上的电势为 ζ 电势,即电动电势。

ζ 电势的大小与 Stern 层中的离子以及扩散层厚度有关,受外加电解质的影响很大。随着外加电解质浓度的增加,将使更多的反离子进入固定层中,同时压缩了扩散层的厚度,使其从 d_1 变为 d_2、d_3、$\cdots$,ζ 电势从 ζ_1 变为 ζ_2、ζ_3、$\cdots$,见图 10-17,即外加电解

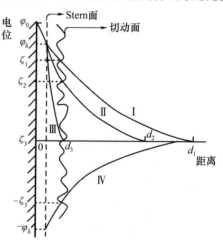

图 10-17 外加电解质对 ζ 电势的影响

质浓度的增加会使得 ζ 电势减小。当扩散层被压缩到与固定层相重叠时,ζ 电势降低到零,如图中曲线Ⅲ,这种状态为等电状态,这时胶粒不带电荷。如果外加电解质中反离子的价数很高,或者固体表面对离子发生强烈的专性吸附,甚至可以使 ζ 电势的符号改变,如图中曲线Ⅳ,这些离子大多数为高价金属离子和表面活性的有机盐离子。

ζ 电势与电泳、电渗直接有关,因此可以通过电泳、电渗速度的测定求出 ζ 电势。进行电泳实验时,球形粒子的电动电势 ζ 与电泳速率 u 的关系为

$$\zeta = \frac{1.5\eta u}{\varepsilon\varepsilon_0 E} \tag{10-21}$$

式中:ε 为介质的相对介电常数,ε_0 为真空介电常数(其值为 8.85×10^{-12} $C^2 \cdot N^{-1} \cdot m^{-2}$),$E$ 为电场强度,η 为介质黏度,u 为电泳速率。

进行电渗实验或棒状粒子的电泳实验时,电动电势 ζ 与电渗或电泳速率 u 的关系为

$$\zeta = \frac{\eta u}{\varepsilon\varepsilon_0 E}（棒状粒子） \tag{10-22}$$

例 10-3 298 K 时,球形金溶胶的电泳速率为 3.35×10^{-6} m·s^{-1},电泳仪两极间相距 43 cm,电压为 120 V,已知介质的介电常数 $\varepsilon=78.5$,$\varepsilon_0=8.85\times10^{-12}$ $C^2 \cdot N^{-1} \cdot m^{-2}$,黏度 $\eta=8.9\times10^{-4}$ Pa·s。求该金溶胶的 ζ 电势。

解: 对球形胶粒,据式(10-21)

$$\zeta = \frac{1.5\eta u}{\varepsilon\varepsilon_0 E}$$

$$\zeta = \frac{1.5\times8.9\times10^{-4}\times3.35\times10^{-6}}{8.85\times10^{-12}\times78.5\times(120\div0.43)} = 0.023 \text{ V}$$

所以,该金溶胶的 ζ 电势为 0.023 V。

10.6 溶胶的稳定性与聚沉

10.6.1 溶胶的稳定性

溶胶是热力学的不稳定系统,胶粒间有相互聚结而降低其表面自由能的趋势,即具有聚结的不稳定性,因此在制备溶胶时必须有稳定剂的存在。溶胶的稳定存在和以下因素有关:第一,溶胶粒子 Brown 运动激烈,使溶胶在重力作用下不易沉降,即具有动力学稳定性。第二,胶粒表面双电层结构的存在,同种胶粒带相同电荷。当粒子之间距离较大,其双电层未重叠时,排斥力不发生作用;当粒子靠近到一定距离时,双电层重叠,排斥力起主要作用,粒子要互相聚集就必须克服一定的势垒,这是胶粒能稳定存在的最主要原因。第三,胶粒的溶剂化作用,使胶粒表面包覆了一层溶剂化膜(溶剂若为水,则称为水化层),实践证明,水化层

具有定向排列结构,当胶粒接近时,水化层被挤压变形。而水化层有力图恢复原定向排列结构的能力,使其具有弹性,成为胶粒接近时的机械阻力,防止了溶胶的聚沉。胶粒的带电多少和溶剂化层厚度是影响 ζ 电势的重要因素,ζ 电势大,说明反离子进入紧密层少而在扩散层多。胶粒带电多,溶剂化层厚,ζ 电势大,溶胶就比较稳定,因而 ζ 电势的大小也是衡量胶体稳定性的尺度。

研究溶胶的稳定性对于了解胶体系统的基本特征十分有用。在 20 世纪 40 年代,苏联学者 Derjaguin(德查金)和 Landau(朗道),荷兰学者 Verwey(维韦)和 Overbeek(奥弗比克)分别独立地提出了溶胶稳定性理论,他们处理问题的方法和结论大致相同,因此以他们姓名的第一个字母简称为 DLVO 理论。

DLVO 理论从分析胶粒间 van der Waals 引力和双电层的斥力入手,导出了粒子间的势能曲线,从理论上解释了溶胶的稳定性,以下是 DLVO 理论的概要。

(1)粒子间的吸引作用 一般分子间的引力与分子间距离的 6 次方成反比,而胶粒间的吸引力与胶粒间距离的 3 次方成反比,因此这是一种远程作用力。规定由吸引作用而产生的引力势能 E_A 为负值,其绝对值随粒子间距离 r 增大而减小。

(2)粒子间的排斥作用 胶粒与双电层中的反离子作为一个整体是呈现电中性的,如果粒子间彼此的双电层不重叠,则胶粒间并不存在静电斥力。但当粒子间相互接近到一定距离时,它们的双电层发生重叠,由于粒子所带电性相同,粒子之间相互排斥。规定由排斥作用而产生的斥力势能 E_R 为正值。

综上所述,胶粒间总的相互作用势能 E 是引力势能 E_A 与斥力势能 E_R 之和,其值与距离关系的曲线如图 10-18 所示。当溶胶粒子间距离较大时,双电层未重叠,引力势能起主要作用,总势能 E 为负值。随着粒子间距离减小,双电层部分重叠,斥力势能增大,虽然此时引力势能也随着距离减小而增大,但在一定范围内,溶胶粒子间相互作用以斥力占优势,总势能 E 为正值。当粒子间距离继续减小到一定程度后,引力势能再次占据主导地位,总势能较之先前下降到负值。从图 10-18 中可看出,胶粒要相互聚结在一起,必须越过势能峰 E_c。当胶粒动能不足以越过 E_c 时,溶胶稳定存在不聚

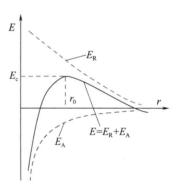

图 10-18 粒子间势能与距离关系

结。当溶液中加入电解质时,扩散层被压缩,导致 ζ 电势下降,粒子间静电斥力降低,使势能峰 E_c 下降,此时胶粒动能易越过势能峰,导致胶粒间相互聚结,最终使分散相沉淀析出,称为溶胶的聚沉作用(coagulation)。

DLVO 理论给出了计算胶粒间排斥能及吸引能的方法,并据此对胶体的稳定性进行了定量处理,得出了聚沉值与反号离子电价之间的关系式,从理论上阐明了 Schulze-Hardy 规则。

10.6.2 影响溶胶聚沉的因素

影响溶胶聚沉的因素很多,如温度、浓度、光的作用、搅拌和外加电解质等。其中溶胶浓

度的增加和温度的提高均使粒子之间的碰撞更为频繁,因而降低了其稳定性。在这些影响因素中,以外加电解质对溶胶的聚沉作用研究得最多。

1. 电解质对溶胶聚沉的影响

少量的电解质是溶胶的稳定剂,但是溶胶对电解质的影响非常敏感,通常用聚沉值和聚沉能力来表示电解质对溶胶聚沉的影响。聚沉值(coagulation value)指使一定量的某种溶胶在一定时间内完全聚沉所需的电解质的最低浓度,一般以 $mmol \cdot dm^{-3}$ 表示。聚沉能力是聚沉值的倒数。电解质的聚沉作用有如下一些规律:

(1)聚沉能力主要取决于与胶粒带相反电荷的离子的价数　反离子价数越高,聚沉值越小,聚沉能力越大。对于给定的溶胶,当反离子分别为一、二、三价的电解质时,其聚沉值的比例大体为 $100 : 16 : 0.14$,即约为 $(1/1^6) : (1/2^6) : (1/3^6)$。聚沉值与反离子价数的六次方成反比,这一结论被称为 Schulze-Hardy(舒尔茨-哈迪)规则。

(2)价数相同的反离子聚沉能力也有所不同　如用一价正离子聚沉负溶胶时,其聚沉能力的顺序为

$$H^+ > Cs^+ > Rb^+ > NH_4^+ > K^+ > Na^+ > Li^+$$

一价负离子对正电性溶胶的聚沉能力的顺序为

$$F^- > Cl^- > Br^- > NO_3^- > I^- > SCN^-$$

这种顺序称为感胶离子序(lyotropic series),它与水合离子半径从小到大的顺序大致相同,这可能是水合离子半径越小,越容易靠近胶体粒子的缘故。

(3)同号离子的影响　电解质对胶体的聚沉作用是正负离子作用的总和。与胶粒具有同号电荷离子的性质也会对聚沉有影响,通常同电性离子的价数越高,电解质的聚沉能力越小,这可能与这些同电性离子的吸附作用有关。表 10-5 给出了不同负离子的钾盐对负电性亚铁氰化铜溶胶的聚沉值。

表 10-5　不同负离子的钾盐对负电性的亚铁氰化铜溶胶的聚沉值　　　　　　$mmol \cdot dm^{-3}$

电解质	聚沉值	电解质	聚沉值
KBr	27.5	K_2CrO_4	80.0
KNO_3	28.7	$K_2C_4H_4O_6$	95.0
K_2SO_4	47.5	$K_4[Fe(CN)_6]$	260.0

(4)有机化合物的离子都具有很强的聚沉能力　这可能是和它们具有很强的吸附能力有关。

(5)混合电解质对溶胶的聚沉作用一般有三种情况　①离子加和作用。即混合电解质的聚沉作用表现为两种离子的聚沉值之和。这种情况只出现在聚沉离子的价数相同,并且水化程度相近的情况。例如,用 NaCl 与 KCl 聚沉负电性 As_2S_3 溶胶,当用 NaCl 聚沉值的 40%,再用 KCl 聚沉值的 60% 时,刚好使 As_2S_3 溶胶聚沉。②离子敏化作用。表现为两种离子的聚沉能力互相增强。如用 LiCl 与 $CeCl_3$ 聚沉负电性 Au 溶胶时,发现当用 LiCl 聚沉值的 20% 时,要使 Au 溶胶聚沉所需 $CeCl_3$ 的用量不是其聚沉值的 80%,而只需其聚沉值的

6％就能使 Au 溶胶聚沉。③离子对抗作用。它与敏化作用恰好相反,表现出两种离子的聚沉能力互相削弱。如 LiCl 与 $MgCl_2$ 对负电性 As_2S_3 溶胶的聚沉作用,当用 LiCl 聚沉值的 25％时,加 $MgCl_2$ 聚沉值的 75％不能使 As_2S_3 溶胶发生聚沉,而是要用 $MgCl_2$ 聚沉值的 200％才能使其聚沉。对抗作用在生物科学中有着重要意义,如单独一种电解质对生物细胞常起有害作用,称为单盐毒害,如果加入另一种适当的电解质,则可使其毒害作用消失。混合电解质的聚沉作用比单一电解质的情况更加复杂,简单的加和作用现象是很少遇到的,经常出现的是敏化和对抗现象。

2. 胶体间相互聚沉现象

将带有相反电荷的两种溶胶适量混合,由于静电引力的作用也会发生溶胶聚沉,这种现象称为相互聚沉。与外加电解质使溶胶聚沉不同,只有当两种溶胶用量比例适当,即各自所带的正负电荷总量相等时,溶胶才会完全聚沉,否则可能发生不完全聚沉。表 10-6 中列出了不同数量的 $Fe(OH)_3$ 溶胶(正电性)与一定量 Sb_2S_3 溶胶(负电性,含 0.56 mg Sb_2S_3)作用时观测到的情况。

表 10-6 溶胶的相互聚沉作用

所加 $Fe(OH)_3$ 质量/mg	观察记录	混合后溶胶带电性
0.8	无变化	—
3.2	微呈浑浊	—
4.8	高度浑浊	—
6.1	完全沉淀	0
8.0	部分沉淀	+
12.8	微呈浑浊	+
20.8	无变化	+

相互聚沉现象常见于土壤中。一般土壤中存在的胶体物质中既有带正电的 $Fe(OH)_3$、Al_2O_3 等,又有带负电的硅酸、腐殖质等,它们之间的相互聚沉有利于土壤团粒结构的形成。

10.7 高分子溶液

10.7.1 高分子溶液与溶胶的异同

一般有机化合物的分子质量约在 500 以下,但某些有机化合物如橡胶、纤维素、淀粉等分子质量很大,有的甚至达到几百万,Staudinger(斯陶丁格)将相对分子质量大于 10^4 的物质称为高分子化合物(macromolecular compound)。高分子化合物多由小分子单体聚合生成,因此也常被称为聚合物或高聚物。高分子化合物包括天然高分子与合成高分子两类。天然高分子主要存在于自然界生物体中,如蛋白质、核酸、纤维素、淀粉等;合成高分子则是由单体通过化学反应得到的聚合物,如橡胶、塑料、酚醛树脂等。

绝大多数的高分子化合物都是由许多结构单位联结而成的聚合物,这种结构单位称为单体或称链节。例如,天然橡胶的分子是由几千个相同的异戊二烯—C_5H_8—单体联结而成,其化学式可以表示为$\displaystyle\leftarrow\text{C}_5\text{H}_8\rightarrow_n$,$n$ 称为聚合度。由相同的结构单位所组成的聚合物称为均聚物。如果由几种不同的结构单位所组成的聚合物,则称为共聚物,例如蛋白质分子是许多氨基酸以肽键(酰胺键)结合而成的长链共聚物。

高分子化合物在适当的介质中可以自动溶解而形成均相的分散系统称为高分子溶液。例如,天然蛋白质的溶液、明胶溶液、橡胶-苯溶液等。高分子溶液溶质分子的大小通常在胶体分散系统的范围内,具有胶体的某些特征,如扩散缓慢等。因此高分子溶液有时也称为亲液溶胶。高分子溶液是热力学稳定系统,又是均相的分子分散系统。高分子溶液的溶质是"大分子",许多性质又不同于小分子溶液,所以小分子溶液的热力学公式不能直接用于高分子溶液。

热力学稳定性不同是高分子溶液、小分子溶液与溶胶的根本区别。表 10-7 列出了憎液溶胶、高分子溶液与小分子溶液性质上的主要异同。

表 10-7　憎液溶胶、高分子溶液与小分子溶液的性质比较

性质	溶液类型		
	憎液溶胶	高分子溶液	小分子溶液
粒子大小	$1\sim100$ nm	$1\sim100$ nm	<1 nm
分散相存在的单元	许多分子组成的胶粒	单分子	单分子
能否透过半透膜	不能	不能	能
是否热力学稳定系统	不是	是	是
Tyndall 效应强弱	强	微弱	微弱
黏度	小,与分散介质相似	大	小
对外加电解质的敏感程度	敏感	不太敏感	不敏感
聚沉后再加分散介质是否可以可逆复原	不可逆	可逆	可逆

高分子溶液具有小分子溶液所没有的流变性,黏度特别大,这是由于高分子化合物的结构和溶液中的形态特征所造成的。此外,高分子溶液在一定条件下,可以转变为失去流动性的"半固体"状态,称为凝胶(gel)。因此在研究高分子溶液的性质时,应从高分子化合物的相对分子质量、形状、在溶液中的形态、溶质之间的相互作用、溶质与溶剂之间的相互作用以及温度等方面综合加以考虑。

★10.7.2　高分子化合物的平均相对分子质量

高分子系统一般都属于多级分散系统,也就是说聚合度 n 不是一个定值,所以高分子物质的相对分子质量只能是一个平均值。在提及高分子化合物相对分子质量时,指的是一个统计的平均结果,称之为平均相对分子质量。高分子化合物的平均相对分子质量又随测定方法的不同而不同,所得平均值的含义也有所差异,测定分子量的方法有多种,常用的平均相对分子质量有以下几种。

1.数均相对分子质量 $\overline{M}_n$

设某高分子溶液中,含相对分子质量为 $M_1,M_2,\cdots,M_i$ 的各组分分子数为 $N_1,N_2,\cdots,$
N_i,则数均相对分子质量为:

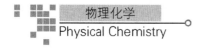

$$\overline{M}_n = \frac{N_1 M_1 + N_2 M_2 + \cdots + N_i M_i}{N_1 + N_2 + \cdots + N_i} = \frac{\sum\limits_i N_i M_i}{\sum\limits_i N_i} = \sum\limits_i x_i M_i \tag{10-23}$$

式中：x_i 为 i 组分在所有高分子中所占的物质的量分数，即 $x_i = \dfrac{N_i}{\sum\limits_i N_i}$。利用凝固点降低、沸点升高和渗透压等依数性方法以及端基分析法测得的即为数均相对分子质量。

2. 质均相对分子质量 $\overline{M}_m$

设相对分子质量为 M_i 的 i 组分的质量 $m_i = N_i M_i$，则以按质量分数统计的质均相对分子质量 $\overline{M}_m$ 为：

$$\overline{M}_m = \frac{\sum\limits_i N_i M_i^2}{\sum\limits_i N_i M_i} = \frac{\sum\limits_i m_i M_i}{\sum\limits_i m_i} = \sum\limits_i \overline{w}_i M_i \tag{10-24}$$

式中：$\overline{w}_i$ 为 i 组分在所有高分子中所占的质量分数，即 $\overline{w}_i = \dfrac{m_i}{\sum\limits_i m_i}$。利用光散射法测得的为质均相对分子质量。

3. Z 均相对分子质量 $\overline{M}_z$

$$\overline{M}_z = \frac{\sum\limits_i N_i M_i^3}{\sum\limits_i N_i M_i^2} = \frac{\sum\limits_i m_i M_i^2}{\sum\limits_i m_i M_i} = \frac{\sum\limits_i Z_i M_i}{\sum\limits_i Z_i} \tag{10-25}$$

式中：$Z_i = m_i M_i$。超离心法测得的为 Z 均相对分子质量。

4. 黏均相对分子质量 $\overline{M}_\eta$

$$\overline{M}_\eta = \left[\frac{\sum\limits_i N_i M_i^{(a+1)}}{\sum\limits_i N_i M_i} \right]^{\frac{1}{a}} = \left[\frac{\sum\limits_i m_i M_i^a}{\sum\limits_i m_i} \right]^{\frac{1}{a}} = \left[\sum\limits_i \overline{w}_i M_i^a \right]^{\frac{1}{a}} \tag{10-26}$$

式中：a 为 $[\eta] = K M^a$ 关系式中的指数，其值一般在 $0.5 \sim 1.0$。利用黏度法测得的为黏均相对分子质量。

一般情况下，对同一多级分散的高分子化合物，采用不同的统计平均方法，所得平均相对分子质量的数值并不相同，它们的大小顺序为 $\overline{M}_z > \overline{M}_m > \overline{M}_\eta > \overline{M}_n$。分子的大小越不均匀，各种平均相对分子质量的差值越大，对单级分散的高分子化合物（由单一相对分子质量的分子组成），其 $\overline{M}_z$、$\overline{M}_m$、$\overline{M}_\eta$、$\overline{M}_n$ 的数值是相等的。因此，表征多级分散高分子化合物的平均相对分子质量时，不仅要了解其平均相对分子质量的大小，还要了解其相对分子质量的分布情况。

高分子化合物相对分子质量分布情况可用分布宽度指数(D)来描述。

$$D = \frac{\overline{M}_m}{\overline{M}_n} \tag{10-27}$$

对单级分散的高分子化合物,$\overline{M}_n = \overline{M}_m$,$D = 1$;对多级分散的高分子化合物,分别测得其 $\overline{M}_n$ 和 $\overline{M}_m$,由式 (10-27)可求得其 D 值。样品的相对分子质量分布越宽,D 值越大,所以可用 D 值来衡量多级分散样品的相对分子质量分布的情况。值得注意的是,若采用不同实验方法测得 $\overline{M}_n$ 和 $\overline{M}_m$,计算出的 D 值往往误差较大,而利用凝胶渗透色谱(GPC)技术可在同一次实验中测得 $\overline{M}_n$ 和 $\overline{M}_m$,所求的 D 值准确度较高。

例 10-4　在 0.1 kg 摩尔质量为 100 kg·mol^{-1} 的试样中:

(1)加入 0.001 kg 摩尔质量为 1.0 kg·mol^{-1} 的组分;

(2)加入 0.001 kg 摩尔质量为 10^4 kg·mol^{-1} 的组分。

则在两种情况下各种平均相对分子质量分别是多少?

解:(1)$m_1 = 0.1$ kg,$M_1 = 10^2$ kg·mol^{-1},$n_1 = 10^{-3}$ mol

$\qquad m_2 = 10^{-3}$ kg,$M_2 = 1.0$ kg·mol^{-1},$n_2 = 10^{-3}$ mol

$\overline{M}_n = \dfrac{n_1 M_1 + n_2 M_2}{n_1 + n_2} = \dfrac{10^{-3}\text{ mol} \times 10^2\text{ kg·mol}^{-1} + 10^{-3}\text{ mol} \times 1.0\text{ kg·mol}^{-1}}{10^{-3}\text{ mol} + 10^{-3}\text{ mol}} = 50.5$ kg·mol^{-1}

同理:$\overline{M}_m = \dfrac{n_1 M_1^2 + n_2 M_2^2}{n_1 M_1 + n_2 M_2} = 99.02$ kg·mol^{-1}

$\qquad \overline{M}_z = \dfrac{n_1 M_1^3 + n_2 M_2^3}{n_1 M_1^2 + n_2 M_2^2} = 99.99$ kg·mol^{-1}

可见,少量摩尔质量较小的聚合物的混入,$\overline{M}_n$ 明显降低,而 $\overline{M}_m$ 和 $\overline{M}_z$ 却基本不变。

(2)$m_1 = 0.1$ kg,$M_1 = 10^2$ kg·mol^{-1},$n_1 = 10^{-3}$ mol

$\qquad m_2 = 10^{-3}$ kg,$M_2 = 10^4$ kg·mol^{-1},$n_2 = 10^{-7}$ mol

如(1)所示,代入各计算式得

$$\overline{M}_n = 100.99 \text{ kg·mol}^{-1}$$

$$\overline{M}_m = \frac{n_1 M_1^2 + n_2 M_2^2}{n_1 M_1 + n_2 M_2} = 198.02 \text{ kg·mol}^{-1}$$

$$\overline{M}_z = \frac{n_1 M_1^3 + n_2 M_2^3}{n_1 M_1^2 + n_2 M_2^2} = 5\,050 \text{ kg·mol}^{-1}$$

可见,少量摩尔质量较大的聚合物的混入,$\overline{M}_n$ 基本不变,而 $\overline{M}_m$ 和 $\overline{M}_z$ 则显著增大。

计算结果表明:$\overline{M}_n$ 对高分子化合物中相对分子质量较低的部分比较敏感,而 $\overline{M}_m$ 和 $\overline{M}_z$ 则对高分子化合物中相对分子质量较高的部分比较敏感。即少量低相对分子质量的组分混入高分子化合物中,可使 $\overline{M}_n$ 有较明显的下降,而对 $\overline{M}_m$ 和 $\overline{M}_z$ 的影响不显著;反之,若混入

少量相对分子质量较高的组分时,则使 $\overline{M}_m$ 和 $\overline{M}_z$ 有显著的增加,对 $\overline{M}_n$ 影响不显著。

★10.7.3 高分子溶液的性质

1.溶液中高分子的柔性

高分子化合物按其结构可分为线型高分子和体型高分子。溶液中的高分子多是线型的,其结构特点是,长链由许多个 C—C 单键组成,这些单键时刻都在围绕其相邻的单键做不同程度的内旋转,高分子在空间的排布方式不断变更而取不同的构象,如图 10-19 所示。溶液中高分子的这种结构特性称为高分子的柔性。

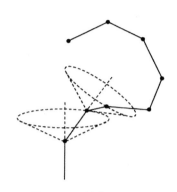

图 10-19　键角固定的
高分子键的内旋转

在实际的高分子溶液中,高分子的内旋转会因为高分子主链上连有侧链或其他基团而受到阻碍;溶液温度较低时内旋转也会受阻。线型高分子主链上一个 C—C 单键看作一个链节,主链上常以若干个链节为一个旋转动力单位,称为链段。一个线型高分子有若干个链段,每个链段所包含的链节数越少,整个高分子包含的链段越多,其内旋转越自由,柔性越好。由于分子热运动的影响,这些分子链上的碳原子是在不断地改变着的,可以有许多不同形态,并且每时每刻都在变化着。分子的每个具体的空间几何形状称为"构象",因此含有千百个键的长链型高分子,可以有许多个构象,由于形态的不断变化,分子中出现各种构象的概率是不同的。高分子成直线构象的概率最小,呈卷曲构象的概率最大,这种自然弯曲称为无规线团。

此外,溶剂对溶液中高分子的柔性也有影响。部分溶剂与高分子间作用较强,使高分子在其中舒展伸张,柔性较好,这样的溶剂称为良溶剂;反之,部分溶剂与高分子间作用较弱,使高分子在其中因链段间的相互吸引而紧缩,柔性较差,这样的溶剂称为不良溶剂。高分子溶液的许多性质,与其在溶液中的形态、分子的柔性密切相关。

2.高分子化合物的溶解规律

高分子化合物的溶解过程可分为溶胀和溶解两个阶段。由于高分子与溶剂分子差别很大,二者运动速率相差也较大,当两者接触时,溶剂分子陆续扩散进入高分子链段间的空隙,使高分子体积不断膨胀,此过程称为溶胀。在溶胀过程中,链段间的相互作用减弱,链段运动越来越自由,导致溶胀后的高分子在溶液中进一步与溶剂相互扩散,最终使高分子均匀地分散在溶剂中形成高分子溶液,该过程称为溶解或无限溶胀。高分子化合物溶解过程中,若溶剂量不足,则可能停留在溶胀阶段。一般来说,非晶态高分子溶胀和溶解比较容易,晶态高分子溶解比较困难;网状高分子由于交联点的束缚,只能溶胀而不能溶解。

高分子化合物的溶解度还受到溶剂以及外加电解质的影响。一般来说,高分子化合物溶解也遵循"相似相溶"原则,即极性溶剂可溶解极性高分子,非极性高分子则易溶于非极性溶剂之中。在高分子溶液中加入电解质时,会降低高分子在溶液中的溶解度,甚至导致沉淀析出,该过程称之为电解质对高分子的盐析作用。电解质对高分子的盐析作用与电解质对溶胶的聚沉作用虽结果相似,但机理完全不同。溶胶的聚沉作用是因为外加电解质改变了胶粒扩散层的厚度,从而使胶粒间斥力减小而相互聚结;盐析作用则是因为电解质离子的溶剂化效应,造成电解质离子与高分子化合物争夺溶剂分子,导致溶剂减少而使高分子化合物因溶解度降低而析出。高分子溶液盐析所需电解质的浓度远远大于溶胶聚沉所需电解质的浓度。盐析所得沉淀通过透析等方法除去电解质后可以再度分散成高分子溶液,而电解质对溶胶的聚沉通常不能逆转。

3. 高分子溶液的黏度

高分子溶液的黏度比普通溶液黏度要大得多,而且当高分子的浓度增大时,黏度急剧增加,这一现象和规律是高分子溶液的重要特性之一,高分子溶液具有高黏性的主要原因有三个:①溶液中高分子的柔性使得无规线团状的高分子在溶液中所占体积很大,使介质流动受阻;②高分子的溶剂化作用,使大量溶剂束缚于高分子无规线团中,流动性变差;③高分子溶液中不同高分子链段间因相互作用而形成一定结构,流动摩擦阻力增大,导致黏度升高。这种由于在溶液中形成某结构而产生的黏度称为结构黏度。当对溶液施以外加切力时,会引起溶液中结构变化,导致结构黏度改变,因此,高分子溶液的流变行为一般不服从 Newton 黏度定律。在研究高分子溶液时,常用的高分子溶液黏度的表示方法如表 10-8 所示。

表 10-8 高分子溶液黏度的表示方法

名称	符号	表达式	物理意义
相对黏度	η_r	η/η_0	溶液黏度 η 对溶剂黏度 η_0 的相对值
增比黏度	η_{sp}	$\dfrac{\eta-\eta_0}{\eta_0}$ 或 η_r-1	高分子溶质对溶液黏度的贡献
比浓黏度	$\dfrac{\eta_{sp}}{c}$	$\dfrac{\eta_{sp}}{c}=\dfrac{\eta-\eta_0}{c\eta_0}$	单位浓度高分子溶质对溶液黏度的贡献
特性黏度	$[\eta]$	$\lim\limits_{c\to0}\dfrac{\eta_{sp}}{c}=\lim\limits_{c\to0}\dfrac{\ln\eta_r}{c}$	单个高分子溶质分子对溶液黏度的贡献 不考虑分子间的相互作用

高分子的特性黏度和分子量之间的关系可用半经验公式来描述,这也是利用黏度法测定高分子分子量的理论依据。

$$[\eta]=k\,\overline{M}_\eta^\alpha \tag{10-28}$$

其中:k 和 α 为 Mark-Houwink(马克-霍温克)常数,与溶剂、高分子化合物性质和温度有关。

高分子溶液的黏度还与高分子自身的结构形状有关。一般体型高分子溶液(如 γ-球蛋白溶液)的黏度要比线型高分子溶液(如 DNA 溶液)小得多;体型高分子溶液的黏度随浓度变化甚微,而线型高分子溶液浓度升高时,其黏度剧增。这可能与线型高分子溶液浓度增大时,溶液内部的高分子易于形成结构所致。

4. 高分子溶液的渗透压

稀溶液的依数性如沸点升高、凝固点降低、渗透压等,可用于测定溶质的相对分子质量。对于理想溶液,渗透压与溶液浓度的关系为:

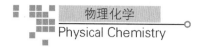

$$\frac{\Pi}{b} = \frac{RT}{M} \tag{10-29}$$

其中：Π 为渗透压，b 为溶质的质量摩尔浓度（$kg \cdot m^{-3}$），M 为溶质的相对分子质量。

如果是非理想溶液，可用 MacMillan-Mayer（麦克米伦-梅耶）公式表示为：

$$\frac{\Pi}{b} = RT \left(\frac{1}{M_n} + A_2 b + A_3 b^2 + \cdots \right) \tag{10-30}$$

其中：A_2、A_3…称为 Virial（维利）系数。溶液浓度很稀时，式(10-30)可简化为：

$$\frac{\Pi}{b} = RT \left(\frac{1}{M_n} + A_2 b \right) \tag{10-31}$$

式(10-31)中 A_2 称为第二 Virial（维利）系数，其值与溶液中高分子的形态及高分子与溶剂间的相互作用有关。根据式(10-31)，一定温度下，测得不同浓度（b）高分子溶液的渗透压（Π），以 Π/b 对 b 作图得一直线，从直线的斜率和截距可求得高分子化合物的数均相对分子质量及 A_2 的值。

5. 高分子溶液的稳定性

大多数线型高分子在溶液中因为柔性，可能出现多种多样的构象，使系统的混乱度增大，即 $\Delta S > 0$。根据公式 $\Delta G = \Delta H - T \Delta S$，熵增加是造成 ΔG 为负值的主要原因，所以高分子的柔性是高分子物质能否自动溶解的因素之一。但是高分子的溶解过程除了要考虑与分子的柔性有关的熵因素外，还要考虑与溶剂化有关的焓因素。高分子的溶剂化作用，一般是放热（$\Delta H < 0$）过程。某些球形蛋白质分子如卵清蛋白，在溶于水中时与水分子的作用较强，水化作用时放热很大，焓减小是造成 ΔG 为负值的主要原因。总之，只要在混合过程中，熵因素和焓因素的净效果能使系统的 ΔG 为负值，那么高分子物质就能在介质中自动溶解，形成热力学稳定的高分子溶液。

6. 高分子对溶胶稳定性的影响

溶胶中加入可溶性高分子化合物后可能出现两种现象，即稳定作用（也称保护作用）和絮凝作用（又称敏化作用）。

(1) 稳定作用 溶胶中加入一定量的某种高分子物质，可以增加溶胶的聚结稳定性，称为稳定作用。能产生稳定作用的高分子物质称为稳定剂或保护剂，一般稳定剂为长链高分子。稳定作用的主要原因是由于胶粒吸附了线型高分子，高分子的一端吸附在胶粒表面上，其余部分伸向溶液中，好像颗粒表面上长出了"毛发"，见图 10-20。它主要有两个方面的作用：一个是渗透压效应，见图 10-20(a)。在"毛发"重叠区内链段浓度的增大而产生渗透排斥作用，溶剂渗透进入链段重叠区，以降低链段的浓度，从而使胶粒分开。另一个是体积限制效应，见图 10-20(b)。当胶粒相互靠近时，高分子链节的热运动将受到空间的阻碍，导致分子链上可能出现的构象数大为减少，造成熵值的变小，$\Delta S < 0$。当 $\Delta H < 0$（放热）不足以抵消熵变所产生的影响时，就可以使系统的自由能变大，$\Delta G > 0$，因而产生排斥作用使胶粒分开，以降低系统的自由能。

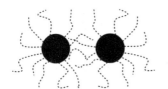 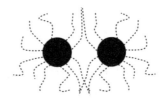

a.渗透压效应   b.体积限制效应

图 10-20   高分子物质对溶胶稳定作用的示意图

（2）絮凝作用   在溶胶中加入极少量的某种高分子化合物,可以降低溶胶的聚结稳定性,导致溶胶迅速絮凝成疏松的棉絮状沉淀,称为絮凝作用。所得到的这种沉淀物称为絮凝物,能产生絮凝作用的高分子物质称为絮凝剂,明胶、淀粉、改性多糖、聚乙烯醇和聚丙烯酰胺等都是絮凝剂。絮凝作用在净化饮用水、钻井泥浆以及化工生产流程中的沉淀、过滤、洗涤等方面起着重要的作用。高分子的絮凝作用是由于线型高分子吸附了溶胶粒子后,高分子物质本身的链段旋转和运动,将胶粒聚集起来,形成絮状沉淀,见图 10-21。由于高分子物质在胶粒间起着桥梁的作用,所以也称为桥联作用。

图 10-21   高分子物质对溶胶桥联作用的示意图

10.7.4   Donnan 平衡

1. 高分子电解质溶液

高分子电解质溶液由于其溶质分子链上带有电荷,其溶液的许多性质与溶质分子链上所带电荷的符号、电荷数量及电荷分布情况密切相关。根据高分子链上所带电荷的不同,可将高分子电解质分成三类:①阳离子高分子电解质,如聚溴化 4-乙烯-N-正丁基吡啶;②阴离子高分子电解质,如聚丙烯酸钠;③两性高分子电解质,如蛋白质。以蛋白质为代表的两性高分子电解质对农业、生物等科学尤其重要。

2. Donnan（唐南）平衡

高分子电解质 M_zR 在溶液中发生解离,生成高分子离子 R^{z-} 和小离子 M^+,如下式所示

$$M_zR \longrightarrow R^{z-} + zM^+$$

高分子离子 R^{z-} 称为聚离子或大离子,不能通过半透膜。当用半透膜将高分子电解质与电解质溶液隔开时,大离子会被束缚在膜的一侧,电解质离子则可透过半透膜,当达到平衡时,小分子电解质在膜两侧分布不均匀,这样的平衡称为 Donnan 平衡（donnan equilibrium）或

膜平衡(membrane equilibrium)。

通常把含有 R^{z-} 大离子的一侧称为膜内,含电解质离子的一侧称为膜外。Donnan 平衡时主要表现出三个方面的现象:①离子的不均匀分布;②膜内外渗透压的存在;③膜内外电位差即 Donnan 电势的存在。后面两个现象是第一个现象的必然结果。

设在半透膜分开的两个体积相等的溶液中,膜内为蛋白质钠盐 Na_zP,浓度为 c_1:

$$Na_zP = zNa^+ + P^{z-}$$

z 为大离子 P^{z-} 的电荷数。膜外只有一种电解质 NaCl,浓度为 c_2。开始时如图 10-22(a)所示,由于膜内大离子 P^{z-} 不能透过半透膜,而膜外的 Cl^- 向着无 Cl^- 的膜内扩散。设达到平衡时,进入膜内的 Cl^- 浓度为 x,为保持膜两侧溶液的电中性,必有等量的 Na^+ 进入膜内,膜外余下 Na^+、Cl^- 的浓度均为 c_2-x,如图 10-22(b)所示。根据热力学平衡条件,Donnan 平衡时 NaCl 在膜内外的化学势相等,即 $\mu(NaCl)_内 = \mu(NaCl)_外$。

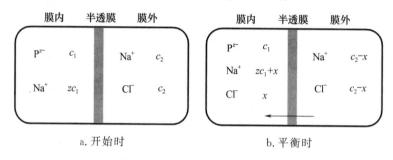

a. 开始时　　　　　　　　　　b. 平衡时

图 10-22　Donnan 平衡示意图

则:　$\mu(NaCl)_内 = [\mu^\ominus(Na^+) + RT\ln a(Na^+)_内] + [\mu^\ominus(Cl^-) + RT\ln a(Cl^-)_内]$

$\mu(NaCl)_外 = [\mu^\ominus(Na^+) + RT\ln a(Na^+)_外] + [\mu^\ominus(Cl^-) + RT\ln a(Cl^-)_外]$

整理得:$a(Na^+)_内 \cdot a(Cl^-)_内 = a(Na^+)_外 \cdot a(Cl^-)_外$

对于稀溶液,活度系数 γ 可视为 1,则可用浓度代替活度,则

$$c(Na^+)_内 \cdot c(Cl^-)_内 = c(Na^+)_外 \cdot c(Cl^-)_外$$

即

$$(zc_1 + x) \cdot x = (c_2 - x)^2$$

$$x = \frac{c_2^2}{zc_1 + 2c_2} \tag{10-32}$$

由于渗透压是半透膜两边离子数的差值所引起的,所以有下式

$$\Pi = \Delta cRT = [(z+1)c_1 - 2c_2 + 4x]RT$$
$$= \frac{zc_1^2 + 2c_1c_2 + z^2c_1^2}{zc_1 + 2c_2}RT \tag{10-33}$$

(1)当 $Zc_1 \gg c_2$ 时,$x \approx 0$,表示在此种情况下,电解质几乎进不到膜内。

(2)当 $Zc_1 = c_2$ 时,$x \approx c_2/2$ 时,即有 1/2 的 NaCl 进入膜内,NaCl 在膜内外均匀分布。

（3）平衡时膜外与膜内 NaCl 浓度之比 $\dfrac{c(\mathrm{NaCl})_{外}}{c(\mathrm{NaCl})_{内}}=\dfrac{c_2-x}{x}=1+\dfrac{Zc_1}{c_2}$。

由于大离子 P^{z-} 的存在，使小离子在膜两侧的分布受到限制，所测得的渗透压，除聚电解质溶液本身的渗透压外，还包含由于离子分布不均匀而引起的额外渗透压，称为 Donnan 效应。Donnan 效应造成了膜两侧小离子浓度不相等，并且大离子所带净电荷数越多，即 z 值越大，小离子的分布越不均衡。因此，在测定蛋白质、核酸等聚电解质溶液的渗透压时，需要以膜平衡原理加以校正。在测定蛋白质溶液的渗透压时，溶液中存在的低浓度电解质杂质会按 Donnan 平衡条件分布于膜两侧，为减小甚至消除 Donnan 效应的影响，可以采取如下措施：

（1）在膜外用浓度远大于蛋白质溶液浓度的 NaCl 溶液代替纯水，在这种条件下 NaCl 几乎均匀地分布于膜的两侧，可以减小甚至消除 Donnan 效应的影响。

（2）适当调节蛋白质溶液的 pH 到蛋白质等电点附近，以减少蛋白质的净电荷数，从而降低 Donnan 效应。

3. 膜水解

如果浓度为 c_1 的蛋白质钠盐 $\mathrm{Na}_z\mathrm{P}$ 与纯水分别置于半透膜的两侧，则膜内的 Na^+ 要向无 Na^+ 的膜外扩散，为保持膜两侧都呈电中性，膜外必有等量的 H^+ 进入膜内，而膜外留下了等量的 OH^-，这种现象称为膜水解，如图 10-23 所示。

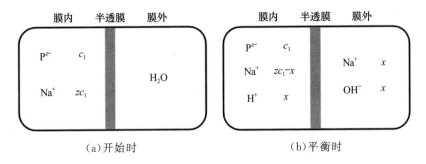

（a）开始时　　　　　　　　　　　　　　（b）平衡时

图 10-23　膜水解示意图

当扩散达平衡时，膜内外两侧小分子电解质的化学势相等。即 $\mu(\mathrm{NaOH})_{内}=\mu(\mathrm{NaOH})_{外}$，

$$c(\mathrm{Na}^+)_{内}\cdot c(\mathrm{OH}^-)_{内}=c(\mathrm{Na}^+)_{外}\cdot c(\mathrm{OH}^-)_{外}$$

膜内　　　$c(\mathrm{OH}^-)_{内}=\dfrac{K_W}{x}$，代入上式得 $(Zc_1-x)\cdot\dfrac{K_W}{x}=x^2$，即

$$x^3=K_W\cdot(Zc_1-x)$$

故当 $Zc_1\gg x$ 时，

$$x=(K_W\cdot Zc_1)^{\frac{1}{3}} \tag{10-34}$$

膜水解使膜内 pH 降低，膜外 pH 升高。红血球内部的 pH 比血球外血浆的 pH 低，就

是因为血球内部含有大量的带负电的血红蛋白大离子的缘故。

4. Donnan 电势

Donnan 平衡时还会出现膜内外有电位差的现象。当蛋白质钠盐和 NaCl 在膜两侧达 Donnan 平衡时,膜内、外两侧 Cl^- 浓度不等:

$$\frac{c_{外}(Cl^-)}{c_{内}(Cl^-)} = \frac{c_2 - x}{x} = 1 + \frac{Zc_1}{c_2}$$

若用两个可逆 Ag-AgCl 电极,分别插入膜内、外两侧的溶液中,就构成了一个浓差电池,其电势 φ 为:

$$\varphi = \frac{RT}{F} \ln \frac{c_{外}(Cl^-)}{c_{内}(Cl^-)} = \frac{RT}{F} \ln \left(1 + \frac{Zc_1}{c_2}\right) \tag{10-35}$$

但实验结果表明,所测两极间电动势等于零。这说明,在系统中必然还有另一个电势存在,其值与浓差电池的电动势大小相等,方向相反。此电势称为 Donnan 电势,又称膜电势。

将膜内、外溶液分别取出,用盐桥代替膜,将两溶液连起来,再在两溶液中各放入一支 Ag-AgCl 电极,所测两电极间的电势即为膜电势。Donnan 电势的正、负符号与大离子带电的符号一致。

10.8 凝胶

在一定条件下,高分子溶液(如琼脂、明胶等)或溶胶(如 $Fe(OH)_3$、硅胶等)中的分散相颗粒在某些部位上相互联结,形成一定的空间网状结构,而分散介质充斥其间,使系统失去流动性,这样的系统称为凝胶(gel)。凝胶由凝胶骨架和充斥其中的介质两相构成,是处于固态和液态之间的一种中间状态,兼具固体和液体的某些特点,但与固体和液体又不完全相同。凝胶在日常生活中非常普遍,如硅胶、豆腐、果冻等都是凝胶,其特殊的结构和性质使其在工农业生产、食品及生命科学等领域具有重要的意义。

10.8.1 凝胶的分类

凝胶具有立体网状结构骨架,结构空隙内填充着液体介质。骨架是由分散相的颗粒联结而成的。根据凝胶中含液量的多少,可将凝胶分为冻胶与干凝胶。①在冻胶中液体的含量常在 90% 以上,琼脂冻胶中 99.8% 是水。冻胶多数是由柔性的高分子构成,具有弹性。②液体含量少的凝胶称为干凝胶,简称干胶。半透膜也属于干胶,高聚物分子构成的干胶在吸收合适的液体后能变成冻胶。

还可根据分散相颗粒质点的性质是柔性还是刚性,以及形成凝胶结构时质点间联结的结构强度,把凝胶分为弹性凝胶和刚性凝胶两类。①弹性凝胶(elastic gel),通常是由柔性的线型高分子化合物所形成的凝胶,如橡胶、明胶、琼脂等。弹性凝胶的分散介质的脱除和吸收具有可逆性。如明胶是一种水凝胶,脱水后体积收缩,成为只剩下以分散相为骨架的干凝胶,若将干凝胶放入水中,加热,使之吸收水分,冷却后可重新变为凝胶。该类凝胶对液体的吸收有明显选择性,如明胶可吸水胀大,但不能吸收苯,而橡胶则恰好相反。②刚性凝胶

(rigid gel)是由刚性分散颗粒相互联成网状结构的凝胶,在吸收或脱除溶剂后刚性凝胶的骨架基本不变,所以体积也无明显变化。大多数无机凝胶如 SiO_2、TiO_2、V_2O_5 等是刚性凝胶,通常此类凝胶对溶剂的吸收无选择性,只要能润湿凝胶骨架的液体都能被吸收。

制取凝胶有两种方法:一种方法是把干凝胶浸到合适的液体介质中,通过吸收介质使体积膨胀而得到,该方法称为溶胀法。高分子物质的弹性凝胶通常用干胶溶胀制得。另一种方法是由高分子溶液(或溶胶)通过降低其溶解度而析出分散相粒子,并使其相互交联形成网状骨架而形成凝胶,该过程称为胶凝作用(gelation)。

10.8.2　凝胶的性质

1. 凝胶的膨胀

弹性凝胶经干燥后得到的干凝胶,在适当的液体中,能自动吸收液体而胀大体积,这种现象称为溶胀,即凝胶的膨胀作用(swelling)。凝胶的膨胀可分为有限膨胀和无限膨胀。若凝胶是吸收有限量的液体,凝胶的网络只撑开而不解体,则称为有限膨胀。若吸收的液体越来越多,凝胶中的网络越撑越大,最终导致破裂、解体并完全溶解,则称之为无限膨胀。

为制止膨胀,需要对凝胶施加一定的压力,此项压力称为凝胶的膨胀压(swelling pressure)。有些干凝胶具有很大的膨胀压。例如,将干木楔打入岩石的裂缝,用水浇湿木楔时,溶胀压足以崩裂石块。溶胀对生理过程也起着重要的作用,如种子只能在膨胀后才可能发芽。

2. 凝胶的脱液收缩

凝胶在放置过程中会自动分离出部分液体,同时体积逐渐缩小,这种现象称为脱液收缩(syneresis),又称离浆。脱液收缩是胶凝过程的继续,凝胶骨架分子链段间的联结力,仍在发生作用,交联度不断发展增多,造成网状骨架紧缩,从而把网孔中的液体排挤出来。脱液收缩是含液凝胶不稳定的表现,收缩析出一部分液体后仍为凝胶,其浓度较原来的凝胶高;所分离出的溶液是浓度极低的高分子溶液或稀溶胶,而不是纯溶剂。脱液收缩不同于物质干燥时的失水,因为它在潮温空气中或低温下,仍然可以发生脱水。在日常生活中,我们经常可以看到凝胶脱液收缩的例子,如新鲜的豆腐、奶酪、果冻会在放置过程中脱液。

3. 凝胶的触变

某些凝胶在剪切力的作用下,会出现流动性增大,黏度变小而形成溶胶的现象。当除去剪切力的作用,静置一段时间后,又恢复原来的黏度而变成凝胶,这种现象称为触变。这是因为系统受到振动或搅动后,内部结构变化,而静置不动时结构又逐渐恢复。可能发生触变的系统不只限于凝胶,有些高分子溶液和悬浊液(如泥浆)也可能发生触变。

4. 凝胶中的扩散和化学反应

当凝胶和某种溶液接触时,有些物质便会通过凝胶骨架的网状结构进行扩散。凝胶浓度低时,小分子物质在其中的扩散速率和在纯溶剂中差不多。故在电化学实验中常用含 KCl 的琼脂凝胶制作盐桥。当凝胶浓度增大时,扩散粒子的扩散速率有所降低。高分子在凝胶中扩散速率明显低于小分子,当凝胶浓度较高时,其扩散速率显著降低,以至于在浓度较大的凝胶中,高分子物质甚至不能扩散。故可根据不同粒子在同种凝胶中的扩散速率来判断粒子自身大小。大多数的半透膜就是一种凝胶膜,它可人为调节凝胶膜孔的尺寸,使小于某尺寸的分子自由通过而高分子不能透过,已被广泛地应用于生物、食品、医药等领域。

物质在凝胶中的扩散没有对流和混合作用,因此物质在凝胶中发生的化学反应和在溶液中发生的反应不同。1896 年,德国化学家 Liesegang(里斯根)在盛有明胶凝胶的培养皿或试管中预先加入 $K_2Cr_2O_7$ 溶液,在培养皿中央滴加或试管上部滴入少量 $AgNO_3$ 溶液,几天后可以在培养皿中观察到橙红色的 $Ag_2Cr_2O_7$ 沉淀呈同心圆环分布,在试管中观察到自上而下出现环状 $Ag_2Cr_2O_7$ 沉淀。图 10-24 所示的这种层状或环状沉淀物称为 Liesegang 环。过饱和与扩散是形成 Liesegang 环的主要因素。当高浓度的 Ag-

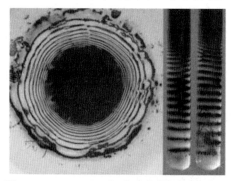

图 10-24　$Ag_2Cr_2O_7$ 沉淀形成的 Liesegang 环

NO_3 溶液由中心向外(试管中由上而下)扩散时遇到 $K_2Cr_2O_7$,如要生成沉淀必须满足过饱和条件,第一层沉淀形成后,附近区域 $K_2Cr_2O_7$ 浓度降低,于是出现空白区。过此地带后又能满足过饱和条件,于是出现第二个环,但环间距随离开中心的距离而逐渐增大,环本身也变宽而且模糊。

在自然中,一些矿物如玛瑙、玉石等的层状结构,树木的年轮,肾脏、胆囊的层状结石,都是这种周期性的环。因此,对 Liesegang 环的研究有着许多实际的意义。

★10.9　纳米粒子

10.9.1　纳米技术的发展

纳米技术是指在 0.1～100 nm 尺度空间内研究电子、原子、分子的运动规律和特性,从而研究在纳米尺度范围内物质所具有的物化性质、功能及其应用的高新技术。20 世纪 60 年代诺贝尔奖获得者量子物理学家 Feynman(费曼)曾经预言:如果我们对物体微小规模上的排列加以某种控制的话,我们就能使物体得到大量的异乎寻常的特性,就会看到材料的性能产生丰富的变化。他所说的材料就是现在的纳米材料。1981 年,德国萨尔兰大学的学者 Gleiter(格莱特)首次提出了纳米材料的概念。1990 年 7 月,在美国召开的第一届国际纳米科学技术会议,正式宣布纳米材料科学为材料科学的一个新分支,而采用纳米材料制作新产品的工艺技术则被称为纳米技术。现在纳米技术已经形成为高度交叉的综合性科学技术,是一个融科学前沿和高新技术于一体的完整的科学技术体系。

世界上一些发达国家几乎同时提出国家级纳米科技的战略规划并付之以行动。美国为了保持其纳米科学技术领域的强势地位,于 2000 年初由克林顿总统向美国国会提出"国家纳米技术倡议"(National Nanotechnology Initiative,NNI)全面部署纳米技术战略规划。我国是纳米科学技术研究较早的国家之一。早在 20 世纪 50 年代著名科学家钱学森在他的"物理力学"中就试图在理论上把微观世界同宏观世界联系起来。1999 年,国家科技部制定了"国家重点基础研究发展规划"(973 计划)中就设置了"纳米材料与纳米结构"项目。2003

年3月,由中国科学院纳米科技中心、北京大学和清华大学联合发起并组建了国家纳米科学中心(National Center for Nanoscience and Technology,NCNST)。近年来,我国在纳米材料与技术的基础研究领域取得了一些国际领先的成果,这些都为实现跨越式发展提供了可能。

10.9.2 纳米材料的特性

纳米材料包括纳米颗粒材料、纳米晶粒材料、纳米复合材料等。在纳米材料中纳米晶粒和由此产生的高浓度晶界是它的两个重要特征。高浓度晶界及晶界原子的特殊结构将导致纳米材料的力学性能、磁性、介电性、超导性、光学乃至热力学性能等发生显著改变。

1. 小尺寸效应

当纳米材料的尺寸与光波波长、德布罗意波长以及超导态的相干长度或透射深度等物理特征尺寸相当或更小时,晶体周期性的边界条件将被破坏,非晶态纳米粒子的颗粒表面层附近的原子密度减少,导致声、光、电、磁、热、力学等物理特性呈现新的变化,称为小尺寸效应(small size effect)。例如,纳米银的熔点为373 K,而银块则为1 234 K。纳米铁的抗断裂应力比普通铁高12倍。

2. 表面效应

固体材料的表面原子与内部原子所处的环境是不同的。当材料粒径远大于原子直径时,表面原子对材料性能的影响可以忽略;但当粒径逐渐接近于原子直径时,表面原子的数目及其作用就不能忽略。这时晶粒的表面积、表面能和表面结合能等急剧增加,由此引起的种种特异效应统称为表面效应。纳米粒子表面原子数增多,其配位数不足和高的表面能,使得这些原子易与其他原子相结合而稳定下来,所以具有很高的化学活性。

3. 量子尺寸效应

量子尺寸效应是指当纳米粒子尺寸下降到某个阈值时,费米能级附近电子能级将由准连续变为离散能级也就是能级劈裂或者能隙变宽的现象。当能级的变化程度大于热能、光能、电磁能的变化时,导致纳米粒子的磁、光、声、热、电及超导特性与常规材料有显著的不同。

4. 宏观量子隧道效应

量子隧道效应是一种微观现象,从量子力学的粒子具有波粒二象性的观点出发,解释粒子能够穿越比总能量高的势垒。近年来,发现一些宏观量(如微颗粒的磁化强度和量子相干器的磁通量等)也具有隧道效应,称为宏观量子隧道效应。对纳米颗粒这一特性的研究,将为发展微电子学器件产生重要的理论和实践意义。

10.9.3 纳米技术在生命科学中的应用

纳米技术作为一门新兴的交叉学科,其研究几乎涉及现有科学技术的所有领域,目前在纳米材料学、纳米电子学、纳米生物学、纳米制造技术、纳米显微学和纳米机械加工技术等领域都已经取得了很多成果。纳米材料由于纳米颗粒的性能发生了变化,从而使纳米材料的力学、磁学、热学、光学、电学及催化等性能及生物活性也发生了变化。人们可以利用这些变化把纳米材料广泛应用于各种材料研究领域,在医学上可以用于人工骨、人工牙齿的开发

等,还可以利用纳米技术制造纳米器件,如微型传感器和纳米机器人等,这些器件可以在不严重干扰细胞的正常生理过程的情况下,获得活细胞内足够的动态信息来反映其功能状态。

纳米技术对药物研究领域的不断渗透和影响,也引发了药物领域的一场革命。纳米技术在药物合成、催化和分离过程中提高效率并改善产品质量。在药物开发研究领域,运用纳米技术开发的药物克服了传统药物许多缺陷以及无法解决的问题。纳米粒径化对药物进行改良可提高药物的吸收速率和生物利用度。纳米控释药物系统可以直接作用于细胞,改善药物的药代动力学性质,使某些口服酶制剂更加有效并能实现药物的靶向作用,减轻或避免药物的毒副反应。通过纳米粒载体替代病毒载体,可解决基因药物治疗中的免疫反应难题。利用纳米机械装置即分子生物机器人代替传统药物可发挥特殊的治疗效果。

近些年,生物材料已经进入"纳米技术"时代,纳米生物材料研究成为材料学与生物学的连接桥梁,推动了生物医学原有领域的技术革新,如细胞/分子分离、疫苗/药物递送、体内外成像检测和组织工程再生等。该交叉研究领域主要分为三类:①工程化的"仿生命体",采用合成生物学策略改造宿主细胞或细菌,进而获得具有特定生物功能的生物源纳米材料,如细胞膜纳米颗粒、外泌体、细菌外膜囊泡、病毒样颗粒和细菌生物被膜等;②智能化的"半生命体",通过纳米材料对细菌或细胞进行修饰,构建纳米人工杂合生物系统,实现传统合成生物学无法满足的功能强化,如细菌机器人、人工杂合嵌合抗原受体 T 细胞、人工光合系统等;③仿生化的"类生命体",以合成生物学理论为指导,以纳米材料的理化性质为基础,合成组装并模拟生命活动,如纳米酶、人工抗原递呈细胞、定向运动纳米机器人、DNA 纳米机器人等。

纳米技术在生命科学中的产业化进程,使我国已进入世界科技前沿先进行列的纳米技术迅速向生命科学领域内推进以解决用传统方法无法解决的生命科学中疑难病症治疗的重大问题,造福于全国人民并对人类生命科学的发展做出应有的贡献。

本章小结

1.胶体是物质以一定分散程度存在的一种状态,对分散系统有多种分类方法:①按分散相的粒径分为分子分散系统、胶体分散系统和粗分散系统三类。②按分散介质的物态分为液溶胶、固溶胶和气溶胶三类;③按胶体分散系统的性质分为憎液溶胶和亲液溶胶。

2.憎液溶胶的胶团结构较复杂,分为胶核、胶粒和胶团三部分。胶粒是胶体中的主要研究对象。胶团由带电的胶粒和扩散层中的反号离子组成,胶团是电中性的。

3.Tyndall 效应是胶体粒子对光的散射现象,这是区分溶胶和小分子溶液的最简便方法。胶体对光的散射遵守 Rayleigh 光散射公式。

4.胶粒发生 Brown 运动的本质是分散介质分子的热运动。胶粒在重力场中会发生沉降,当重力作用和扩散作用趋于平衡时,达到沉降平衡。

5.电泳、电渗、流动电势和沉降电势都是电动现象。Stern 模型认为,胶粒移动时会带着紧密层及离子的溶剂化层一起移动,这个切动面上的电势差就是电动电势 ζ。只有胶粒在移动时才能测定 ζ 电势,其值受外加电解质的影响很大。

6.憎液溶胶是不稳定的,有多种因素可以使它聚沉,其中外加电解质的影响最大。

7.高分子平均相对分子质量的测定方法不同,所得的数值不同。对于高分子电解质溶液,大离子不能透过半透膜,而小离子和水分子可以,这种小离子在膜两边不等的平衡分布称为 Donnan 平衡。

8.凝胶的分类和膨胀、脱液收缩等性质。

阅读材料

土壤和地下水环境中胶体与环境污染物的共迁移行为

土壤是一个由无机胶体、有机胶体以及有机-无机胶体所组成的胶体系统,具有较强的吸附性能。一般来说,在酸性土壤中土壤胶体带正电荷,在碱性条件中则带负电荷。进入土壤的环境污染物可以通过物理吸附、化学吸附、氢键结合和配位价键结合等形式吸附在土壤胶体颗粒表面。环境污染物被土壤吸附后,移动性和生理毒性随之发生变化,所以土壤对农药的吸附作用,在某种意义上就是土壤对环境污染物的净化。但这种净化作用是有限度的,一般来讲,黏性土壤和有机质含量高的土壤其吸附能力强。

随着城市化、工业化和农业现代化进程的不断加快,所产生的潜在有害化学物质(污染物)的数量越来越大,并正在进入地下水环境中。污染物一旦穿透土壤非饱和带进入地下含水层,由于地下水流动速度相对较快,会促进污染物在土壤饱和带中的迁移和扩散。当土壤和地下水环境遭到污染后,土壤和地下水污染的控制和治理将难以解决,直接威胁环境的生态安全和人类的生命健康。大量研究发现土壤胶体是影响污染物迁移的重要因素之一。由于胶体表面积大、吸附点位多,胶体可以强烈吸附很多污染物。土壤中的污染物可以附着在土壤胶体上随胶体快速迁移,从而导致污染物在土壤和地下水中快速运移和扩散。在污染物的迁移过程中,胶体起到载体和协助运移的作用。

可移动胶体能够作为污染物的载体,为其提供一个快速迁移的通道。这种提高污染物质传播的现象被称为"胶体促进污染物迁移"。实验已经证明了胶体促进污染物迁移是污染物在地下水中迁移的重要机制。地下环境中的可移动胶体既能够吸附污染物,又能在适宜的条件下以类似于水相的速率长距离迁移,使得放射性核素、痕量金属及有机污染物等移动性很弱的污染物加速迁移。胶体须满足以下条件才能在促进污染物迁移方面具有环境学意义:①可移动胶体浓度较大;②胶体能在多孔介质的未污染带进行长距离迁移;③污染物与可移动胶体之间的吸附作用较强,且解吸过程相对缓慢;④污染物毒性强,这样即使在地下环境中的低含量也会产生风险。胶体在多孔介质中的迁移之所以意义重大,主要就是由于胶体能够促进很多种无机和有机污染物的迁移,这些污染物吸附到胶体颗粒上,再随之迁移到更广泛的区域,加剧了对地下水环境的污染风险。

胶体与环境污染物共迁移行为受不同环境因子的影响而改变。①pH 是在胶体携带污染物迁移研究中较为显著的环境因素,这是因为 pH 的改变可以影响地下水环境中胶体的释放和沉积等环境行为。②优先流的影响,胶体颗粒粒径大,因此胶体只能在相对较大的孔隙中传输,优先流能够加速胶体-污染物的迁移,从而加重胶体携带的污染物对地下水的潜在威胁。③有机质的影响,有机质表面活性基团的存在使其表现出的吸附能力远高于其他矿质胶体,从而增强胶体携带污染物的迁移能力。④胶体类型和土壤性质的影响。

胶体与环境污染物共迁移行为是综合物理、化学及生物作用的过程,其中包括对流与扩散、吸附与解吸、衰减及生物降解过程等。所以胶体与环境污染物共迁移行为十分复杂,可以利用数学模型对其迁移过程进行模拟,这就需要确定其迁移参数,参数的确定方法可分为两大类:一类是直接测定法,另一类是间接确定法。直接方法一般采用数学模型,在稳定或非稳定条件下测定溶质浓度的时空变化来获得其迁移参数。间接确定法有最小二乘法、矢量法以及极大值法,这类方法存在收敛性和参数唯一性问题。当前人们运用宏观数学方法研究土壤污染状况,深入开展污染物在土壤环境中反应过程的微观机理研究,建立正确的多相流动特性参数模型。由于受到参数尺度效应的影响,在描述污染物的弥散过程时,许多复杂的天然多孔介质可能不存在所谓的典型单元体,因此必须从随机模型的角度来研究胶体与环境污染物共迁移行为,同时为实验室确定参数提供简洁的手段。

通过研究胶体、污染物和胶体协同污染物在土壤和地下水环境中迁移行为,有助于理解和揭示胶体、污染物在土壤和地下水环境中的迁移和归趋以及胶体协同污染物的机制和微界面过程,扩展纳米修复材料在土壤环境治理和修复中的实际应用,为防治土壤和地下水污染问题提供相关的理论和技术支持。

☐ 拓展材料

1.练德良."我一生的希望就是有一天中国翻身"——记我国胶体科学开山鼻祖傅鹰(上).福建党史月刊,2020,5:39-44.

2.练德良."我一生的希望就是有一天中国翻身"——记我国胶体科学开山鼻祖傅鹰(下).福建党史月刊,2020,6:35-37.

3.孙伟,胡晓东,胡耀豪,等.大气环境对新型冠状病毒传播影响的研究进展.科学通报,2022,67,doi:10.1360/TB-2021-1228.

4.Z. Guo, J. J. Richardson, B. Kong, et al. Nanobiohybrids: Materials approaches for bioaugmentation. Sci. Adv. 2020,6,eaaz0330.

☐ 思考题

1.把人工培育的珍珠长期收藏在干燥箱内,为什么会失去原有的光泽? 能否再恢复?

2. 在 H_3AsO_3 稀溶液中通入 H_2S 气体时可制得 As_2S_3 溶胶。已知 H_2S 在水溶液中能电离成 H^+ 和 HS^-,试写出该溶胶的胶团结构。As_2S_3 溶胶的胶核吸附离子有何规律?

3.胶粒发生 Brown 运动的本质是什么? 这对溶胶的稳定性有何影响?

4. Tyndall 效应产生的原因是什么? 这种光的作用与入射光波长有什么关系? 危险信号灯为什么要用红灯显示?

5.憎液溶胶在热力学上是不稳定的分散系统,它却能在相当长的一段时间里稳定地存在,试分析其原因。

6.等体积的 0.08 mol·dm^{-3}NaBr 溶液和 0.10 mol·dm^{-3} 的 AgNO$_3$ 溶液混合制备 AgBr 溶胶,分别加入相同浓度的下述电解质溶液,其聚沉能力的大小次序如何?

(1)KCl,(2)Na$_2$SO$_4$,(3)MgSO$_4$,(4)Na$_3$PO$_4$。

7.请用 Stern 模型来解释电解质浓度对胶粒扩散层的厚度、ζ 电势、电荷密度和电动性质的影响。

8.电泳和电渗有何异同点?流动电势和沉降电势有何不同?这些电动现象有哪些应用?

9.在实验室进行重量分析时,为了使沉淀完全,通常加入相当数量的电解质溶液(非反应物)或将溶液适当加热,请解释这样操作的原因。

10.为什么明矾能使浑浊的水很快澄清?

11.高分子化合物常用的平均相对分子质量有哪几种?这些量之间的大小关系如何?

12.纳米粒子有哪些特性?纳米材料在生命科学中有哪些应用?

习 题

1.用化学凝聚法制备 Fe(OH)$_3$ 溶胶的反应如下

$$FeCl_3 + 3H_2O \longrightarrow Fe(OH)_3 + 3HCl$$

一部分 Fe(OH)$_3$ 又进行如下反应

$$Fe(OH)_3 + HCl \longrightarrow FeOCl + 2H_2O$$

$$FeOCl \longrightarrow FeO^+ + Cl^-$$

试写出 Fe(OH)$_3$胶团的结构式,并注明胶核、胶粒和胶团。

2.290 K 时藤黄水溶胶的黏度为 1.1×10^{-3} Pa·s,通过超显微镜观察到溶胶中的藤黄胶粒在时间间隔为 30 s 时,胶粒的平均位移为 7.00 μm,试计算胶粒的直径及溶胶的扩散系数。

3.293 K 时牛胰岛素在水中的扩散系数为 7.53×10^{-11} m^2·s^{-1},计算牛胰岛素分子在水中平均扩散 1.0×10^{-5} m(约一个活细胞的直径)需多少时间。已知水的平均黏度为 1.00×10^{-3} Pa·s,求牛胰岛素分子的平均直径。

4.293.2 K 时,设汞的胶体溶液在重力场中达沉降平衡,测得在某一高度一定体积内有 386 个粒子,比它高 1.00×10^{-4} m 处的同体积内含有 193 个粒子。已知汞的密度为 1.36×10^4 kg·m^{-3},水的密度为 1.00×10^3 kg·m^{-3},粒子若为球形,求粒子的平均半径。

5.298 K 时,某溶胶粒子半径为 1.00×10^{-7} m,密度为 1.15×10^3 kg·m^{-3},介质是水,密度为 1.00×10^3 kg·m^{-3},摩擦系数 $f = 1.89 \times 10^{-9}$ kg·s^{-1},试计算此胶粒移动 2.00×10^{-4} m 时所需的时间。(1)只考虑扩散;(2)只考虑在重力场下的沉降。

6.密度为 $\rho_{粒子} = 2.152 \times 10^3$ kg·m^{-3} 的球形 CaCl$_2$(s)粒子,在密度为 $\rho_{介质} = 1.595 \times$

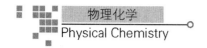

$10^3 \text{ kg} \cdot \text{m}^{-3}$，黏度为 $9.75 \times 10^{-4} \text{ Pa} \cdot \text{s}$ 的 $CCl_4(l)$ 中沉降，在 100 s 的时间内下降了 0.049 8 m，计算此球形 $CaCl_2(s)$ 粒子的半径。

7. 在 298 K 时，血红朊的超离心沉降平衡实验中，离转轴距离 $x_1 = 5.5 \text{ cm}$ 处的浓度为 c_1，$x_2 = 6.5 \text{ cm}$ 处的浓度为 c_2，且 $c_2/c_1 = 9.40$，转速 $n = 120 \text{ r} \cdot \text{s}^{-1}$。已知血红朊的密度 $\rho_{\text{血红朊}} = 1.335 \times 10^3 \text{ kg} \cdot \text{m}^{-3}$，分散介质的密度 $\rho_{\text{介质}} = 0.998 \ 2 \times 10^3 \text{ kg} \cdot \text{m}^{-3}$。试计算血红朊的平均摩尔质量 M。

8. 用相同的方法制备两份浓度不同的氢氧化铁溶胶，测得两份氢氧化铁溶胶的散射光强度之比为 $I_1/I_2 = 8$。已知第一份溶胶的浓度 $c_1 = 0.12 \text{ mol} \cdot \text{dm}^{-3}$，设入射光的频率和强度等实验条件都相同，试求第二份溶胶的浓度 c_2。

9. 有三份完全相同的 $Fe(OH)_3$ 溶胶，其体积为 0.02 dm^3。用三种不同的盐聚沉，结果发现：(1)浓度 $0.003 \ 3 \text{ mol} \cdot \text{dm}^{-3}$ 的 K_3PO_4 用量为 $0.007 \ 4 \text{ dm}^3$，(2)浓度 $0.005 \text{ mol} \cdot \text{dm}^{-3}$ 的 K_2SO_4 用量为 0.125 dm^3，(3)浓度 $1.0 \text{ mol} \cdot \text{dm}^{-3}$ 的 KCl 用量为 0.021 dm^3。试计算各电解质的聚沉值和它们的聚沉能力之比，并判断胶粒所带电荷。

习题 10-9 解答视频

10. 把 1.0 g 的聚乙二醇(已知其 $\overline{M}_n = 100 \text{ kg} \cdot \text{mol}^{-1}$)溶解在 0.2 dm^3 甲苯中，试计算所得到溶液在 308 K 时的渗透压。

11. 298 K 时用电泳法测得某棒状水溶胶粒子的 ζ 电势为 45 mV，电位梯度为 $620 \text{ V} \cdot \text{m}^{-1}$，水的相对介电常数为 81，黏度为 $1.00 \times 10^{-3} \text{ Pa} \cdot \text{s}$，试求该胶粒的电泳速率。

12. 由电泳实验测得 Sb_2S_3 溶胶(设为球形粒子)，在电压 210 V 下(两极相距 38.5 cm)，通电时间为 36 min 12 s，引起溶液界面向正极移动 3.2 cm，已知该溶胶分散介质的相对介电常数为 81.1，黏度 $1.03 \times 10^{-3} \text{ Pa} \cdot \text{s}$，试计算 Sb_2S_3 溶胶的 ζ 电势。

13. 298.2 K 时，含有 2%(质量百分数)蛋白质的水溶液，由电泳实验发现其中有两种蛋白质，分子量分别为 $100 \text{ kg} \cdot \text{mol}^{-1}$ 和 $60 \text{ kg} \cdot \text{mol}^{-1}$，且溶液中两种蛋白质的摩尔数相等，假设把蛋白质分子作刚球处理，已知其密度为 $1.30 \times 10^3 \text{ kg} \cdot \text{m}^{-3}$，水的密度为 $1.00 \times 10^3 \text{ kg} \cdot \text{m}^{-3}$，溶液黏度为 $1.00 \times 10^{-3} \text{ Pa} \cdot \text{s}$。

试计算：(1) $\overline{M}_n$ 和 $\overline{M}_m$；

(2)两蛋白质分子的扩散系数之比。

14. 298 K 时，实验测得相对分子质量为 1.52×10^4 的天然橡胶在甲苯中的 $[\eta]$ 为 $0.0317 \text{ m}^3 \cdot \text{kg}^{-1}$；相对分子质量为 6.69×10^5 的天然橡胶在甲苯中的 $[\eta]$ 为 $0.400 \text{ m}^3 \cdot \text{kg}^{-1}$。求：(1)298 K 时，天然橡胶-甲苯溶液的黏均相对分子量计算经验公式中的 K、α 值。

(2)298 K 时，测得另一天然橡胶样品在甲苯中的 $[\eta]$ 为 $0.200 \text{ m}^3 \cdot \text{kg}^{-1}$，试求其黏均相对分子质量。

15. 298 K 时，在某半透膜的两边分别放有浓度为 $0.1 \text{ mol} \cdot \text{dm}^{-3}$ 的高分子有机物 RCl 和浓度为 $0.50 \text{ mol} \cdot \text{dm}^{-3}$ 的 NaCl

习题 10-15 解答视频

溶液,设有机物能全部解离,但是 R^+ 离子不能透过半透膜。计算经过膜平衡之后,两侧各种离子的浓度和渗透压。

16. 设 NaP 在水中能完全离解为 Na^+ 和大离子 P^-,将浓度为 $0.1\ mol \cdot dm^{-3}$ 的 NaP 溶液 $0.10\ dm^3$ 装入火棉胶口袋,浸在 $0.10\ dm^3$ 的纯水中,在 298 K 时达到 Donnan 平衡,结果造成膜两侧的 pH 不同。假定膜水解程度很小,水的离子积 K_w 为 10^{-14},求:

(1)膜内外的 pH 各为多少?

(2)Donnan 电势的值是多少?

参考文献

References

"锐意创新　协力攻坚——分子反应动力学国家重点实验室."科学中国人,2020(21):78-79.

陈飞武,韦美菊,叶亚平,等.稀溶液中化学势的计算以及渗透压公式的推导.大学化学,2015,30(4):63-67.

陈美婷,顾聪,姚喆,等.强电解质稀溶液的依数性公式导出及实验验证.大学化学,2019,34(1):92-97.

陈宗淇,杨孔章.胶体化学发展简史.化学通报,1988,6:56-59.

程新群.化学电源.2版.北京:化学工业出版社,2019.

董元彦,路福绥,唐树戈,等.物理化学.5版.北京:科学出版社,2021.

董元彦,李宝华,路福绥.物理化学.3版.北京:科学出版社,2004.

杜凤沛,高丕英.简明物理化学.北京:高等教育出版社,2005.

杜凤沛,韩杰,范海林.简明物理化学.3版.北京:高等教育出版社,2022.

范崇正,杭瑚,蒋淮渭.物理化学:概念辩析·解题方法.5版.合肥:中国科学技术大学出版社,2016.

冯晴晴,张天鲛,赵潇,等.合成纳米生物学——合成生物学与纳米生物学的交叉前沿.合成生物学,2022,3(2):260-278.

冯霞,陈丽,朱荣娇.物理化学解题指南.3版.北京:高等教育出版社,2018.

傅献彩,侯文华.物理化学(上册).6版.北京:高等教育出版社,2022.

傅献彩,侯文华.物理化学(下册).6版.北京:高等教育出版社,2022.

傅献彩,沈文霞,姚天扬,等.物理化学(下册).5版.北京:高等教育出版社,2006.

傅献彩,沈文霞,姚天扬.物理化学.4版.北京:高等教育出版社,1998.

巩育军,薛元英.相平衡体系的通用关系式及其应用.大学化学,1996,1(6):54-57.

郭文佳.太阳能汽车普及之路并不简单.智能网联汽车,2022(4):54-55.

郭文录,张秀荣.用吉布斯相律对水相图的研究.化学研究与应用,1992,4(2):97-100.

韩德刚,高执棣,高盘良.物理化学.2版.北京:高等教育出版社,2011.

郝斌,吴楠,金昌磊,等.物理化学热力学计算和实验研究.山东化工,2022,51(9):210-212.

胡婕,田善喜.低能离子-分子反应动力学的研究进展.化学学报,2022,80(4):535-541.

胡君辉,阳丽,白克钊.利用热力学第一定律分析一种磁力伪永动机.实验科学与技术,2016,14(1):33-35.

胡英.物理化学.6 版.北京:高等教育出版社,2014.

黄成新,赵匡华.第一个精测水三相点的物理化学家黄子卿.中国计量,2005,3:47-48.

江振西.热力学中等压热容和等容热容定义方法的修正.黄河科技学院学报,2022,24(8):
46-52(70).

李三鸣,刘艳,邵伟,等.物理化学.8 版.北京:人民卫生出版社,2018.

林清枝,吴义熔.吉布斯自由能判据本质的揭示.北京师范大学学报(自然科学版),1999,35
(2):227-229.

刘国杰,黑恩成.相律中的其他限制条件.大学化学,2012,27(2):76-79.

刘江红,薛健,魏晓航.表面活性剂淋洗修复土壤中重金属污染研究进展.土壤通报,2019,50
(1):240-245.

刘庆玲,徐绍辉.地下环境中胶体促使下的污染物迁移研究进展.土壤,2005,37(2):
129-135.

刘瑞麟,阮慎康.我国著名的物理化学家黄子卿教授.化学通报,1980,11:55-59.

刘兆峰,何瑞敏,郭强,等.渗透膜蒸馏研究进展与展望.广州化工,2022,50(14):11-16.

蒲春生,白云,陈刚.双子表面活性剂的研究及应用进展.应用化工,2019,48(9):2203-2207.

邱永嘉,朱云龙.关于相律中自由度的概念.大学化学,1989,4(1):39-40.

屈军艳.偏摩尔量加和公式可能的两处新应用.化学通报,2013,76(5):478-480.

沈文霞,王喜章,许波连.物理化学核心教程.3 版.北京:科学出版社,2016.

沈文霞.物理化学学习及考研指导.2 版.北京:科学出版社,2018.

沈文霞.物理化学.2 版.北京:科学出版社,2009.

沈钟,王果庭.胶体与表面化学.4 版.北京:化学工业出版社,2012.

孙德坤,沈文霞,姚天扬.物理化学解题指导(新版).北京:高等教育出版社,2007.

孙福强,崔英德,刘永,等.膜分离技术及其应用研究进展.化工科技,2002,10(4):58-63.

汤传义,姚卫霞.表面膜压与单个分子所占面积的关系,安庆师范学院学报(自然科学版),
2003,9(4):17-19.

天津大学物理化学教研室.物理化学(上).6 版.北京:高等教育出版社,2017.

万洪文,詹正坤.物理化学.3 版.北京:高等教育出版社,2022.

王彩玲,颜桂炀,郑柳萍.物理化学家和化学教育家傅鹰的教育之道.化学教育,2015,12:
77-80.

王凤林,高炳坤.卡诺定理的简易证明.大学物理,2003,22(9):14,20.

王浩.表面活性剂研究进展及其应用现状.石油化工技术与经济,2018,34(4):55-58.

王淑兰.物理化学.4 版.北京:冶金工业出版社,2013.

王文清,高宏成.物理化学习题精解(上册).2 版.北京:科学出版社,2004.

王晓云.热力学第二定律、地球灾害和能源危机.武汉科技学院学报,2005,18(10):59-60.

魏泽英,姚惠琴.物理化学.武汉:华中科技大学出版社,2021.

伍赛特.太阳能汽车研究现状及未来技术路线展望.交通节能与环保,2020,16(77):5-8.

薛家骅.物理化学.北京:农业出版社,1993.

杨悦锁,王园园,宋晓明,等.土壤和地下水环境中胶体与污染物共迁移研究进展.化工学报,

2017,68(1):23-36.

姚芙蓉,李军,张莹,等.生物表面活性剂生产及应用研究进展.微生物学通报,2022,49(5):1889-1901.

叶非,陈培荣.物理化学及胶体化学.4版.北京:中国农业出版社,2020.

叶非.物理化学及胶体化学.3版.北京:中国农业出版社,2015.

殷开梁.理想气体绝热过程方程的4种推导.化学教育(中英文),2020,10:23-25.

岳可芬,赵爽,王小芳.物理化学中的化学平衡内容.大学化学,2011,26(6):27-29.

张金锋,代凯,公丕锋,等.基于理想气体多方过程的摩尔热容计算.廊坊师范学院学报(自然科学版),2017,17(3):50-51(56).

张坤玲.有关相律中独立浓度限制条件数的若干问题.石家庄职业技术学院学报,2001,13(4):9-10.

张立德.我国纳米材料技术发展现状.中国经贸导刊,2002,16:24-25.

张莉芹,袁泽喜.纳米技术和纳米材料的发展及其应用.武汉科技大学学报(自然科学版),2003,26(3):234-238.

张培青,姜付义,李文佐,等.物理化学教程.北京:化学工业出版社,2018.

赵慕愚.相律中独立组分的确立.化学教育,1981(5):1.

赵妍,王庭槐.生物反馈治疗中的控制论和熵原理.中国实用神经疾病杂志,2009,12(11):49-52.

郑涵奇,吴晴,李洪军,等.合成生物学与纳米生物学的交叉融合及其在生物医药领域的应用.合成生物学,2022,3(2):279-301.

周鲁.物理化学教程.4版.北京:科学出版社,2017.

朱步瑶,赵振国.界面化学基础.北京:化学工业出版社,1996.

朱传征,褚莹,许海涵.物理化学.2版.北京:科学出版社,2017.

朱志昂,阮文娟.物理化学(下册).6版.北京:科学出版社,2018.

朱志昂,阮文娟.物理化学学习指导.3版.北京:科学出版社,2018.

左国防.石墨烯纳米复合材料电化学生物传感器.北京:科学出版社,2020.

附　录
Appendices

附录 1　基 本 常 数

物理量	符号	数值
真空光速	c	$2.997\ 924\ 58\times10^{8}$　$m\cdot s^{-1}$
Boltzmann 常量	k	$1.380\ 658(12)\times10^{-23}$　$J\cdot K^{-1}$
Planck 常量	h	$6.626\ 075\ 5(40)\times10^{-34}$　$J\cdot s$
Faraday 常量	F	$96\ 485.341\ 5(39)$　$C\cdot mol^{-1}$
普适气体常量	R	$8.314\ 510(70)$　$J\cdot mol^{-1}\cdot K^{-1}$
Avogadro 常量	L，N_A	$6.022\ 136\ 7(36)\times10^{23}$　mol^{-1}
真空介电常数(真空电容率)	ε_0	$8.854\ 187\ 817\times10^{-12}$　$F\cdot m^{-1}$
元电荷	e	$1.602\ 177\ 33(49)\times10^{-19}$　C
自由落体加速度(重力加速度)	g	$9.806\ 65$　$m\cdot s^{-2}$

附录 2　国际单位制

SI 基本单位

量的名称	单位名称	单位符号
长度	米	m
质量	千克	kg
时间	秒	s
电流	安[培]	A
热力学温度	开[尔文]	K
物质的量	摩[尔]	mol
发光强度	坎[德拉]	cd

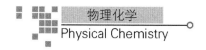

SI 辅助单位

量的名称	单位名称	单位符号	
平面角	弧度	rad	$1\ rad = 1\ m/m = 1$
立体角	球面度	sr	$1\ sr = 1\ m^2/m^2 = 1$

具有专用名称的 SI 导出的单位

量的名称	SI 导出单位			
	名称	符号	表示式	
			用 SI 单位	用 SI 基本单位
频率	赫[兹]	Hz	—	s^{-1}
力、重力	牛[顿]	N	—	$kg \cdot m \cdot s^{-2}$
压力、压强、应力	帕[斯卡]	Pa	$N \cdot m^{-2}$	$kg \cdot m^{-1} \cdot s^{-2}$
能[量]、功、能量	焦[耳]	J	$N \cdot m$	$kg \cdot m^2 \cdot s^{-2}$
功率、辐[射能]通量	瓦[特]	W	$J \cdot s^{-1}$	$kg \cdot m^2 \cdot s^{-3}$
电荷[量]	库[仑]	C	—	$s \cdot A$
电压、电动势、电势[位]	伏[特]	V	$W \cdot A^{-1}$	$kg \cdot m^2 \cdot A^{-1} \cdot s^{-3}$
电容	法[拉]	F		$m^2 \cdot A^2 \cdot s^4 \cdot kg^{-1}$
电阻	欧[姆]	Ω	$V \cdot A^{-1}$	$kg \cdot m^2 \cdot A^2 \cdot s^{-3}$
电导	西[门子]	S	$A \cdot V^{-1}$	$s^2 \cdot A^2 \cdot kg^{-1} \cdot m^{-2}$
磁通[量]	韦[伯]	Wb	$V \cdot s$	$kg \cdot m^2 \cdot A^{-1} \cdot s^{-2}$
磁通[量]密度、磁感应强度	特[斯拉]	T	$Wb \cdot m^{-2}$	$kg \cdot A^{-1} \cdot s^{-2}$
电感	亨[利]	H	$Wb \cdot A^{-1}$	$kg \cdot m^2 \cdot s^{-2} \cdot A^{-2}$
摄氏温度	摄氏度	℃	—	K
光通量	流[明]	lm	—	$cd \cdot sr$
[光]照度	勒[克斯]	lx	$lm \cdot m^{-2}$	$cd \cdot sr \cdot m^{-2}$
[放射性]活度	贝可[勒尔]	Bq		$1\ Bq = 1\ S^{-1}$
吸收剂量	戈[瑞]	Gy		$1\ Gy = 1\ J \cdot kg^{-1}$
剂量当量	希[沃特]	Sv		$1\ Sv = 1\ J \cdot kg^{-1}$

SI 词头

因　素	词头名称		符　号
	英　文	中　文	
10^{24}	yotta	尧[它]	Y
10^{21}	zetta	泽[它]	Z
10^{18}	exa	艾[可萨]	E
10^{15}	peta	拍[它]	P
10^{12}	tera	太[拉]	T
10^{9}	giga	吉[咖]	G
10^{6}	mega	兆	M
10^{3}	kilo	千	k
10^{2}	hecto	百	h
10^{1}	deka	十	da
10^{-1}	deci	分	d
10^{-2}	centi	厘	c
10^{-3}	milli	毫	m
10^{-6}	micro	微	μ
10^{-9}	nano	纳[诺]	n
10^{-12}	pico	皮[可]	p
10^{-15}	femto	飞[母托]	f
10^{-18}	atto	阿[托]	a
10^{-21}	zepto	仄[普托]	z
10^{-24}	yocto	幺[科托]	y

附录 3　元素的相对原子质量

$$A_r(^{12}C)=12$$

序	元素符号	元素名称	相对原子质量	序	元素符号	元素名称	相对原子质量	序	元素符号	元素名称	相对原子质量
1	H	氢	1.007 94	3	Li	锂	6.941	5	B	硼	10.811
2	He	氦	4.002 602	4	Be	铍	9.012 182	6	C	碳	12.011

续附录 3

序	元素符号	元素名称	相对原子质量	序	元素符号	元素名称	相对原子质量	序	元素符号	元素名称	相对原子质量
7	N	氮	14.006 74	42	Mo	钼	95.94	77	Ir	铱	192.22
8	O	氧	16.999 4	43	Tc	锝	98	78	Pt	铂	195.08
9	F	氟	18.998 4	44	Ru	钌	101.07	79	Au	金	196.966 5
10	Ne	氖	20.179 7	45	Rh	铑	102.905 5	80	Hg	汞	200.59
11	Na	钠	22.989 77	46	Pd	钯	106.42	81	Tl	铊	204.383 3
12	Mg	镁	24.305	47	Ag	银	107.868 2	82	Pb	铅	207.2
13	Al	铝	26.981 54	48	Cd	镉	112.411	83	Bi	铋	208.980 4
14	Si	硅	28.085 5	49	In	铟	114.82	84	^{210}Po	钋	209
15	P	磷	30.973 76	50	Sn	锡	118.71	85	^{210}At	砹	210
16	S	硫	32.066	51	Sb	锑	121.757	86	^{222}Rn	氡	222
17	Cl	氯	35.452 7	52	Te	碲	127.6	87	^{223}Fr	钫	223
18	Ar	氩	39.948	53	I	碘	126.904 5	88	^{226}Re	镭	226.025 4
19	K	钾	39.098 3	54	Xe	氙	131.29	89	^{227}Ac	锕	227
20	Ca	钙	40.078	55	Cs	铯	132.905 4	90	Th	钍	232.038 1
21	Sc	钪	44.955 91	56	Ba	钡	137.327	91	^{231}Pa	镤	231.035 9
22	Ti	钛	47.88	57	La	镧	138.905 5	92	U	铀	238.028 9
23	V	钒	50.941 5	58	Ce	铈	140.115	93	^{237}Np	镎	237.048 2
24	Cr	铬	51.996 1	59	Pr	镨	140.907 7	94	^{230}Pu	钚	244
25	Mn	锰	54.938 05	60	Nd	钕	144.24	95	^{243}Am	镅	243
26	Fe	铁	55.847	61	Pm	钷	145	96	^{247}Cm	锔	247
27	Co	钴	58.933 2	62	Sm	钐	150.36	97	^{247}Bk	锫	247
28	Ni	镍	58.693 4	63	Eu	铕	151.965	98	^{252}Cf	锎	251
29	Cu	铜	63.546	64	Gd	钆	157.25	99	^{252}Es	锿	252
30	Zn	锌	65.39	65	Tb	铽	158.925 3	100	^{257}Fm	镄	257
31	Ga	镓	69.723	66	Dy	镝	162.5	101	^{256}Md	钔	258
32	Ge	锗	72.61	67	Ho	钬	164.930 3	102	^{259}No	锘	259
33	As	砷	74.921 59	68	Er	铒	167.26	103	^{260}Lr	铹	260
34	Se	硒	78.96	69	Tm	铥	168.934 2	104	^{261}Rf		261
35	Br	溴	79.904	70	Yb	镱	173.04	105	^{262}Db		262
36	Kr	氪	83.8	71	Lu	镥	174.967	106	^{263}Sg		263
37	Rb	铷	85.467 8	72	Hf	铪	178.49	107	^{264}Bh		262
38	Sr	锶	87.62	73	Ta	钽	180.947 9	108	^{265}Hs		265
39	Y	钇	88.905 85	74	W	钨	183.85	109	^{266}Mt		266
40	Zr	锆	91.224	75	Re	铼	186.207				
41	Nb	铌	92.906 38	76	Os	锇	190.2				

附录 4　希腊字母表

序号	大写	小写	英文注音	国际音标注音	中文读音	意义
1	A	α	alpha	aːlfə	阿尔法	角度;系数
2	B	β	beta	betə	贝塔	磁通系数;角度;系数
3	Γ	γ	gamma	gaːmə	伽马	电导系数(小写)
4	Δ	δ	delta	deltə	德尔塔	变动;密度;屈光度
5	E	ε	epsilon	ep`silon	伊普西龙	对数之基数
6	Z	ζ	zeta	zatə	截塔	系数;方位角;阻抗;相对黏度;原子序数
7	H	η	eta	eitə	艾塔	磁滞系数;效率(小写)
8	Θ	θ	theta	θitə	西塔	温度;相位角
9	I	ι	iota	aiotə	约塔	微小,一点儿
10	K	κ	kappa	kapə	卡帕	介质常数
11	Λ	λ	lambda	lambdə	兰布达	波长(小写);体积
12	M	μ	mu	mju	缪	磁导系数;微(千分之一);放大因数(小写)
13	N	ν	nu	nju	纽	磁阻系数
14	Ξ	ξ	xi	ksi	克西	
15	O	ο	omicron	omik`ron	奥密克戎	
16	Π	π	pi	pai	派	圆周率＝圆周÷直径＝3.141 592 653 589 793
17	P	ρ	rho	rou	肉	电阻系数(小写)
18	Σ	σ	sigma	`sigma	西格马	总和(大写),表面密度;跨导(小写)
19	T	τ	tau	tau	套	时间常数
20	Υ	υ	upsilon	jup`silon	宇普西龙	位移
21	Φ	φ	phi	fai	佛爱	磁通;角
22	X	χ	chi	phai	西	
23	Ψ	ψ	psi	psai	普西	角速;介质电通量(静电力线);角
24	Ω	ω	omega	o`miga	欧米伽	欧姆(大写);角速(小写);角

附录 5　某些物质的临界参数

物质		临界温度 t_c/℃	临界压力 $p_c \times 10^{-5}$/Pa	临界密度 ρ_c/(kg·m^{-3})
氦	He	−267.96	2.27	69.8
氩	Ar	−122.4	48.7	533
氮	N$_2$	−147.0	33.9	313
水	H$_2$O	373.91	220.5	320
氨	NH$_3$	132.33	113.13	236
二氧化碳	CO$_2$	30.98	73.75	468
二氧化硫	SO$_2$	157.5	78.84	525
甲烷	CH$_4$	−82.62	45.96	163
乙烷	C$_2$H$_6$	32.18	48.72	204
丙烷	C$_3$H$_8$	96.59	42.54	214
乙烯	C$_2$H$_4$	9.19	50.39	215
丙烯	C$_3$H$_6$	91.8	46.2	233
乙炔	C$_2$H$_2$	35.18	61.39	231
氯仿	CHCl$_3$	262.9	53.29	491
四氯化碳	CCl$_4$	283.15	45.58	557
甲醇	CH$_3$OH	239.43	81.0	272
乙醇	C$_2$H$_5$OH	240.77	61.48	276
苯	C$_6$H$_6$	288.95	48.98	306
甲苯	C$_6$H$_5$CH$_3$	318.57	41.09	290

附录 6　水溶液中某些离子的标准摩尔热力学函数及摩尔定压热容(298 K)

物　质	$\Delta_f H_m^{\ominus}$ /(kJ·mol^{-1})	$\Delta_f G_m^{\ominus}$ /(kJ·mol^{-1})	$S_m^{\ominus}$ /(J·mol^{-1}·K^{-1})	$C_{p,m}^{\ominus}$ /(J·mol^{-1}·K^{-1})
H$^+$	0	0	0	0
Li$^+$	−278.49	−293.31	13.4	68.6
Na$^+$	−240.12	−261.905	59.0	46.4
K$^+$	−252.38	−283.27	102.5	21.8

续附录 6

物　　质	$\Delta_f H_m^{\ominus}$ /(kJ·mol^{-1})	$\Delta_f G_m^{\ominus}$ /(kJ·mol^{-1})	$S_m^{\ominus}$ /(J·mol^{-1}·K^{-1})	$C_{p,m}^{\ominus}$ /(J·mol^{-1}·K^{-1})
NH_4^+	−132.51	−79.31	113.4	79.9
Tl^+	5.36	−32.40	125.5	
Ag^+	105.579	77.107	72.68	21.8
Cu^+	71.67	49.98	40.6	
Hg_2^{2+}	172.4	153.52	84.5	
Mg^{2+}	−466.85	−454.8	−138.1	
Ca^{2+}	−542.83	−553.58	−53.1	
Ba^{2+}	−537.64	−560.77	9.6	
Zn^{2+}	−153.89	−147.06	−112.1	46
Cd^{2+}	−75.90	−77.612	−73.2	
Pb^{2+}	−1.7	−24.43	10.5	
Hg^{2+}	171.1	164.40	−32.2	
Cu^{2+}	64.77	65.49	−99.6	
Fe^{2+}	−89.1	−78.90	−137.7	
Ni^{2+}	−54.0	−45.6	−128.9	
Co^{2+}	−58.2	−54.4	−113	
Mn^{2+}	−220.75	−228.1	−73.6	50
Al^{3+}	−531	−485	−321.7	
Fe^{3+}	−48.5	−4.7	−315.9	
La^{3+}	−707.1	−683.7	−217.6	−13
Ce^{3+}	−696.2	−672.0	−205	
Ce^{4+}	−537.2	−503.8	−301	
Th^{4+}	−769.0	−705.1	−422.6	
VO^{2+}	−486.6	−446.4	−133.9	
$[Ag(NH_3)_2]^+$	−111.29	−17.12	245.2	
$[Co(NH_3)]^{2+}$	−145.2	−92.4	13	
$[Co(NH_3)_6]^{3+}$	−584.9	−157.0	14.6	
$[Cu(NH_3)]^{2+}$	−38.9	15.60	12.1	
$[Cu(NH_3)_2]^{2+}$	−142.3	−30.36	111.3	
$[Cu(NH_3)_3]^{2+}$	−245.6	−72.97	199.6	
$[Cu(NH_3)_4]^{2+}$	−348.5	−111.07	273.6	
F^-	−332.63	−278.79	−13.8	−106.7
Cl^-	−167.159	−131.228	56.5	−136.4
Br^-	−121.55	−103.96	82.4	−141.8
I^-	−55.19	−51.57	111.3	−142.8
S^{2-}	33.1	85.8	−14.6	
OH^-	−229.994	−157.244	−10.75	−148.5
ClO^-	−107.1	−36.8	42	
ClO_2^-	−66.5	17.2	101.3	
ClO_3^-	−103.97	−7.95	162.3	

续附录 6

物　　质	$\Delta_f H_m^{\ominus}$ /(kJ·mol⁻¹)	$\Delta_f G_m^{\ominus}$ /(kJ·mol⁻¹)	$S_m^{\ominus}$ /(J·mol⁻¹·K⁻¹)	$C_{p,m}^{\ominus}$ /(J·mol⁻¹·K⁻¹)
ClO_4^-	−129.33	−8.52	182.0	
SO_3^{2-}	−635.5	−486.5	−29	
SO_4^{2-}	−909.27	−744.53	20.1	−293
$S_2O_3^{2-}$	−648.5	−522.5	67	
HS^-	−17.6	12.08	62.8	
HSO_3^-	−626.22	−527.73	139.7	
NO_2^-	−104.6	−32.2	123.0	−97.5
NO_3^-	−205.0	−108.74	146.4	−86.6
PO_4^{3-}	−1 277.4	−1 018.7	−222	
CO_3^{2-}	−677.14	−527.81	−56.9	
HCO_3^-	−691.99	−586.77	91.2	
CN^-	150.6	172.4	94.1	−40.2
SCN^-	76.44	92.71	144.3	
$HC_2O_4^-$	−818.4	−698.34	149.4	
$C_2O_4^{2-}$	−825.1	−673.9	45.6	
HCO_2^-	−425.55	−351.0	92	−87.9
CH_3COO^-	−486.01	−369.31	86.6	−6.3

附录 7　某些物质的标准摩尔热力学函数及摩尔定压热容 (298 K)

物　　质	$\Delta_f H_m^{\ominus}$ /(kJ·mol⁻¹)	$\Delta_f G_m^{\ominus}$ /(kJ·mol⁻¹)	$S_m^{\ominus}$ /(J·mol⁻¹·K⁻¹)	$C_{p,m}^{\ominus}$ /(J·mol⁻¹·K⁻¹)
Ag(s)	0	0	42.55	25.351
AgCl(s)	−127.068	−109.789	96.2	50.79
Ag_2O(s)	−31.05	−11.20	121.3	65.86
Al(s)	0	0	28.33	24.4
Al_2O_3(s,刚玉)	−1 675.7	−1 582.3	50.92	79.04
Br_2(l)	0	0	152.231	75.689
Br_2(g)	30.907	3.110	245.463	36.02
HBr(g)	−36.3	−53.4	198.7	29.1
Ca(s)	0	0	41.6	25.9
CaC_2(s)	−59.8	−64.9	69.96	62.72
$CaCO_3$(s,方解石)	−1 206.92	−1 128.79	92.9	81.88
CaO(s)	−635.09	−604.03	39.75	42.80
$Ca(OH)_2$(s)	−985.2	−897.5	83.4	87.5
C(s,石墨)	0	0	5.740	8.527
C(s,金刚石)	1.895	2.900	2.377	6.113
CO(g)	−110.525	−137.168	197.674	29.142

续附录 7

物　　质	$\Delta_f H_m^{\ominus}$ /(kJ · mol^{-1})	$\Delta_f G_m^{\ominus}$ /(kJ · mol^{-1})	$S_m^{\ominus}$ /(J · mol^{-1} · K^{-1})	$C_{p,m}^{\ominus}$ /(J · mol^{-1} · K^{-1})
CO_2(g)	−393.509	−394.359	213.74	37.11
CS_2(l)	89.0	64.6	151.3	76.4
CS_2(g)	117.36	67.12	237.84	45.40
CCl_4(l)	−128.2	—	—	130.7
CCl_4(g)	−95.8	—	—	83.3
HCN(g)	135.1	124.7	201.78	35.86
Cl_2(g)	0	0	223.066	33.907
Cl(g)	121.3	105.3	165.2	21.8
HCl(g)	−92.307	−95.299	186.908	29.12
Cu(s)	0	0	33.2	24.4
CuO(s)	−157.3	−129.7	42.63	42.30
Cu_2O(s)	−168.6	−146.0	93.14	63.64
F_2(g)	0	0	202.78	31.30
HF(g)	−271.1	−273.2	173.779	29.133
Fe(s)	0	0	27.3	25.1
$FeCl_2$(s)	−341.8	−302.3	118.0	76.7
$FeCl_3$(s)	−399.5	−334.0	142.3	96.7
Fe_2O_3(s,赤铁矿)	−842.2	−742.2	87.40	103.85
Fe_3O_4(s,磁铁矿)	−1 118.4	−1 015.4	146.4	143.43
$FeSO_4$(s)	−928.4	−820.8	107.5	100.6
H_2(g)	0	0	130.684	28.824
H(g)	218.0	203.3	114.7	20.8
H_2O(l)	−285.830	−237.129	69.91	75.291
H_2O(g)	−241.818	−228.572	188.825	33.577
I_2(s)	0	0	116.135	54.438
I_2(g)	62.438	19.327	260.69	36.90
I(g)	106.838	70.250	180.791	20.768
HI(g)	26.48	1.70	206.594	29.158
Mg(s)	0	0	32.68	24.89
$MgCO_3$(s)	−1 113.00	−1 030.00	65.7	75.5
$MgCl_2$(s)	−641.3	−591.8	89.6	71.4
MgO(s)	−601.6	−569.3	27.0	37.2
$Mg(OH)_2$(s)	−924.5	−833.5	63.2	77.0
Na(s)	0	0	51.3	28.2
Na_2CO_3(s)	−1 130.68	−1 044.44	134.98	112.30
$NaHCO_3$(s)	−950.81	−851.0	101.7	87.61
NaCl(s)	−411.153	−384.138	72.13	50.50
$NaNO_3$(s)	−467.85	−367.00	116.52	92.88
NaOH(s)	−425.609	−379.494	64.455	59.54
Na_2SO_4(s)	−1 387.08	−1 270.16	149.58	128.20
N_2(g)	0	0	191.61	29.125

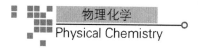

续附录 7

物　质	$\Delta_f H_m^{\ominus}$ /(kJ·mol^{-1})	$\Delta_f G_m^{\ominus}$ /(kJ·mol^{-1})	$S_m^{\ominus}$ /(J·mol^{-1}·K^{-1})	$C_{p,m}^{\ominus}$ /(J·mol^{-1}·K^{-1})
NH$_3$(g)	−46.11	−16.45	192.45	35.06
NO(g)	90.25	86.55	210.761	29.844
NO$_2$(g)	33.18	51.31	240.06	37.20
N$_2$O(g)	82.05	104.20	219.85	38.45
N$_2$O$_3$(g)	83.7	139.5	312.3	65.6
N$_2$O$_4$(g)	9.16	97.89	304.29	77.28
N$_2$O$_5$(g)	11.3	115.1	355.7	84.5
HNO$_3$(l)	−174.10	−80.71	155.60	109.87
HNO$_3$(g)	−135.06	−74.72	266.38	53.35
NH$_4$NO$_3$(s)	−365.56	−183.87	151.08	139.3
O$_2$(g)	0	0	205.138	29.355
O(g)	249.2	231.7	161.1	21.9
O$_3$(g)	142.7	163.2	238.93	39.20
P(s,a-白磷)	0	0	41.1	23.8
P(s,红磷,三斜晶系)	−17.6	—	22.80	21.2
PCl$_3$(g)	−287.0	−267.8	311.78	71.84
PCl$_5$(g)	−374.9	−305.0	364.58	112.80
H$_3$PO$_4$(s)	−1 279.0	−1 119.1	110.50	106.06
S(s,正交晶系)	0	0	31.80	22.64
S(g)	277.2	236.7	167.8	23.7
H$_2$S(g)	−20.63	−33.56	205.79	34.23
SO$_2$(g)	−296.830	−300.194	248.22	39.87
SO$_3$(g)	−395.72	−371.06	256.76	5 067
H$_2$SO$_4$(l)	−813.989	−690.003	156.904	138.91
Si(s)	0	0	18.8	20.0
SiCl$_4$(l)	−687.0	−619.8	239.7	145.3
SiCl$_4$(g)	−657.0	−617.0	330.7	90.3
SiO$_2$(s,α石英)	−910.94	−856.64	41.84	44.43
SiO$_2$(s,无定形)	−903.49	−850.70	46.9	44.4
Zn(s)	0	0	41.6	25.4
ZnCO$_3$(s)	−812.8	−731.5	82.4	79.7
ZnCl$_2$(s)	−415.1	−369.4	111.5	71.3
ZnO(s)	−350.5	−320.5	43.7	40.3
CH$_4$(g)甲烷	−74.81	−50.72	186.264	35.309
C$_2$H$_6$(g)乙烷	−84.68	−32.82	229.60	52.63
C$_2$H$_4$(g)乙烯	52.26	68.15	219.56	43.56
C$_2$H$_2$(g)乙炔	226.73	209.20	200.94	43.93
CH$_3$OH(l)甲醇	−238.66	−166.27	126.8	81.6
CH$_3$OH(g)甲醇	−200.66	−161.96	239.81	43.89
C$_2$H$_5$OH(l)乙醇	−277.69	−174.78	160.7	111.46

续附录7

物　　质	$\Delta_f H_m^{\ominus}$ $/(kJ \cdot mol^{-1})$	$\Delta_f G_m^{\ominus}$ $/(kJ \cdot mol^{-1})$	$S_m^{\ominus}$ $/(J \cdot mol^{-1} \cdot K^{-1})$	$C_{p,m}^{\ominus}$ $/(J \cdot mol^{-1} \cdot K^{-1})$
$C_2H_5OH(g)$乙醇	-235.10	-168.49	282.70	65.44
$(CH_2OH)_2(l)$乙二醇	-454.80	-323.08	166.9	149.8
$(CH_3)_2O(g)$二甲醚	-184.05	-112.59	266.38	64.39
$HCHO(g)$甲醛	-108.57	-102.53	218.77	35.40
$CH_3CHO(g)$乙醛	-166.19	-128.86	250.3	54.64
$HCOOH(l)$甲酸	-424.72	-361.35	128.95	99.04
$CH_3COOH(l)$乙酸	-484.5	-389.9	159.8	124.3
$CH_3COOH(g)$乙酸	-432.25	-374.0	282.5	66.5
$C_4H_6(g)$1,3-丁二烯	110.16	150.74	278.85	79.96
$(CH_3)_2O(l)$环氧乙烷	-77.8	-11.8	153.9	88.0
$(CH_3)_2O(g)$环氧乙烷	-52.63	-13.01	242.53	47.91
$CHCl_3(l)$氯仿	-134.47	-73.66	201.7	113.8
$CHCl_3(g)$氯仿	-103.14	-70.34	295.71	65.69
$C_2H_5Cl(l)$氯乙烷	-136.52	-59.31	190.79	104.35
$C_2H_5Cl(g)$氯乙烷	-112.17	-60.39	276.00	62.8
$C_2H_5Br(l)$溴乙烷	-90.1	-25.1	198.7	100.8
$C_2H_5Br(g)$溴乙烷	-61.9	-23.9	286.7	64.5
$CH_2CHCl(g)$氯乙烯	35.6	51.9	263.99	53.72
$CH_2COCl(l)$氯乙酰	-273.8	-208.0	200.8	117.0
$CH_2COCl(g)$氯乙酰	-243.5	-205.8	295.1	67.8
$CH_3NH_2(g)$甲胺	-22.97	32.16	243.41	53.1

附录8　一些电极的标准电极电势(298 K)

电极还原反应	$\varphi^{\ominus}/V$	电极还原反应	$\varphi^{\ominus}/V$
$H_4XeO_6 + 3H^+ + 2e^- \rightarrow XeO_3 + 3H_2O$	$+3.0$	$MnO_4^- + 8H^+ + 5e^- \rightarrow Mn^{2+} + 4H_2O$	$+1.507$
$F_2 + 2e^- \rightarrow 2F^-$	$+2.87$	$Au^{3+} + 3e^- \rightarrow Au$	$+1.498$
$O_3 + 3H^+ + 2e^- \rightarrow O_2 + H_2O$	$+2.07$	$Cl_2 + 2e^- \rightarrow 2Cl^-$	$+1.358$
$S_2O_8^{2-} + 2e^- \rightarrow 2SO_4^{2-}$	$+2.05$	$Cr_2O_7^{2-} + 14H^+ + 6e^- \rightarrow 2Cr^{3+} + 7H_2O$	$+1.33$
$Ag^{2+} + e^- \rightarrow Ag^+$	$+1.98$	$O_3 + H_2O + 2e^- \rightarrow O_2 + 2OH^-$	$+1.24$
$Co^{3+} + e^- \rightarrow Co^{2+}$	$+1.81$	$ClO_4^- + 2H^+ + 2e^- \rightarrow ClO_3^- + H_2O$	$+1.23$
$H_2O_2 + 2H^+ + 2e^- \rightarrow 2H_2O$	$+1.78$	$O_2 + 4H^+ + 4e^- \rightarrow 2H_2O$	$+1.229$
$Au^+ + e^- \rightarrow Au$	$+1.692$	$MnO_2 + 4H^+ + 2e^- \rightarrow Mn^{2+} + 2H_2O$	$+1.224$
$Pb^{4+} + 2e^- \rightarrow Pb^{2+}$	$+1.67$	$Br_2 + 2e^- \rightarrow 2Br^-$	$+1.066$
$2HClO + 2H^+ + e^- \rightarrow Cl_2 + 2H_2O$	$+1.63$	$Pu^{4+} + e^- \rightarrow Pu^{3+}$	$+0.97$
$Ce^{4+} + e^- \rightarrow Ce^{3+}$	$+1.61$	$NO_3^- + 4H^+ + 3e^- \rightarrow NO + 2H_2O$	$+0.96$
$2HBrO + 2H + 2e^- \rightarrow Br_2 + 2H_2O$	$+1.574$	$2Hg^{2+} + 2e^- \rightarrow Hg_2^{2+}$	$+0.920$
$Mn^{3+} + 2e^- \rightarrow Mn^{2+}$	$+1.51$	$ClO^- + H_2O + 2e^- \rightarrow Cl^- + 2OH^-$	$+0.89$

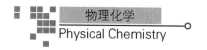

续附录 8

电极还原反应	$\varphi^{\ominus}/V$	电极还原反应	$\varphi^{\ominus}/V$
$Hg^{2+}+2e^-\rightarrow Hg$	$+0.851$	$Tl^++e^-\rightarrow Tl$	-0.336
$NO_3^-+2H^++e^-\rightarrow NO_2+H_2O$	$+0.80$	$In^{3+}+3e^-\rightarrow In$	-0.338
$Ag^++e^-\rightarrow Ag$	$+0.799\ 6$	$PbSO_4+2e^-\rightarrow Pb+SO_4^{2-}$	-0.359
$Hg_2^{2+}+2e^-\rightarrow 2Hg$	$+0.797$	$Ti^{3+}+3e^-\rightarrow Ti^{2+}$	-0.37
$Fe^{3+}+e^-\rightarrow Fe^{2+}$	$+0.770$	$In^{2+}+e^-\rightarrow In^+$	-0.40
$BrO^-+H_2O+2e^-\rightarrow Br^-+2OH^-$	$+0.761$	$Cd^{2+}+2e^-\rightarrow Cd$	-0.403
$Hg_2SO_4+2e^-\rightarrow 2Hg+SO_4^{2-}$	$+0.613$	$Cr^{3+}+e^-\rightarrow Cr^{2+}$	-0.407
$MnO_4^{2-}+2H_2O+2e^-\rightarrow MnO_2+4OH^-$	$+0.595$	$In^{3+}+2e^-\rightarrow In^+$	-0.44
$MnO_4^-+e^-\rightarrow MnO_4^{2-}$	$+0.56$	$Fe^{2+}+2e^-\rightarrow Fe$	-0.447
$I_3+2e^-\rightarrow 3I^-$	$+0.536$	$S+2e^-\rightarrow S^{2-}$	-0.476
$I_2+2e^-\rightarrow 2I^-$	$+0.535\ 5$	$In^{3+}+e^-\rightarrow In^{2+}$	-0.49
$Cu^++e^-\rightarrow Cu$	$+0.521$	$U^{4+}+e^-\rightarrow U^{3+}$	-0.61
$NiOOH+H_2O+e^-\rightarrow Ni(OH)_2+OH^-$	$+0.49$	$Cr^{3+}+3e^-\rightarrow Cr$	-0.744
$Ag_2CrO_4+2e^-\rightarrow 2Ag+CrO_4^{2-}$	$+0.465$	$Zn^{2+}+2e^-\rightarrow Zn$	$-0.761\ 8$
$O_2+2H_2O+4e^-\rightarrow 4OH^-$	$+0.40$	$Cd(OH)_2+2e^-\rightarrow Cd+2OH^-$	-0.81
$ClO_4^-+2H_2O+2e^-\rightarrow ClO_3^-+2OH^-$	$+0.36$	$2H_2O+2e^-\rightarrow H_2+2OH^-$	$-0.827\ 7$
$[Fe(CN)_6]^{3-}+e^-\rightarrow[Fe(CN)_6]^{4-}$	$+0.358$	$Cr^{2+}+2e^-\rightarrow Cr$	-0.913
$Cu^{2+}+2e^-\rightarrow Cu$	$+0.342$	$Mn^{2+}+2e^-\rightarrow Mn$	-1.185
$Bi^{3+}+3e^-\rightarrow Bi$	$+0.308$	$V^{2+}+2e^-\rightarrow V$	-1.19
$Hg_2Cl_2+2e^-\rightarrow 2Hg+2Cl^-$	$+0.268\ 1$	$Ti^{2+}+2e^-\rightarrow Ti$	-1.630
$AgCl+e^-\rightarrow Ag+Cl^-$	$+0.222$	$Al^{3+}+3e^-\rightarrow Al$	-1.662
$Cu^{2+}+e^-\rightarrow Cu^+$	$+0.16$	$U^{3+}+3e^-\rightarrow U$	-1.79
$Sn^{4+}+2e^-\rightarrow Sn^{2+}$	$+0.151$	$Ce^{3+}+3e^-\rightarrow Ce$	-2.336
$AgBr+e^-\rightarrow Ag+Br^-$	$+0.071\ 3$	$Mg^{2+}+2e^-\rightarrow Mg$	-2.372
$Ti^{4+}+e^-\rightarrow Ti^{3+}$	0.00	$La^{3+}+3e^-\rightarrow La$	-2.379
$2H^++2e^-\rightarrow H_2$	0	$Na^++e^-\rightarrow Na$	$-2.710\ 9$
$Fe^{3+}+3e^-\rightarrow Fe$	-0.037	$Ca^{2+}+2e^-\rightarrow Ca$	-2.868
$O_2+H_2O+2e^-\rightarrow HO_2^-+OH^-$	-0.08	$Sr^{2+}+2e^-\rightarrow Sr$	-2.89
$Pb^{2+}+2e^-\rightarrow Pb$	-0.126	$Ba^{2+}+2e^-\rightarrow Ba$	-2.912
$Sn^{2+}+2e^-\rightarrow Sn$	-0.138	$Ra^{2+}+2e^-\rightarrow Ra$	-2.92
$In^++e^-\rightarrow In$	-0.14	$Cs^++e^-\rightarrow Cs$	-2.923
$AgI+e^-\rightarrow Ag+I^-$	-0.152	$K^++e^-\rightarrow K$	-2.931
$Ni^{2+}+2e^-\rightarrow Ni$	-0.257	$Rb^++e^-\rightarrow Rb$	-2.98
$Co^{2+}+2e^-\rightarrow Co$	-0.280	$Li^++e^-\rightarrow Li$	-3.040

附录 9　常用数学公式

1. 微分

$$\frac{\mathrm{d}x^n}{\mathrm{d}x} = nx^{n-1}$$

$$\frac{\mathrm{d}e^x}{\mathrm{d}x} = e^x$$

$$\frac{\mathrm{d}e^y}{\mathrm{d}x} = e^y\,\frac{\mathrm{d}y}{\mathrm{d}x}$$

$$\frac{\mathrm{d}\ln x}{\mathrm{d}x} = \frac{1}{x}$$

$$\frac{\mathrm{d}\ln y}{\mathrm{d}x} = \frac{1}{y}\cdot\frac{\mathrm{d}y}{\mathrm{d}x}$$

$$\frac{\mathrm{d}(yz)}{\mathrm{d}x} = y\,\frac{\mathrm{d}z}{\mathrm{d}x} + z\,\frac{\mathrm{d}y}{\mathrm{d}x}$$

$$\frac{\mathrm{d}(y/z)}{\mathrm{d}x} = \frac{z\,\dfrac{\mathrm{d}y}{\mathrm{d}x} - y\,\dfrac{\mathrm{d}z}{\mathrm{d}x}}{z^2}$$

2. 积分

$$\int \mathrm{d}x = x + B$$

$$\int \frac{\mathrm{d}x}{x} = \ln x + B$$

$$\int x^n\,\mathrm{d}x = \frac{x^{n+1}}{n+1} + B$$

$$\int e^x\,\mathrm{d}x = e^x + B$$

3. 函数展成级数形式

$$\ln(1+x) = x - \frac{1}{2}x^2 + \frac{1}{3}x^3 - \frac{1}{4}x^4 + \cdots$$

$$\ln(1-x) = -\left(x + \frac{1}{2}x^2 + \frac{1}{3}x^3 + \frac{1}{4}x^4 + \cdots\right)$$

$$\ln\frac{1+x}{1-x} = 2\left(x + \frac{1}{3}x^3 + \frac{1}{5}x^5 + \cdots\right)$$

参考答案

Answers

第1章 热力学第一定律

思考题（略）

习题

1. $\Delta H=0, \Delta U=0, Q=0, W=0$

2. (1) -20.78 kJ; (2)0; (3) -86.15 kJ; (4)0

3. $\Delta H=0, \Delta U=0, Q=-11.49$ kJ, $W=11.49$ kJ

4. $\Delta H=-2\,260$ kJ, $\Delta U=-2\,088$ kJ

5. $Q=43.55$ kJ, $W=-5.98$ kJ, $\Delta H=40.67$ kJ, $\Delta U=37.57$ kJ

6. $Q=16.22$ kJ, $W=-4.79$ kJ, $\Delta U=11.432$ kJ, $\Delta H=16.01$ kJ

7. $T_2=565.3$ K, $p_2=937.5$ kPa, $W=5.56$ kJ

8. (1) $Q=-W=8.59$ kJ, $\Delta U=0$, $\Delta H=0$; (2) $Q_p=\Delta H=13.72$ kJ, $\Delta U=10.61$ kJ, $W=-3.11$ kJ

9. (1) $W=-100$ J; (2) $W=-4.49$ kJ; (3) $W=-11.49$ kJ

10. $Q_p=-3\,270.7$ kJ·mol^{-1}

11. $\Delta_f H_m^{\ominus}=-2\,330.49$ kJ·mol^{-1}

12. (1)0; (2)2 478 J; (3) $-4\,955$ J

13. $\Delta_f H_m^{\ominus}=-277.71$ kJ·mol^{-1}

14. $\Delta_r H_m^{\ominus}=-137.0$ kJ·mol^{-1}

15. (1) -6.75 kJ·mol^{-1}; (2)178.3 kJ·mol^{-1}; (3) -833.5 kJ·mol^{-1}

16. (1) -88.13 kJ·mol^{-1}; (2) -81.79 kJ·mol^{-1}

17. $\Delta_r H_m^{\ominus}=132.88$ kJ·mol^{-1}

第2章 热力学第二定律

思考题

1. (1)D; (2)C; (3)B; (4)D; (5)B; (6)B; (7)B; (8)C; (9)C; (10)C; (11)D; (12)D; (13)A; (14)B; (15)B

2. (1)不正确; (2)无矛盾; (3)正确; (4)不正确; (5)省略; (6)省略; (7)不可能; (8)省略; (9)① $Q=W=\Delta U=\Delta H=0$; ② $Q_R=\Delta S=0$, $\Delta U=W$; ③ $\Delta G=0$, $\Delta H=Q_p$, $\Delta A=W_e$;

④$\Delta U = \Delta H = 0$，$Q = -W_e$，$\Delta G = \Delta A$；⑤$Q_V = W_e = \Delta U = 0$；⑥$W = 0$，$Q = \Delta U = \Delta H$，$\Delta A = \Delta G = 0$；（10）省略

习题

1. $T = 773$ K；超临界状态

2. （1）-42.4 J·K^{-1}；（2）43.2 J·K^{-1}

3. 90.67 J·K^{-1}·mol^{-1}

4. （1）$\Delta S_1 = 19.14$ J·K^{-1}；（2）$\Delta S_2 = 19.14$ J·K^{-1}

5. -5.54 J·K^{-1}

6. （1）$\Delta U = \Delta H = 0$，$V_2 = 244$ dm^3，$-Q_R = W_R = -8.46$ kJ；（2）$Q = -W = 6.10$ kJ；（3）$\Delta S_{sys} = 28.17$ J·K^{-1}，$\Delta S_{sur} = -20.33$ J·K^{-1}，$\Delta S_{iso} = 7.84$ J·mol^{-1}·K^{-1}

7. （1）0.006 J·K^{-1}；（2）11.526 J·K^{-1}

8. -2.885 kJ·mol^{-1}

9. （1）13.42 J·K^{-1}·mol^{-1}；（2）134.2 J·K^{-1}·mol^{-1}，147.6 J·K^{-1}·mol^{-1}；（3）-44.0 kJ

10. （1）50.0 kPa；（2）$Q = 0$，$W = 0$，$\Delta_{mix} U = 0$，$\Delta_{mix} S = 5.763$ J·K^{-1}，$\Delta_{mix} G = 1.719$ kJ；（3）$W = -Q = 1.719$ kJ

11. $\Delta U = 0$，$\Delta H = 0$，$Q = -W = 5.23$ kJ，$\Delta A = \Delta G = -5.23$ kJ，$\Delta S = 19.16$ J·K^{-1}

12. $p_e = 10.14$ kPa，$V_2 = 100$ dm^3，$\Delta H = 0$，$\Delta U = 0$，$\Delta A = \Delta G = -2.34$ kJ，$\Delta_{sur} S = -7.48$ J·K^{-1}，$\Delta_{iso} S = 11.66$ J·K^{-1}

13. $Q_p = \Delta_{vap} H = 81.36$ kJ，$\Delta_{vap} U = 75.16$ kJ，$W = -6.20$ kJ，$\Delta S = 218.1$ J·K^{-1}

14. $\Delta H = 40.68$ kJ，$W = 0$，$Q = 37.58$ kJ，$\Delta_{vap} S = 109.1$ J·K^{-1}，$\Delta_{vap} G = 0$，$\Delta_{vap} A = -3.10$ kJ，恒温、恒容过程，故可用 ΔA 作判据，因为 $\Delta A < 0$（$\Delta S_{iso} = 8.35$ J·K$^{-1} > 0$），故该过程自发。

15. $\Delta G = -356.4$ J，$\Delta S = -35.46$ J·K^{-1}

16. $\Delta_r U = \Delta_r H = -206$ kJ，$\Delta_r A = \Delta_r G = -200$ kJ，$\Delta_r S = -20.13$ J·K^{-1}

17. $Q_p = \Delta_r H_m^{\ominus} = 98.93$ kJ·mol^{-1}，$W = -9.98$ kJ·mol^{-1}，$\Delta_r U_m^{\ominus} = 88.95$ kJ·mol^{-1}，0，$\Delta_r A_m^{\ominus} = -76.65$ kJ·mol^{-1}，$\Delta_r G_m^{\ominus} = -67.14$ kJ·mol^{-1}，$\Delta_r S_m^{\ominus} = 276.79$ J·mol^{-1}·K^{-1}

第3章　混合物和溶液

思考题

1. A 是偏摩尔量，C 是化学势

2. A. 相等　B. ①＜⑤　C. ④＞②　D. ③＜④

3. C

4. A

5. （1）√，（2）√，（3）×，（4）×，（5）√，（6）×，（7）×，（8）×，（9）√，（10）×

6. μ_B 不变

7. 不同

8.盐水杯中的液体增多,纯水杯中的液体减少

9.不一定

习题

1.两种状态的 μ 和 $\mu_B^\ominus$ 均不相等

2.苯在两种状态下的化学势不相等

3.不是理想溶液

4. $p_A^* = 36.9$ kPa, $p_B^* = 83.76$ kPa

5. $y_B = 0.64$

6. $p_B = 12.3$ kPa

7. $m = 53.1$ g

8.苯甲酸-乙醇: $M = 124$ g·mol^{-1},苯甲酸以 C_6H_5COOH 存在;苯甲酸-苯: $M = 241$ g·mol^{-1},苯甲酸以 $(C_6H_5COOH)_2$ 存在。

9.(1) $t_b = 100.42$ ℃;(2) $p_A = 3\,126$ Pa;(3) $\Pi = 1\,997$ kPa

10. $M = 189$ g·mol^{-1}

第4章 相 平 衡

思考题

一、是非题

1. $\surd$; 2. $\times$; 3. $\surd$; 4. $\surd$; 5. $\times$

二、选择题

1. A; 2. D; 3. D; 4. C; 5. C; 6. B; 7. A

三、填空题

1. $f = C - P + 2$, 2, 3, 1

2.1;2;0

3. $x_B(l) < x_B(总) < x_B(g)$,恒沸混合物

四、问答题

省略。

习题

1.(1) 4,1,2,1;(2) 3,2,3,1;(3) 2,2,2,3;(4) 3,3,1,3

2.1 种

3.(1) 195.2 K,9 532 Pa; (2) $\Delta_{vap}H = 25.47$ kJ·mol^{-1}, $\Delta_{sub}H = 31.21$ kJ·mol^{-1}, $\Delta_{fus}H = 5.74$ kJ·mol^{-1}

4. $m_{酚层} = 51.6$ g, $m_{水层} = 48.4$ g

5.(1) 2.78×10^4 Pa;(2) 106 g·mol^{-1}

6.(1)省略;(2) $x_B = 0.200$, $y_B = 0.430$;(3) $n(l) = 2.83$ mol, $n(g) = 2.17$ mol, $n_B(g) = 0.935$ mol, $n_A(g) = 1.235$ mol;(4) $m(l) = 6.153$ kg, $m(g) = 3.847$ kg

7. $x_A = 0.250\,4$, $x_B = 0.749\,6$

8. $p_A^* = 76.6$ kPa, $p_B^* = 124.0$ kPa

第 5 章 化 学 平 衡

思考题（略）

习题

1. (1) 6.08×10^5；(2) 1.28×10^{-3}

2. (1) $-3\,762$ J·mol^{-1}；(2) 逆向进行

3. (1) 1.90×10^{12}；(2) 能自发进行

4. (1) 0.083；(2) 降低温度

5. 398 K

6. -82.4 kJ·mol^{-1}

7. $\Delta_r H_m^{\ominus} = 154$ kJ·mol^{-1}，$K_p^{\ominus} = 13.06$，$\Delta_r G_m^{\ominus}(710) = -15.2$ kJ·mol^{-1}

8. -141.71 kJ·mol^{-1}，6.73×10^{24}

9. (1) $\lg K_p^{\ominus} = 0.873 \ln T - \dfrac{2\,952}{T} + 0.66$；(2) $K_p^{\ominus}(700K) = 145$

10. (1) 1.59×10^{-4}；(2) 4%；(3) 提高温度，不利于氨的合成。

11. (1) $\Delta_r H_m^{\ominus} = 88$ kJ·mol^{-1}，$\Delta_r S_m^{\ominus} = 170.27$ J·mol^{-1}·K^{-1}，$\Delta_r G_m^{\ominus} = 37.260$ kJ·mol^{-1}；$K^{\ominus}(298) = 2.94 \times 10^{-7}$；(2) $K^{\ominus}(473) = 0.150$；(4) 0.36

12. -228.59 kJ·mol^{-1}，1.17×10^{40}

第 6 章 电解质溶液

思考题（略）

习题

1. (1) 5.92 g；(2) 2.32×10^{-3} m^3

2. 0.018 mol

3. (1) $K[Ag(CN)_2]$；(2) $t_+ = 0.6$；$t_- = 0.4$

4. $t(Cu^{2+}) = 0.288\,1$；$t(SO_4^{2-}) = 0.711\,9$

5. (1) $0.595\,2$ m^{-1}；(2) $0.576\,5$ S·m^{-1}

6. (1) 22.81 m^{-1}；(2) $0.069\,97$ S·m^{-1}，$0.027\,99$ S·m^2·mol^{-1}

7. 2.508×10^{-2} S·m^2·mol^{-1}

8. (1) $\lambda_m^{\infty}(K^+) = 7.36 \times 10^{-3}$ S·m^2·mol^{-1}，$\lambda_m^{\infty}(Cl^-) = 7.63 \times 10^{-3}$ S·m^2·mol^{-1}；(2) $\lambda_m^{\infty}(Na^+) = 5.01 \times 10^{-3}$ S·m^2·mol^{-1}，$\lambda_m^{\infty}(Cl^-) = 7.64 \times 10^{-3}$ S·m^2·mol^{-1}

9. (1) 1.253×10^{-2} S·m^2·mol^{-1}，1.244×10^{-2} S·m^2·mol^{-1}，1.233×10^{-2} S·m^2·mol^{-1}，1.211×10^{-2} S·m^2·mol^{-1}；(2) 1.270×10^{-2} S·m^2·mol^{-1}

10. 4.231×10^{-6}

11. $\alpha = 0.013\,42$；$K^{\ominus} = 1.825 \times 10^{-5}$

12. (1) 5.500×10^{-6} S·m^{-1}；(2) 7.957×10^{-4} mol·m^{-3}

13. $a_{\pm}(KCl) = 0.076\,9$，$a(KCl) = 0.005\,91$；$a_{\pm}(H_2SO_4) = 0.042\,4$，$a(H_2SO_4) = 7.622 \times$

10^{-5}; $a_{\pm}(CuSO_4)=0.016\ 0$, $a(CuSO_4)=2.56\times10^{-4}$

14. $\gamma_{\pm}(HCl)=0.963\ 6$; $\gamma_{\pm}[Ca(NO_3)_2]=0.879\ 5$; $\gamma_{\pm}(AlCl_3)=0.761\ 6$

15. $\gamma_{\pm}=0.811$

第7章　电化学

思考题(略)

习题

1. (1) 负极　　　$Cu(s) \rightarrow Cu^{2+}(a_1) + 2e^-$

　　　正极　　　$Cl_2(p) + 2e^- \rightarrow 2Cl^-(a_2)$

　　　电池反应　$Cl_2(p) + Cu(s) \rightarrow 2Cl^-(a_2) + Cu^{2+}(a_1)$

(2) 负极　　　$Zn(s) \rightarrow Zn^{2+}(a_1) + 2e^-$

　　正极　　　$Sn^{4+}(a_2) + 2e^- \rightarrow Sn^{2+}(a_3)$

　　电池反应　$Sn^{4+}(a_2) + Zn(s) \rightarrow Sn^{2+}(a_3) + Zn^{2+}(a_1)$

(3) 负极　　　$H_2(p^{\ominus})+2OH^-(a) \rightarrow 2H_2O(l) + 2e^-$

　　正极　　　$Ag_2O(s) + H_2O(l)+2e^- \rightarrow 2Ag(s)+2OH^-(a)$

　　电池反应　$H_2(p^{\ominus}) + AgO(s) \rightarrow H_2O(l) + 2Ag(s)$

(4) 负极　　　$2Hg(l)+2Cl^-(a_1) \rightarrow Hg_2Cl_2(s)+2e^-$

　　正极　　　$2Fe^{3+}(a_2)+2e^- \rightarrow 2Fe^{2+}(a_3)$

　　电池反应　$Fe^{3+}(a_2) + 2Hg(l)+2Cl^-(a_1) \rightarrow 2Fe^{2+}(a_3) + Hg_2Cl_2(s)$

2. (1) $Zn(s) \mid Zn^{2+}(a_2) \parallel Ag^+(a_1) \mid Ag(s)$

(2) $Pt \mid H_2(p_1) \mid H^+(a) \mid O_2(p_2) \mid Pt$ 或者 $Pt \mid H_2(p_1) \mid OH^-(a) \mid O_2(p_2) \mid Pt$

(3) $Pt \mid I_2(s) \mid I^-(a_1) \parallel Cl^-(a_2) \mid Cl_2(p) \mid Pt$

(4) $Pt \mid H_2(p^{\ominus}) \mid H^+(a_1) \parallel OH^-(a_2) \mid H_2(p^{\ominus}) \mid Pt$ 或者 $Pt \mid O_2(p^{\ominus} \mid H^+(a_1) \parallel OH^-(a_2) \mid O_2(p^{\ominus}) \mid Pt$

3. $\varphi^{\ominus}(Cu^{2+}\mid Cu)=0.340\ V$

4. (1) $Ag\mid AgBr(s)\mid Br^-(b)\mid Br_2(l)\mid Pt$; (2) $\Delta_f G_m^{\ominus}=-95.97\ kJ\cdot mol^{-1}$; (3) $\Delta_r S_m^{\ominus}=9.648\ J\cdot K^{-1}\cdot mol^{-1}$, $\Delta_r H_m^{\ominus}=-93.10\ kJ\cdot mol^{-1}$ 及 $Q_R=2.877\ kJ\cdot mol^{-1}$

5. (1) 电池反应 $H_2(p^{\ominus})+2AgCl(s) \rightarrow 2HCl(a=1)+2Ag(s)$, $E>0$, 说明该电池是自发电池; (2) 电池反应 $H_2(2p^{\ominus})+Zn^{2+}(a_2=0.5) \rightarrow 2H^+(a_1=0.01)+Zn(s)$, $E<0$, 说明该电池不是自发电池。

6. $K^{\ominus}=3.165$

7. $a_{\pm}=0.011\ 29$, $\gamma_{\pm}=0.696\ 5$

8. $E_1^{\ominus}=0.193\ 5\ V$, $\Delta_r G_m^{\ominus}=-37.34\ kJ\cdot mol^{-1}$, $K_1^{\ominus}=3.471\times10^6$; $E_2^{\ominus}=0.193\ 5\ V$, $\Delta_r G_m^{\ominus}=-18.67\ kJ\cdot mol^{-1}$, $K_2^{\ominus}=1.863\times10^3$

9. (1) 负极: $Pb(s) + 2Cl^-(0.005\ mol\cdot kg^{-1}) \rightarrow PbCl_2(s)+2e^-$

　　正极: $2H^+(0.005\ mol\cdot kg^{-1})+2e^- \rightarrow H_2(p^{\ominus})$

电池反应: $2HCl(0.005\ mol\cdot kg^{-1})+Pb(s)\rightarrow PbCl_2(s)+H_2(p^{\ominus})$

(2)0.421 V；(3) -81.24 kJ

10. $\varphi^{\ominus}(SO_4^{2-}|Hg_2SO_4|Hg)=0.617$ V

11. $\varphi(O_2|OH^-)=0.918\ 3$ V

12. $\eta_{浓差}=8.9$ mV

13. 阴极上析出的先后顺序为 Ag，Cu，H_2；1.048 V

14. pH$>$4.55 H_2 才不会提前析出

15. (1)镉；(2)$a(Cd^{2+})=7.40\times10^{-14}$

16. (1)阴极　$Zn^{2+}+2e^-\rightarrow Zn,2H^++2e^-\rightarrow H_2$，阳极　$2Cl^-\rightarrow Cl_2+2e^-,H_2O\rightarrow$ $1/2O_2+2H^++2e^-$；(2)阴极先析出氢气，阳极先析出氧气；(3)阴极先析出氢气，阳极先析出氯气

第8章　化学动力学基础

思考题(略)

习题

1. 错，错，错，对，对，对，错，错，错，错

2. (1)$r=kc_Ac_B$　　(2)$r=kc_A^2c_B$　　(3)$r=kc_Ac_B^2$　　(4)$r=kc_{Cl}^2c_M$

3. $k_A=4.848\times10^{-2}$ 天$^{-1}$，$t_{1/2}=14.30$ 天，$t=47.50$ 天

4. $k=0.033\ 3$ $mol^{-1}\cdot dm^3\cdot min^{-1}$，$t_{1/2}(A)=t_{1/2}(B)=30.03$ min

5. (1)64%；(2)67%；(3)60%

6. (1)2 级；(2)$k=8.130\times10^{-5}$ $mol\cdot m^{-3}\cdot s^{-1}$；(3)$t_{1/2}=246.0$ s

7. 1 级，1.50×10^5 $J\cdot mol^{-1}$，6.58×10^{-7} s^{-1}

8. 681.6 K

9. (1)$E_{a,-}=4.212\times10^4$ $J\cdot mol^{-1}$；(2)$c_{R,e}=0.05$ $mol\cdot L^{-1}$，$c_{P,e}=0.5$ $mol\cdot L^{-1}$

10. $T\geqslant696.5$ K

11. (1)$t_{max}=6.931$ min^{-1}；(2)$c_R=0.5$ $mol\cdot L^{-1}$，$c_M=0.25$ $mol\cdot L^{-1}$，$c_P=0.25$ $mol\cdot L^{-1}$

12. 省略

13. $E_a=168.1$ $kJ\cdot mol^{-1}$

14. 省略

15. 250 nm

第9章　表面物理化学

思考题(略)

习题

1. $p_{r_1}^*=3\ 541$ Pa，$p_{r_2}^*=4\ 989$ Pa

2. (1)$W_R'=1.44\times10^{-5}$ J；(2)$\Delta G=1.44\times10^{-5}$ J，$\Delta S=3.14\times10^{-8}$ $J\cdot K^{-1}$，$\Delta U=2.376\times10^{-5}$ J，$\Delta H=2.376\times10^{-5}$ J，$\Delta A=1.44\times10^{-5}$ J

3. 水中 1.177×10^7 Pa，空气中 2.354×10^7 Pa

4. $\Delta h = 0.033$ m

5. (1)7.79×10^{-10} m；(2)66

6. $p^* = 13.0$ Pa

7. $\theta = 38°$，示意图省略

8. $S > 0, \theta > 90°$，不能

9. $0.061\ 3$ N·m^{-1}

10. (1)$\Gamma = \dfrac{abc}{RT(1+bc)}$ ；(2)$\Gamma = 4.30 \times 10^{-6}$ mol·m^{-2}；(3)$\Gamma_m = 5.40 \times 10^{-6}$ mol·m^{-2}；(4)$A = 0.308$ nm^2

11. $41\ 293$ g·mol^{-1}

12. (1)$b = 0.545$ kPa^{-1}；(2)$\Gamma = 73.6$ dm^3·kg^{-1}

13. $c = 0.021\ 6$ mmol·dm^{-3}

14. $S_0 = 155.5$ m^2·g^{-1}

第 10 章　胶 体 化 学

思考题（略）

习题

1. $\left[(Fe(OH)_3)_m\ nFeO^+ \cdot (n-x)Cl^- \right]^{x+} \cdot xCl^-$

　　胶核

　　　　胶粒

　　　　　胶团

2. 4.72×10^{-7} m，8.17×10^{-13} m^2·s^{-1}

3. $t = 0.664$ s；$2r = 5.7 \times 10^{-9}$ m

4. 3.79×10^{-8} m

5. 152.8 min，$1\ 023.3$ min

6. $r = 2 \times 10^{-5}$ m

7. $M = 64.51$ kg·mol^{-1}

8. $c_2 = 0.015$ mol·dm^{-3}

9. (1)0.891 mol·m^{-3}；(2)4.31 mol·m^{-3}；(3)5.12×10^2 mol·m^{-3}，胶粒带正电荷

10. 128 Pa

11. $u = 2.0 \times 10^{-5}$ m·s^{-1}

12. 0.058 V

13. (1)80 kg·mol^{-1}，85 kg·mol^{-1}；(2)0.843

14. (1)5.00×10^{-5}，0.67；(2)2.38×10^5

15. 平衡时膜内：$[Na^+] = 0.227$ mol·dm^{-3}，$[Cl^-] = 0.327$ mol·dm^{-3}；膜外 NaCl 溶液中：$[Na^+] = [Cl^-] = 0.273$ mol·dm^{-3}；渗透压 $\Pi = 267.6$ kPa

16. 膜内的 pH$=5$，膜外 pH$=9$